U0044936

電子商務再進化，
讀懂最新電商技術。

Medical

Logistics

Industry

Agriculture

House

Building

Energy

Transportation

智慧商務導論
Smart Commerce Introduction

Part 1 導　　論：許中川、柯秀佳、戴志言、張家濟、廖俊鑑
Part 2 智慧零售：黃文宏、吳師豪、戴志言、歐宗殷、李麒麟
Part 3 智慧物流：林立千、郭幸民、陳君涵、蔣治平、楊文瑜
　　　　　　　　彭浩軒、黃國勝、蔡坤穆、楊朝龍
Part 4 智慧金融：陳育仁、陳勤明、洪志興、李臻勳、魏裕珍

—————— 編著 ——————

推薦序

美國三所重量級的大學麻省理工學院、哈佛大學及史丹佛大學，2012年同時推出磨課師（MOOCs, Massive Open Online Courses）創新的數位教學模式與平臺，旋即風起雲湧，帶動世界各大學跟進，利用功能強大的網路平臺，設計互動式的課程與教材，進行線上教學。

台達電子創辦人鄭崇華先生有感於求學過程中，受惠於許多優秀教師的教導，建立紮實的知識，力邀本人主持「台達磨課師」（DeltaMOOCx）計畫；秉持社會公益的理念，利用磨課師的運作模式，2014年開始推動DeltaMOOCx，遴聘優秀教師，開設大學與高中的磨課師課程。其中大學的課程，係以自動化工程為主軸，開設「自動化學程」，自2015年2月上線迄今，已開設超過30門課。以2019年9月至12月期間為例，修課人數超過15,000人。

「自動化學程」原先規劃的課程，均與工程學科相關，「工業4.0導論」即是其中的一門課。鑑於工業4.0強調的是智慧製造與智慧工廠，而製造又與後端的銷售及服務密切結合，爰政府提出的「生產力4.0」即涵括了「商業服務業4.0」。因此，學程課程規劃委員建議在本學程特別加入「智慧商務導論」，同時也獲得台達電子文教基金會的認同與支持。

參與製作「智慧商務導論」磨課師課程的教師多達二十餘人，並推薦由高科大蔡坤穆、歐宗殷、李臻勳及臺科大楊朝龍等四位教授共同主講。整個課程共錄製86支影片，時間總長18小時。若每週上線1小時，符合大學一學期18週的規劃。此磨課師課程2018年2月在DeltaMOOCx平臺首次上線，迄今已開設四學期，每學期平均修課人數達500人。

感謝蔡坤穆院長領導的教師團隊撰寫「智慧商務導論」教科書，讓修習DeltaMOOCx線上課程的同學，可同時參考實體教科書，並且可以反覆學習，增進對課程內容的瞭解，這也是最有效的學習方式。

本書的內容主要包括「智慧零售」、「智慧物流」與「智慧金融」，並且涵蓋物聯網及大數據的應用，確實是智慧商務最重要的核心知識。謹此鄭重推薦。

清華大學講座教授、前元智大學校長

彭宗平 謹誌

作者序

　　本書的出版爲因應全球工業4.0的來臨，配合教育部推動智慧商務人才培育的目標，在教育部技職司的支持下，高科大於2016-2017年執行了「智慧商務跨領域人才培育計畫」。

　　在該計畫執行完成後產出一些具體的成果：一，我們設置了4個實作場域，包括：「智慧物流實作場域」、「智慧零售實作場域」、「智慧科技實作場域」、「智慧金融實作場域」；二，管院相關系所除配合場域的建置修改課程，開設了：「智慧物流」、「智慧零售」、「智慧金融」三個學分學程，其目的是爲了培育跨領域智慧商務人才，以符合產業界對人才的需求。

　　本書是臺灣第一本有關智慧商務導論的教科書，除了高科大的老師參與撰寫之外，另有6位科技大學的老師，以及工研院、商發院、全日物流、銳悌科技的專家共同參與。透過臺科大楊朝龍老師的引薦，由台達電子文教基金會將本書的內容，錄製成智慧商務導論磨課師的課程（網址：http://tech.deltamoocx.net/course/view/courseInfo/253）。

　　本書的出版要感謝各校參與的老師與專家們專業上的貢獻，希冀能對臺灣在智慧商務人才的培育上微盡棉薄之力。

國立高雄科技大學 管理學院

蔡坤穆 教授暨院長　謹誌

2020年1月

目錄

Part 1 導論

01 智慧商務導論

02 智慧商務技術—物聯網發展與應用

03 智慧商務技術—大數據應用案例與分析

Part 2 智慧零售

04 智慧零售導論—產業需求變化

05 智慧零售新貌—服務創新應用

06 智慧零售工具—電子商務工具與運用

目錄

07　智慧零售主角─消費者購物行為分析

Part 3 智慧物流

08　智慧物流導論─產業需求與變化

09 智慧物流架構—商業模式整合

10 智慧物流能力—作業管理技術

11 智慧物流—資通訊應用案例

目錄

目錄

附錄A　索引表

01

智慧商務導論

- ❖ 1.1 未來商業科技與應用樣貌
- ❖ 1.2 新零售體驗與服務創新
- ❖ 1.3 創新服務的最後一哩路：智慧物流應用
- ❖ 1.4 交易支付新技術：FinTech 技術應用
- ❖ 1.5 本書章節之安排

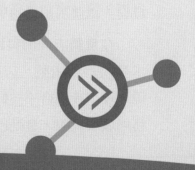

Smart Commerce

 **未來商業科技與應用樣貌**

一、行動商務與全通路時代來臨

網際網路技術改變許多傳統的商業交易行為，促成電子商務時代的來臨。然而，對於許多商業服務業者而言，網際網路技術所帶來的技術衝擊與營運模式設計，都是將顧客從實體場域環境帶往虛擬交易環境，初期僅涉及交易資訊改變與結帳方式的不同，關於實體物流、金融交易便利、數位化服務都較少扮演重要的功能。隨著科技應用成本降低、支援性數位化服務蓬勃發展、行動裝置與 APP 經濟興起，實體商業交易環境與虛擬世界之間的界線逐漸消失，取而代之的是全通路（Omni Channel）顧客體驗環境的興起。

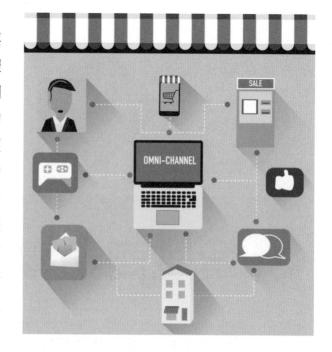

全通路對於商業服務業的運作、科技管理能力、服務創新能力都是極大考驗，例如：在資訊尚未串連的時代，個別店鋪的促銷資訊與銷售量相關性分析，需要透過 POS 資訊與銷售檔期 DM 的連結分析才能知道結果。而在全通路時代，上述的分析結果可以細分到以小時時段為分析基礎，動態即時分析促銷行為是否達到預期目標，讓商業銷售環境的發展節奏更為快速。

在實體店面的科技應用上，除了原有的 POS 分析資訊之外，應用來自於顧客本身的行動訊號、店面內安裝的 Beacon 感測器、監視攝影機影像訊號等資訊來源，及串接整合不同的資訊來源，並把整合後的商業智慧與顧客行為資料應用於服務場域環境內，會是影響全通路經營模式是否可以順利運作的關鍵。

二、科技改變服務業內容與營運模式

　　在商業環境變遷過程中，因為資訊科技發展的速度與幅度驚人，零售店家所需要具備的技術能力已經不再只有營運管理系統之資訊分析能力，而是必須具備處理大數據環境的技術資源與管理能力。

　　目前，對於現有零售店家而言，以人員銷售為營運核心的模式依舊可以獲利，大數據技術環境與應用方式確實尚未明顯可以帶來競爭優勢。國外的零售商的案例卻顯示，零售商一旦可以串接起不同顧客旅程的資訊與消費需求，及可以即時透過行動裝置解決顧客痛點時，將可以獲得更好的顧客評價與回購率，提昇自己在產業內的優勢。

　　顧客本身並不在意是透過實體店面或虛擬通路取得服務，然能夠以科技應用解決顧客使用環境場域時之痛點，才會產生商業價值。也因為顧客對於即時資訊的收集分析能力遽增，傳統的零售門店系統面臨來自於顧客行動比價的壓力，而社群成員之間口碑傳遞行為也大大改變廣告模式，使得零售業面臨第一個轉型壓力：數位化顧客消費行為。

　　對於零售業者而言，銷售物品的流通管理成本是影響商業獲利的重要關鍵因素，且智慧零售環境需要結合智慧物流技術與運輸模式，才能達成顧客便利購物的情境。

在智慧商務的環境中，除了商業服務外，還需要智慧化的部分在於強化零售店家與後勤服務供應商之間的關係，不但將現有的物流與逆物流資訊、實體配送予以擴大應用之外，更需要發展出依顧客需求而設計的多元全溫層物流以及數位配送櫃等技術，讓顧客可以除了決定在哪些時間購買哪些商品之外，也可以根據本身的工作、家庭生活需求，決定物流配送或取貨方式，讓原本需要統一配送、特定時段取送貨物的物流模式，可以跟隨顧客在不同的消費旅程、消費時間來決定物品如何被運送。

由於社會結構的變遷，傳統物流的配送行為模式也面臨調整的問題。以日本物流業為例，因為社會少子化、都會化趨勢很明顯，加上工作時間延長，許多網路購物之物流配送無法完成一次配送服務，物流業者必須通知購物人前往營業據點二次取貨。這種現象不但對於物流業者本身帶來困擾，同時也造成零售廠商與顧客之間的不滿。

面對此一問題，物流服務業者除了透過簡訊告知配送時間之外，更結合全溫層技術與取貨地點設計，將主動配送到府模式調整為被動取貨服務模式，以 Kiosk 加上不同溫層的保溫箱、取貨密碼等技術，設計出非同步取貨服務便利站，讓忙碌的上班族可以在上下班的路線自行取貨回家。因此，未來的商業物流服務上將會面臨配送模式調整的需求，以新服務模式來符合消費者更多元的服務需求，如生鮮物流服務。

最後，則是智慧金融科技與商業行為之間的整合，將會提供顧客更多元方便的支付工具，消費者可以不依賴現金、信用卡等傳統貨幣支付工具，採用更便利安全的支付工具，解決以往支付過程所產生的不便性、交易安全性等問題，讓全通路化型態的商業環境可以更快、更有效率地服務顧客需求。

傳統服務模式下，顧客與店家最大的風險來自於交易品質與安全性問題，包含收受偽造貨幣、交易詐欺、電子支付工具取得不易等，這些問題都與智慧金融科技發展息息相關。在未來的技術發展上，結合生物辨識功能的電子支付技術、區塊鏈清算技術、比特幣技術等應用都將會成為支持智慧商務發展的金流技術。

整體來說，智慧商務的意義在於提供買賣雙方更有效率之需求媒合與體驗環境，透過新的支付工具以及身分安全驗證機制，促使銷售服務內容、銷售服務過程、售後服務體驗等能夠獲得更好的循環，達到智慧生活環境的目的。

三、國際商業技術應用趨勢

　　以各國商業環境的技術應用趨勢而言，個人化服務是商業服務廠商亟欲提供給消費者的內容，為了達成精緻客製化服務的目標，主要的商業科技應用將有以下趨勢：服務雲端化、體驗數位化、載具互動化。網際網路與行動技術的發展，使雲端服務化應用帶來許多的機會。

（一）服務雲端化

　　以往的雲端服務必須透過高速網路以及具有強大運算力的裝置，才能讓顧客體驗到一致性的服務，否則雲端服務多是扮演企業後端運作的支援性服務平台，較少利用雲端服務解決消費端的問題。然而，隨著網路程成本下降、設備端點設備計算能力增加，越來越多顧客可以利用雲端服務解決購物過程中的不便，進而提高購買意願。以消費者的比價與購買行為而言，Google 在 2013 年的研究報告中指出，當顧客越願意在實體場域比價，則越有可能在現場直接購買產品或服務。

　　比價行為原本是一件需要耗時甚久的資訊收集工作，但在資訊科技的協助下，雲端平台透過網路爬蟲技術、動態資訊收集技術，將原本需要耗時耗力的比價資訊收集行為變成 APP 應用程式，減少消費者在購物前的資訊收集與分析活動，而將更多的心力放在商品服務的試用上，如此可以增加店家銷售成功的機會。除了顧客熟悉的比價行為之外，越來越多的消費行為可以透過雲端服務協助，改變原有顧客的消費行為，增加全通路更多的消費模式可能性。

　　此外，當人工智慧技術越來越成熟之後，原先的商品諮詢、客戶服務等工作都可能被雲端服務取代，取而代之的是更多消費者參與其中的自助服務出現，手機與穿戴裝置在未來扮演起購物諮詢的角色，讓更多原有的服務轉向雲端化。

（二）體驗數位化

體驗數位化的趨勢乃是將原有的體驗方式，透過新一代體驗技術，如 AR/VR 技術，將原本需要透過實體擺設或裝置的服務過程，發展出更快、更方便的體驗應用。對於傳統的家具零售廠商而言，店面空間大小與可以容納的家具數量息息相關，由於家具組合本身體積龐大、搬運不易，加上顧客購買過程中不容易與現有住家環境的物件或空間搭配，也造就許多商圈發展成為家具一條街的聚落現象。然而，高昂的租金與低落的產品週轉率造成營運上的痛點，消費者也容易因為不知家中真正的空間規格而不敢下單購買產品。

透過 AR/VR 技術的應用，國外的家具零售廠商已經將原有的銷售環境重新設計成為數個不同家居風格的空間環境，輔以實體環境的味覺與觸覺感受，將原有家具購買過程的視覺搭配透過新技術呈現，讓顧客可以更清楚知道單一家具或系統化家具搭售之後的感覺，使原先的實體體驗過程得以數位化呈現。而配合線上設計師諮詢與空間規劃功能，顧客可以很容易在預算內找到適合的家具組合，若結合建築物的結構管線配置預警功能，也可以避免在裝潢過程中可能產生的額外成本問題，解決顧客在購置家具裝潢過程的痛點。

體驗數位化技術的應用還可以利用顧客本身的社交平台或軟體呈現。例如：將顧客體驗完某一個家具安裝之後，他可以把相同的體驗情境透過社群軟體以及影像分享的技術，徵詢其他利益關係人的意見，加速購買的決策流程，縮短購買行為的長度。而像 Pokémon GO 之類的遊戲設計更是讓體驗數位化朝向商業應用，體驗數位化的趨勢會逐漸改變原有的服務業樣貌，讓更多顧客透過體驗增加更多的消費機會。

（三）裝置互動化

裝置互動化的應用則是融合 IoT、機械人、Beacon 等技術，將原本僅具備資料傳輸功能的服務載具發展出具有人機互動應用能力的服務。在傳統的服務過程中，

具備與顧客、賣場物品雙向互動能力的服務界面在於銷售人員身上，賣場內裝設的設備不具備與顧客溝通互動的能力。而在感測技術、人類生物辨識技術、機器語音技術之整合程度越來越高的環境中，服務裝置已經可以由人類逐漸移轉到機器設備，由設備擔負起部分的人力工作，例如：以機器人作為迎賓接待，取代原有的顧客服務中心。

國內外業者已經開始採用機器人作為賣場內詢問與促銷諮詢服務，並可以針對不同消費者的提問，給予最適當的答案。裝置互動服務不限於應用在大型設備上，顧客自己所攜帶的行動裝置也可以具備高度互動功能，店家未來只要能夠結合促銷資訊、會員資訊、購買偏好分析等資訊，透過專屬 APP 的設計也可以提供更多的互動服務。

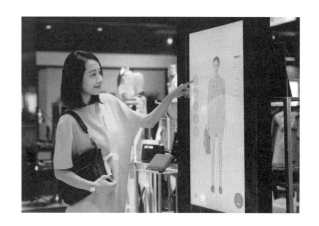

綜合以上趨勢，未來商業科技應用趨勢朝向個人化、社群化服務模式為主，消費者與店家大量利用資訊作為互動基礎，同時也透過新體驗技術的導入，創造更多低成本的消費體驗，減少消費者在購買過程的不便。

1.2 新零售體驗與服務創新

智慧商務的發展不再是服務業廠商自行設計商業模式滿足消費者需求，更重要的能力在於：如何利用資訊科技收集消費者行為數據，以系統化、科學化方式發展更有競爭力的商業服務模式，以滿足消費者的需求。

一、科技與人工之間的取捨

以美國梅西百貨而言，該公司在 2013 年 11 月的黑色星期五假日購物季節，首先在紐約先驅廣場及舊金山聯合廣場等兩間梅西百貨作導入 iBeacon 技術之先期場

域測試。初步場域測試提供消費者有限度的應用服務，該次測試僅限於進入商店的手機推播，但對於測試範圍內的週邊道路消費者，梅西也會向購物者推播相關銷售資訊及推薦商品，例如，當週邊路過之消費者對於鞋類商品有興趣時，有可能告訴消費者梅西百貨運動鞋的銷售資訊及推薦產品。

爾後梅西百貨在 2014 年完成 ShopBeacon 建置計畫，共有 4,000 個 iBeacon 發射裝置部署在其全國旗艦專賣店，梅西百貨讓使用 Shopkick APP 的消費者能夠更輕鬆地找到相關信息，如在地內容和服務（Location Based Service, LBS）。未來，還能夠依據增加的智慧消費組合和未來消費者行為和喜好，可以協助梅西百貨確保相關的消費者資訊及整合性互動。

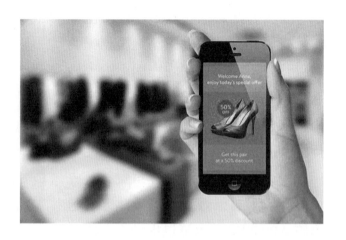

導入 iBeacon 技術作為其提升消費者體驗及增加營業額之行銷工具，所牽涉到不僅是銷售部門或是特定樓層、特定新興科技商業應用，而事前需要先完成全場域之服務設計，再進階導入所服務模式內需要的技術，整合消費者所需要之資訊及消費者行為後，重新設計服務流程與應用模式。若新興科技僅是用來取代人工作業，而不考慮消費者如何看待既有服務效果時，新興科技通常難以發揮預期效果，甚至會因為過度干擾消費者導致負面效果產生。

根據美國 451 Research 的消費者調查研究顯示，43% 的受訪者表示，他們希望獲得在地化的即時個人銷售訊息。該研究顯示，在鎖定特定範圍的情況下，越接近消費者越具有行銷效果，如在啟動 APP 或推播廣告時，距離消費者 100 公尺的範圍已被證明其效果將 3 倍於 1,000 公尺處啟動相同的促銷訊息。

二、體驗設計來自於數據分析

從零售業者角度，導入新興科技服務就是要直接提升營收、促進消費者消費。但是消費者體驗與營收提升常常成為兩難議題，好的消費者體驗工具常常不一定能帶來直接的營收提升，但能為消費者帶來更佳的消費場域服務體驗。滿足消費者體

驗是在新興科技導入商業應用時，應最優先被考量的關鍵因素，在何時介入消費者購買決策，成為促進購買的臨門一腳，而不是干擾消費者，則可以透過大數據分析來協助，讓科技成為商業行銷的有力幫手。

對於服務業者而言，零售賣場是結合各方利益的集合地點，除了由賣場經營者提供消費者體驗之外，品牌商也會透過不同促銷活動、科技應用來加強消費者在賣場內的品牌體驗，因此賣場導入新興科技的前置作業中，除評估科技適用性之外，也應針對賣場消費者的購買旅程行為進行觀察分析，設計不同消費族群所需要的科技體驗接觸與體驗模式改善方式；結合品牌商的資源與服務，為消費者提供更好的場域購買體驗，增加消費者對於賣場與品牌的信任感，帶動後續的營收成長機會。

因此，未來的零售賣場除了來自於場域內的即時人流資訊之外，品牌廠商的銷售資訊、消費者在賣場內的互動資訊、外部的天候資訊、交通資訊等，都將是資料整合分析的來源，大數據分析技術將會越來越突顯重要性。

大數據資料庫分析成果是零售賣場內即時行銷方案的基礎。透過 iBeacon 技術收集即時人流資訊，零售賣場可以設計互動智慧消費，而品牌廠商也可以進行小規模櫃位促銷活動。大數據分析技術一方面可以協調品牌商是否推出賣場內限時促銷方案，一方面賣場也可以引導消費者前往銷售冷區，達到坪效效益最大化的經營目標，解決賣場在尖離峰時段呈現的消費需求差異問題。

對於大數據應用而言，廠商除了透過 iBeacon 作為資料來源之外，營運商本身也必須具備即時性的數據分析能力，配合會員資訊系統以及 POS 系統的資料整合分析，才能達到大數據時代下的即時銷售，從而透過 iBeacon 技術的導入，改變賣場與消費者生態，創造嶄新的服務體驗模式。

從梅西百貨的案例來看，前台的消費者體驗模式設計、在地行銷廣告資訊推播都是來自於後台的消費者行為預測與關連性消費行為分析。儘管 iBeacon 可以提供即時人流分布資訊，但是若沒有消費者資訊資料庫作為基礎，就無法提供百貨業者適當的行銷方案。

因此，在智慧商務的環境中，除了科技本身會帶來的應用議題之外，如何透過不同裝置獲取消費者行為資料，並設計出符合各利益關係人的商業模式，將會是未來的主要挑戰。相較於現有的消費者圖像分類，大數據技術可以將消費者族群切分成為眾多小團體模式，進而設計出更多特定消費族群的促銷方案，提供零售服務業者更多潛在銷售機會。

三、抓住一瞬間的商機

新零售行為的應用不在於將零售環境區分為實體或虛擬，而是如何利用資訊科技與分析技術看到消費者真實的服務需求，進而設計出更符合消費者真實需求的服務環境，線上與線下銷售之間的界線差異逐漸消失。

例如：我們在賣場或購物網站進行問卷調查工作，希望透過問卷量表獲得消費者對於服務、產品、賣場環境等改進資訊，但傳統的分析工具很難即時提供資訊，造成調查結果無法立刻落實零售服務內容的改善。

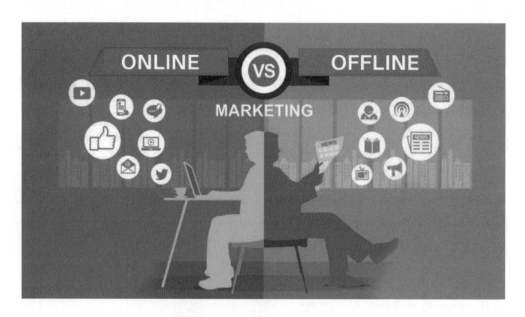

智慧商務之下的新零售行為則是可以透過觀察分析消費者真實的行為反應、服務接受滿意情形、服務場域冷熱區位即時資訊、熱門商品關注時段與對象等資訊，在實體與虛擬環境上提供更貼近服務需求的內容，提供消費者更好的零售體驗過程。

四、臺灣的應用經驗

以臺灣的應用而言，燦坤 3C 利用少量 Beacon 技術與 AR 辨識技術構建起整合實體與虛擬零售的賣場環境，除了讓消費者可以在賣場中透過手機尋寶遊戲，增加對於特定 3C 品牌的新品認識之外，也讓消費者能夠在不同的環境下，透過 APP 掃描任意零售賣場 DM 的方式，直接連上該公司所屬的 TKEC 電商平台，進行比價行為，使消費者可以更輕鬆地解決 3C 產品比價、保固條件、贈品服務等需求，增加消費者在燦坤實體門市或電商門市下單的機會。

何以燦坤可以完成電商與行動服務、實體門市之間的串接？主要還是由於透過科技的協助，廠商可以在後台即時分析哪一個門市目前的消費者對於新品促銷參與程度較高；消費者目前透過手機關注的品牌與產品項目為何；現有對手在網路上的競爭資訊等關於消費者下單的決策因素，並根據會員資料與購買記錄，提供消費者完全客製化的服務內容。

因此，對於許多零售服務業者而言，透過成熟的零售科技應用，有效串連起原本散落四處的消費者偏好與需求資訊，並且即時整合分店、電商平台的營運資訊，提供消費者更好的零售體驗環境，是邁入智慧商務環境的重要基礎。

對於零售服務來說，如何應用科技發展出創新服務，比科技本身是否前瞻更為重要，以往受限於前瞻科技導入成本與服務設計的障礙，使得零售環境區分成實體環境與虛擬環境，然而在新技術導入成本普遍降低、個人裝置普及率大幅提昇的情形之下，針對消費者旅程需求設計出創新服務內容，才是未來零售業的最大挑戰。

1.3 創新服務的最後一哩路：智慧物流應用

對於許多新的商業服務模式而言，不管交易的空間環境屬於實體環境或虛擬環境，服務傳遞過程的結束都需要配合物品的運送傳遞過程，才能成為一個完整的商業服務，因此物流系統在智慧商務的環境扮演相當重要的功能角色。

一、物流服務帶動商業創新

以電子商務所帶動的物流服務需求而言，線上交易必須能夠完成最後的物品運送才算完成交易行為，因此如何將線上購物交易之後的物品快速送達，便成為所有電子商務平台營運的重點，也帶動智慧物流技術的興起。以中國的線上購物為例，2012 至 2015 年平均成長率即高達 32%，2015 年產值達到 3.3 兆人民幣，背後需要許多的物流服務系統支撐整個電商產業的運作，否則難以實現創新服務模式的最終目的：減少交易成本，提昇購物體驗。

傳統的物流服務多以企業之間的倉儲運輸服務為主，後來由於電商平台與實體零售環境的變遷影響，物流服務逐漸朝向個人化、即時化的目標發展，將原有的貨物等待時間，透過不同的資通訊科技大幅縮短，並以配合最終使用者的生活型態與需求，發展出許多的創意新服務。

現階段的智慧物流服務主要以冷鏈物流、特定點對點物流服務模式為主，以配合電子商務廠商引入生鮮產品販售的需求，同時也利用特定區域內的取物箱技術與電子支付技術，配合消費者平日收取貨物困難的需求，結合大眾交通系統與配送取貨服務創新，提供更多的便利性物流服務。對於智慧物流的發展而言，未來最具關鍵性的技術是物聯網（Internet of Things, IoT）相關技術的應用。IoT 技術包含物件的辨識、物件之間的通訊、物件資訊的計算與處理，同時大量運用雲端平台與行動通訊技術，建構起一個創新的物流商業運用環境。

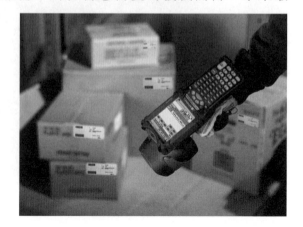

從物品進入倉儲系統開始，IoT 技術便可廣泛運用在物品的位置追蹤、運輸路線與位置回報、交貨地點確認等資訊傳遞活動，更可以因自動溝通與回報的特性，設計出許多的智慧物流運用，例如：製造廠商利用 RFID（Radio Frequency Identification, RFID）技術將產品發貨至第三方物流公司等待出貨，訂購貨物的廠商可以利用 RFID 追蹤現貨出貨進度與庫存資訊，並結合貨運車隊的追蹤技術，即時掌握在途庫存與到貨地點的時間，並根據個別產品包裝的 IoT 裝置資訊，了解貨物可能的損傷情形與發生地點，可以更有效地釐清賠償責任問題。

二、分享經濟模式改寫未來智慧物流樣貌

新資訊技術不僅改變物流行業的樣貌，同時也讓分享經濟運作模式融入智慧物流服務。為解決尖峰時間物流貨運業運量不足、充分利用交通載具閒置能量，臺灣與中國業者紛紛想出以手機 APP 媒合文件遞送需求服務，利用機車、行人等運輸資源配合 APP 程式的定位技術，發展出創新的智慧物流運輸模式，解決部分業者所面臨的運輸能量不足問題，也將資訊科技與行動載具結合，使人人都可以成為物流系統的一份子。

對於智慧物流應用模式而言，未來的趨勢將逐漸朝向無人載具技術的應用，使人力使用成本與數量獲得控制。中國阿里巴巴與美國亞馬遜等電商廠商為了應付龐大的內部物流配送需求，除了透過自建倉儲系統滿足貨物運送服務需求外，同時也積極引入機器人設備，加速內部物流系統處理各類包裹的效率。

機器人技術未來不僅將在企業內部物流中心扮演重要的角色，在無人飛機與無人汽車技術成熟之後，可望成為日後物流運輸服務的重要環節，使得智慧物流的運作朝向無人化自動服務的模式發展，減少對於運輸倉儲人員的依賴，實現以 IoT 技術驅動智慧物流環境。

未來物流服務領域上，為了因應電商與實體零售產業對於消費者物品運送的服務需求，創新服務模式將會越來越多。中國大陸電商產業的發展顯示，若無強大的物流服務解決消費者購物之後的實體配送以及逆物流回收服務，電商的發展會受到相當大的限制；實體零售未來在數位體驗技術更加發達之後，對於如何把銷售物品在顧客需要的時間內送達也將會有明顯的需求，這些來自於服務前台的營運模式創新將刺激物流產業開發出更多、更新的技術應用，把物流服務結合其他服務內容，提升智慧物流的服務價值。

1.4 交易支付新技術：FinTech技術應用

　　隨著行動支付技術、生物辨識支付技術的廣泛應用，在未來的商業環境內，交易支付的樣態將會逐漸由現金支付的方式，轉為由行動裝置或個人身體特徵來做為支付的工具，而以往在商業活動上各個對象不透明的交易帳戶與支付方式，也隨著虛擬貨幣以及區塊鏈技術、大數據技術得以串連處理，使得非金融機構開始具備跨國金融交易服務的能力。

一、智慧金流：串連商業交易的關鍵

　　金融科技主要的創新，在使消費者以行動設備與網路進行支付時更為簡便且有價值，而能實現無現金（Cashless）交易。具體的創新大概有四方面：(1) 行動支付（Mobile Payment），如電子錢包及商家的行動支付平台等；(2) 帳單整合（Integrated Billing），如行動購物與付款的 APP 及整合式的行動購物 APP；(3) 支付的串流（Streamlined Payment），如從機器到機器（Machine to Machine）的支付模式；及 (4) 下一世代之安全交易機制（Next Generation Security），如生物特徵的身分驗證（Biometrics）及以所在地為基礎的身分驗證（Location-based Identification）。

FinTech 技術的應用將會日趨廣泛，北歐國家已經宣布未來將會全面採用行動支付技術，逐漸取代實體貨幣交易方式，而各類第三方支付工具的發展也將改寫未來商業服務場域內的支付行為，使消費旅程的最後一哩路可以更加多元。在智慧商務的環境中，支付型態與技術將會呈現多元的發展樣態，除了消費者已經熟知使用的行動載具支付技術之外，國際廠商也針對臉部辨識、生物特徵辨識等新技術展開應用研究，使日後消費者的支付行為不再需要依賴貨幣或是手機，顧客本身就是可以用來支付消費的憑證，解決消費過程中常常出現的結帳人龍。

這些技術應用得力於資訊科技與網路技術的發展，使得大型店家可以發行自有的支付工具或結合第三方業者的開發，提供消費者更為便利的金流應用工具，同時也確保交易雙方在金流服務上的安全性。FinTech 的好處在於可以確保店家的收益不因為收受虛假貨幣而遭受損失，而在競爭工具增加的情形之外，也可以協助店家降低信用卡等塑膠貨幣的交易成本，減少金流處理成本的困擾。

二、智慧金流趨勢：更簡便、便宜的應用科技

以 Apple 公司所推出的 Apple Pay 支付技術為例，該系統將消費者的信用卡資訊數位化處理之後，消費者便可以憑藉手機內的電子錢包功能，以 NFC（Near Field Communication）或電子傳輸方式在各類實體與虛擬商店支付；對於店家而言，裝置符合 Apple Pay 所需的硬體也符合 Visa 組織新一代的信用卡收單裝置要求，建置成本相對低廉。而相對於信用卡公司對於每筆交易收取交易金額 1 至 2% 的手續費用，Apple Pay 的使用僅需要支付每筆 15 美分左右的手續費用，對於商業服務之店家來說，具有更高的採用誘因。

對於一般消費者而言，行動支付技術大致可以分為三類：條碼技術（Bar Code Based）、雲端技術（Cloud Based）、近場感應技術（NFC Based），現有的行動支付廠商除了強化自己原有的技術優勢之外，同時也積極發展其他技術應用組合的支付模式，以達到便利消費者與店家在金流支付方面的需求。

然而，對於許多原先習慣現金或信用卡作為支付的社會，推動行動支付與其他金融科技的障礙不在於技術問題，而是由於消費者對於新興支付工具的使用方式過於陌生、缺乏實體金融交易的信任感、對於新金融工具的操作模式不清楚等因素，延遲創新支付科技在商業環境上的大量使用。

另一類金融科技的發展集中在虛擬貨幣、區塊鏈技術等項目上，構成金融服務創新的來源與應用，並且因爲這一類技術的發展，使得金融服務業面臨到前所未有的生存壓力。傳統貨幣供給體系與帳務管理體系分屬於許多不同的組織，運作流程上必須克服許多的交易成本與資訊蒐集成本，也因此導致商業環境下的金流服務大多需要支付幅度不一的手續費，而貨幣之間的匯率風險也是商業環境內的營運障礙，因此與之相關的科技服務，主要解決金融服務過於保守不透明的問題，使金融體系之間的聯繫與運作維持在創新應用的環境，也提供更爲便利的金流服務。

三、商業交易進化的機會

資訊科技爲商業活動帶來許多新機會與發展模式，解決企業與消費者之間資訊落差，提供更多的購買誘因，並且從各式的消費行爲資料裡，發掘出更多連消費者都未曾察覺到的需求，創造出更多的消費商機。

無論科技如何演化發展，商業行爲是支撐社會運作以及經濟發展的重要領域，智慧商務時代的來臨並非宣告原有的商業模式與活動就此消失，而是提供更多便利

的服務工具與環境，使商業服務可以更貼近消費者的日常需求，透過科技與數據分析工具的協助應用，從事商業活動的企業可以更清楚知道市場需求與顧客偏好的變化，從而做出更好的商業決策判斷，減少在產品與服務的產出浪費，也增加社會整體在各類資源運用上的效益。

正因爲智慧商務環境提供便利的資訊服務、金流服務、物流服務等應用工具，未來的環境需要對於商業需求有更深入的察覺以及服務模式設計，使商業交易與服務模式能夠透過上述的服務工具協助，發展出創新的服務模式，帶動整體產業應用上的革新與轉變。在智慧商務的環境內，科技本身並不是唯一驅動服務創新的來源，更多的商業活動創新機會來自於對於市場需求、交易過程痛點的深入認識，並利用簡單易用的使用模式促進商業創新，所以如何利用科技帶來消費行爲轉變的服務創新，才是智慧商務發展的眞正目的。

1.5 本書章節之安排

　　近年來隨著全球大數據及物聯網的技術應用推動，世界各國都積極強化跨產業合作及產銷物流的智慧商務科技的導入與運用，並發展個人化及虛實資訊整合的智慧化營運管理服務，以及創新型態智慧商業應用模式，為消費者建構有感的消費服務，創造差異化的競爭優勢。

　　有鑒於此，本書第一篇針對智慧商務技術與現況進行一個導論性的介紹，包含第一章至第三章。第一章為「智慧商務導論」，介紹智慧商業科技相關的應用如何改變產業與競爭的樣貌，並簡單描述零售體驗與服務創新發展現況，智慧物流如何成就創新服務的最後一哩路，以及金融支付技術對於商務環境的變革與影響。

　　第二章與第三章分別就智慧商務技術進行深入說明。第二章首先介紹物聯網發展與應用；第三章則探討大數據的應用。藉由相關智慧商務技術的基礎來說明其如何帶動零售產業變革與物流通路創新，發展出電商與實體商店串連的虛實整合營運模式。

　　本書的第二篇則針對「智慧零售」進行深入探討，首先由第四章「智慧零售導論——產業需求變化」開場來說明零售業現況與發展趨勢，並藉由顧客旅程地圖規劃出符合顧客需求的服務場域，並藉由相關智慧零售案例解析如何提供客製化的消費者體驗，並透過商業智能分析提升營運績效。

　　第五章「智慧零售新貌——服務創新應用」則分別探討先進技術在智慧零售之應用、跨境電商於智慧零售之進展，以及行動支付於智慧零售之展望。第六章「智慧零售工具——電子商務工具與運用」、第七章「智慧商務主角——消費者購物行為分析」則是透過了解消費者如何制定和執行其有關產品與服務的取得、消費與處置決策，並透過相關電子商務工具來進一步收集消費者資訊，分析、歸納並洞察消費者的真正需求，達到成功銷售目的。

　　對於許多新的商業服務模式而言，不管交易的空間環境屬於實體環境或虛擬環境，服務傳遞過程的結束都需要配合物品的運送傳遞過程，才能成為一個完整的商業服務，因此物流系統在智慧商務的環境扮演相當重要的功能角色。

據此,第三篇專就「智慧物流」進行詳細的介紹。第八章「智慧物流導論——產業需求變化」、第九章「智慧物流架構——商業模式整合」、第十章「智慧物流能力——作業管理技術」、第十一章「智慧物流——資通訊應用案例」,以及第十二章「智慧物流——實際案例分享」。

各章節分別就不同面向,探討從採購、生產、銷售乃至售後服務相關的物流與後勤支援的整體運籌體系如何進行改造與升級,使得物流競爭力成為企業競爭力的重要環節。物流運籌體系的升級,需要從整體供應鏈的物流與資訊流的管控與高效率化、低成本化著手,其中雲端運算、大數據分析、物聯網、智慧化設備等先進 IT 技術的導入與應用,是不可或缺的元素;為達到兼具高效率化與低成本化,降低人工作業程度,在各環節導入智慧化設備,是未來物流運籌體系的必然發展趨勢。

最後,隨著智慧創新科技的改變,金流(金錢的移動)的轉型已非獨立業務型態改變,而是與物流(廠商將產品送到消費者手上的過程)、商流(資產所有權的移動)及資訊流(為達成商流、金流、物流等各項流動所造成的資訊交換)等間的融合演化。

許多新興金融科技也因之崛起,提供創新之金融服務,結合社群媒體、行動通訊、雲端服務、大數據分析等科技應用,大幅改變人們支付、融資、保險、募資及投資等方式。

因此,本書第四篇則是深入探討「智慧金融」。第十三章首先說明「智慧金融導論:為何智慧金融會崛起」,接下來分別建構相關基本概念。第十四章「智慧金融之大數據篇」、第十五章「智慧金融之轉帳篇」、第十六章「智慧金融之貸款篇」、第十七章「智慧金融之交易市場篇」。

章後習題

一、選擇題

( ) 1. 何謂智慧商務，以下何者不是？

(A) 商業活動以無縫的方式進行

(B) 貨物的遞送總能在彈指片刻準時送達

(C) 銷售隨時隨地都可以發生

(D) 不需要考慮金流

( ) 2. 本智慧商務導論課程總共有四個模組，下列何者不是？

(A) 智慧零售　　　　　　　　(B) 智慧物流

(C) 智慧金融　　　　　　　　(D) 工業 4.0

( ) 3. 智慧物流是以資通訊科技為基礎，處理物流過程中的各個環節，下列何者不是？

(A) 倉儲作業　　　　　　　　(B) 人員管理

(C) 流通加工　　　　　　　　(D) 運輸、配送

( ) 4. 金融科技的主要創新是在於希望消費者能透過行動裝置以及網路支付，在正確無誤及安全的機制下實現無現金交易，下列何者為金融創新？

(A) 行動支付（Mobile Payment）

(B) 帳單整合（Integrated Billing）

(C) 支付的串流（Streamlined Payment）

(D) 下一世代之安全交易機制（Next Generation Security）

(E) 以上皆是

( ) 5. 美國經驗顯示，店家接受行動支付或電子支付的最大誘因是什麼？

(A) 結帳容易迅速　　　　　　(B) 手續費低

(C) 使用者眾多　　　　　　　(D) 搭配優惠折扣多

二、問答題

1. 智慧零售服務模式可以概分為哪些模式？消費者體驗科技如何協助增強智慧零售服務？

2. 試列舉一個新興科技與智慧服務的整合應用。

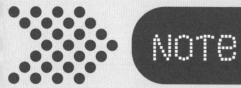

NOTE

02

智慧商務技術─物聯網發展與應用

- ❖ 2.1 網際網路的世界
- ❖ 2.2 全面進化的網際網路：物聯網
- ❖ 2.3 物聯網技術在零售上的應用
- ❖ 2.4 事情不是憨人所想的那麼簡單－物聯網的挑戰與困難

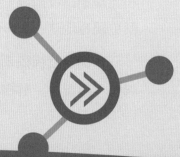

物聯網進行商業應用需具備三大要素：全面感知、可靠傳輸、智慧處理（張志勇等人，2013）。這三大要素分別對應到物聯網架構的：感知層、網路層、應用層。應用層是物聯網與行業間進行的專業技術融合，是依照商業需求對網路層中的感知數據進行分析處理，以提供特定的服務，例如：遠端監控、智能居家、智慧零售、大型商場定位導航、食品產銷履歷追蹤等應用。

然而，應用層的實現還需要「網路層」及「感知層」的搭配。感知層用以感知及收集資料，例如：位置、溫度、壓力、亮度等。網路層用來傳送所收集的資料到不同的分析平台。如此，應用層才有足夠且正確的資料進行分析與決策，做出合適的商業應用。

以下將從網路層介紹起，因為物聯網是由網際網路進化而來。2.1，介紹網際網路的基本概念及常見的感測器。接著 2.2，介紹物聯網的三層架構及常見的應用情境。2.3，則介紹物聯網技術在零售業上的應用，讓讀者了解利用物聯網技術如何達成智慧零售的案例。2.4，討論物聯網在商業應用或者智慧零售上面臨的感知層的完備性、通訊規格的統一、資訊安全及成本等議題。

2.1 網際網路的世界

網際網路（Internet），意思是將世界上的所有電腦，透過網路的聯結和標準化的通訊協定，彼此相互通訊。網際網路以一組標準的網路 TCP/IP 協定族相連，鏈接全世界幾十億個裝置，形成邏輯上的單一巨大國際網絡，它是由從地方到全球範圍內幾百萬個私人的、學術界的、企業的和政府的網絡所構成，通過電子、無線和光纖網路技術等一系列廣泛的技術聯繫在一起。網際網路上傳輸的資訊在數秒內就可繞行地球一周，如此快速的傳輸速度，真正實現了「天涯若比鄰」的理想。

本節將就網際網路的運作、無線行動上網及感測器和網際網路的結合等內容作說明，讓讀者了解物聯網發展的脈絡。

一、網際網路實現地球村

地球村是指加拿大傳播學家麥克盧漢的《關於理解新媒介的報告》裡提出來的一個概念，即為「新型電子條件下的相互依存性，把世界重新塑造成為一個地球村的形象」（保羅・萊文森，2001）。

現今網際網路的發達，電子媒介就可以使信息傳播到萬里之外的地方，地球上的重大事件可以同步 / 即時傳播，空間距離和時間差異不復存在。電子媒介的同步化性質，使人類社會結成了一個具有密切的相互關係、無法靜居獨處的、緊密聯結的小社區。新媒介使大區域變成了可以互動的小社區，信息的暴露也更為充分和全面，人們具有了獲得公共信息的相等機會，網際網路使地球村得以實現。

二、如何連上網際網路

網際網路之間彼此溝通必須要有公共的規範，稱之為網際網路協定套組（Internet Protocol Suite, IPS），是一個網路通訊模型，以及一整個網路傳輸協定家族，為網際網路的基礎通訊架構。它常被通稱為 TCP/IP 協定家族（TCP/IP Protocol Suite，或 TCP/IP Protocols），簡稱 TCP/IP。因為這個協定家族的兩個核心協定，包括 TCP（傳輸控制協定）和 IP（網際協定），為這個家族中最早通過的標準（維基百科，2016）。

由於在網路通訊協定普遍採用分層的結構，當多個層次的協定共同工作時，類似電腦科學中的堆疊，因此又被稱為 TCP/IP 協定棧（TCP/IP Protocol Stack）。這些協定最早發源於美國國防部（DoD）的 ARPA 專案，因此也被稱作 DoD 模型（DoD Model）。

TCP/IP 提供點對點的聯結機制，將資料應該如何封裝、定址、傳輸、路由以及在目的地如何接收，都加以標準化（寬頻網路技術，2005），如圖 2-1。它將軟體通訊過程抽象化為四個抽象層，採取協定堆疊的方式，分別實作出不同通訊協定。協定家族下的各種協定，依其功能不同，被分別歸屬到這四個階層之中，常被視為是簡化的七層 OSI 模型（鳥哥，2011），如圖 2-2。

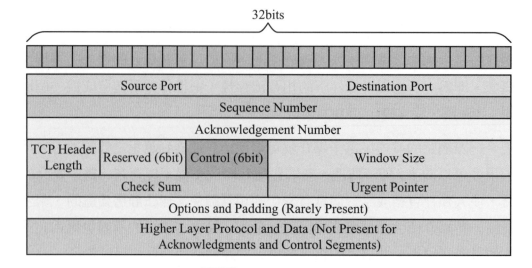

圖 2-1　TCP 封包格式

資料來源：維基百科，2016

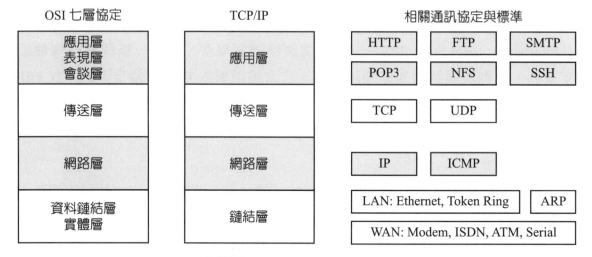

圖 2-2　OSI 七層與 TCP 四層

資料來源：鳥哥，2011

　　全世界有數以百計的電腦同時在運作，要如何辨識，其作法就是每台電腦給予一個位址（Internet Protocol, IP），這個位址就像學生的學籍，或是你我住家的地址一樣，都是獨一無二的。IP 是以「XXX.XXX.XXX.XXX」為表示方式，X 是從 0 到 255 的數字。例如：中興大學電腦郵件主機的位址為 140.120.1.21。

　　網際網路協定位址（Internet Protocol Address，又譯為網際協定位址），縮寫為 IP 位址（IP Address），是分配給網路上使用網際協議的裝置的數字標籤。常見的 IP 位址分為 IPv4 與 IPv6 兩大類。

在網路中所使用的網路位址是一大串數字，對人的記憶而言，是一項考驗。所以爲了記憶上的方便，就給每一台機器一個以文字型態表示的名稱，去對應他的 IP address，而提供這種對應服務的稱爲領域名稱服務系統 DNS。例如：中興大學電腦郵件主機的名稱爲 dragon.nchu.edu.tw，透過 DNS 會去對應位址爲 140.120.1.21。

領域名稱服務系統是採階層式的架構，最上一層爲服務系統的最高層，再來細分爲有組織性質的單位或以地區作爲分類。各分類常用代碼舉例說明如下：

表 2-1　DNS 分類表

主機類型	單位名稱	組織性質	國家代號
www：全球資訊網 ftp：檔案傳輸主機 news：新聞主機 mail：信件主機	hinet：中華電信 acer：宏碁電腦 cpa：行政院 nchu：中興大學	net：網路組織 com：公司組織 gov：政府機關 edu：學校機關	tw：臺灣 hk：香港 jp：日本 uk：英國

資料來源：教育大市集，存取日期 2016/7/15

三、無線網路

無線網路讓電腦或裝置間不需透過纜線進行無線的通訊上網。對物聯網技術而言，無線網路技術可再分爲外網及內網技術，分別應用於長距離及短距離的無線通訊。

3G 意指 Third Generation，是第三代行動電話的簡稱。3G 規格是由國際電信聯盟（ITU）所制定的 IMT-2000 規格的最終發展結果。IMT-2000 規定行動終端以車速移動時，資料傳輸速率爲 144Kbps，室外靜止或步行時速率爲 384Kbps，在室內爲 2Mbps。2007 年，ITU 再制定了 IMT-A 標準提高低速與高速峰值速率，要求低速環境時峰值速率爲 1Gbps，高速環境則是 100Mbps。

相較於前幾代的系統（1G、2G 與 2.5G），3G 提供更高的通話品質與高速的傳輸容量、速度，除了提供語音與簡單的訊息服務外，還可以傳送動態影像與高解析度畫面。3G 無線通訊結合網際網路成爲新一代多媒體行動通訊系統，能夠處理圖像、音樂、視訊等形式，提供網頁瀏覽、電話會議、電子商務等資訊服務（逍遙文工作室，2012/3/23）。

現今已經發展起 4G，即第四代行動通訊技術（The Fourth Generation of Mobile Phone Mobile Communication Technology Standards, 4G），是 3G 之後的延伸。從技術標準的角度看，靜態傳輸速率達到 1Gbps，用戶在高速移動狀態下可以達到 100Mbps，4G 為現在熱門行動上網技術。

即使 4G 無線網路提高了速度，但仍會有嚴重的堵塞問題。例如，美國洛杉磯為例，該地區在高峰期 AT&T 公司的 4G 網路速度不到 1Mbps，還不如 3G。未來幾年，各種聯網裝置的數量會呈等比級數增長，如果無線網路效能未提升，恐怕無法滿足用戶需求（大壯旅，2017）。

5G 規格的設定，以日後更為廣泛且多元化的應用及相關情境為目標。這三大應用情境方向包括：增強型行動寬頻（Enhanced Mobile Broadband）、超可靠且低延遲通訊（Ultra-reliable and Low Latency Communications）、大規模機器型通訊（Massive Machine Type Communications）（鍾曉君，2015）。增強型移動寬頻情境中，藉由 5G 的高傳輸效能提供 VR/AR 的身臨其境體驗（Immersive Experience）。超可靠且低延遲通訊應用情境中，如智慧汽車或智慧工廠（林修民，2017），要求數據反應在毫秒級做出及時的反應及控制，大規模機器型通訊情境中所有設備皆可以互聯，如智慧汽車藉由車聯網，不但可以提供 360 度視距感知，還可以溝通不同汽車間的駕駛意圖，並且共享不同車輛上感測器，來提高駕駛人對路況的預測能力，避免車撞車、車撞人的意外發生（梁風，2017）。

前面所介紹的無線技術皆屬於外網技術，讓不同的物聯網間進行長距離的通訊。底下介紹重要的內網技術，用於短距離的物與物的通訊，形成小範圍的物聯網。

藍牙無線技術標準，1994 年由電信商愛利信（Ericsson）發展出這個技術。此技術讓不同的裝置在短距離 10-100 尺間進行交換資料，形成個人區域網路。藍牙技術目前由藍牙技術聯盟（SIG）來負責維護其技術標準，2016 年 6 月推出藍牙 5 規格，有效傳輸距離理論上可達 300 米，傳輸速度上限為 24Mbps。藍牙 5 還支援室內定位導航功能，結合 Wi-Fi 可以實現精度小於 1 米的室內定位，允許無需配對接受信標的資料，如廣告、Beacon、位置資訊等（維基百科，2017）。

藍牙技術的成熟，成為物聯網無線通訊的主流之一，從藍牙 4.2 起就有許多應用，現今的智慧手機及電腦都倚賴藍牙 4.0 做數據傳輸，智慧家庭設備、消費性電

子、Beacon、穿戴式裝置等也都採用藍牙進行裝置間的連線。蘋果在 2013 年，宣布基於藍牙 4.0 技術的 iBeacon 協議，允許在沒有 GPS 環境下，藉著 iBeacon 進行室內定位。另外，iBeacon 基地台能透過與智慧手機的相對位置進行定位，推送及收集使用者進店數據及軌跡（愛范兒，2016）。

藍牙裝置間可進行點對點或者單點對多點的溝通，但不論是採取何種形式的拓撲結構，它們皆共享一個實體通道進行通訊，共有一個實體通道的藍牙設備的集合稱之為 Piconet 架構。此架構中，只能有一個設備擔任 Master，其餘皆為 Slave 設備，一個 Master 設備最多可以連接 7 個活躍的 Slave 設備。

建立 Piconet 的過程如下：當某個藍牙裝置啓動後，會先偵測附近是否有其他的 Master 裝置，若沒有，該設備會將自己的角色設為 Master。接下來，它們尋找附近的藍牙裝置，尚未加入此 Piconet 的裝置便可以 Slave 身份加入此 Piconet。一個藍牙裝置可以 Master 或 Slave 的角色加入其它獨立的 Piconet，如此，便可以連接多個 Piconet，擴大通訊範圍，此種形式的藍牙網路稱之為 Scatternet（張志勇等人，2013）。

ZigBee 是一種低速短距離傳輸的無線網路協定，底層是採用 IEEE 802.15.4 標準規範的媒體存取層與實體層。主要特色有低速、低耗電、低成本、支援大量網路節點、支援多種網路拓撲、低複雜度、快速、可靠、安全。ZigBee 的傳輸距離為 50-300M，傳輸速率 250kbps，此技術主要由 Honeywell 公司組成的 ZigBee Alliance 制定，從 1998 年開始發展，於 2001 年向電機電子工程師學會（IEEE）提案納入標準規範之中，自此 ZigBee 技術漸漸成為各業界共同通用的低速短距無線通訊技術之一。ZigBee 無線通訊標準已廣泛應用於家庭娛樂與控制、無線感測網路（WSN）、工業控制、嵌入式感測、醫療數據蒐集與建築自動化等領域。

網路裝置的角色可分為協調器（ZigBee Coordinator）、路由器（ZigBee Router）、終端設備（ZigBee End Device）等三種。1-30 公尺近距離內的多個 ZigBee 終端設備可以自己形成個人區域網路（Personal Area Network, PAN），在一個 PAN 內需要一個 ZigBee 協調器，負責管理節點資訊、建立網路並分配網路位址。在同一個 PAN 內，除了協調器外，可以有多個 ZigBee 路由器，負責建立資料封包的傳送路徑及並傳送資料封包。路由器同時也可配置網路位址給所屬的 ZigBee 終端設備，終端設備則負責收集資料或依信號作動控制設備。

ZigBee 無線通訊的重點在於設備自動化,而藍牙則聚焦於電腦設備及其週邊的連接,皆是用來取代傳統的電纜傳輸線。兩者間的差異在於 ZigBee 的資料傳輸速率及電力功耗較低,通常是在簡易的訊息傳遞與控制,而藍牙提供較高的資料速率以進行設備間大量的數據交換,如檔案或音樂傳輸。

四、當網際網路遇上感測器時

感測器(Sensor)就是專門感應外界事物物理量變化的情況,並將其轉換為電能的訊息、啟動或操作控制系統的裝置。日常生活中常見的感測器有:溫度計(感應外界溫度變化)、指北針(感應南北極磁場)等各種感測器,如圖 2-3。另外受歡迎的電視遊樂器 Wii,其搖桿內藏加速度感測器,可以讓 Wii 透過該感測器知道搖桿傾斜的狀況來作適當的回應(李曉妮,2015/04/12)。下面舉出生活中常見的感測器。

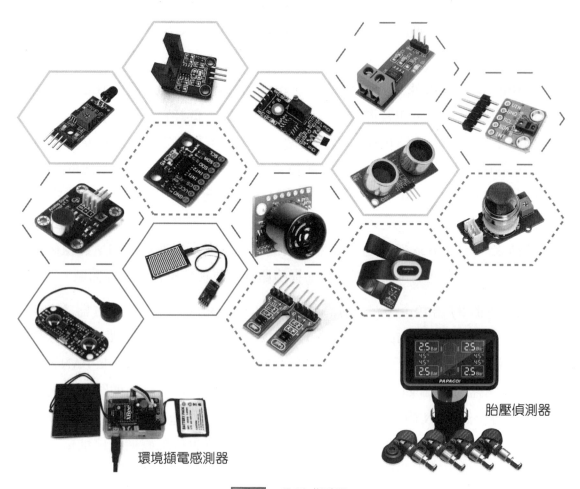

環境擷電感測器

胎壓偵測器

圖 2-3 各種感測器

資料來源:李曉妮,2015

1. 紅外線感測器

紅外線是日常生活相當常見的感測器,包括夜間自動照明裝置、自動門的感測、自動感應水龍頭等,還有許多揭示紅外線感測器在日常生活周遭的應用,如圖 2-4、圖 2-5。

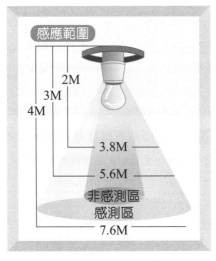

圖 2-4 自動照明示意圖

資料來源:上偉科技,2016

圖 2-5 自動門示意圖

資料來源:泰山自動門企業社,2016

2. 超音波距離感測器

超音波感測器目前廣泛應用於倒車提醒(如圖 2-6)、建築工地、工業現場等的距離量測應用,可測距離能到達百米,且測量精度最高能達 1mm,已足以應付相當多的測量應用。

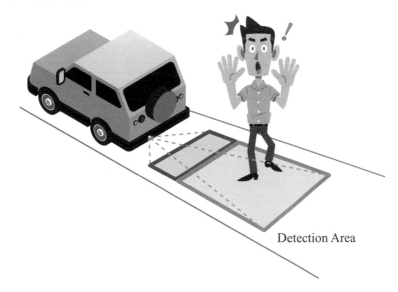

圖 2-6 倒車超音波示意圖

資料來源:ARTC 財團法人車輛研究測試中心,2014

3. 壓力感測器

壓力感測器目前應用於較專業的用途上，如鞋墊中安裝壓力感測器，藉此了解
使用者走路的習慣與姿勢是否
正確，壓力是否平均分散於腳
掌，此外壓力感測亦可用於互動
藝術上，如圖 2-7，瑞典斯德哥
爾摩地鐵即安裝壓力感測器在
階梯之中，當旅客踩到不同的階
梯就會發出各式各樣不同的音
階，讓旅客之間能有更不同的互
動。

圖 2-7　瑞典斯德哥爾摩地鐵音樂階梯
圖片來源：臺北 e 大學習論壇，2014

4. 溫度濕度感測器

溫濕度感測器可以辨識環境中的溫度與濕度資訊，普遍使用於冷氣機與除濕機
中，藉由溫溼度的數據，冷氣機與除溼機（如圖 2-8）就可以調整運行的模式
與溫度。此外溫溼度感測器也用在農業園藝業，依最適合的溫濕度、最佳的照
顧方式與日照，栽種出更優質農作物與花卉。

圖 2-8　冷氣機與除濕機示意圖
圖片來源：Bison，2012/11/26

5. 光敏電阻感測器

光敏電阻能偵測環境中的明亮度，目前周遭的路燈幾乎皆配備有光敏電阻（如
圖 2-9），不僅能在夏天日照較長時能省下電費，也能在冬季日照較短時提早
開燈，讓行車與用路人更為安全，也節省人力成本。

圖 2-9　光敏太陽能路燈

圖片來源：允興光電科技股份有限公司，2016

6. 無線感測器

感測器負責了前端資料蒐集與擷取，為了方便把收集到的資料回到後端伺服器，開始發展起無線感測器。

一個無線感測器，其硬體架構可包含：

(1) 微控制器（Micro Controller Unit, MCU），通常這類 MCU 時脈在 200MHz 以下，CPU 內嵌小量的 SRAM/DRAM/Flash 記憶體，並且存放小型的韌體 OS 與軟體，負責執行感測數據採集與運算。

(2) 電力供應單元（Power Unit），一般會使用到像是網路電力線（Power Over Ethernet, PoE）、鋰電池，或者是採用太陽能、壓電開關（Piezo Switch），或可借助環境磁力、無線電波產生電源的環境能源採集（Energy Harvesting）的設計。

(3) 一到多個感測單元，像是包含光線、溫度、濕度、壓力、磁力、振動、電流等的變化，通常會採用 MEMS 微機電感測元件。

(4) 無線射頻單元（RF Transceiver），通常使用 RFID 或其它支援低功耗的無線電傳輸，傳送少量量測數據封包後即刻關閉以節省電力，傳遞到感測中繼站（Sensor Hub）彙集後，才轉以較高速率的 Wi-Fi 802.11a/b/g/n 或 3G/3.5G 方式傳送到中央伺服器。中低速率無線傳輸技術的 RF 晶片如低於 1GHz 頻段的 Z-Wave、Thread；900MHz/2.4GHz 頻段的 ZigBee；2.4GHz 頻段的低功耗藍牙（Bluetooth Smart）等。

無線感測器的應用之一是居家自動化中，從早期煙霧感測器、瓦斯感測器、玻璃窗入侵感測器等應用，到近期 LED 燈具的環境情景設定、光源亮度設定，以及電動窗簾自動啟閉等，廠商紛紛開發出以 Z-Wave、ZigBee、BluetoothSmart 或 Wi-Fi 無線遙控的不同款式的 LED 燈具、家電、門鎖等。

五、結論

網際網路將世界變成了一個地球村，藉由有線及無線網路，人們更便利地使用網際網路上的各項商業服務。感測裝置的小型化、價格普及化等因素促使應用更多感測器在一般的生活中，這些感測器類型如：溫濕度、指北針、壓力、加速度等。

藉由網際網路為資訊傳輸的承載體，感測器間可以相互溝通，並將資料傳送到工作站做進一步的分析與控制。這個模式讓感測器有著更多的應用，如智慧冰箱、智慧空調、智慧燈光、智慧插座、穿戴裝置等。我們可以預期未來將會有無所不在的感測器形成無線感測器網路，進行大面積的資料蒐集、數據監控、自主運算、自主傳輸等工作，讓網際網路的世界有著更多的發展與應用。

2.2 全面進化的網際網路：物聯網

物聯網（Internet of Things, IoT）是以網際網路及電信網路為資訊承載體，讓所有普通物體互聯的網路，物聯網一般為無線網，每個人都可以應用電子標籤將真實的物體上網聯結，並查出物體的實體位置。每個人周圍的裝置可以達到一千至五千個，所以物聯網可能要包含 500 兆至一千兆個物體。透過物聯網可以用對機器、裝置、人員進行集中管理、控制，建立自動化操控系統，同時透過收集這些感測器資料，最後可以聚合成大數據，利用這完整的資料進行更好的管理與設計。這些應用例如：重新設計道路以減少車禍、都市更新、災害預測與犯罪防治、流行病控制等。

本節內容分成四部分，首先介紹各種物聯網裝置的應用，如智慧冰箱、運動監測等。其次，介紹物聯網的體系的核心，說明建立物聯網有哪些核心工作必須完成，才能進行應用。最後，討論物聯網應用衍生出的安全及隱私的議題。

一、萬物皆連網

　　物聯網將現實世界數位化，應用範圍十分廣泛，生活周遭常見的物品，都開始具備上網的功能。物聯網的應用領域主要包括：健康醫療、節能、智慧居家等，具有十分廣闊的市場和應用前景。

1. 廚房系統

　　為傳統烤箱加入 Wi-Fi 功能會有什麼好處？你可以使用手機應用控制溫度，包括預熱和加溫，更酷的是你還可以下載菜譜，實現更具針對性的烹飪方式（愛逛街，2015/7/5）。不僅僅是烤箱，一些高級咖啡機、調酒機也都配備了 Wi-Fi，廠商會不定期更新咖啡或是雞尾酒菜單，讓你在家就做出咖啡廳、酒吧的味道。如下圖 2-10。

圖 2-10 廚房系統

圖片來源：舒適 100 網，2016

2. 空調及溫控

　　沒有什麼比在炎熱的夏季進入涼爽的室內再愜意的事情了，但如果家中無人，如何實現自動溫控？答案就是智慧空調或是恆溫器。比如 Quirky 與通用電氣合作推出的 Quirky Aros 智慧空調，不僅可以通過手機實現遠程溫控操作，甚至還能記住慣用戶使用習慣，並通過 GPS 定位用戶位置實現完全自動的溫控操作（愛逛街，2015/7/5）。如下圖 2-11。

圖 2-11　家電裝置

圖片來源：Cooper，2014

3. 燈光

智慧燈泡也是一種非常直觀、入門的物聯網家居體驗，任何用戶都可以輕鬆嘗試（愛逛街，2015/7/5）。目前，智慧燈泡品牌逐漸增多，其中包括飛利浦、LG 這些大家耳熟能詳的大品牌，我們可以通過手機應用實現開關燈、調節顏色和亮度等操作，甚至還可以實現燈光隨音樂閃動的效果，把房間變成炫酷的舞池，如下圖 2-12 所示。

圖 2-12　使用行動裝置控制室內燈光

圖片來源：VinoTX Lighting，2016

4. 插座

插座是一切家用電器獲得電力的基礎介面，如果它具備了連接互聯網的能力，自然其他電器也同樣可以實現（愛逛街，2015/7/5）。目前市場中的智慧插座

品牌日益豐富，知名產品如貝爾金、Plum、D-Link 等等，它們不僅可以實現手機遙控開關電燈、電扇、空調等家電，還能夠監測設備用電量，生成圖表幫助你更好地節約能源及開支。如下圖 2-13。

圖 2-13　智慧插座

圖片來源：愛逛街，2015

5. 運動監測

科技為我們帶來了全新的運動方式，你可能已經使用運動手環或是智慧手錶來監測每天的運動量。不僅如此，在家中放置一台新型的智慧體重秤，可以獲得更全面的運動監測效果（愛逛街，2015/7/5），類似 Withings 的產品（如圖 2-14），內置了先進的感測器，可以監測血壓、脂肪量甚至是空氣質量，透過應用程式為用戶提供健康建議，另外還可以與其他品牌的運動手環互聯，實現更精準、更完整的個人健康監測。

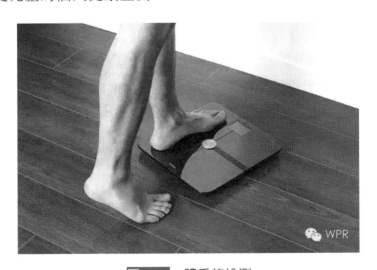

圖 2-14　體重的檢測

圖片來源：愛逛街，2015

6. 個人護理

不僅僅是運動、健身監測，物聯網技術也已經輻射到個人健康護理領域，包括歐樂 B、Beam Toothbrush 都推出了智慧牙刷，牙刷本身通過藍牙 4.0 與智慧手機連接，可以實現刷牙時間、位置提醒，也可根據用戶刷牙的數據生成分析圖表，估算出口腔健康情況（圖 2-15）（愛逛街，2015/7/5）。

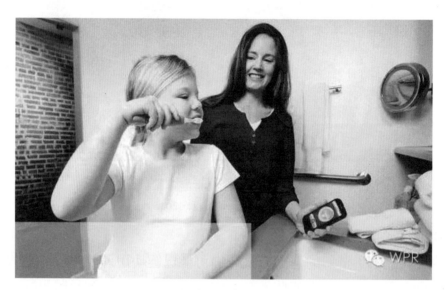

圖 2-15　智慧牙刷

圖片來源：愛逛街，2015

7. 家庭安全

物聯網的另一大優勢就是將原本「高大上」的企業級應用帶入到家庭中，比如安全監控系統。現在，只要你選擇幾個 DropCam、三星等品牌的家庭監控攝影機，就可以組成完整的家庭監控系統。這些監控攝影機通常具有廣角鏡頭，可拍攝 720P 或 1080P 影片，並內置了移動感測器、夜視儀等先進功能，用戶可以在任何地方使用手機查看室內的實時狀態（愛逛街，2015/7/5）。除了監控攝影機，還有窗戶感測器、智慧門鈴（內置攝影機）、煙霧監測器等可供選擇搭配。顯然，物聯網技術真正讓科技走進我們的生活，尤其是家庭生活，以前看似繁瑣的種種，都能夠通過物聯網家居設備變得輕鬆、愜意。我們也相信，未來的家庭生活會因物聯網變得更加美好。

二、兵家必爭之物聯網核心

　　組成一個完整的物聯網體系通常具備三種不同的工作內容，第一是「全面感知」：透過 RFID、感測器、二維條碼等感測元件針對的特定場景，進行資料收集或者是監控的動作。第二是「可靠傳輸」：透過各種網路技術，將感知元件上獲得的資料，傳遞至特定的人、事、物上。最後則是「智慧處理」：透過有效的分析及處理，使得雜亂無章的資料形成有用的資訊，有效的應用（張志勇等人，2013）。

　　歐洲電信標準協會將物聯網劃分成三個階層，「感知層」為三層中的最底層，用以感知數據資料。「網路層」為第二層，用以接收感知層的數據資料，並傳送至應用層。「應用層」為最貼近現實生活中的層次，應用接收到的數據資料解決問題。接下來進一步介紹物聯網的各階層。

（一）感知層（Device）

　　感知層是物聯網發展與應用的基礎，包括 RFID 技術、感應技術、控制技術及短距離無線通訊技術等關鍵技術。感知層在物聯網中就像是人體的皮膚及五官，針對場景進行感知與監測，收集許多不同的資訊，感知層包括許多具有感知、辨識及通訊能力的設備，例如：RFID 標籤及讀寫器、GPS、影像處理器以及如紅外線、溫度濕度、光度、亮度、速度、特殊氣體、音量、壓力等各式感測器。設備間利用感測能力對資料加以收集，接著透過彼此相互通訊將不同的資訊進行聚合，最後再將資訊傳至網路層，致使物與物亦或物與人之間產生聯結或互動。

（二）網路層（Connect）

　　網路層的基礎建築於網路上，網路的結構區分成了內網及外網。內網即是一般所說的區域網路，如公司或是學校內部的區域網路，在區域網路中，每台主機可以互相交換資訊，彼此所使用的內部 IP 位址是不可以重複的。外網即為網際網路，是區域網路經由路由器對外連接的大型網路，在外網中 IP 位址具備唯一性，內網中主機聯接至外網時，需使用某個外網 IP 其他外網的主機交換資訊。因此，在感測環境當中，所有的感測器會彼此建立一個內網交換訊息，之後再透過外網將收集的資料傳送出去。

網路層相對於物聯網來說就像人體結構中的神經，負責將感知層所收集到的資訊傳輸至應用層進行處理，由於網路層是建立在數據網路或是電信網路的基礎上，因此網路層將依網路傳輸的需求使用到各種不同的有線/無線網路服務。

（三）應用層（Manage）

應用層是物聯網與行業間進行的專業技術融合，是依照行業或是用戶的需求對網路層中的感知數據進行分析處理，以提供特定的服務，並實現廣泛的智慧化，就像人類的社會分工，最後構成一個完整的社會，而物聯網架構圖請見圖 2-16。

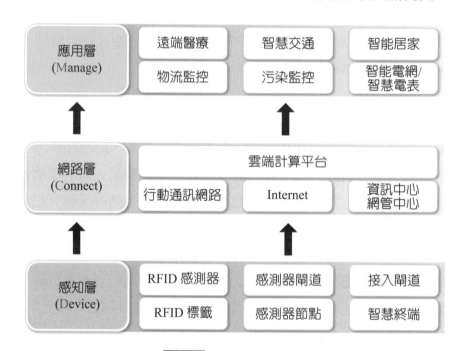

圖 2-16　物聯網架構圖

資料來源：陳裕賢，2012

以英特爾物聯網平台為例子說明物聯網的架構。英特爾物聯網平台，如圖 2-17 所示，提供一套從最前端裝置感測器、IoT 閘道器到設備安全與管理，資料分析及後端 API 介接管理的統一整合平臺（Intel，2017）。

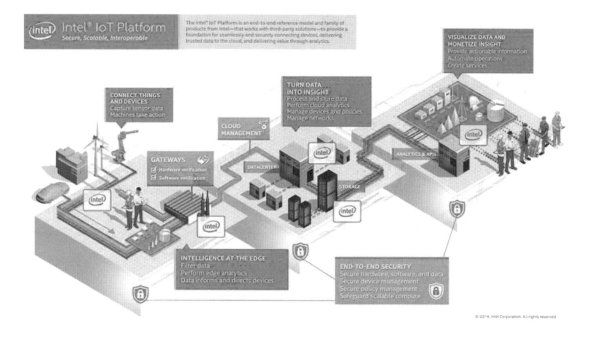

圖 2-17　Intel 物聯網平台概觀

圖片來源：Intel，2017

　　此架構分成連結、管理分析及安全等 3 個關鍵要素。在前端設備的連結上，英特爾採用一個 Intel IoT 閘道器，支援不同裝置的通訊協定，連結前端感測器，取得感測器數據。在閘道器會進行前端資料的過濾及分析，某些資料會傳送給其他前端裝置命令其作動，某些資料則會被收集並儲存到雲端上。

　　前端資料儲存到雲端後，經過處理及分析將資料轉換成有價值的資訊。同時，也可以透過雲端，管理整個前端設備及網路。資料科學家或分析人員可以進一步分析在雲端上的資料及資訊，提供企業管理人員具體可行動的決策建議。

　　在數據傳送安全上，平台會確保裝置連網後的高安全性，避免數據資料外流。英特爾物聯網平台在 Intel IoT 閘道器上提供設備、通訊與管理的安全防護。在每一個設備裝置上都分別設有專屬的 ID，讓每個連上網的設備都能經由 ID 進行辨認，也會偵測每一臺設備確保每次開機都能維持到最初安裝應用狀態，只有符合特定權限的管理者才能允許更動，以防止駭客利用遠端來安裝惡意程式。

　　英特爾物聯網平台提供了一個安全（Secure）、可擴充（Scalable）、相互可操作性（Interoperable）的物聯網平台。

三、人人有機會個個沒把握

物聯網的發展，讓身邊所有物品都可以結合網路來達到自動化的功能，主要的應用情境之一就是目前各大城市極力投入的智慧城市（Smart City）（IBM，2017）。透過物聯網收集感測資料、上傳雲端進行資料分析產生洞見（Insight），再透過資料視覺化及管理智能化，協助城市管理者進行規劃管理、基礎建設建置、提供市民良好生活、教育及醫療環境，成為一個聰明的城市，如圖 2-18 所示。

圖 2-18　IBM 智慧城市理念

資料來源：IBM，2017

要達到上述應用情境，人面臨到多項挑戰。首先，在感知層，為了實現全面感知的目標，必須制定許多的感知標準，才能讓多種不同類型的感測器同時運作，並產生統一格式的資料結構，供應用層上的應用程式使用。

在網路層，必須解決多種異質通訊協定存取相同頻帶所產生的共存問題，以提高物聯網傳輸的效率及可靠性（張志勇等人，2013）。另外在網路層需面對的挑

戰，例如：網路服務品質、資訊的安全等。在應用層，必須面對巨量資料的儲存、處理及分析等挑戰。透過物聯網所收集到的資料格式與數量皆非常的巨大，這些資料格式包含結構化資料，如表單資料及非結構化資料，如影像、語音、文檔等，如何有效儲存及處理這些資料是個挑戰。另外，面對巨量且零碎的資料，如何從中探勘梳理出有效的資訊，並提供預測或可行動的決策建議，也是在應用層中的另一挑戰。

　　除了技術面的挑戰，物聯網也將影響社會。最主要的議題之一是個人隱私議題。趨勢科技發表的新研究：「聯網生活的隱私和安全：針對美國、歐洲和日本消費者的研究」。這是一份在美國、歐洲和日本進行超過 1,900 名使用者的全球性調查，嘗試去理解人們如何看待物聯網設備的安全和隱私問題。這份關於人們對物聯網安全和隱私真實想法的研究提供許多全新見解（趨勢科技全球技術支援與研發中心，2015/4/23）。報告中的見解包括：

1. 自認為「以隱私為重」的受訪者數量在過去五年間有下降的趨勢，但也有許多受訪者表示變得更加關心個人資料的隱私和安全。

2. 無助感也反映在受訪者的答案，有 75% 的受訪者說不相信自己能夠控制自己的個人資料，有 82% 表示並不覺得他們可以從廠商那邊得到關於個人資料會被如何使用的足夠資訊。

3. 絕大部分受訪者不相信物聯網帶來的好處比他們的隱私重要。

　　物聯網的發展帶給我們對未來世界的無限想像，讓我們生活更便利、醫療更智慧、工廠更自動化。但仍需面對科技及社會層面上的挑戰，才能朝向此一理想的未來。

四、結論

　　當感測器和其他普通物體也能透過有線／無線網路聯結在一起時，便形成了物聯網。完整的物聯網體系通常具備三種不同的工作內容：感知層、網路層、應用層。在物聯網的體系下有著無限的可能應用，如智慧家庭內可以遙控燈光冷氣機、冰箱、監控攝影機等。又如穿戴裝置將提供生理資訊，讓我們瞭解運動的情況並分享到雲端運動社群中。然而，物聯網的應用也無可避免地帶來資訊安全及個資保護等議題，待我們進一步去探討。

2.3 物聯網技術在零售上的應用

麥肯錫估計至 2025 年時，全球物聯網市場的潛在經濟效果，含消費者剩餘，預計將達 3.9-11 到 11.1 兆美元。物聯網技術帶給零售業的價值包含了加強市場行銷以及開創新產業與服務。其中，物聯網技術可以增進與顧客的互動，並從中收集顧客資訊，透過大數據分析技術，可以生產與提供更貼近消費者需求的產品或服務。此外，亦可以協助零售業者開創新的營運模式，擴大行銷與市場機會，進一步帶動零售業進入了 4.0 時代（王文娟，2016）。

物聯網技術賦予萬物可以直接透過感測裝置與網路技術進行資料通訊與交換的能力，當消費者走進商店之際，一切的行銷與銷售活動即自動驅動。透過前端感測裝置所收集到的消費者資料，以及與後台之庫存、盤點、補貨、物流、訂價與顧客關係管理資訊系統的自動連線，即時辨識消費的需求，達到銷售個人化、即時掌控庫存及迅速補貨的目的。同時，提升了商店的營業額、獲利率及整體供應鏈的管理效率。此外，透過物聯網技術，零售業所銷售之商品，從生產到最後送達消費者手中的所有資料也可以被有效紀錄與管理，提升食品管理的掌控度與安全性。商品生產過程透明化的結果，則有助於增進消費者對所購買之商品的信心。

本小節將介紹物聯網技術在零售上的應用，藉由實際案例的分享，讓讀者更加了解物聯網技術帶給零售業的優勢及可能的應用，並進一步從中發現新的零售契機。本小節總共包含四個物聯網在零售業的應用，分別為 iBeacon 技術在 3C 零售的應用、時尚零售、餐飲零售及超市與便利商店零售。

一、物聯網技術在 3C 零售的應用

3C 通路燦坤在 2014 年 11 月於全台 30 家門市內鋪設 Beacon 並推出「燦坤快3 黃金傳說」APP。iBeacon 是 Apple 於 2013 年時所推出的低功耗藍牙（Bluetooth Low Energy, BLE）技術，相較於全球定位系統（Global Position System, GPS）在定位時的模糊度及多數用於戶外的侷限性，iBeacon 技術具有更精確之微定位的功能，其定位的範圍可以精準到 2-100 公尺內。

Beacon 就像是一個不停地在廣播訊號的燈塔，透過低功耗藍牙技術廣播一段代碼，當開啓藍牙的手機進入到 Beacon 的訊號廣播範圍內，手機的 APP 偵測到代碼後便會觸發一連串的動作，例如開啓其他 APP 或連動裝置（李宜欣，2015/1/5）。

　　也因此，依據拓樸研究所的資料顯示，iBeacon 是一般商店或大型商場設計賣場定位導航、推播即時促銷活動以及行動支付之背後的重要技術（林偵妤，2015/6/4），進一步的說明詳見表 2-2。BI Intelligence 則預計到了 2018 年時，全美將有 450 萬個 Beacon，其中，350 萬個將會安裝在零售業（李宜欣，2015/1/5）。

表 2-2　iBeacon 在零售業的典型應用

應用項目	說明
室內定位、導航	iBeacon 定位技術，定位範圍可以從幾毫米至 50 公尺，即使在沒有無線網路 GPS 的建築物內，透過 iBeacon 技術也可以實現室內導航
訊息推送	iBeacon 基站配合 APP 軟體推播訊息，如商品介紹、廣告促銷、及導航路線等，達到虛實整合的目的
行動支付	能在藍牙技術下完成行動支付

資料來源：林偵妤，2015/6/4

　　以下，將以「燦坤快 3 黃金傳說」APP 為例，說明零售業如何藉由導入 iBeacon 技術而更精準掌控消費者的行走動線及提升廣告的轉換率。

　　3C 通路燦坤的消費者只要手機下載並安裝「燦坤快 3 黃金傳說」APP（如圖 2-19 所示），同時啓動藍牙，當消費者走進鋪設 Beacon 的門市時，APP 就會自動執行，並藉由每日刮好禮送咖啡等活動吸引消費者走入其門市內。該 APP 每日還會提供 5 種任務，例如尋寶、填寫相關意見調查等，藉由任務的執行與消費者互動並收集消費者的意見。當消費者完成任務時，即可獲得回饋金或咖啡兌換券等禮物。除此之外，該 APP 亦有會員制度，當會員登入 APP 後，燦坤即可以整合會員的歷史消費紀錄，針對顧客的購物習性，推播個人化的商品促銷方案。

　　燦坤 3C 行銷暨網路事業部營運長陳顯立表示，「燦坤快 3 黃金傳說」APP 最主要即是藉由此系統讓實體門市提供消費者更優質的加值服務，同時能優化實體門市的服務流程及動線，進而能達到實體門市的坪效提升。「燦坤一年發票開立數約

為一千萬,很多人都把燦坤當展示間,看完就上網買東西,我們不知道那一千萬人進來燦坤幹嘛。如果用 Beacon 做好微定位這件事情,那線上和線下是串得起來的(劉子寧,2015/6/29;沈美幸,2014/11/5)。」同時,燦坤亦指出藉由內部資料分析的數據結果發現,有 15% 消費者,會因為接收到來自該 APP 所推播的優惠訊息而產生購物行為,和其他廣告方式比起來,該 APP 所帶來的轉換率非常成功。

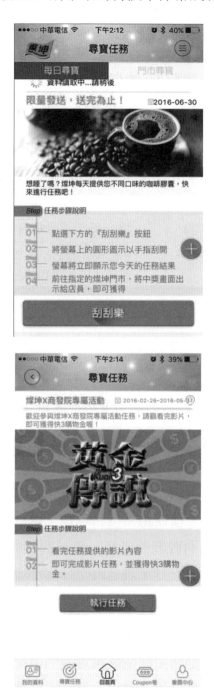

圖 2-19 「燦坤快 3 黃金傳說」APP

二、物聯網技術在時尚零售的應用

物聯網一詞最早是由寶僑品牌助理經理凱文・艾希頓（Kevin Ashton）爲了解決貨架上口紅缺貨的問題，提出在口紅裡面裝置晶片，搭配當時開始不久的無線網路感應技術，將前端貨品的銷售資訊，正確、即時的傳達到後端，以解決缺貨的問題。後來他在 1999 年時，把這種不需透過人爲處理，即能自動讓物品資訊連接的方式取名爲「物聯網」。同時，在 2001 年時，寶僑並與 Wal-Mart 的無線網路連結，將裝有感測晶片的紙巾貨物資料同時輸入 Wal-Mart 的庫存系統（單小懿，2016/3/30）。

同時，Wal-Mart 並進一步於 2005 年導入無線射頻辨識系統（Radio Frequency Identification, RFID）取代條碼，正式邁入無線標籤的時代，RFID 在零售市場的應用於是開始受到廣大的注目。目前，RFID 已被許多零售業者用於銷售、庫存、補貨、盤點、防盜及物流等作業管理。RFID 技術可以即時取得銷售資料，透過網路回傳後端資料庫，並進一步與相關應用程式整合後，可以提升企業預測需求的準確度。除了強化客戶服務外，並達到提升賣場營業額、降低庫存成本、提升進銷存之資訊精準度與即時性、增加供應鏈活動的可視性與控管能力的目的。

此外，Wal-Mart 在 2016 年時，並申請了一項物聯網用於零售業銷售的專利，稱之爲「物聯網上的零售訂閱（Retail Subscription in Internet of Things Environment）」。該項專利主要的目的在於將藍牙、射頻識別、紅外線、NFC 或其他技術的產品加上物聯網的標籤，此標籤的用途在於監控產品的使用情況及追蹤到期日期，並在需要的時候自動爲使用者續購，此標籤還可以用於產品召回。該物聯網專利技術可以依據消費者的行爲（如產品使用頻率、當天使用時間以及產品在家裡的位置）收集消費者使用產品的數據，並進一步制定個人化廣告、預測客戶需求及得到更詳細的市場客戶資料（愛范兒，2017/05/07）。

此外，源自於西班牙、講求快時尙的知名服飾公司 Zara，其零售業遍佈全球 88 個國家，擁有規模與聲勢使其成爲服飾業經營的楷模。Zara 預計將在 2016 年底前，在 2000 家店面完成導入 RFID 的計畫，Zara 所使用的 RFID 標籤如圖 2-20 所示。Zara 於配銷中心和店面裝置 RFID 器材，用以提升進貨、倉儲、配銷以及店面等管理效率。Zara 之 RFID 的技術主要用於進貨產品之收貨清點、防盜、識別店內移除標籤之商品盤查、監控存貨狀態及隨時掌握商品位置，藉此由系統自動發出補貨訊息。

　　過去，Zara 進行盤點作業時，需動員 40 名員工花費 5 小時，才能逐一掃瞄商品上的條碼，完成點貨作業。而導入 RFID 後，只需動員 9 位員工，並在 3 小時的時間完成商品的清點作業（溫嘉瑜，2015）。RFID 導入後，Zara 的效益包含了：

1. 提升店內流程管理的效率。

2. 提高店內顧客服務和安全管理。

3. 加速並精確店內庫存補貨。

4. 提升庫存清點效率。

5. 準確且靈活地收貨。

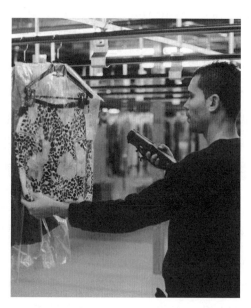

圖 2-20　Zara 所使用的 RFID

三、物聯網技術在餐飲零售的應用

　　近年來，隨著食安問題日益受到重視，使得產銷履歷的建置成為政府及民間團體極為重視的議題。2007 年農委會開始推動產銷履歷制度，參與的農民、生產及加工業者，必須遵守「臺灣良好農業規範」，將各產品的生產紀錄詳實登錄於系統中，並經由國際第三方驗證機構的檢驗，以確認產品的品質。當產品出貨時，系統會印製一份唯一的追溯號碼，稱為「產銷履歷農產品標章（簡稱 TAP 標章）」，如圖 2-21 所示。該標章包含包裝日期、有效日期、驗證機構、生產者、追溯號碼

以及 QR Code。當消費者在各商場購物時，即可用手機掃瞄 QR Code，查詢商品的來源及產銷資訊，以提升產品的生產品質，並提升消費者對所採購商品的了解程度與信心。

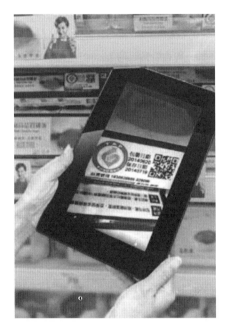

圖 2-21　產銷履歷農產品標章

此外，衛福部並於 2011 年開始推動食品雲，要求業者將食材資訊上傳到食品雲，食品安全事件一旦發生，就可以「向上追溯源頭、向下追蹤流向」。也就是可以從有問題產品端快速追溯食品原料供應商資訊，以在第一時間內，停用或下架該產品。而使用者也可以透過 APP 等，追蹤食品的產銷履歷。

目前，民間企業也積極投入食品雲的建置。例如，歷經食安風暴的王品集團，在 2014 年成立食安部，並動員超過 2 萬人工小時，設置 10 道審核關卡，800 筆菜色製作標準流程，採用停、訪、改、汰 4 道程序來管理超過 15,000 筆的供應商與食材原物料。王品集團並於 2015 年 9 月推出王品食品雲，儲存所有食材的履歷資料。食品雲的食材資訊並開放給消費者進行查詢，消費者只要進入王品食

圖 2-22　王品集團的食品雲

品雲，就可以選擇品牌、品類與餐點名稱，掃描 QR Code 後就能進入農委會的產銷履歷資訊，包括食材負責人、地點及驗證機構等資訊就會呈現予消費者（如圖 2-22 所示），方便消費者了解其所食用之餐點的食材來源，提升消費者的信心（許家禎，2016/9/21）。

四、物聯網技術在超市及便利超商零售的應用

物聯網技術的應用帶給便利商店無限想像的空間，除了可以結合 RFID 等技術，讓進銷存管理、盤點及物流追蹤更具即時性外，亦可透過產銷履歷系統，保障消費者的健康。同時，iBecaon 技術也可以設計集點任務，讓消費者在購物的同時，順便藉由小任務的執行來累積點數，除了可以增添購物的樂趣，並可以提升消費者的忠誠度。

除此之外，智慧電錶讓 24 小時營業的便利商店得以藉由即時監控溫度、濕度及人潮等的裝置，而彈性調整內部燈光的亮度及冷藏櫃的溫度，達到智慧節能的目的。同時，結合各項影像擷取與辨識裝置，智慧型便利商店更可以從顧客進門開始的第一時間，即時掌握顧客的消費類型及消費動線。

透過影像擷取裝置，將顧客的影像資料傳送給後端的雲端服務進行運算，辨識消費者可能的年齡及性別等資訊，再透過大數據運算，進一步猜測消費者的喜好及可能有興趣購買的產品，進而透過動態廣告看板或手機 APP 程式推播可能符合其需求的產品。藉由準確的購物推薦，提供客製化購物的建議，以強化顧客購物的動機，達到提升獲利的目的。

例如，研華科技與萊爾富便利商店合作，於 2016 年 3 月為萊爾富南港展覽館門市打造全台首家智慧便利商店。藉由研華在萊爾富安裝的智慧影像辨識系統、室內空氣品質偵測系統、行動購物牆（消費者主動掃描）及行動優惠推播（店家主動推播）等解決方案，讓消費者體驗導購優惠（如圖 2-23 所示）。而萊爾富總部則可以在後台系統中，透過資料的分析進一步了解門市的來客數、動線及感興趣的商品，做為未來店內優化動線與上架商品陳列管理（謝艾莉，2016/3/22）。

研華攜手
萊爾富推智慧商店
方案特色

智慧影像辨識系統
進行大數據分析，了解客戶動線、熱門商品，優化未來店內動線與
上架商品陳列管理。

行動購物牆
讓消費者主動掃描，進行小遊戲互動、掃描行動條碼，兌換商品
優惠券。

行動優惠推播（店家主動推播）
民眾下載APP，即可接收到店家主動推播的內容。

室內空氣品質偵測系統
可監測室內二氧化碳、PM2.5數值，未來也可連線到空調。

管理能耗
管理店內冷氣、空調與冰箱的溫度、燈光等，達到省電目的。

圖 2-23　萊爾富全台首間智慧型便利商店

資料來源：謝艾莉，2016/3/22

　　美國連鎖超市業者 Kroger 在美國擁有 2,778 家分店，亦已著手進行一項「數位貨架標籤」計劃。該計劃主要在於透過物聯網投術，來提供消費者融合網路與實體商店的全新購物體驗。Kroger 計劃在店內部署攝影機和紅外線感測器以監控人潮，並緩解熟食區和藥局櫃檯的亂象。透過視訊技術可以偵測櫃檯前的人數，並可以預測排隊人群的等待時間。手機 APP 程式則可以分析消費者購物習慣，並依其習慣產生個人化的折價券。

　　此外，Kroger 正在測試裝有感測器的互動式貨架，提供位於該走道的消費者個人化的產品定價和建議。Kroger 技術長 Chris Hjelm 表示，透過物聯網（IoT）、資料分析和視訊等技術的應用，實體商店也可以提供線上化的購物體驗，降低等候服務或排隊結帳的時間，並增加與顧客之間的互動（劉慧蘭，2017/03/01）。

五、結論

　　本小節介紹案例可以證明物聯網技術正在為零售業的未來帶來無限發展的契機。當所有的銷售活動因物與物的連結而變得更具智慧與自動化之際，零售業也將掀起革命的浪潮。零售 4.0 已是未來的主流，相關業者必須正視物聯網技術所帶來的變革與機會，進一步掌握先機，搶得先占優勢，以成為產業的領導者。

2.4 事情不是憨人所想的那麼簡單－物聯網的挑戰與困難

　　從台積電董事長張忠謀在 2014 年講出：「物聯網是下一個 Big Thing」之時，物聯網這名詞早已經傳遍大街小巷。大家也常常可以從廠商的廣告或是概念商品中，看出許多可能會改變我們生活的產品。例如：在回家的途中，用手機就能遙控家中的冷氣，回到家，就有舒適的溫度了。同時，影劇或是電影中也出現許多對科技的想像，許多都與物聯網有關，例如：鋼鐵人隨時知道鋼鐵裝中各個系統的狀態，或是利用賈維斯控制各式機械進行管家甚至是鋼鐵裝的開發工作。目前現實生活中，我們手上的穿戴式裝置也已經可以收集使用者每天的運動及睡眠資料，透過手機 APP 還能建議使用者今天應該進行的運動目標。

　　從上述情境不難發現，物聯網將改變人類的生活。但仔細想想，完成以上各種功能的技術，並不是太難，有些甚至多年前就有了。然而，在網路已經成為生活不可或缺的現代，為何物聯網仍然沒有預期中那樣快速地出現在我們生活之中？可見物聯網仍然有許多的挑戰與困難。我們就用以下幾個角度探討看看。

一、知之為知之，不知為不知－感知層的技術是否完備

　　當物與物之間藉由聯網的方式傳達訊息時，首先得要依不同的應用，傳達不同的訊息。如果室溫太熱就要加強冷氣，因此我們就需要一個溫度感測器來產生一個溫度的訊息，讓控制器知道要如何控制冷氣。換句話說，如何得到感知的結果，成了物聯網應用第一步的挑戰。

　　這看起來不難，但實際應用上卻面臨許多材料及機構設計的挑戰。讓我們來看一個例子：輪胎的胎壓偵測器，這是一個結合壓力及溫度的感測器，放在輪胎中，時時感測胎壓及溫度，當胎壓不足或溫度太高，立刻以無線訊號通知車上的控制器進而警示駕駛。聽起來不難，但是這個感測器位於輪胎中，在行駛時輪胎內的環境跟平常我們的環境有很大的不同。第一個是高速行駛中的輪胎內的溫度是會很高的，而且輪胎運轉時，感測器所在的地方所受的壓力會不斷變化，這對於感測器容易產生機械疲勞，進而損壞感測器，放在輪胎中的感測器若常常損壞，就不實用了。因此這個應用所面臨的問題反而不是在通訊的傳送，而是感測器在材料與機構的設計如何克服輪胎內的環境。

再看另外一個應用情境，如果回家路上有塞車情況發生，導航系統會自動安排其他路徑，這樣的應用，感知層上的問題就是：如何知道有塞車情況發生？一般直覺上是由人工（交警）去啟動塞車情況，但這樣就不是「物」聯網的本色了。

科學家們可能會試著由其他訊息，例如：車速、單位面積的車輛數來判斷是否有塞車情況。因此，如何「判斷」也成了要克服的問題，衍生出在識別技術、演算法及人工智慧或是環境智慧等議題。讀者應該也不難想到，如果這些技術（尤其是人工智慧）夠好，其實在塞車還沒發生時，就能有作為來避免塞車的發生。

二、兩個接頭能否相接－通訊標準或使用規格沒有統一

現代網際網路能夠被全球使用，主要在網際網路上使用相同的「協定」。協定是共同遵守的規則，在這個共同規則下一起工作。舉例來說，語言也算是一種協定，如果大家都用「中文」的規則來寫信，那麼彼此就能溝通。通訊也是一樣，不同應用之間所使用的協定不一樣，就無法互相接通。例如：Wi-Fi 與藍牙雖然都是無線通訊，但所使用的協定就不一樣。

在簡單的物聯網應用上，例如：用手機遙控家裡的冷氣，可能不同冷氣廠牌，所使用的通訊協定不同，那麼，各家的冷氣之間就無法「溝通」。換句話說，不同廠牌的冷氣之間無法互聯成網，就無法形成物聯網。也許有人問，各家的冷氣之間不需要溝通吧？其實物聯網之所以會被看好，就是因為物與物之間都能通訊。如果一個大樓裡，不同廠牌的冷氣機不能互通訊息，是無法對大樓的空調做智慧溫度控制的。

目前對於物聯網的通訊協定，還沒有出現統一的協定。物聯網所涉及的範圍相當廣，比過去的科技標準在協調上更不容易。目前各家廠商所生產的各種感測器，訊號格式皆不一樣。因此這些訊號送到網路上時，往往需要多許多額外處理才能使用。就好像兩個人使用不同的語言對話，就需要額外的翻譯。目前物聯網不論在訊號格式、通訊協定等都沒有統一或接近統一的標準，這無疑會是物聯網發展的主要困難之一。

三、注意隔牆有耳－資安問題

2016 年 7 月臺灣發生自動提款機盜領案，取款的歹徒在沒有接觸提款機的情況下，讓提款機就自動吐鈔。駭客入侵第一銀行倫敦分行伺服器，再以這台伺服器為跳板，攻入總行的 ATM，植入惡意程式。換句話說，資訊網路的通訊，是可以被入侵、控制，甚至是破壞的。物聯網既然是利用網路形成物與物之間的通訊，那麼利用資訊或通訊的漏洞入侵，自然是有可能的。

資訊安全的議題不只有在入侵或是破壞層面，個人訊息的保密也是相關制度的考驗。例如當高速公路使用 ETC 收費時，ETC 廠商的資料就記錄哪一台車去過了哪些地方，然而使用者可能不希望別人知道他去了哪裡。現在大家都在使用的 Facebook，其實就洩露了很多自己不想讓別人知道的訊息。在物聯網時代，要聽別人的秘密，只要上網就可以了。總之，當物聯網形成資料流動時，哪些資料可以呈現，哪些不行，也是重要議題。

四、在商言商－成本及商品生命週期

一個商品能廣被大家使用，除了技術之外，在商業獲利才是主因。遠在 2004 年時，美國最大的零售業 Wal-Mart 開始進行 RFID 應用。當時規劃在商品、配送箱及棧板上安裝被動式 RFID 晶片，如此所有的貨品在配送及銷售時，都能自動記錄貨品運送及銷售情況，消費者只要通過讀取器，就可以算好金額。但時至 2016 年，大部分賣場仍是用條碼掃描在結帳，沒有使用 RFID 標籤，RFID 技術無法廣泛應用，RFID 標籤的成本是最大的主因。一個 RFID 標籤貼在單價高的電子產品上或許可行，但貼在單價低的飲料上就不符合成本效益了。

Davis 等人（1986）依據理性行為理論提出科技接受模式（Technology Acceptance Model, TAM），從技術的認知有用性（Perceived Usefulness）和認知易用性（Perceived Ease of Use）出發，分析影響使用者接受新資訊科技的行為過程，如圖 2-24 所示。該理論主張，認知有用性和認知易用性會影響使用態度（Attitude Toward Using），進而間接影響使用行為意圖（Behavioral Intention to Use），而展現出不同的系統使用行為（Davis 等人，1989）。

　　理論中的認知有用性是指使用者相信採用此系統會提升工作效能的主觀認知，認知易用性是指使用者認知到系統容易使用的程度。使用者態度是指使用者對於系統使用的正向或負向的感受，使用行為意圖是指使用者願意執行系統操作的強度，執行系統的目的是為了產生效用而解決其問題。該理論認為，在某些情況下，知覺有用性會成為形成使用行為意圖的主要因素，因為該因素直接影響了使用態度及使用行為意圖。

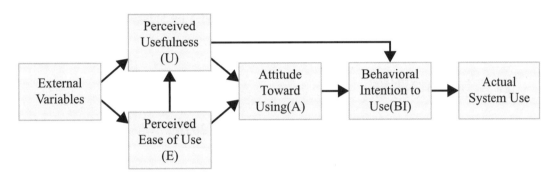

圖 2-24　Davis 等人提出的科技接受模式（Davis，1986）

資料來源：https://en.wikipedia.org/wiki/File:Technology_Acceptance_Model.png

　　所以，從科技接受模式的角度，物聯網技術是否能被大眾廣泛接受，其中的一個主要因素便是物聯網技術是否對大眾產生價值，進而直接或間接地付費享受這些技術帶來的價值，達成廣泛應用的可能。

　　另一個影響物聯網技術是否被廣泛應用的因素是商業模式。商業模式是描述一個組織如何創造、傳遞及獲取價值的手段（Osterwalder 及 Pigneur，2012）。商業模式中的幾個關鍵要素包含：

1. **價值主張**：解決顧客的何種問題？滿足哪些需要？

2. **關鍵資源及活動**：提供服務或產品解決顧客問題的資源及活動。

3. **收益流**：向顧客收取費用的方式。

4. **成本結構**：提供服務或產品式的成本結構。

　　物聯網技術的創新價值主張是新商業模式的關鍵。例如，按里程計費的保險公司 Metromile 提供按里程計費的汽車保險（矽谷密探 V，2015），讓普通司機無需支付和那些少數常開車、高事故率的司機同樣的保費。Enlighted 公司運用物聯網技術，可以依照節電成效向客戶收取費用（徐毓良，2015）。該公司負擔感測器、

閘道、控制器及平台軟體等費用協助客戶節電，並以節電成效向客戶收取費用。目前已有 AT&A 在內的財星千大客戶採用公司的服務，Enlighted 公司的價值主張在於幫客戶節省營運電費。

物聯網技術商業模式的成本也是重要因素，例如：為了讓物品能與其他物品溝通，必須要給每個物品一個識別以及一個通訊設備，建置感測裝置無所不在的環境，其成本將會非常高。另外，巨量數據的儲存及處理對於網路頻寬、雲端及超大型伺服器的建置與維護成本，都使得廠商的成本增加；商業模式能有效降低成本、從中產生獲利是一大挑戰。

五、對零售業的影響

物聯網技術對零售業也將帶來影響（Morisset，2016）：

1. 完全網際網路化的線下購物體驗

利用網際網路甚至物聯網技術，將線下購物的消費體驗發揮到極致。根據著名大數據分析機構尼爾森 2015 年的研究，超過 31% 的消費者希望在購買產品前能夠試用產品或看到更多產品信息，超過 64% 的消費者則表明線下（實體）購物管道能帶給他們無法比擬的購物樂趣體驗。未來，模擬試穿、無人商店、行動支付等都將逐一實現。

2. 完美的經銷管理

經銷商會謊報銷售數據騙取政策優惠，利用物聯網技術有效追蹤產品的流通訊息，明確掌握經銷商的存貨及銷售數量，避免銷售通路間的惡性競爭。

3. 無處不在的消費者互動

物聯網技術發展並不會完全取代實體購物，而是結合線下場景與物聯網技術，帶給消費者更好的購物體驗以及售後服務，達到消費者對品牌忠誠度及消費金額的全面提升。例如，透過行動支付，消費者只需將綁定手機靠近收銀台，系統便可快速識別身份並同時處理消費者的支付和會員積點。

4. 終結恐懼

利用物聯網技術，建立每個產品的履歷，讓每個消費者都能清楚且方便地知道產品的原料來源、生產製程、配銷過程，對產品品質感到安心，同時也可以杜絕仿冒品。

5. 告別浪費

透過物聯網技術，有效管理生產及銷售，減少過程中的浪費。波蘭百貨零售龍頭企業 Biedronka，在自己的生鮮類產品中使用 GS1 2D 條碼，內含商品有效期限。如此，銷售端可以即時追蹤出貨情況並推算剩餘庫存的效期，並進而採取更好的浮動定價及新鮮庫存管理，減少浪費。

六、小結

人類已經從網路的發展，得到了很多的方便。不論在個人通訊、廣告宣傳、工商服務、商業交易、媒體傳播，甚至是社交模式等，都已經改變了我們的生活方式。資訊網路在泡沫化後，快速地發展，也形成了新的問題，包括資料量迅速爆增、媒體分類與管制、個人資料安全及創新產業興起。隨著物聯網的普及，我們會面對更多的挑戰，這些挑戰包括產品技術、商業模式、資訊安全、個人隱私等。事情總不是我們想得那麼簡單，就像當初網路泡沫或是 IPv4 夠用一樣，我們總是會再遇到問題。無論如何，面對問題、解決問題，就是人類一直進步的動力。

章後習題

一、選擇題

（　）1. 大型商場定位導航、食品產銷履歷追蹤等對應到物聯網架構中的那一層？
　　　(A) 感知層
　　　(B) 網路層
　　　(C) 應用層
　　　(D) 資料分析層
　　　(E) 監控層

（　）2. TCP/IP 的通訊過程被抽象化為四個抽象層：1.傳送層，2.網路層，3.應用層，4.鏈結層。他們之間的關係，由底層開始，依序應為：
　　　(A) 1 2 3 4
　　　(B) 2 3 4 1
　　　(C) 4 3 2 1
　　　(D) 4 2 1 3
　　　(E) 2 1 4 3

（　）3. ZigBee 裝置中的哪個角色負責管理節點資訊、建立網路並分配網路位址？
　　　(A) 路由器
　　　(B) 終端設備
　　　(C) 無線感測器
　　　(D) Master 設備
　　　(E) 協調器

（　）4. 請問以下對於「物聯網」的描述何者正確？
　　　(A) 物聯網劃分成三個階層：感知層、網路層及應用層
　　　(B) 感知層為三層中的最底層，用以感知數據資料
　　　(C) 網路層為第二層，用以接收感知層的數據資料，並傳送至應用層
　　　(D) 應用層為最貼近現實生活中的層次，應用接收到的數據資料解決問題
　　　(E) 以上皆是

(　　) 5. 物聯網面臨的挑戰有哪些？

    (A) 感知層的技術是否能在嚴峻的工作環境下正確感知

    (B) 不同的通訊協定間是否能相互溝通

    (C) 資訊安全

    (D) 應用系統的導入成本

    (E) 以上皆是

二、問答題

1. 藍牙技術是屬於內網技術用於短距離的物與物的通訊，形成小範圍的物聯網。請說明 Piconet 架構下，建立 Piconet 的過程。

2. 請說明在物聯網架構的應用層中所面臨的可能挑戰。

參考文獻

1. ARTC 財團法人車輛研究測試中心（2014）。後方安全新世代 - 車輛倒車防撞系統。2016/7/27。取自 https://www.artc.org.tw/chinese/03_service/03_02detail.aspx?pid=2610。

2. Bison（2012/11/26）。家電新功能！LG 發表防蚊冷氣機。Yahoo 奇摩新聞。2016/7/27。取自 https://tw.news.yahoo.com/ 家電新功能 -LG 發表防蚊冷氣機 - -03520 0770.html。

3. Cooper, D.（2014/5/12）. Make your air conditioner modern with Tado's smart thermostat, engadget, 2016.7.27. Retrieved from https://www.engadget.com/2014/05/12/tado-smart-ac-thermostat/。

4. Davis, Fred D., Bagozzi, Richard P. and Warshaw, Paul R.（1989）.User acceptance of computer technology: a comparison of two theoretical models. Management Science, 35（8）, 982-1003. 。

5. IBM（2017）。智慧城市。2017/8/1。取自 http://www-07.ibm.com/tw/dp-cs/smartercity/overview.html。

6. Intel（2017）. End-to-End Innovation for the Internet of Things. 2017/7/31. Retrived from https://www3.intel.com/content/www/tw/zh/internet-of-things/iotecosystemsolutions.html。

7. Morisset , T.（2016）. 物聯網技術下零售業的 5 大變革，華爾街見聞。2017/8/1。取自 http://cooperations.wallstreetcn.com/yidian/node/252841. 。

8. Osterwalder, A. and Pigneur, Y. 原著，尤傳莉譯（2012）。獲利世代：自己動手，畫出你的商業模式。臺北市：早安財經文化。

9. VinoTX Lighting（2016/9/10）. Philips Hue Lights White Ambiance. 2017/7/27. Retrieved from http://vinovinotx.com/?entry_id=108。

10. 上偉科技。紅外線自動感應。2016/7/27。取自 http://www.sunwe.com.tw/kin005.htm。

11. 大壯旅（2017）。關於 5G，看這一篇文章就夠了。2017/8/4。取自 https://www.leiphone.com/news/201702/4mO30a4cyJfCPaoH.html。

12. 允興光電科技股份有限公司。LED 路燈。2016/7/27。取自 http://www.yunsingtw.com.tw/products.php?c1=2。

13. 王文娟（2016/11）。物聯網概念及應用。經濟前瞻，11 月號。2017/07/28。取自 http://www.cier.edu.tw/site/cier/public/data/029-036- 前瞻焦點 - 王文娟 .pdf。

14. 行政院農業委員會。如何辨識產銷履歷農產品。產銷履歷農產品資訊網。2016/7/27。取自 http://taft.coa.gov.tw/ct.asp?xItem=2199&CtNode=245&role=C。

15. 李宜欣（2015/1/5）。Beacon 微定位商機崛起。數位時代。2016/7/27 取自 http://www.bnext.com.tw/article/view/id/34960。

16. 李曉妮（2015/04/12）。IoT 感測元件技術。物聯網技術與應用專輯。取自 http://www.digitimes.com.tw/tw/dt/n/shwnws.asp?cnlid=13&packageid=9278&id=0000418511_HZF48JZC2Y456L03UJN07。

17. 沈美幸（2014/11/5）。燦坤 3 黃金傳說 APP 導入 ibeacon 系統。中時電子報。2016/7/27。取自 http://www.chinatimes.com/realtimenews/20141105004410-260405。

18. 林修民（2017）。從車聯網到工業 4.0 智慧應用關鍵 -5G 通訊的低延遲與可靠度。TechNews 科技新報。2017/7/31。取自 http://technews.tw/2017/06/05/the-low-latency-and-reliability-of-5g-communications/。

19. 林偵妤（2015/6/4）。iBeacon 的典型應用。拓墣產業研究所。2016/7/27。取自 http://www.topology.com.tw/DataContent/graph/iBeacon 的典型應用 /3476。

20. 矽谷密探 V（2015）。Metromile: 網際網路讓汽車保險業面臨洗牌？2017/8/1。取自 https://read01.com/PM8Gm8.html。

21. 保羅．萊文森著，何道寬譯（2001）。數字麥克盧漢。社會科學文獻出版社。

22. 徐毓良（2015）。智慧聯網產品服務的 10 種商業模式。資策會創新應用服務研究所。2017/8/1。取自 https://www.slideshare.net/iamwilliam/findday-2015。

23. 泰山自動門企業社。電動感應玻璃。2016/7/27。取自 http://vhost.gobid.com.tw/boss1028/main100.html。

24. 張志勇、翁仲銘、石貴平、廖文華著（2013）。物聯網概論。台北市：碁峰資訊。

25. 教育大市集。網際網路基本概念。2016/7/15。取自 https://market.cloud.edu.tw/content/primary/info_edu/cy_sa/content/webBASIC/InetBASIC.htm。

26. 梁風（2017）。2018 年高通 LG 將測試 5G 車聯網，C-V2X 平台讓視力飛出地平線。36Kr。2017/7/31。取自 http://36kr.com/p/5064919.html。

27. 許家禎（2016/9/21）。王品為挽民眾信心「食品雲」上線食材履歷全都露！。NOW News。2016/7/27。取自 http://www.nownews.com/n/2015/09/21/1820907。

28. 逍遙文工作室（2012/3/23）。什麼是 3G? 什麼是 WiFi？2016/7/27。取自 https://cg2010studio.com/2012/03/23/ 什麼是 3G ？什麼是 WiFi ？

29. 陳裕賢（2012）。物聯網架構。2016/7/27。取自 http://www.csie.ntpu.edu.tw/~yschen/course/2012-1/WNMC/ch14.pdf。

30. 鳥哥（2011）。鳥哥的 Linux 私房菜：第 2 章基礎網路概念。2016/7/15。取自 http://linux.vbird.org/linux_server/0110network_basic.php。

31. 單小懿（2016/3/30）。一隻口紅讓物聯網成名。商業週刊 1481 期。2016/7/27。取自 http://www.businessweekly.com.tw/KWebArticle.aspx?id=61213。

32. 舒適 100 網（2016/3/22）。美的智能家居 - 美的智能家居的主要功能有哪些。2016/7/27 日。取自 http://shushi100.meizhouseo.cc/article/pinpai/article-32270.html。

33. 愛范兒（2016）。物聯網混戰的另一焦點：藍牙。TechNews 科技新報。2017/7/31。取自 https://technews.tw/2016/06/16/bluetooth-iot-focus/。

34. 愛范兒（2017/05/07）。Wal-mart 申請物聯網新專利，又要跟亞馬遜一樣做自動訂購。創業新聞。2018/7/28。取自 https://meet.bnext.com.tw/articles/view/40507。

35. 愛逛街（2015/7/5）。物聯網在智能家居中的十大應用實例。2016/7/27。取自 http://iguang.tw/u/4219580/article/242542.html。

36. 溫嘉瑜（2015）。Zara 全面單品貼標。GS1 TW 春季刊，取自 http://www.gs1tw.org/twct/gs1w/pubfile/2015_Spring_p34-42.pdf。

37. 維基百科（2013）。網際網路服務供應商。2016/7/27。取自 https://zh.wikipedia.org/wiki/ 互聯網服務供應商。

38. 維基百科（2015）。可穿戴式電腦。2016/7/27。取自 https://zh.wikipedia.org/wiki/ 可穿戴式電腦。

39. 維基百科（2016）。傳輸控制協定。2016/7/27。取自 https://zh.wikipedia.org/wiki/ 傳輸控制協定。

40. 維基百科（2017）。藍牙。2017/7/31。取自 https://zh.wikipedia.org/wiki/ 藍牙。http://welearning.taipei.gov.tw/modules/newbb/viewtopic.php?topic_id=66080。

41. 臺北 e 大學習論壇（2014/8/29），驚奇景點 - 愛上爬樓梯？超夢幻的天堂之梯。2016/7/27。取自 http://welearning.taipei.gov.tw/modules/newbb/viewtopic.php?topic_id=6 6080。

42. 劉子寧（2015/6/29）。行銷難題 5：360°行銷怎麼做？《30》雜誌 131 期。2016/7/27。取自 http://www.30.com.tw/article_content_29068.html。

43. 劉慧蘭（2017/03/01）。美超市業者引進互動貨架 提供個人化服務創新消費體驗。2017/0728。取自 http://blog.ushop-plus.com/trend/ 美超市業者引進互動貨架 - 提供個人化服務創新消費 /。

44. 寬頻網路技術（2005.12.27）。TCP 格式。取自 http://blog.xuite.net/fishrabbit/BroadBand/47040 64-TCP 格式。

45. 謝艾莉（2016/3/22）。研華攜萊爾富 推智能商店。聯合財經網。2016/7/27。取自 http://money.udn.com/money/story/5612/1579008- 研華攜萊爾富 - 推智能商店。

46. 趨勢科技全球技術支援與研發中心（2015/4/23）。人們對物聯網安全與隱私問題的真正想法是什麼？。2016/7/27。取自 http://blog.trendmicro.com.tw/?p=11954。

47. 鍾曉君（2015）。從 ITU 5G 技術發展願景與藍圖看國際 5G 布局。證券櫃檯, No. 179, pp.34-39。

03

智慧商務技術—大數據應用案例與分析

- ❖ 3.1 何謂大數據？大數據的重要性與趨勢
- ❖ 3.2 大數據分析架構與工具
- ❖ 3.3 數據分析技術概述
- ❖ 3.4 實務案例與應用
- ❖ 3.5 大數據面臨的挑戰與困難

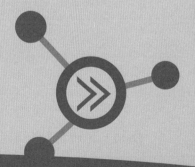

Smart Commerce

 何謂大數據？大數據的重要性與趨勢

一、重要性與趨勢

隨著資訊科技的進步，世界上累積的資料量越來越龐大，如圖 3-1 所示，2016 年所產生約 10ZB（Zeta Bytes）的資料，四年之後預期成長至 40ZB。一個 ZB 的資料量有多少呢？以數位電影來說，一部高畫質的藍光數位電影大約是 10GB，1TB 的話可以儲存 100 部高畫質的藍光數位電影，而 1ZB 的大小則是 1TB 的十億倍。在此資料迅速累積的數位時代，企業如何將組織內的龐大資料在有限時間內轉換成有價值的資訊，變得尤其重要。

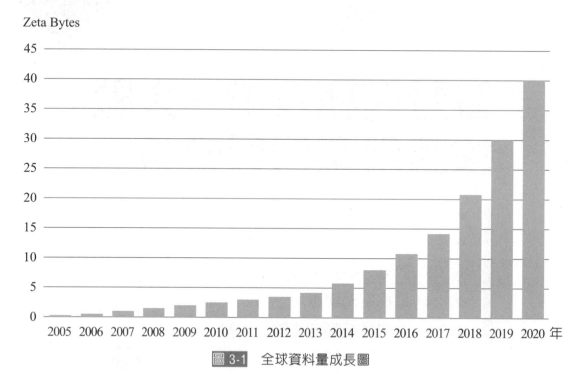

圖 3-1　全球資料量成長圖

資料來源：Steven Kostyshen, 2015

近年來，國內外各大科技新聞的版面，最熱門的詞彙之一是大數據（Big Data），時常可以看到相關的報導，同時也看到了許多成功的應用案例。這些應用不僅出現在資訊產業上，其他的產業諸如零售業、製造業、醫療照護、交通運輸、金融保險、教育、能源與公用設施等，甚至政府機關都有相關的應用以及發展。如

3-2

Gartner 於 2012 年的調查顯示（圖 3-2），約有近四分之一的政府機關與近 30% 零售業者開始使用大數據分析。隨著這波熱潮，許多相關的技術不斷出現，數據分析的工具及平台也推陳出新，在如此快速發展的情況下，我們很難清楚地掌握大數據分析的樣貌。

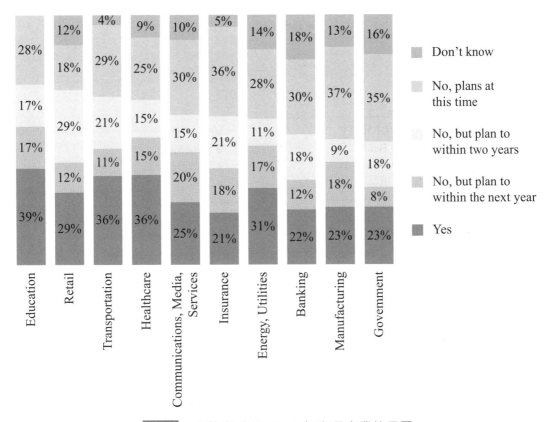

圖 3-2　大數據（Big Data）在各產業使用圖

資料來源：Gartner, 2012

二、定義

　　何謂大數據呢？顧名思義資料數量極為巨大，導致傳統的資料處理技術無法蒐集、紀錄、儲存及分析。除此之外，一般認為至少要滿足 Gartner 公司的分析師 Doug Laney 在 2001 年發表的「3D Data Management：Controlling Data Volume, Velocity, and Variety.」一文所提出的三個特性：大量（Volume）、快速（Velocity）、多樣（Variety），如圖 3-3 所示。而大數據分析即是運用特殊的技術及分析方法，將巨量資料轉換成對組織有用之價值。

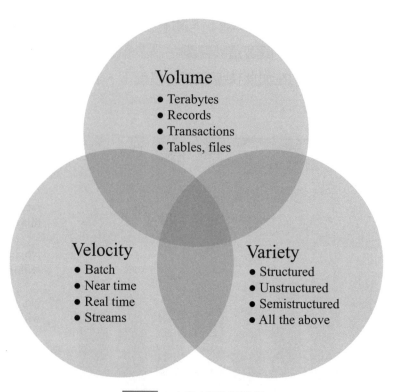

圖 3-3 大數據三個特性

資料來源：Vicke Gerasimou, 2016

1. 大量（Volume）

指的是巨大的數據量。資料生成主要來自三方面：感測器、人與機器的互動、人與人透過網路社群的互動。在物聯網的世代，無數的感測器無時無刻地監測各種設備，產生大量的感測數據。人與機器的互動產生各種數位資料，例如：網頁上滑鼠點擊事件、網路搜尋、線上交易等。第三類是人與人透過網路社群軟體產生的互動資料，例如臉書及推特上的留言。無論哪一類型，都是數量龐大，且幾乎是無間斷地運作，因此資料量很容易就能達到數 TB（Tera Bytes，兆位元組），甚至上看 PB（Peta Bytes，千兆位元組）或 EB（Exabytes，百萬兆位元組）的等級。

2. 快速（Velocity）

指的是資料生成、累積以及輸出的速度。如前所述，感測器、人與電腦的互動、人和人透過社群軟體的互動，無時無刻不在進行，幾無間斷，數位資料每秒都在成長，每天都在輸出更多的內容。公司跟機構需要處理的龐大資訊大潮向他們襲來，而處理這些資料的速度也成為極大的挑戰，許多資料要能即時得

到結果，才能發揮最大的價值，因此時效性也是進行大數據分析要兼顧的重點之一。

3. 多樣（Variety）

指的是資料的來源與類型非常多樣。大數據的來源廣泛，種類包羅萬象，十分多樣，一般將資料分成兩類，結構化與非結構化，早期以數字為主的結構化資料，常見於一般結構化查詢語言（Structured Query Language, SQL）等關聯式資料庫。隨著資訊科技進步、網路發展及社群軟體興起，數位資料逐步擴展至非結構化，包括電子郵件、網頁、社交媒體、影像、音樂、圖片等。非結構化的資料造成儲存、檢索、分析及探勘上的困難，需要有別於結構化查詢語言的特殊處理技術。

近年來科技不斷地進步，資料的複雜性與多樣性也愈來愈高，有些專家認為上述所提及的 3V（Volume、Velocity、Variety）已不足以形容現今的大數據。例如，Inderpal Bhandar （Express Scripts Chief Data Officer）在波士頓大數據創新高峰會（Big Data Innovation Summit）的演講中提出正確性（Veracity），由原本的 3V 增加成 4V，之後甚至還有人提出 5V 及 6V 的看法，在原本的 4V 上又增加「可視性」（Visualization）與「有效性」（Validity）等。（王雲，2015）

三、資訊系統類型

介紹大數據分析之前，首先要了解與傳統資料分析的區別，如表 3-1 所示。傳統的資料分析以行列式存放的結構化資料為主要對象，而大數據分析則可能包括字串、圖形、影像、聲音、相片等非結構化資料。在資料量上，傳統資料分析的資料量在幾十 TB 以下，可以使用一台伺服器等級的電腦進行分析，而大數據分析的資料量約 100TB 至 PB 甚至更大，只用一台電腦很難進行，需要透過多台電腦同時進行，才能達到有效的分析。

在分析方法及主要目的上，傳統資料分析大多採用描述性統計或推論性統計，分析出來的結果主要協助企業內部決策及提供客戶服務。反觀在大數據分析上，採用的是機器學習或資料探勘技術，主要的目的是將巨量資料轉成可以利用的價值，包括支援決策、發掘新客戶、開發新產品及提供新服務等。

表 3-1　大數據分析與傳統資料分析之比較

	大數據分析	傳統資料分析
資料類型	含非結構化資料：文字、圖像、影音等	行列式結構
資料量	100TB 至 PB	幾十 TB 以下
資料流	資料不斷湧入	靜態資料庫
資料來源	可能有多個資料來源	營運資料庫或資料倉儲
分析方法	機器學習、資料探勘	描述性統計、推論性統計
主要目的	支援決策、開發新客戶與新產品等	協助內部決策及提供服務

　　了解以上大數據分析與傳統資料分析的區別後，還需要了解資料處理系統上的不同，依照類型可分為三類：支援組織日常營運的線上交易處理（Online Transaction Process, OLTP），支援主管決策的線上分析處理（Online Analytic Process, OLAP）與資料探勘（Data Mining, DM）。

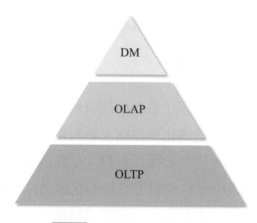

圖 3-4　資料處理系統類型

1. 線上交易處理

　　使用對象為業務執行者、基層管理者，主要目的是支援組織日常事務處理及交易活動，讓基層管理者可以掌握即時及最新的資訊，而這些資料都是透過交易或活動產生，可以隨時的新增、刪除及變更，然而資料的完整性比較不一致，可能會有缺失等問題。

2. 線上分析處理

使用對象為決策人員及高階管理者，主要目的是提供決策分析的資訊，讓高階管理者可以透過這些資訊進行決策，而這些資訊較屬於彙總性，來自於歷史交易資料，變動性較少，且資料是經過整理的，所以比較一致及完整。

表 3-2 　線上交易處理與線上分析處理之比較

	線上交易處理（OLTP）	線上分析處理（OLAP）
功能需求	日常事務處理、交易活動	決策分析
使用對象	業務執行者、基層管理員	決策人員、高階管理者
資料來源	由交易產生	大多來自資料倉儲
資料性質	偏重交易明細	偏重彙總性資料
異動頻率	資料隨時可被新增、刪除及變更	歷史性的資料、異動機會少
使用者數	支援多個使用者同時使用	相對少數使用者同時使用
資料大小	100MB-GB	100GB-TB
儲存方式	使用關聯式資料庫架構	使用多維度資料庫結構
完整性	資料未整理過，可能缺失或不一致	資料經過整理較一致、完整
資料庫設計	採正規化設計	為了執行效率，不採正規化設計

資料來源：Jack101257, 2013

　　了解資料處理系統類型後，我們知道大數據可以提升競爭優勢、協助制訂決策、提供新產品或服務，把大量資料轉換成有價值的資訊。然而在執行大數據分析上有一定的困難度，因為在大數據的專業領域有很高的進入門檻，需要精通資訊技術及統計知識，再搭配應用領域的專業知識，才能將資料轉成價值，為組織帶來效益。

四、小結

　　目前大數據是一個非常熱門的領域，不管是在產業、學術界、甚至是政府機關，都認為大數據分析是不可或缺的一門學科，然而因為剛起步的關係，每個人或組織對於大數據多少都有著不同的認知。

在定義上來講，大數據所使用的資料，其資料量必須要達到 TB 等級以上，然而實際上擁有處理如此資料量技能的人才卻屈指可數，更不用說大數據還包含不同類型的非結構化資料，以及從感測器、資料庫及社群軟體等不同來源的資料了。

總體來說，大數據屬於一門綜合學科，集結了過去許多的領域中所得到的知識與智慧，包括資料庫、演算法、統計、機器學習、資料檢索、自然語言處理、影像處理等。要投入大數據這個領域，勢必要對這些不同的學科及領域都有所了解，也因此讓大數據分析顯得更加困難。

3.2 大數據分析架構與工具

由於大數據的數量龐大、生成速度快及資料類型多樣的特性，導致傳統的資料處理技術與工具失效，因應而生的是各式各樣的解決方案，對應大數據的三項特性，大數據分析架構概略分成三個部分：分散式儲存、分散式處理及先進的資料分析技術，如表 3-3 所示。

分散式儲存以 Hadoop 分散式檔案系統（Hadoop Distributed File System, HDFS）為主，目的是將巨量的資料分散儲存於眾多電腦；分散式處理是以 MapReduce 為基礎的處理模式，將資料分散於各電腦平行處理，縮減處理時間，再將各結果整合成最終結果；由於硬體技術進步及成本降低，主記憶體容量不斷提升，有些系統將所有資料，甚至整個資料庫載入主記憶體內，進行資料分析，以加快處理速度。種類多樣的資料，不是傳統結構化查詢語言可以處理，先進的資料分析技術協助處理多樣化的資料，包括腳本語言、機器學習及資料探勘演算法、視覺化資料分析、自然語言處理技術等。

智慧商務技術─大數據應用案例與分析 **03**

表 3-3 大數據分析相關技術

技術	定義
HDFS	Hadoop Distributed File System 分散式儲存巨量資料
MapReduce	平行分散式資料處理模式
記憶體內建資料分析	在電腦記憶體中以更快速度處理大數據
腳本語言	與大數據契合的程式語言（如 Python、R、Pig、Hive 等）
機器學習	於大量數據或資料中挖掘有價值資訊的方法
視覺化資料分析	以影像或圖像形式呈現資料分析結果
自然語言處理	分析文字出現頻率或情緒等事項的軟體

一、分散式儲存

　　分散式儲存架構克服巨量資料儲存問題。目前普遍採用 Hadoop 分散式檔案系統（HDFS）主要是將蒐集到的資料分散存放在各電腦中，透過目錄紀錄存放位置，並且備份存放，避免電腦毀損、資料遺失。架構如圖 3-5 所示，說明如下。

1. **NameNode**：將資料分別給予標籤，透過這標籤可以快速地找到資料儲存的位置。

2. **Secondary NameNode**：備份標籤，當主要標籤出問題，可以使用第二標籤取代。

3. **DataNode**：資料儲存的地方，並將資料有效地備份，預設備份數量為 3 個。

4. **Heartbeats**：確認資料儲存的機器是否正常運行，如果有異常發生時，會自動尋找備份。

5. **Balancing**：平衡機器內部的資料數量，當某臺機器資料過多時，透過平衡功能將資料轉換到其他機器。

6. **Replication**：複製資料到其他機器，達到備份機制，並確保資料的完整性。

3-9

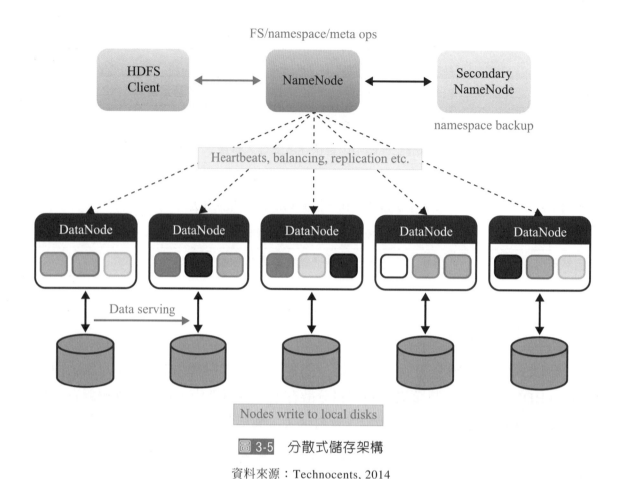

圖 3-5　分散式儲存架構

資料來源：Technocents, 2014

二、分散式處理

　　資料分散存放各個電腦，因此需搭配分散式資料處理模式。目前普遍採用的是 MapReduce 分散式處理模式，主要由各個電腦先處理存放在本身的資料，之後資料重整，將相關的結果傳輸到同一台電腦上，進行局部整合，最後再將各個電腦的局部整合結果傳輸到一台電腦上，進行最後的彙總。分散式處理模式如圖 3-6 所示，說明如下。

1. **Input**：大數據資料。

2. **Input Splits**：將資料切割，分散儲存於各個電腦，以利後續分散式處理。

3. **Mapping**：各電腦內資料進行 Mapping 處理，轉成成對的（鍵值、數值）結構。

4. **Shuffing**：將相同的（鍵值、數值）對傳送到相同電腦。

5. **Reducer**：整合相同的（鍵值、數值）對，將結果傳送的同一台電腦。

6. **Final Output**：將彙整的結果呈現出來。

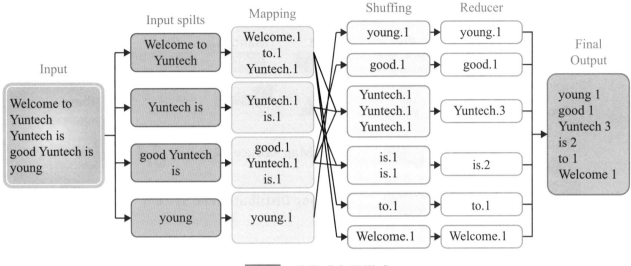

圖 3-6　分散式處理模式

三、先進的資料分析技術

　　因應巨量資料及多樣性資料分析之所需，近年來陸續出現各式各樣資料分析技術與工具，包括適合快速開發雛型系統的腳本語言 Python, R, Pig, Hive 等，能深入挖掘隱藏於資料間之樣式的資料探勘及機器學習演算法。

　　另外，視覺化資料分析及呈現結果，親和性高，適合非資訊技術專業的分析人員與決策主管使用。社群網站與產品行銷結合，產生大量有價值的文字資料，自然語言處理技術協助從文字資料中挖掘出有用的資訊，例如：對公司產品的評價、消費者的喜好等。在下一節，我們將介紹一些常用的資料探勘演算法。圖 3-7 為一些常見的大數據分析相關的開放軟體工具。

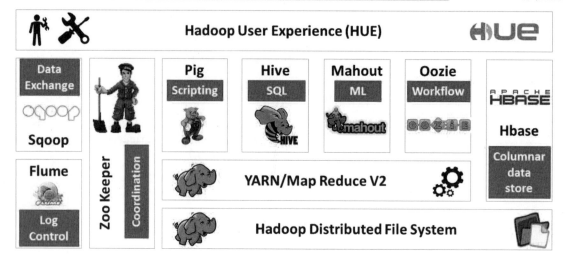

圖 3-7　大數據分析相關的開放軟體

資料來源：Sansagara, 2016

四、小結

　　在大數據的時代裡，處理這些大數據的資料已經是不可避免的事情，如何了解這些資料代表的意義很重要，善用分析大數據的技術與工具更是不可缺少的知識，然而還是需要透過專業的資料分析人員給予有效的結論，讓決策者可以做出對企業最有價值的決定，讓企業更具有競爭力。

　　資料探勘是技術裡最重要的一個環節，此環節需要經過很謹慎的流程，確保探勘出來的資料是正確的，所以資料分析師一定需要了解資料探勘的內容，才能有效地找出資料的特徵，而這些內容都需要有很多的背景知識，所以在學習上有很大的門檻，需要經過長時間的學習，因此難度較高，不過這些知識在資料分析上很重要，所以學會這些方法對資料探勘有很大幫助。

3.3 數據分析技術概述

　　大數據的特性導致傳統技術無法順利處理。目前大部分採用機器學習或資料探勘演算法進行資料分析。機器學習或資料探勘，主要是讓電腦從大量資料中挖掘規則或知識。找到規則或知識，經有效地了解與謹慎地評估這些結果，期望對主管做決策有更多幫助。資料探勘的流程如圖 3-8 所示，各步驟說明如下。

1. **資料庫**：儲存企業日常營運資料，資料隨著時間而增加。然而，存放的資料可能有雜訊、缺值或錯誤。

2. **清洗與整合**：整理資料庫內的資料，缺少值須補齊，雜訊須排除，錯誤需修正。

3. **資料倉儲**：存放整理過後的資料，可能來自多個資料庫或加入檔案系統的資料。存放在倉儲內的資料為歷史資料，變動性不大，資料格式較為固定。

4. **選擇與轉換**：選擇需要分析的資料，也就是與要處理的問題有關的資料或者是欄位。有時須進行資料格式轉換，以配合分析方法可接受的格式。

5. **探勘**：選擇合適的資料探勘演算法，以利找出隱含在大量資料中的規則。

6. **評估與呈現**：謹慎地評估探勘產出的結果，以適當的介面呈現結果，供決策者參考。

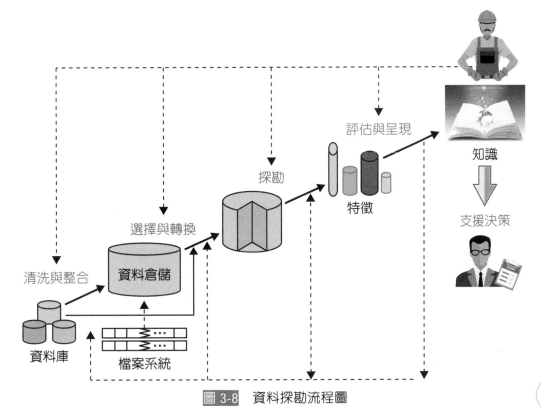

圖 3-8　資料探勘流程圖

我們透過一個範例說明上述資料探勘各步驟，以探勘網頁瀏覽記錄資料為例，需要收集到網頁瀏覽記錄的資料，選擇所需要的資料，像是特定區域或時間的瀏覽記錄，收集及選擇完資料後，需要將資料清洗，去除網址資料，必要時改以編號代替識別碼，避免洩漏隱私；去除雜訊及錯誤資料，再來進行必要的資料轉換，例如將網頁的存取時間轉成先後順序的序號；若要分析不同區域的使用者的偏好，則需依照區域切割存取記錄。然後選擇探勘技術找出使用者瀏覽網頁習慣。

例如：可以使用循序性關聯規則演算法，找出常被瀏覽的網頁順序，結果可能得到百分之四十的使用者瀏覽 A 網頁後，接著瀏覽 B 網頁，而選擇 C 網頁的，有百分之二十，D 網頁的有百分之十二。最後就是解讀與評估這些特徵，並透過適當的介面呈現探勘結果，這些結果可以應用於支援決策、協助先取網頁或客製化網頁廣告等。

資料探勘的功能分為描述與預測，描述指的是以精簡的資訊描述大量資料的特徵，像是購買偏好相似的顧客（群聚分析）、每月最暢銷產品（排名）、每月平均銷售量（平均）、去年總銷售量（總量）；預測指的是利用其他變數預測某個變數的值，例如：可以透過學區、交通、商店預測附近房價的高低。另一種型式是利用某變數以前的值預測該變數未來的資料值，例如：透過某支股票以前的股價，預測該股票未來的股價等等。

資料探勘演算法之類型也對應的分為兩類：描述性與預測性。描述性有群組特徵歸納、歸納式邏輯、關聯法則分析、群聚分析等，預測性有分類與數值預測、異常值分析、時間序列資料分析等。

1. **群組特徵歸納**：依相似程度分群大量資料，然後歸納各群組特徵，藉此可降低資料量及資料複雜度。

2. **歸納式邏輯**：從一個或多個資料表中的資料找出關聯，並給予有意義的解釋，例如：從已婚的消費者的配偶與消費者的收入，判斷是否為潛在客戶。

3. **關聯法則分析**：分析資料與資料之間的關聯，例如：找出常一起被購買的產品。

4. **群聚分析**：根據資料相似度，將資料分成多個群組，例如：把購買習慣性相近的顧客群聚在同一群。

5. **分類**：從歷史資料中找出分類的規則，例如：信用評等，可以透過薪水、不動產、職業、教育、年紀等變數做為信用評等之依據。

6. **數值預測**：從資料中找出預測數值的公式，常使用的方法有線性迴歸、多變量迴歸。

7. **異常值分析**：從資料中找出異於一般的特殊值，例如：在常態分佈下，超過三個標準差的值，通常被視為異常值。

8. **時間序列資料分析**：資料具有時間或者順序性，使用歷史數據預測未來的數據，例如，隔天股價預測、下年度的銷售量或營業額預測。

　　常見的資料探勘演算法整理於圖 3-9，隨演算法的擴充、結合及應用，可建構完整的資料探勘應用系統。舉例而言，描述性的演算法結合其他演算法可進一步應用在分類的情境。例如，利用群聚分析演算法將顧客分成若干群，然後使用群組特徵歸納演算法找出各群之特徵，並據此命名各群組，諸如 3C 愛好者群、精品喜好者群等。後續對新客戶可根據其特徵與各群組特徵之吻合程度，將之歸類於適當之群組。

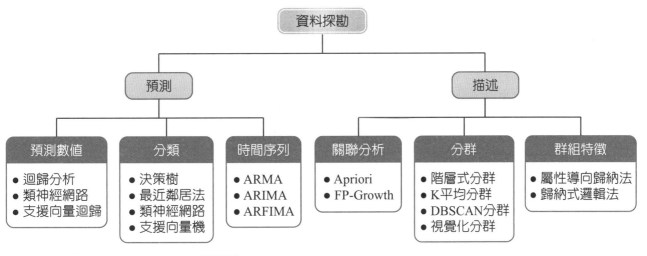

圖 3-9 資料探勘演算法類型與常見方法

3.4 實務案例與應用

一、適合的應用領域

如圖 3-10 所示，大數據相關應用領域十分廣泛，除了可以察覺商業趨勢、判定研究品質、避免疾病擴散、打擊犯罪或測定即時交通路況等，更可以進階協助能源開發與財務金融管理等。

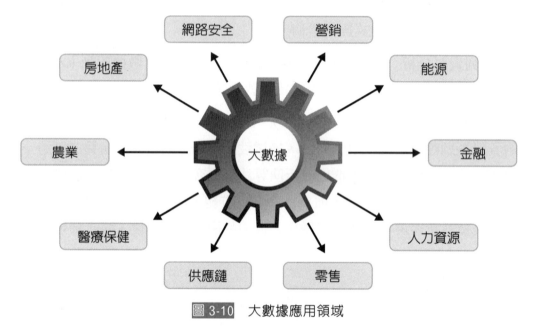

圖 3-10 大數據應用領域

資料來源：CB Insights, 2015

在廣泛的領域中，適合使用的應用有幾個特性，這些特性能夠幫助我們了解如何分析這些資料，找出資料中的資訊，並能找出商業趨勢，為企業帶來更多的利益，以下將介紹幾個特性。

1. **資料中資訊含量豐富**：透過這些豐富的資料，找出對企業有用的資訊，進一步提升企業的利益。

2. **沒有現成的統計分析方法可用**：資料探勘技術的門檻較高、建置成本較昂貴、人才較少，若傳統統計方法可用，不見得要訴諸資料探勘技術。

3. **變動性的資料**：資料中隱含的特徵或知識會隨時間而改變，透過分析這些改變可以了解市場的變動，消費者的消費趨勢，做出有價值的決策。

4. **需要以知識為基礎的決策**：資料探勘主要是挖掘隱藏在大數據中的知識或規則，若決策不需要用到相關的知識，也就沒必要使用資料探勘。

5. **正確決策會導致高投資報酬率**：建置以資料探勘為基礎之系統成本高昂，投資報酬率須高於建置成本，正確的決策可以為企業帶來更多營收，並增加企業競爭力，才值得投資。

以零售業來說，收集大量的市場資訊及社群網路的評論，可以了解使用者需求、使用者對產品的評價及市場趨勢，有助於公司制定產品策略、行銷方針，快速反應市場變化，然後開發新產品或服務，藉此貼近原有的消費者，並吸引新的消費族群。

充分利用資料的價值，可以進一步透過異業合作方式，提供公司掌握的資料給合作廠商，強化商業合作，發揮資料的價值，創造雙贏。

例如，物流業可以透過 GPS 及 RFID 收集、追蹤貨物的走向、路線及時間，累積到一定量之後就可以用來優化配送的路線。若能更進一步與計程車業者合作，事先取得配送路線交通資訊，則能掌握即時路況，避開維修道路、事故道路或壅塞路線，讓路線更加優化。

如同先前所提到的，大數據吸引了不同領域的人投入，而目前實際運用大數據的領域包含政府單位、製造業、零售業、醫療照護、教育、新聞媒體、科學研究、運動等。不同領域中，會因為資料的內容不同，而需要使用不同的技術進行分析，但主要還是會受到想解決的問題影響。例如，想透過社群媒體了解民眾對於政府政策的態度，需要使用文字探勘中的情感分析技術；而想了解學生使用線上開放教材（MOOCs）對成績的影響，則需要透過資料探勘中的迴歸分析或分類技術進行分析。

二、零售業應用方式

大數據在於零售業常見的應用方式為：了解消費者行為、預測消費者行為、優化產品組合、調整商品價格、精準行銷、客製化服務。

在過去的分析中，受限於資料來源類型，零售業能了解顧客的方式不多，而隨著社群媒體、智慧型手機及網路的發展，資料多樣化，除傳統數字外，還有圖像、影片、聲音、動畫等，公司企業可以使用這些以往沒有的資料、從多重角度切入、交叉分析，了解消費者以及消費行為，甚至可以進一步精進企業的顧客關係管理（CRM）。

有別於以往的分析，必須要充分地收集個別研究對象的歷史資料才能進行。大數據本身有著另外一個特色，藉由海量的樣本數，彌補對個別研究對象歷史資料之不足，因此即使是新客戶，也能夠使用其他相似客戶的歷史資料，進行新客戶消費行為預測。

透過了解消費者行為及預測消費者行為，零售業者可以優化產品組合、訂定適當的商品價格，甚至透過社群媒體與智慧型手機上的 APP，進行客戶專屬的精準行銷與相關的客製化服務，也能預測市場趨勢，將資料回饋給上游廠商，以利適時推出新的產品，掌握市場先機。

以下介紹幾個數據分析於零售業之應用成功案例：

（一）案例一：亞馬遜公司（Amazon）

隨著市場和消費者行為改變，在大型零售業領域中應用大數據企業的先驅非亞馬遜（Amazon）公司莫屬。亞馬遜應用大數據，成功地幫助企業了解消費者的購物行為、偏好，更進一步預測消費趨勢與展望，以幫助他們於市場行銷、產品組合與定價策略等各個面向，做出更準確的決策。

亞馬遜為典型的電子商務範例，是目前全球最大的電子商店，其起始於線上書店，之後多角化經營，販售商品與服務，涵蓋各式各樣類別，音樂、影片、電子產品、玩具、衣服、美妝、清潔用品、珠寶、園藝、器具、汽車零件、雜貨等，幾乎可以滿足普羅大眾的大部分日常生活所需。

亞馬遜電子商店之所以成功，背後有很多關鍵因素。其中商品推薦系統是一個關鍵因素，系統透過使用者過去所購買的商品、線上購物車內存放的商品、過去瀏覽商品紀錄以及其他會員瀏覽及購買商品紀錄等資料，推薦使用者可能有興趣的商品給使用者參考，這項服務空前成功，大幅提升亞馬遜的營業額，導致許多電子商務網站跟進，幾乎成為線上商店的基本服務。

亞馬遜的推薦系統植基於產品推薦演算法，這套亞馬遜自創的演算法稱為「產品對產品的協同過濾演算法（Item-to-Item Collaborative Filtering）」，亞馬遜透過這套演算法向使用者推薦商品，提高購買意願，並提供了深度客製化的網頁瀏覽體驗。

也就是說，每個使用者都會被推薦與自己興趣相符的產品，電子產品愛好者會在亞馬遜網站看到手機、平板電腦、智慧手環、虛擬實境眼罩等的推薦清單，時尚流行達人會在網站看見服裝、鞋子、褲子、提包等推薦清單，古典音樂迷會看到各類交響曲、小提琴協奏曲、鋼琴曲、莫扎特、貝多芬、馬勒等作品。在 2012 年第二財季，亞馬遜營收達 128.3 億美元，相較於去年同期的 99 億美元，總體營收增長了 29%。如此大幅的增長要歸功於亞馬遜的推薦系統，將推薦清單與購物流程進行整合，從發現一個產品到完成結帳，推薦商品無所不在。（JP Mangalindan, 2012）

大數據除了能夠用在推薦購買商品以外，亞馬遜打算進一步做到「預判發貨」，透過蒐集各種使用者行為資料，用於預測顧客的未來購買行為。在顧客尚未送出訂單之前，就提前先將包裹發出，盡可能地縮短商品從倉庫到顧客手上的時間。如何預測消費者行為？亞馬遜分析的資訊包含：顧客的歷史訂單、心願清單、商品搜索記錄、購物車，甚至包括使用者在某商品頁面的停留時間，除此之外，為了能夠提前將商品配送至潛在顧客附近區域，亞馬遜會模糊填寫用戶的收貨地址，而在配送過程中一旦收到該顧客的訂單，再將位址資訊補充完整。同時在運送途中向同區域其他潛在顧客推薦該商品，進而提升判斷精準度。（Ifanr, 2014）

（二）案例二：沃爾瑪公司（Wal-Mart）

談到零售業，一定會提及的沃爾瑪公司（Wal-Mart），在銷售中以「啤酒與尿布」故事，最讓人印象深刻，如何把兩個看上去沒有關係的商品，擺放在一起進行銷售，進而創造銷售收益？就是沃爾瑪在大數據應用上的祕密武器。

　　1990 年成爲營收最大的美國零售商的沃爾瑪，2011 年電子商務營收僅是亞馬遜的五分之一，且差距年年擴大，讓沃爾瑪不得不設法找出各種提升數位營收的模式。最後沃爾瑪選擇在社群網路的行動商務上放手一搏，讓大量、迅速的資訊進入沃爾瑪的內部銷售決策中。

　　2011 年 4 月，沃爾瑪以 3 億美元高價併購了 Kosmix，一家擅長分類社交網站資訊，並客製化輸出資訊的公司。由於沃爾瑪在全球超過 200 萬名員工，110 個超大型配送中心，每天處理的資料量超過 10 億筆，本身就是一個巨量資料系統，與 Kosmix 合作分析巨量的交易資料，進而找出商品之間的關聯，誘發顧客需求。（香港矽谷，2013）

　　現今的社交網站主宰了現代科技生活，從社交網站可以得知新聞事件、熱門產品、地區近況、組織特性等資訊。Kosmix 爲沃爾瑪開發的大數據系統稱作社會基因組（Social Genome），與推特（Twitter）、臉書（Facebook）等社交媒體做連結。根據統計，使用者每天在臉書上分享 8.3 億條訊息、在 Flickr 上上傳 610 萬張照片、在 YouTube 上添加 210 萬分鐘視頻、發送 6500 萬條推特條目，數據工程師透過分析這些巨量的資料與顧客消費紀錄，推出能夠與時事相互呼應的產品，創造顧客需求。（Jackchen58, 2013）

　　另一方面，爲了實現企業社會責任，爲降低全球碳排放量盡一份心力，沃爾瑪的大數據系統發展出另一項公益功能，追蹤商品的「碳足跡」，作爲具環保意識的消費者購物時之參考。該系統功能將各廠商的碳足跡排放資料建構成「社會責任資料庫」，其中記載各供應商生產商品時的用水量、溫室氣體排放目標等資料，然後再將這些資訊轉換成顧客可以輕易理解的碳足跡排放標籤。

　　沃爾瑪推出環保計畫，提高能源效率、減少浪費，扭轉企業形象，隨著大數據帶來的改變，沃爾瑪不再是笨重的零售業巨人，而是妥善運用社群科技，爲每一位消費者打造客製化購物需求的綠色科技企業。（愛環保，2010）

（三）案例三：億貝（eBay）

全球排名前幾大的線上購物網站億貝（eBay）擁有近 2 億的使用者，每分每秒都有大量的交易在進行，億貝幾乎無時無刻都在處理數千美元的交易。其網站光是商品類別就高達 3 萬多種。但您知道這些交易數據，其實只占了億貝全站數據資料總量的一小部分嗎？

其實早在 2006 年，億貝就意識到資料探勘的重要性，為了從公司掌握到的資料中分析使用者的買賣行為，億貝成立了大數據分析平台，並以此對使用者的行為進行分析，讓公司能進一步對客戶進行客製化行銷，擴大億貝的營業量。

億貝將大數據應用在許多地方，像是前述的「客製化推薦商品」。其實，使用者在一天當中的不同時段所瀏覽的商品是不同的；同樣的，使用者的年齡、在不同的地點場域、當下的天氣狀況，也會對瀏覽和搜尋產生影響。億貝要做的，就是學習不同情景下的不同購物模式，並依據當前的各種條件變數，諸如年齡、地點、天氣、時間等，推薦給使用者當下最可能想要的商品。

另一個推薦商品的方式，則是透過分析使用者過去的瀏覽行為，預測使用者想要找什麼樣的產品；或是比較另一位和這個使用者有相似特性的客戶，查看他當時買過什麼樣的商品，從而推斷出目前使用者潛在的需求。綜合類似上述的不同角度切入的推薦商品模式，億貝的資訊系統必須在短短幾秒鐘內就計算出使用者最需要的商品，建構商品推薦畫面，迅速地將商品資訊呈現在使用者面前。

億貝的大數據分析除了應用在推薦買家各式各樣商品之外，也反向操作，將大數據拿來為製造商或是賣家提供各種情報，例如，統計目前網路上最熱門的商品搜索關鍵字，將此資訊提供給產品製造商，製造商可藉由這些資訊，立刻對此做出反應，修正產品規劃，調整生產線。億貝也根據自身或其他電子商務平台的交易情況，向賣家建議其應該銷售的商品。並可針對該賣家過去的交易情況進行分析，推算補貨時間、物流時間，改善賣家倉儲管理，降低庫存壓力，提升周轉率。

過去我們使用搜尋引擎時，通常搜尋引擎只透過我們輸入的關鍵字進行檢索，找出包含關鍵字的頁面，但很多時候，搜尋出來的結果並不是我們所想要的，問題在於搜尋引擎只從字面比對、搜尋，無法理解我們真正的想法。克服此問題，億貝嘗試重構使用者的搜尋關鍵字，透過增加同義詞、關聯詞彙或替換語句，從而提供更多有相關性的內容，由此促成潛在交易，增加交易數量。而這些種種作為，都離不開大數據分析在背後支撐。（Big Data in Finance, 2015）

（四）案例四：颯拉（Zara）

颯拉（Zara）為西班牙著名品牌，也是世界四大時裝連鎖機構之一（MBAlib，2017）。颯拉位於全球的分店數量龐大，為即時掌握各地的銷售狀況與趨勢，各分店依照每週兩次以上的頻率，向總部輸送客戶的訂單需求與客戶意見，聚集成龐大的資料庫。根據統計，截止至 2012 年，每個月從西班牙的颯拉總部，將一千萬件以上的服飾品出貨到全球將近 1700 家的分店，因此，颯拉必須面對倉儲管理、客戶意見與生產方向作出有效的管理與適時的決策。再者，為了因應快速展店、資金運用以及高速設計的商業模式背後所帶來龐大的資料量，颯拉決定砸下重金，重組資訊系統，以便能協助生產決策，適當地規劃整體生產銷售流程。

颯拉區分地域，收集不同地方的客戶意見，大量的服飾品送到各地門市銷售後，各分店店員會接獲客戶反映當季服飾的意見，包括讚美與批評，將這些意見以及各枝微末節的細項，回報店經理，再由各店經理透過颯拉內部全球資訊網資訊系統，以一天至少兩次的頻率傳遞給總部設計人員，由總部做出決策後，立即通知生產線改變產品樣式，即時回應各地需求。此外，颯拉也利用網路商店作為客戶反映意見管道，蒐集試行產品的反應，以此確保實際出貨產品切中消費者需求。

颯拉充分地利用網路商店的搜尋引擎以及資料分析功能之優勢，搭配每日營業結束後交易資料分析，包括當日銷售項目、盤點貨品上下架情況、產品購買率與退貨率，並結合櫃檯現金資料做出當日成交分析報告，從中獲取當日產品的熱銷排名，並將資訊傳給颯拉倉儲系統。此套作業，不僅能將現場狀況即

時回報給生產端，還能讓決策者精準找出目標市場，對消費者提供更準確、更符合需求的產品，在雙向的架構下，無論生產製造端或消費者端，雙方皆能夠充分地享受大數據帶來的好處。

颯拉將網路商店作為產品上市前的行銷試金石，先在網路上舉辦活動，調查消費者意見，再從網友回饋中，擷取顧客意見，以此改善實際出貨的產品。在實體的消費行為中，很難立即分析出不同消費族群的偏好。但網路上的消費行為，完整的歷程都會被記錄在交易系統內，送到颯拉中樞系統建檔，包括每一筆點選過的資料、停留時間、下單數量、單次購買金額。分析師預估，網路商店的加入，至少提升 10% 營收。

分析巨量客戶意見擬定出的生產銷售策略，可以大幅促進周轉率，降低存貨量。根據回饋意見與資訊系統收集的交易數據，可以分析出區域流行的相似度，進而能在顏色搭配、版型設計等方面製作出市場區隔，推出最接近區域客戶需求的產品。換句話說，在大量的數據背後隱含豐富的消費訊息，利用這些資訊可以打造決策地圖。例如，在中南美洲，顏色鮮豔、合身性感的服飾賣得特別好；法國、日本等相對拘謹的國家，顧客偏愛色系沉穩、剪裁俐落的風格。因此，倉庫出貨到各國時，不同系列的比重也會因國情有所調整，契合該地區之需求。（黑馬網，2013）

三、小結

從案例中可發現零售業若要使用大數據，往往都要先建立數據收集的工具，也因為這樣，讓電子商務型態的零售業有先天上的發展優勢，但是隨著物聯網（IoT）的發展，也讓傳統零售業擁有進入大數據的門票，妥善利用物聯網可以協助傳統零售業收集客戶採購行為，掌握消費者偏好與習性。

除此之外，每個案例都強調客戶本身的訊息以及回饋，並利用蒐集的資料快速回應等，這樣的現象反映零售業在網路時代下的存活之道，因此透過社群媒體了解客戶，已經是不可或缺的方法。

在資料的應用方法上，了解想解決的問題核心才是重點，找出與問題核心最相關的資料進行分析才有意義，否則擁有再多的資料以及再先進的數據分析技術，都沒辦法解決問題。

總而言之，對大數據而言，技術不是絕對的，唯有資料與內容是否有用，才是影響大數據能否讓公司受益的關鍵，若空有技術卻不了解要解決的問題、坐擁海量資料卻沒有辦法切中問題核心，大數據都只是空談。

3.5 大數據面臨的挑戰與困難

大家爭先恐後投入大數據分析之時，除了存在無限商機與未來性之外，也存在諸多挑戰與困難，列舉如下：

一、了解問題

數據分析師通常來自資訊技術領域，而需要進行數據分析的，通常是企業內的業務單位。業務單位人員不見得了解數據分析技術，另一方面，數據分析師可能不知道業務單位的領域知識，例如作業流程及資料代表的意義。進行大數據分析前，數據分析師必須與業務單位人員充分溝通，了解要解決的問題，才能評估需要的資料、資料來源以及適當的分析方法。免得對問題一知半解的情況下進行分析，而分析的結果不但沒有解決問題，反而造成企業更多困擾。

二、資料品質

資訊領域廣為周知的名言之一就是「垃圾進，垃圾出」。進行資料分析之前，要先確定資料品質，以免白費功夫，甚至不正確的結果，導致錯誤的決策，造成企業損失。實務界的資料往往有雜訊、錯誤以及遺漏值，需要靠前置處理，進行清洗與整理。資料前置處理無法全部自動化，耗力費時，卻是不得輕忽的工作，以確保能得到可靠的數據分析結果。

三、適當的分析方法

除了需要有高品質的資料，更需要使用適當的分析方法。統計、機器學習及資料探勘領域發展至今，數據分析的方法非常多，選用合適的方法，可降低分析複雜度，提升效率，產生正確的結果，從資料中萃取出有價值的資訊。然而分析人員要瞭解為數眾多的分析方法，進而進行適當的挑選，本身就是一項挑戰。

四、個人隱私

　　大數據所包含的資料層面很大，在了解顧客習性及行為的過程中，往往會牽扯到個人資料及隱私問題。若未徵求個人同意與妥善處理，很容易侵犯個人隱私、洩漏個人資料、違反法令法規，甚至造成資安事件。

五、企業管理階層支持

　　在大數據分析中，所需要的成本與時間對於企業本身都是不小的議題。資料處理過程涉及層面廣大，需要企業內跨部門協作，仰賴行銷、技術部門到管理階層的相互合作，因而統籌大數據專案的人員更顯重要，同時企業高階主管的全力支持亦不可或缺。

六、大數據不是萬靈丹

　　大數據本身不是萬靈丹，即使資料足夠，數字依然不會說話，需要仰賴資料分析師的處理，並且擁有資料的企業本身也願意與資料分析師合作，透過與資料分析師密切配合，提供領域知識，雙方相輔相成，才能成功地將大數據轉化成對企業有幫助的價值。

七、統計理論

　　大數據分析的技術很大的部分是奠基在既有的統計理論上，因此別一味地追求新的分析工具與技術，而忽略基礎的統計理論。進行大數據分析還是需要考量母體分布情形與抽樣誤差等問題，在統計理論都正確的前提下，才有足夠的基礎進行大數據分析。

八、關聯性與因果關係

　　大數據分析只能從海量資料中找出資料與資料之間的關聯性，此關聯不必然是因果關係，然而資料之間的因果關係，才是真正值得探討的部分。這部分需要所分析領域的相關知識，必要時須領域專家的參與，一起解讀分析的結果，探討關聯背後的真正原因，才不至於被結果表象所誤導。

章後習題

一、選擇題

( ) 1. 大數據一般談的定義有三個 V，下列何者是？

甲、大量（Volume）；乙、快速（Velocity）；丙、多樣（Variety）

丁、可驗證的（Verifiable）；戊、視覺化的（Visual）。

(A) 甲乙丙

(B) 甲丙丁

(C) 乙丙丁

(D) 乙丁戊

( ) 2. 下列何者不是與資料探勘技術直接相關的領域？

(A) 統計學

(B) 機器學習

(C) 經濟學

(D) 資料庫系統

( ) 3. 根據資料的相似程度，將資料集裡性質相似的資料分在同一個群組，是屬於哪一種資料分析技術之目的？

(A) 關聯分析

(B) 群聚分析

(C) 分類

(D) 歸納分析

( ) 4. 怎樣的特性不是資料探勘技術適合應用的領域？

(A) 需要以知識為基礎的決策

(B) 正確決策可獲高投資報酬

(C) 有現成的統計分析方法可用

(D) 變動性的資料

(　　) 5. 在常態分佈之下，通常幾個標準差之外的資料會被視為異常資料？

(A) 一個

(B) 兩個

(C) 三個

(D) 四個

二、問答題

1. 請說明資料探勘之流程。

2. 請比較大數據分析與傳統資料分析之差異。

參考文獻

1. 王雲（2015），王雲：在深不可測的 Big Data 時代 尋找新契機，取自 https://www.itri.org.tw/chi/Content/Publications/contents.aspx?SiteID=1&MmmID=2000&MSid=653405477231453707。

2. 香港矽谷（2013），【WIRED 特刊】Wal-Mart 轉型科技企業的關鍵報告：看它用 Big Data 算出你的「消費基因」！，取自 https://www.hksilicon.com/articles/132609。

3. 黑馬網（2013），【WIRED 特刊】"快時尚王國"背後的數字大戰（上）– 解開 ZARA 獲利超過 LV 的秘密！，取自 http://www.iheima.com/news/2013/0423/38922.shtml。

4. 維基百科，颯拉，取自 https://zh.wikipedia.org/wiki/ 颯拉。

5. 愛環保（2010），沃爾瑪改變我們購物的方式，取自 http://d2watasia.pixnet.net/blog/post/32874264。

6. Big Data in Finance（2015），大數據玩家 eBay：在購買前洞察你的慾望，取自 http://www.bigdatafinance.tw/index.php/non-finance/electronic-commerce/132-ebay。

7. CB Insights（2015），Attack of the Big Data Startups, Retrieved from https://www.cbinsights.com/blog/big-data-startup-map/。

8. Doug Laney（2001），META Group，3D Data Management: Controlling Data Volume, Velocity, and Variety.。

9. Ifanr（2014），大數據時代：Amazon「預判發貨」，你還沒下單它已經開始發貨了，取自 http://www.techbang.com/posts/16570-era-of-big-data-amazon-prejudge-the-issue-you-havent-order-it-has-started-shipping-the。

10. Jack101257（2013），企業資料倉儲 DWH 簡介，取自 http://blog.xuite.net/jack101257/twblog/138494904。

11. JP Mangalindan（2012），Fortune, Amazon's recommendation secret, Retrieved from http://fortune.com/2012/07/30/amazons-recommendation-secret/。

12. Jackchen58（2013），全球零售巨頭們的大數據真經，取自 http://blog.xuite.net/jackc hen58/tw blog/171640116。

13. MBAlib（2017），ZARA, Retrieved from http://wiki.mbalib.com/zh-tw/ZARA。

14. Sansagara（2016），Big Data: El ecosistema básico en las empresas, Retrieved from http://blog.leonelatencio.com/big-data-ecosistema-basico-las-empresas/。

15. Steven Kostyshen（2015）。K2View, The Bridge To Big Data – Nice Work If You Can Get It!, Retrieved from http://www.k2view.com/the-bridge-to-big-data-nice-work-if-you-can-get-it/。

16. Technocents（2014），HDFS Architecture, Retrieved from https://technocents.wordpress.com/category/hadoop/hadoop-distributed-file-system-hdfs/。

17. Rohit Kulkarni, SlideShare, Scaling up with Hadoop and banyan at ITRIX-2015, College of Engineering, Guindy, Retrieved from https://www.slideshare.net/rohitkulky/scaling-up-with-hadoop-and-banyan-itrix-feb-2015-public-copy。

18. Vicke Gerasimou（2016），Big Data and the 3Vs: What is the fourth 'V' and what are the implications for not embracing it? Retrieved from https://www.thinkbiganalytics.com/2016/03/29/big-data-3vs-fourth-v-implications-not-embracing/。

04

智慧零售導論─產業需求變化

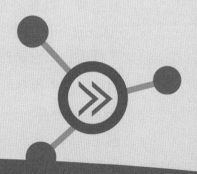

Smart Commerce

 **零售業現況與發展趨勢**

一、臺灣零售業發展歷程

自臺灣光復迄今，零售業的發展變化非常大。

1. 1950-1969 年，零售業是由傳統零售商主導，唯當時處於產品供不應求的年代，製造商是整體供應鏈的領導者，生產出來的產品就一定賣得掉，零售商在整體供應鏈的地位很低，僅是代理銷售製造商的產品，沒有任何主導權。

2. 1970-1979 年代，臺灣經濟開始起飛，國民所得成長使得購買能力增加，大型商場、百貨公司開始主導零售業，消費者想要買一些進口服飾、食品，就會到都市內的大型百貨公司（附屬超級市場）購物。

3. 1980-1989 年，臺灣經濟快速起飛，個人國民所得（GDP）由 2,000 美元成長至 8,000 美元左右，零售業也開始進入現代化的發展，其中，最重要的有下列事項：

   (1) 1980 年統一企業引進美國的便利商店 7-ELEVEn，開啓了臺灣 CVS 的先河。

   (2) 1984 年寬達食品引進美國 McDonalds 速食店經營模式。

   (3) 專業化的超級市場也因應消費者的需求大量出現，不論便利商店、超級市場或速食店，均採連鎖經營模式，零售業才有機會由中小企業轉型成長爲大型企業，甚至財團化經營，迄今對我國零售業現代化的蛻變造成深遠影響。

4. 1990-1999 年，臺灣經濟發展遭逢通貨緊縮，消費者對未來前景不看好，不敢消費，以致於量販店興起，1999 年底荷蘭萬客隆（Makro）與法國家樂福（Carrefour）同時被引進臺灣市場，造成另一股炫風，一時之間，各個業種的「量販」概念席捲全台，例如：燦坤 3C 大賣場、IKEA、Toys"R"Us、橡木桶酒莊、全家福鞋品量販店等。

5. 2000-2009 年，一方面由於法規鬆綁，原屬農業用地或工業用地，但具商業價值之區域，紛紛申請成立大型購物中心；另一方面由於網際網路興起，電子商務的虛擬通路亦快速掘起。

6. 2010 年迄今，由於資通訊科技（Information & Communication Technology）的進步、雲端概念的運用、社群媒體風行，以及智慧型手機普及率愈來愈高，實體通路與虛擬通路相互整合，O2O（Online to Offline, Offline to Online）營運模式開始盛行，再加上購買支付方式（金流）的多元化發展，臺灣零售業進入前所未有的局面。

有關各個零售業態發展歷程彙總資料，詳見圖 4-1。另外依臺灣零售業業態出現的生命週期階段，以及目前各業態的領導者，整理分析如表 4-1。

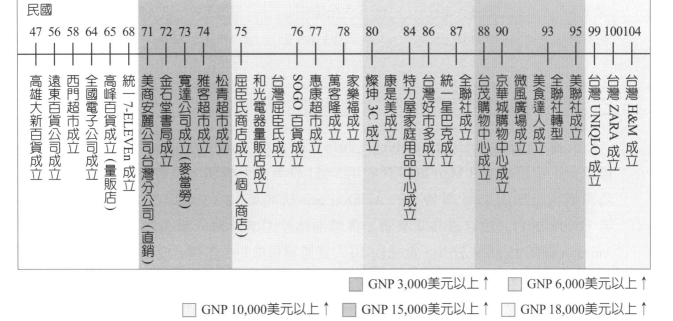

圖 4-1　臺灣主要業態代表性業者年代史

表 4-1　臺灣零售業態發展歷程彙總表

業態別	創新期	成長期	領導業者
百貨公司	民國 47 年出現	60~70 年代快速成長 90 年轉型再起	新光三越、SOGO 百貨、遠東百貨
超級市場	民國 58 年出現	70 年代快速成長 90 年轉型再起	全聯社、惠康
家電量販店	民國 63 年出現	80 年代快速成長	燦坤 3C、全國電子
量販店	民國 65 年出現	85 年代快速成長	Costco、家樂福、大潤發

業態別	創新期	成長期	領導業者
便利商店	民國 68 年出現	70 年代後期快速成長	7-ELEVEn、全家
現代化書局	民國 72 年出現	70 年代中期快速成長	誠品、金石堂
西式速食店	民國 73 年出現	80 年代快速成長	麥當勞、MOS BURGER、KFC
直銷	民國 71 年以後出現	80 年代快速成長	美商安麗公司、NU SKIN
咖啡連鎖	民國 80 年出現	90 年代快速成長	Starbucks、85 度 C、LOUISA
家庭用品中心	民國 82 年出現	90 年代快速成長	B & Q 特力屋
購物中心	民國 88 年出現	90 年代快速成長	微風廣場、統一夢時代
快時尚	民國 99 年出現	100 年代快速成長	UNIQLO、Zara、H & M

二、電子商務興起對傳統零售通路的衝擊

依據 Global Powers of Retailing（2016）統計資料顯示，在 2014 年全球零售業盟主依舊由 Wal-Mart 以年營收 485,651 百萬美元蟬聯，雖然僅有 1 家網路公司進入全球前 25 大零售業— Amazon.com 排名第 12（如圖 4-2）。唯若以 5 年（2009~2014）複合成長率來看，實體通路龍頭 Wal-Mart 為 3.5%，網路龍頭 Amazon 則為 25.8%。此外，全球前 10 大實體零售業的 5 年複合成長率為 3.8%，前 250 大零售業的 5 年複合成長率為 4.9%；而全球前 20 大電子零售業的成長率有一半以上均高於 20.0%。由此可知，在面對同樣的環境衝擊下，實體通路業者的成長動能遠低於網路電商業者。

面對愈來愈險惡的經營環境，如全球經濟不景氣、保守主義盛行、恐怖攻擊的陰影、高齡少子化、消費者生活型態快速改變等，對於零售業者尤其是傳統實體通路商，造成莫大的衝擊，以中國大陸為例，由於淘寶網、天貓、京東商城等電子商務模式的興起，造成各地區許多知名的購物中心、百貨公司、3C 大賣場等紛紛退出市場，就可看出端倪。

唯即使企業採取電子商務模式，在臺灣甚至全世界均也面臨供過於求的競爭環境，許多電商業者因經營不善而倒閉亦時有所聞，故不論實體或虛擬業者，所面臨的都是同樣的課題：(1) 如何預測目標顧客動態改變的需求？ (2) 如何比競爭對手快一步掌握上述動態資訊？ (3) 如何持續掌握此一競爭優勢？針對這些課題，以往

的業者大多僅憑片斷的資訊做臆測，然而，運用近幾年開始盛行的 ICT 科技與「大數據」分析，將有機會精準地解答上述課題。

Top 250 retailers

Retail revenue rank FY2014	Name of company	Country of origin	FY2014 retail revenue (US$M)	FY2014 parent company/ group revenue[1] (US$M)	FY2014 parent company/ group net income[1] (US$M)	Dominant operational format FY2014	# countries of operation FY2014	FY2009-2014 retail revenue CAGR[2]
1	Wal-Mart Stores Inc.	US	485,651	485,651	17,099	Hypermarket/Supercenter/Superstore	28	3.5%
2	Costco Wholesale Corporation	US	112,640	112,640	2,088	Cash & Carry/Warehouse Club	10	9.5%
3	The Kroger Co.	US	108,465	108,465	1,747	Supermarket	1	7.2%
4	Schwarz Unternehmenstreuhand KG	Germany	102,694e	102,694e	n/a	Discount Store	26	7.7%
5	Tesco PLC	UK	99,713	101,380	-9,385	Hypermarket/Supercenter/Superstore	13	1.8%
6	Carrefour S.A.	France	98,497	101,450	1,817	Hypermarket/Supercenter/Superstore	34	-2.8%
7	Aldi Einkauf GmbH & Co. oHG	Germany	86,470e	86,470e	n/a	Discount Store	17	6.8%
8	Metro Ag	Germany	85,570	85,570	247	Cash & Carry/Warehouse Club	32	-0.8%
9	The Home Depot Inc.	US	83,176	83,176	6,345	Home Improvement	4	4.7%
10	Walgreen Co. (now Walgreens Boots Alliance Inc.)	US	76,392	76,392	2,031	Drug Store/Pharmacy	2	3.8%
11	Target Corporation	US	72,618	72,618	-1,636	Discount Department Store	1	2.7%
12	Amazon.com Inc.	US	70,080	88,988	-241	Non-store	14	25.8%
13	Groupe Auchan SA	France	69,622	71,056	1,046	Hypermarket/Supercenter/Superstore	13	6.2%
14	CVS Health Corporation (formerly CVS Caremark Corporation)	US	67,798	139,367	4,644	Drug Store/Pharmacy	3	4.1%
15	Casino Guichard-Perrachon S.A.	France	64,462**	64,462**	1,095	Hypermarket/Supercenter/Superstore	29	13.1%
16	Aeon Co. Ltd.	Japan	61,436	65,831**	738	Hypermarket/Supercenter/Superstore	11	7.6%
17	Edeka Group	Germany	60,960**	62,689**	n/a	Supermarket	1	2.9%
18	Lowe's Companies Inc.	US	56,223	56,223	2,698	Home Improvement	4	3.6%
19	Seven & i Holdings Co. Ltd.	Japan	53,839**	56,162**	1,698	Convenience/Forecourt Store	18	3.4%
20	Rewe Combine	Germany	51,168**	56,555**	419	Supermarket	11	2.4%
21	Woolworths Limited	Australia	49,572	50,965	1,790	Supermarket	2	3.3%
22	Centres Distributeurs E. Leclerc	France	48,573e**	60,749e**	n/a	Hypermarket/Supercenter/Superstore	7	5.5%
23	Wesfarmers Limited	Australia	48,095	52,287	2,043	Supermarket	2	4.7%
24	Koninklijke Ahold N.V.	Netherlands	43,566**	43,566**	790	Supermarket	6	3.3%
25	Best Buy Co. Inc.	US	40,339	40,339	1,235	Electronics Specialty	4	-4.1%

圖 4-2　全球前 25 大零售業排行榜（2014）

註 [1] Revenue and net income for the parent company or group may include results from non-retail operations

註 [2] Compound annual growth rate

資料來源：Global Powers of Retailing 2016

三、運用 ICT 科技解決零售業的困境

實體通路的優點是消費者可以與服務人員接觸、接觸實體環境氛圍、體驗各種服務的互動過程；虛擬通路的優點則是消費者可以不受時間、地域限制，快速獲得各種產品與服務資訊，並進行評估比較。實體通路與虛擬通路的優缺點正好可以互補，若能加以整合，零售業者可以充分掌握與預測消費者完整的購物旅程，並提供

優質的產品與服務給消費者，消費者則可以最少的時間與心力，找到最合適其需要的產品與服務。

由於 ICT 科技的發達與消費者生活習慣的改變，零售業者若能吸引消費者到實體賣場體驗，透過零售「端」的智慧科技，蒐集消費者行為資訊，以物聯「網」方式透過「雲」平台，提供即時或批次的大數據分析，及時提供「服」務業者掌握商機的資訊與建議，零售業者亦可經由長期觀察、收集消費者旅程地圖（Customer Journey Map, CJM）的行為資訊，研發創新的「服務」模式，亦即整合形成「端、網、雲、服」的良性循環，詳見圖 4-3 所示，如此，將可使得我國零售業者獲得消費者青睞，且更具國際競爭力。

■ 智慧商業創新服務

以「端網雲服」架構，達到精準行銷

圖 4-3 「端、網、雲、服」智慧商業創新服務

資料來源：經濟部商業司（2016）

4.2 迎接智慧零售的時代

一、數位化科技與消費行為的整合

零售 4.0 時代是虛實整合之全通路（Omni Channel）時代，零售商突破虛實界線，整合實體店面、網站商店、行動載具等多元服務通路，創造不同的顧客服務接觸點，運用口碑行銷與社群行銷的方式，接近潛在目標族群以提高營運績效。新型態的零售服務需要結合科技體驗應用，打造便利、精緻、高效的服務場域，透過實境體驗方式，創造顧客新奇的購物體驗。

新型態零售服務內容主要有七類行為應用 [1]：電子零售、差異化思考、數位行銷和社群媒體，顧客關係管理方案和數位折價卷、地理位置服務和自助結帳、電子錢包、店鋪樓層的數位儀表板服務和動態訂價技術；每一項創新應用都與資訊科技發展息息相關，因此資訊科技是推動新零售產業的重要因素。

零售科技的應用主要聚焦在發掘顧客潛在需求，並透過數據分析與決策行為轉化為顧客實際購買行為，當手機與網路的普及使得顧客越來越容易取得不同零售通路的價格資訊，導致成交機會與越來越低，零售商如何利用資通訊技術，與顧客進行互動，將會變成新的經營課題。

若期望顧客透過全通路型態與消費品牌之間達成無縫連結的狀態，零售廠商必須打造能夠與顧客互動的平台，提供個人化的購物體驗，讓顧客在前台場景時，無論用何種裝置進行互動，都能隨心所欲地存取資訊，得到即時準確的回饋；而在零售廠商的後台系統上，資訊平台必須具備連結商業流程和管理需求的關連性引擎，做到前台和後台的整合性創新，資訊整合能力與運用能力成為新零售產業的基本特徵。整體來說，零售產業受惠於資訊科技的發達，顧客往往自己洩露偏好而不自知，利用手機定位技術與室內圖資，兩者比對之下的資訊可以提供企業更多的消費訊息，使零售廠商設想的全通路樣態獲得實現的機會。

隨著科技進步，要做到零售前後台的整合與創新，必須具備與其他科技共同協作的能力。未來智慧商店底層資料的應用將以更即時的雲端服務與行動 APP 資料整

---

1 根據麥肯錫公司研究報告顯示，新零售場景主要七類不同的服務應用組合而成。

合的方向發展;中層的支付、服務及銷售,可以透過第三方來提供相關服務;而在最上層的促銷活動上,零售廠商可以將紅利、回饋金、點數結合智慧手機、多媒體導覽機(Multiple Media Kiosk)和 POS 系統,使得零售服務更精緻和更智慧。簡而言之,智慧零售環境的演化已經從單店智慧化、連鎖體系智慧化發展到能夠提供顧客個人化、雲端化的零售服務環境,除了需要整合營運平台與消費個人資訊之外,智慧零售服務業者必須能夠滿足顧客對於不同情境下的購買需求,配合智慧物流、社群商業等新興技術,打造出滿足消費需求的服務環境,並能夠彈性整合服務價值網路內的成員能力,達到零售環境智慧化的目標。

智慧零售的發展意味著零售服務廠商針對顧客行為、會員忠誠計畫、消費口碑傳遞過程、顧客行為旅程需要進行更深入的研究,以確認顧客真正的行為。由於顧客告訴零售廠商的資訊往往與真實的購買行為、經驗傳遞過程不相符,導致許多的零售廠商根據錯誤的行為資訊,設計無法滿足顧客期待的零售服務,使得顧客不願意繼續上門消費。因此,如何確認並整合企業內外部資訊來源,並設計正確的商業模式,是零售商轉型智慧零售的首要工作。

另一方面,行動網路技術與社群平台的快速發展之下,顧客對於消費體驗與口碑傳遞行為已經與以往不同。當今的資訊收集活動與口碑傳遞分享過程,對於潛在顧客滿意的影響力日增。一般的零售服務廠商在欠缺技術能力之下,其實無法得知顧客動機與口碑傳遞的重要情報,也缺乏專業技術分析來自於不同社群平台與消費族群的資訊內容,因此造成現有的智慧零售科技解決方案停留在科技導入試用階段(Proof of Concept, PoC),而非透過科技改變顧客原有的購物行為(Proof of Business, PoB)。

未來的智慧零售的發展是建構在行動裝置、雲端技術、大數據分析、社群行為分析、賣場行為偵測等技術之上,零售服務廠商可以利用低廉的資訊服務科技取得完整的顧客行為資訊,從中針對不同的顧客需求設計出個人化的服務。例如:便利商店可以透過 APP、攝影機辨識、POS 系統、電子貨架等技術,針對不同的顧客提供即時價格服務的應用,使商品促銷不再只是以年節檔期設計,而是可以更準確地依據顧客在不同時段內的需求提供動態價格,不僅提高顧客的滿意體驗,同時也可以減少商品報廢數量與金額。廠商也可以藉由社群分析技術、行動 App 的應用,分析消費族群內的意見領袖以及各類消費族群的口碑傳遞方式,利用對於消費意見領袖行為的掌握與分析,鞏固零售通路與銷售品牌的忠誠度。

　　因此，對於零售產業而言，科技的導入只是智慧化的開端，真正的發展機會在於利用資訊科技整合各階段的顧客旅程資訊，透過分析每個階段的顧客資訊、關鍵議題、消費痛點等資訊，並採用科技／非科技解決方案、創新服務方案，減少顧客在購物旅程上的痛點，提昇顧客對於購物行為的滿意，達到更便利安心、個人化的購物體驗，進而提高顧客對於通路的忠誠度。

二、新機會的來源：科技應用與顧客旅程地圖的應用

　　對於服務業而言，顧客旅程大致可以分為三個階段，包括：消費前、消費中；消費後，不論是線上虛擬電商、線下實體店鋪或行動商務，顧客所經歷的體驗過程都會有類似的階段分野。顧客旅程是由不同的「接觸點」與「路徑」組合而成，接觸點是指顧客在購買服務或產品前後，與銷售產品的組織、產品互動過程中的許多關鍵時刻。因為零售服務提供科技化服務，優化顧客在每個消費旅程階段的體驗，滿足顧客在不同服務接觸點的需求；路徑則是顧客在不同接觸點之間的移動方式，包含實體移動路線與資訊搜尋工具之間的轉換行為。透過接觸點與路徑的組合關係，我們可以描繪出顧客在各種零售消費場域的購買行為變化與痛點，從而改善整體的消費體驗感受。

　　與傳統的服務藍圖設計的差異而言，服務藍圖主要是將服務流程與顧客接觸點分析整合，強調服務流程的優化以及前後台服務作業的整合；而顧客旅程地圖則是嘗試以顧客眼光來設計接觸點與路徑，透過辨識出對顧客最有價值的接觸點與路徑組合，提供更好的服務流程。透過顧客旅程地圖的應用，可以找出隱藏在顧客心中的關鍵接觸點，利用改善接觸點與路徑的方式，提昇顧客對於購買行為的滿意度，也可以從中規劃科技如何介入消費行為。

　　一般來說，顧客旅程體驗科技化服務，主要由以下的科技項目組成：

（一）「消費前」階段的科技應用

　　無線通訊傳輸與資訊感知科技，如無線射頻辨識技術（RFID）與藍芽等無線通訊技術。消費前的科技應用主要是利用通訊感知技術，增進服務流程效率、縮短實體端點服務遞送時間，提升資訊豐富度；多媒體看板、行動廣告與推播技術，達成顧客資訊搜尋與比較的需求，減少顧客在消費場域內的資訊收集成本；高速行動通訊技術：協助顧客更容易取得產品或服務訊息。消費前的科技化服務大多依賴通訊

科技，提供顧客更多的比價以及產品資訊，利用無線技術不受時空環境限制的特性，取代原有的人力傳播模式，使服務業者可以更大量即時地傳遞服務資訊。

（二）「消費中」階段的科技應用

此一階段的科技應用主要在於媒合顧客需求與零售商的服務內容，涉及的技術包含屬顧客數位助理科技、場域內視覺辨識與人流定位技術等。

數位助理（Digital Assistant）科技：以顧客溝通為主的科技應用裝置，店家能藉此提供顧客更豐富多樣的服務；利用辨識科技協助店家與顧客需求之間做出更好的媒合配對，使顧客可以更清楚知道需求與服務場域之間的連結。它的形式可以是平板裝置、手機裝置，甚至是賣場客製化的推車，都可以扮演此種功能。

視覺辨識與人流定位科技：利用 Beacon、Wi-Fi、攝影機等影像與定位偵測科技，確切了解消費場域即時的人流與場域分佈情形，採取即時性的服務能量配置，並透過顧客本身的行動載具與會員資料、場域內位置辨識等技術，提供各類顧客最合適的服務內容。

整體來說，此階段的科技應用在於協助雙方減少搜尋與服務成本，透過瞭解顧客當下的需求與實體熱點分布情形，提供最合適的消費體驗過程；利用消費助理科技的協助，讓顧客減少商品搜尋的時間成本，同時也減少在大型賣場的體力消耗問題，增加對於賣場體驗的好感度。

（三）「消費後」階段的科技應用

消費後階段的科技應用主要分析已消費／未顧客的數位足跡，從族群分析與購買品項的關聯性研究到網路社群口碑傳遞模式，透過數據分析科技達成維繫顧客購買行為的目的。主要技術是利用資料庫探勘科技，利用整合商店資料、軟硬體、流程或商店內部溝通的科技，促成商店內或跨商店資料同步更新和合作，並且瞭解和分析企業內部資料的技術，挖掘企業資料中可以提供決策參考的資訊，相關科技項目包含 POS 系統、會員系統、資料探勘分析、會員辨識技術等。

 消費者　　　　新型態科技服務在顧客旅程的功能角色　　　　商務場域

➡ 無線型科技應用：定位資訊　　➡ 裝置型科技應用：連網資訊　　➡ 整合型科技應用：商店資料整合
　　　　　　　　　　　　　　　　➡ 協同型科技應用：使用者溝通　　➡ 分析型科技應用：商店資料分析

消費前：收集/瀏覽資訊 增加曝光，吸引停留			消費中：評估/辨識資訊 引導體驗，帶動消費			消費後：交流/追蹤資訊 分享經驗，增加回購		
編號	科技項目	票數	編號	科技項目	票數	編號	科技項目	票數
1	互動式導覽機(Kiosk)服務	2	1	互動式導覽機(Kiosk)服務	2	1	互動式導覽機(Kiosk)服務	1
2	VW虛擬實境服務	4	3	4G行動通訊服務	1	3	4G行動通訊服務	3
3	4G行動通訊服務	5	4	二維條碼(QR Code)服務	6	4	二維條碼(QR Code)服務	4
4	二維條碼(QR Code)服務	6	5	LBS定位應用服務	7	6	雲端運算服務	2
5	LBS定位應用服務	7	6	雲端運算服務	10	14	NFC近場通訊技術服務	6
8	大型顯示看板服務	1	7	行動支付服務	3	22	協同臉型辨識(ID)服務	5
9	多媒體平板應用服務	8	9	多媒體平板應用服務	8			
17	顯示器技術服務	9	10	線上付款服務	4			
18	IBeacon藍牙服務	3	18	IBeacon藍牙服務	3			
22	協同臉型辨識(ID)服務	10	22	協同臉型辨識(ID)服務	9			

圖 4-4 科技服務與顧客旅程的功能與角色

資料來源：商業發展研究院，2016

　　不同的科技對於零售活動各有不同的影響，未來影響零售產業的重要科技趨勢為[2]：

1. 重視人機結合

使用者介面不斷改善，且人們也與機器的互動愈來愈自然，造成人類與機器服務之間的差距、邊界問題越來越不明顯，人工智慧技術的大量應用更加劇人機結合的程度。人機介面的改善與發展，促成部分零售服務活動的轉變，顧客可以在實體店內透過自助設備的使用，解決部分個人化服務過程的個資保護需求，減少服務人員介入需要隱私性高的服務流程。常見的科技包含自助服務機、VR/AR 互動科技等，都可以透過增強人機結合程度的方式，減少人為因素在服務過程的干擾。裸視 3D 全息投影技術則可以虛擬的人物店員與顧客互動，更進一步減少人員服務的介入。隨著此類技術的建置成本與運用模式逐漸成熟，人機介面科技可望成為未來零售業的重要應用科技。

2　Gartner, 2011-2013 Hype Cycle for Emerging Technologies.

低成本大數據分析與資料存儲技術：電腦除了支援資料的儲存外，也透過對資料的分析瞭解更多人類行為，未來電腦的分析能力幾乎是無上限且成本非常低廉，進而能夠產生更高的商業應用價值。低廉的大數據收集平台以及分析工具，使得零售產業可以設計更多的服務組合，減少商品流通時間，同時也可以提供消費者更深層的服務內容，使零售行為更深入顧客需求。

2. 跨平台資料平台服務增加

讓所有服務與功能都能跨平台、跨設備，達成無縫服務型態。跨平台趨勢打破線上電商與線下零售之間的邊界，實體廠商得以利用跨平台線上銷售，加上門市據點的優勢，設計新的零售服務模式；線上零售也受惠於跨平台的好處，更容易透過線下廠商的結盟行為，提供實體服務。

在不同商業環境中建置的感應器、處理器以及資料連結機制，使得虛擬世界與現實世界逐步相互連結。除了現有的智慧手機、智慧電視外，未來將更多物聯網（Internet of Things, IoT）裝置連結上網際網路，讓這些設備或裝置能夠在日常生活中，透過所有面向幫助顧客。若將資料應用延伸至支付行為上，電子化金流服務。

3. 更有效率與便利安全的零售交易過程

藉助通訊技術、區塊鏈交易平台、個人身份認證電子支付等技術，未來在顧客旅程上能夠提供更安全便利的交易模式，同時也能夠射頻技術、機器人等科技，促使零售服務產生更有效率的服務環境，提供參與零售服務的各方更為安全便利的產業環境。零售業的營運對於報廢品管理、確認偽幣、退貨管理等環節都有一定要求，新資訊科技導入可以讓製造商、零售商、顧客等利益關係人獲得更有效率與安全的交易環境，提升交易過程的體驗。

三、智慧零售的導入障礙：科技應用能力與產業特性差異

在未來的商業服務業環境中，全通路模式（Online to Offline, O2O）將會日益重要，全通路模式的興起代表實體服務與虛擬銷售之間的關聯性將會大幅提高，以往清楚的產業界線不復存在。以便利商店服務而言，除了提供實體商品銷售服務之外，透過店內多媒體自動販賣機，顧客也可以取得交通服務、公共服務、金融服務等虛擬服務。而線上服務平台，如網路折扣團購、線上購物取貨等服務平台，也把實體服務網路納入其中，因此在未來的新興科技導入環境中，除了需要整合既有服務提

供者的作業流程之外，新興科技的應用也必須能夠提供跨業態、跨場域的服務功能，使顧客透過科技整合上獲得更好的服務體驗。

全通路模式的驅動因素，主要來自於創新經營模式的變革與新興資訊科技的採用，使顧客獲得更好的服務體驗過程，解決傳統服務模式無法儲存服務能量、必須現場消費服務等困境，使顧客可以透過延遲消費、分散消費時段、小眾集合訂購折扣等方式獲得更好的服務體驗。

在各類新興科技驅動下，未來的服務場域將更為智慧化與個人化。在新興科技的協助之下，透過大量數據資料為基礎的行為分析結果，服務業廠商可以推出個人客製化之服務內容。科技整合服務的趨勢對於服務業廠商卻也帶來另一種問題：如何建構處理資料收集與分析的能力？如何利用大數據分析結果進行更準確的決策判斷？等等問題都考驗服務廠商對於資訊使用的能耐，而當資訊收集成本越來越低、資訊數量越來越多之後，服務業廠商如何利用消費資訊分析，提供更好的服務體驗，會是新興科技導入之後另一項重要課題。

臺灣的零售產業中，以便利商店業最能接受創新科技。而國內的便利商店業在導入創新科技方面也堪稱是全球的典範，臺灣的便利商店除了帶動整體產業導入創新科技的風氣，也配合政府 e 化的策略，在便利商店的通路場域中提供多樣化的科技化服務，例如：水電繳費、申辦電信門號、快遞收送等服務。

國內的便利商店產業高度倚重資訊與通訊科技，而且擅長使用與研發創新科技，主要的創新技術多為自主研發，能持續創新，復以便利商店業的客群又多為年輕族群，對於創新科技比較有使用的意願，便利商店業所導入的創新科技也多能得到顧客善意的回應，故這一類的場域可以視為適合導入個人化新興科技體驗的場域。

國內的量販業雖然也有意願使用與研發創新科技，但是顧客的科技準備度不足，導致諸多創新科技的導入失敗，例如廠商曾經導入自助結帳系統以及 Touch Point 1-2-3 自助購買系統，但面臨顧客使用意願不高導致失敗。整體來說，量販業者並不排斥投資創新零售科技，但若顧客本身並未具備足夠的科技應用能力，則創新科技導入過程往往會帶來許多意想不到的問題。而隨著顧客自助技術的進步與操作能力提升，我們可以看到前一波失敗的自助結帳系統逐漸引入連鎖賣場中，透過人員協助服務的方式使顧客熟悉創新科技應用，帶動創新技術在零售產業上的應用。

智慧商務導論

另一方面，量販店可以視爲適合企業間整合科技的場域，而非直接訴求顧客使用的環境，因此如電子貨架看板、電子支付系統、物聯網技術、消費熱點分析技術等企業內部新興科技適合在該類場域運行。探究國內零售業科技採用的差異原因可以發現，影響服務業的科技運用的程度與企業的特質、顧客的特質、員工的特質有關，同時也與場域內的組織能力、人力資源管理及行銷配送的相關因素有關，科技本身的中立特性並非造成顧客體驗不佳的原因，影響創新科技能否持續存活的關鍵因素爲經營模式設計。

產業特質、顧客特質與員工特質會影響綜合零售業導入創新科技的意願，以及導入創新科技的成功機率，當產業特質傾向於鼓勵創新，顧客特質與員工特質傾向於樂於嘗試創新，則創新科技的意願與成功機率則較高。此三種因素可視爲創新科技採用的前置因素，因此場域選擇上，必須先考慮營運者的經營模式、場域特性、顧客旅程特徵之後，再選擇適合的新興科技發展出創新零售模式。

4.3 以顧客旅程地圖規劃顧客需求的服務場域

在創新服務的時代，跨領域的科技化服務儼然成爲廠商之間差異化特色的重要關鍵。然而，伴隨技術建置成本下降、聯網服務越趨普及的情況下，如何洞察顧客需求，發展出消費者的立場思考的新興科技創新服務，了解顧客在各階段不同的需求，以顧客體驗旅程爲中心的導入模式，成爲科技服務能否成功的重要關鍵。

一、創新服務來自於服務設計與顧客旅程分析

服務設計領域本身歷經多年以來蓬勃的發展，從 1963 年的 Bruce Archer 將設計流程區分爲：解析（Analytical）、創新（Creative）、執行（Executive）三個不同的階段開始，服務設計的理論與應用呈現百家爭鳴的狀態。

Banathy 在 1996 年提出收斂與發散面向的服務設計模式（Banathy's Dynamics of Divergence And Convergence Model），認爲設計的流程除了不斷反覆的特性之外，在設計流程當中的發散與收斂的過程更是格外重要。

　　從構想發散到收斂的過程中，不同的服務設計創意可以被發想出來，而非限制服務設計者依循固定的設計路徑解決末端服務需求，不同路徑可以視為不同的接觸點組合，用以解決不同消費者的服務需求（如圖 4-5 所示）。

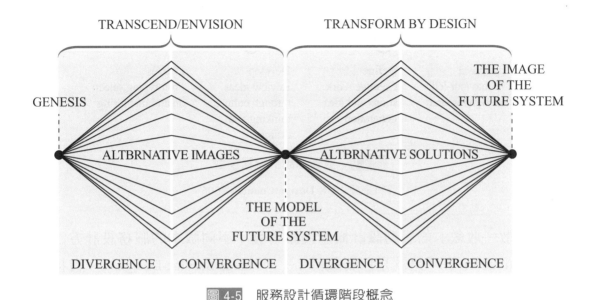

图 4-5　服務設計循環階段概念

資料來源：Banathy's Dynamics of divergence and convergence model, 1996

　　英國設計協會（UK Design Council）在 2005 年提出雙鑽石模型（The Double Diamond Design Process Model），即是透過發現（Discover）、定義（Define）、發展（Develop）、Deliver（實行）的 4 個流程而來（如圖 4-6 所示）。

　　雙鑽石模式認為設計流程的概念應該是包含不斷循環且反覆的階段（Loops And Iterative Phase），並且透過不斷的聚合（Convergence）、發散（Divergence）的特性發展出最佳的工具與流程完成服務設計；Dubberly（2005）認為設計的流程不勝枚舉，在進行設計的時候都可以發展一套基於此概念的最佳流程，而不必拘泥於標準的作業流程，其目的在於能夠找到關鍵問題並產生解決方法。

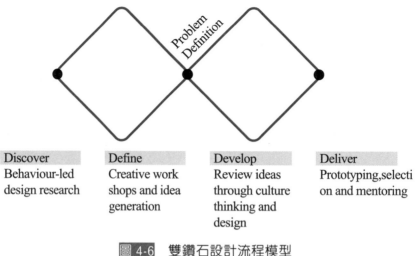

Discover	Define	Develop	Deliver
Behaviour-led design research	Creative work shops and idea generation	Review ideas through culture thinking and design	Prototyping,selecti on and mentoring

圖 4-6　雙鑽石設計流程模型

資料來源：UK Design Council, 2005

　　「發散—收斂」的服務設計概念後續引發了不同版本的服務設計方法，如 2011 年 Stickdorn 在「這就是服務設計！」（This is Service Design）一書指出，在思考設計流程當中，反覆進行探索（Exploration）、創造（Creation）、反思（Reflection）、執行（Implementation）等四個步驟是產生創新服務的基礎；Live|work 則是提出「洞察（Insight）—想法（Idea）—原型（Prototyping）—產出（Delivery）」流程；DesignThinkers 的研究與實務經驗是服務創新需要整合「發現（Discovering）—概念化（Concepting）—設計（Designing）—建立（Building）—執行（Implementing）」等步驟而成。

　　綜上所述，不難發現在思考設計流程時，雖然流程設計並非是一個線性的流程，但基本運作是以一個概略的思考架構，反覆不斷地執行分析，而在服務細節與整體性之間，反覆進行評估各種可能方案，最後根據服務場域以及科技特性，設計適合的創新服務內容。

二、顧客旅程地圖：階段與概念

　　顧客旅程地圖（Consumer Journey Map, CJM）是針對顧客體驗旅程中的接觸點（Touch Point），觀察其對有形的產品或無形服務的體驗為何，如何經過一連串的探索（Explore）、設計（Design）以及建立應用（Implement），檢視服務場域內的創新設計服務模式，如何給予顧客更好的體驗模式，其階段如下：

（一）探索階段（Explore）

從過去顧客調查資料與各種量化、質化資料，以及與廠商的互動與腦力激盪，探索消費旅程中的體驗行為。利用各類次級資料、初始調查資訊，透過資料分析與探勘程序，找出未被滿足的顧客缺口及可能的市場區隔，同時也針對現有顧客在服務場域上的痛點進行分析，探索需要解決的問題類型與本質，為後續的顧客旅程地圖設計定義適合的邊界與使用對象。

（二）設計階段（Design）

思考如何設計以人為本的服務模式，包含更友善的服務環境，帶給顧客更好的體驗。運用在探索期的 Persona（人物誌研究）、POEMS（店內觀察工具）等工具設計文化探針（Cultural Probe）法以及深度訪談（Deep Interview）法收集更多顧客相關資訊。

文化探針是指透過使用者的自我記錄，讓研究者細膩地追蹤並找出一段時間內特定行為，相互參照比對資料，如顧客用餐日誌撰寫、記錄用餐習慣與消費行為，深度訪談則是以一對一的訪談方式，了解顧客對於服務品質的期待、用餐過程當中的情緒起伏、服務場域顧客的經驗究竟為何。POEMS 使利用記錄工具將特定時段的場域使用者特徵與行為進行記錄，並分析每個顧客可能的需求與購買行為，最後利用代表族群人物，拼湊出不同族群在場域環境的人物誌文本，作為討論創新服務設計與產品應用的基礎材料。

（三）應用階段（Implement）

在應用階段，服務創新可由透過人物誌（Persona）的角色建立，文化探針（Culture Probe）、深度訪談（Deeply Interview）、影子跟隨（Shadowing）等方法，觀察某一個顧客族群和其從事的行為特徵，例如看醫生、看電影等，思考每個服務接觸點可能會有什麼感受跟心情，建立要素包含：角色名字、個性、長相、可能會講出什麼樣的話、人生目標、服務期望、消費行為。由於這樣的設計方法是以使用者情境作為考量，並且將人物誌（Persona）的文化及生活背景因素詳盡描述，讓服務設計人員能夠透過人物誌（Persona）瞭解其背後所代表的族群的日常生活，讓顧客所感受的服務體驗更客製化、個人化。

人物誌文本是建構顧客旅程地圖的基礎來源，透過主要組群的人物誌文本內容討論，將顧客在場域所遭遇的痛點問題具體化，並透過顧客對於潛在的接觸點與場域路徑組合，發展出適合的科技應用模式。

導入顧客旅程地圖的目的在於由顧客的使用經驗出發，找出科技服務進入服務場域的配置模式，針對科技服務設計進行改善評估與建議方針，透過人物誌文本與第一線服務人員、科技部門人員、高階管理者之間的討論互動經驗當中，發展出創新服務設計與商業契機。

以往在缺乏人物誌文本資訊下，科技服務往往是因為管理營運的痛點而導入，例如：因尖峰時間的人潮帶來的客訴抱怨而建構自助查詢設備；為減少門店人力而設立點餐機；建置遊客導覽系統想解決解說人力資源不足的問題。然而，以服務業導入新興科技化服務的過程而言，關鍵影響因素為創新服務與經營模式設計之間的連結串接，創新科技服務的導入規劃必須搭配場域特性、顧客服務體驗旅程，才能發展出創新體驗模式，真正解決顧客在場域所遭遇的痛點問題。

三、服務傳遞模式與顧客旅程地圖應用

不同的服務傳遞與科技化組合模式，必須配合消費旅程接觸點進行設計，新興科技在各類服務模式上有多元的功能定位，例如直接協助顧客完成體驗服務、直接協助服務供應者增加服務效率等等，新興科技本身可以提供整合平台與多樣化服務，而這些創新服務都需要圍繞顧客需求而發展。

消費體驗模式的差異對於新興科技不同的整合需求，在設計顧客體驗模式時，除了科技特性之外，也要考慮顧客在服務傳遞模式內的角色、科技特性與消費接觸點的搭配模式、場域特性差異與服務傳遞方式的配合等問題，如此才能確保顧客可以接受新興科技所衍生的創新服務體驗。以一般的服務傳遞過程而言，服務模式可以由依賴人力執行的傳統人員模式演化成為多場域、多裝置的科技化服務，最終達成無人化服務系統的產生。

若以傳統房屋仲介銷售過程而言，消費過程中，仲介人員除提供物件資訊、帶看服務之外，如何讓顧客可以想像未來的居住環境以及空間布置，是影響顧客最後能夠願意簽約購屋的重要因素。房屋仲介服務業者為解決此一問題，發展出線上看屋、互動看屋服務，透過實體展示、環景技術的應用，帶動顧客看屋的需求，並加入仲介的人員的網路線上服務模式，以達成房屋銷售目的。

　　然而，對於顧客而言，許多購屋決策的最後一哩路是在看屋現場完成，如何在空屋狀態滿足顧客對於未來家的想像，就需要透過科技服務解決，目前常用的技術組合是擴增實境技術混合多元載具方式進行。擴增實境是一種在眞實空間中疊加虛擬影像的技術，這一類的技術在國外被家具銷售廠應用於目錄銷售過程中，例如：IKEA 利用擴增實境功能，顧客只要打開已經下載好的應用程式，掃描型錄有橘色加號的頁面，就能透過智慧型行動裝置，實際看到虛擬家具擺放在家中的樣子，不管是沙發、書桌或餐桌椅、櫥櫃或書櫃、床架等，共有近 100 項產品，都可以透過虛擬實境的功能，在家先試看。

圖 4-7　AR 技術應用於家用展示

資料來源：iStaging 數位宅妝

　　然而，若以房屋仲介服務的顧客旅程地圖設計而言，對於不同的顧客而言，所期待的科技化服務並不完全相同。例如以單身女性購屋者的人物誌文本而言，大多爲年齡在 28-32 歲的首購族，個人月收入落在 3-7 萬之間，並且預計在一年內完成房屋購買，多數的目標顧客過去一年已看過 3 次以上的房子，買房的目的皆爲自住。這些單身族大多有下載 APP 的習慣，並期望 APP 內有豐富的圖片資訊。因可利用零碎時間，爲了省下仲介費，偏好蒐尋屋主自售。對於裝潢的態度是想要購買可移動的家具，可隨自己喜好搭配和更換，家具傾向到銷售現場看，不會在網路上購買。

　　此類顧客的共通性在於單身族群的顧客大多採用手機或電腦的方式搜尋資訊，而非直接到門市尋求房仲人員介紹房屋物件，而且因爲是自住的購屋動機，會區分家具和裝潢的差別，且大多於簽訂購屋合約後才會思考居家設計或裝潢等問題。加上單身族群的關係，喜歡自己 DIY 搭配家具或設計，比較複雜的整體裝潢或概念才會諮詢專業的設計師。歸納該族群的人物誌文本的共同點與差異性分述如下：

1. 習慣透過網路蒐集物件資料

　　單身族的年齡集中在 28-32 歲，因此非常習慣使用網路搜尋資料，但使用的是電腦網頁版或 APP，則因爲職業而稍有差異，大多數單身族爲上班族或是博士生，因此主要使用電腦搜尋，也方便後續整理，但少數單身族因從事服務業，無法坐在電腦前面，手機 APP 反而利於該消費者善用零碎時間蒐集資訊。

2. 偏好使用 APP 平台搜尋物件

　　單身族目前皆使用 APP 平台搜尋物件，原因在於介面簡單，且物件資料豐富，有各家房仲業者的物件，也有屋主自售的物件。對於少數單身族來說，APP 上有許多屋主自售物件，可省下仲介服務費。

3. 傾向購買空屋，打造屬於自己風格的居家環境

　　所有的單身族皆傾向直接購買空屋，因爲會擔心現有的裝潢不是自己所喜歡的，加上拆掉現有裝潢反而需要額外的費用，因此單身族希望買到的物件是空屋，爾後將依照自己喜歡的風格自己設計或交給設計師。

4. 購屋後，才會正式規劃裝潢設計

　　對於單身族來說，還沒買到房子就開始規劃裝潢與設計是不實際的，因爲坪數大小、現有屋況、房屋結構等尚不明確，現階段僅會蒐集裝潢設計相關資料，並不會開始規劃。

5. 大型家具要看到實體才會購買

　　單身族認爲大型家具的價格都不低，若沒有看到實體，或是沒觸摸到材質就購買，是很冒險的行爲，加上後續退換貨會很麻煩，因此大型家具一定要到實體店選購，不會僅依靠網路上的圖片就決定購買，只有小型家飾品可在網路上購買。

　　結合人物誌與場域接觸點資料，我們可以針對不同的客戶族群在虛擬裝潢服務給予不同的科技服務與創新應用，避免大量科技應用而造成服務內容無差異化的現象出現。根據上述的顧客資料分析、接觸點分析結果，採用 AR 技術的單身女性數位看屋族群顧客旅程地圖，如圖 4-8 所示。

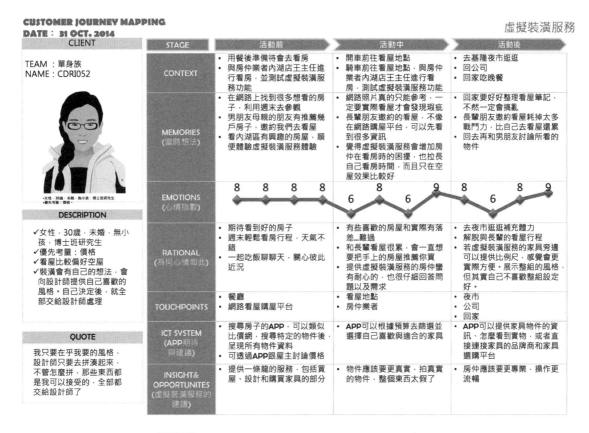

圖 4-8　單身族群顧客旅程地圖與科技服務需求

資料來源：商業發展研究院，2016

　　經過分析，消費前與消費後的情緒分數比消費過程高，顯示在消費中的體驗有不如顧客預期的地方，而經過訪談分析之後，顧客對於實際物件與虛擬物件之間的差異依舊感到不信任，認為 3D 物件的真實度不足，造成失望心理。對於智慧零售應用來說，此一線索即可以成為使用中的接觸點科技改善項目，透過管理與科技手段，解決此一問題。

4.4 智慧零售案例解析

一、美國星巴克門店（Starbucks）

（一）場域背景

星巴克咖啡公司成立於 1971 年，現為世界領先的特種咖啡零售商，烘焙者和品牌擁有者，零售產品包括 30 多款全球頂級的咖啡豆、手工製作的濃縮咖啡等商品。根據統計，星巴克每週交易金額平均超過 600 萬，其中有超過 120 萬是利用行動支付完成付款，星巴克行動裝置 APP 是美國民眾最常用的 APP 之一，其為第一個利用行動裝置 APP，成功提升顧客品牌忠誠度的咖啡零售業者。

（二）場域服務主要痛點：消費後的結帳

過去星巴克推出的隨行卡相當受到顧客歡迎，然而實體卡片容易造成顧客困擾，例如持有人卡片眾多，經常需要花費時間找出卡片、實體卡片容易遺失或是損壞、經常到店家選購完後才發現忘記帶卡，或是不確定卡片餘額，購買完才發現需要儲值，各種不便利都造成隨行卡卡友無法順利使用卡片付款或是享有優惠等窘境，浪費了星巴克原先希望提供給顧客快捷購買的美意。

星巴克的消費族群包含擁有隨行卡的會員以及一般的顧客，多數商務人士會員通常會在固定的時間（像是上班前或是會議前）進行購買，現點現做的咖啡往往需要花費許多時間等候。如果遇到商品優惠期間，大排長龍的情況會影響到商務人士會員的上班時間，使他們不願意在優惠期間購買，造成消費常客降低顧客忠誠度的情況。

（三）科技服務應用

星巴克咖啡提出了以下幾點服務應用，來解決消費後的結帳所遭遇到的場域服務痛點，但是也在消費前和消費中提供增加顧客服務體驗的科技服務。

1. 消費前

行動訂購：顧客可利用手機訂購簡化流程，先透過 APP 上的商品清單選擇所需要的餐點及飲料，如果有其他特殊需求（像是不要鮮奶油、少冰或不加糖

等）也可以在選單備註再選擇取貨店家，訂單確認後，畫面上會出現可供星巴克門市掃描的 QR Code。此外，當前往星巴克的路上時，星巴克 APP 還能讓你先下單，並根據 GPS 定位計算你達到指定門店的時間，當你到了門店的時候，咖啡和食物剛好做好，拿起就能走。如果不想親自前往星巴克，APP 也有相對應的方案，他們與新創公司 Postmates 合作，將後者的快遞服務整合進他們的 APP 裡面，下單之後 Postmates 就會開始安排配送。

(1) 定位導航：星巴克 LBS 技術，是利用 GPS 結合 Google Map，透過 GPS 定位系統便可知道顧客目前位置，就顧客所在位置找尋鄰近的星巴克門市。顧客也可點選星巴克 APP 內的「門市搜尋」查詢附近星巴克的門市資訊，顧客確認想去的門市位置後點選「導航」，星巴克 APP 即可透過 Google Map 系統導航顧客至星巴克門市。

(2) 朋友邀請：在 LBS 科技服務應用上，星巴克還提供了一項可以與朋友進行互動的活動，使用者只需要點選「邀請朋友」，受到邀請的朋友便可接收到通知，查看到邀請人目前所在的位置，受邀請人只需要使用星巴克 APP 內的 Google Map 便可導航至門市與朋友一起享受美好的咖啡時光。透過顧客社交活動的傳遞，為星巴克聚客成群，挖掘潛在顧客並引導至門市消費。

2. 消費中

(1) 無線充電服務：除了 Wi-Fi，某些地方的星巴克還提供無線充電服務。在美國舊金山灣區的星巴克，已經配備了 Powermat 無線充電系統。只要將 Powermat 提供的充電環接到手機充電口上，再按照指示將充電環擺放到桌面上的特定位置，位於桌子下方的充電組件，就會開始為手機進行無線充電。

(2) Spotify 在線音樂服務：和在線音樂訂閱服務商 Spotify 成為長期合作夥伴。美國星巴克的隨行卡會員可以在 Spotify 上對音樂進行評價，Spotify 會以此為依據調整在星巴克門店播放的曲目列表，而 Spotify 的付費訂閱會員則可以通過聽音樂得到星星，可用在星巴克門店兌換免費咖啡。

3. 消費後

(1) QR Code 支付：顧客透過行動導航到達星巴克後，即可利用 QR Code 掃描輕鬆完成付款，並且領取製作完成的餐點及飲料離開。

(2) 行動支付：星巴克因應行動支付趨勢，開始跨足第三方支付領域，將行動支付系統加入其原先行動裝置 APP 中，期望能帶給顧客更加便利以及流暢的服務體驗。

(3) 手機殼支付：星巴克聯手日本服裝品牌 Uniform Experiment，在日本推出了一款手機殼，名為 Starbucks Touch，其設計類似星巴克咖啡紙杯配上牛皮紙托的造型，星巴克官方將這款手機殼定義為第 108 款「隨行卡」。顧客在星巴克消費時，僅需將這款 Starbucks Touch 掃過讀卡器就可以快速結帳了。Starbucks Touch 內置了 Sony 推出的非接觸式 FeliCa 晶片，可以方便地進行結帳或儲值。由於 FeliCa 晶片難以被破解和偽造，所以使用 Starbucks Touch 進行消費不必擔心安全性問題。

4. 成果效益

星巴克「極簡化行動交易流程」，使用行動交易的流程非常簡單，挑選、點餐以及扣款等流程都可以一次透過行動裝置完成，使用行動 APP 完成預定與支付後，到店面提貨時只要出示手機的 QR Code 供收銀員掃描即可完成交易，不但可以快速地完成結帳，更改善傳統付款常遇到多付或是短收的問題。

星巴克透過行動支付趨勢，開始跨足第三方支付領域，將行動支付系統 Apple Pay 及 Google Wallet 加入其原先行動裝置 APP 中，期望能帶給顧客更加便利以及流暢的服務體驗。2014 年顧客在星巴克店內，利用行動支付的金額超過 10 億美元，估計美國星巴克每星期約有 700 萬筆消費來自行動支付，占其整體交易量的 16%，此技術的導入不但提高顧客的忠誠度，拉近星巴克與顧客的距離，使顧客減少使用其他信用卡付費的意願，降低了星巴克原本需支付的交易成本費用。

表 4-2　星巴克顧客旅程接觸點和科技應用解決方案

消費階段	消費前		消費中		消費後	
時間階段	計畫到店家		瀏覽和挑選商品		結帳和售後	
顧客行為和需求	搜尋	導航	抵達瀏覽	選擇和評估	結帳	售後
商務場域	在家	在路上	鄰近商店 / 商店櫥窗	商場 / 貨架展示	櫃台 / 櫃員	客服中心 / 維修中心 /
場域服務痛點	顧客無法接觸到實體商品	顧客不易找到進入商店的路徑	顧客鄰近商店，卻匆忙經過	顧客找不到商品和無法決定是否購買	顧客排隊等候時間太長	顧客抱怨處理

消費階段	消費前		消費中		消費後	
科技應用的目的	提供豐富商品資訊	提供定位和導航資訊	提供符合顧客需求的商店資訊	提供搜尋商品規格試用和價格比較資訊	提供快速支付和優惠折扣	提供售後資訊和服務
科技應用解決方案	行動訂購	1. 定位導航 2. 朋友邀請		1. 無線充電服務 2. Spotify在線音樂服務	1. QRCode支付 2. 行動支付 3. 手機殼支付	

資料來源：商業發展研究院，2016

二、日本帕蔻百貨（PARCO）

（一）場域背景

PARCO CITY 是 PARCO 百貨公司在 2000 年成立的子公司，成立的最初專門負責 PARCO 的網路宣傳行銷，從 2002 年開始也幫其他公司做網路宣傳。目前業務範圍不只網路宣傳，更擴張到資通信整體業務和人力資源。PARCO CITY 的 52 名員工中，只有 10 位不到的 IT 技術人員，但許多業務都會和母公司 PARCO 合作。

在 2000 年左右，日本的網路商店興起。面對網路商店大軍來襲，日本的零售業者剛開始態度抗拒。直到樂天、亞馬遜、ZOZOTOWN 等線上商城的成功，零售業者才開始積極發展網路商店。到 2010 年，無論是網路商店或是零售業者（例如 MUJI 無印良品和 UNIQLO 優衣庫）在電子商務都大有斬獲，購物中心和百貨公司卻面臨轉型的困境。

（二）場域服務主要痛點：消費中的實體商店體驗

「零售業者會擁有庫存、銷售員、物流和顧客名單，但購物中心和百貨業者都沒有這些資料。」沒有商品資料庫、沒有顧客資料庫，更缺乏倉儲和物流系統，百貨業的轉型，無法簡單套用傳統網路商店的模式。

面臨電商衝擊，過去 PARCO 也曾嘗試經營同樣名為 PARCO CITY 的網路商店，然而狀況不佳，最後正式結束網路商店營業。近年來，PARCO 改變重心，不為做電商而做電商，反過來思考「百貨公司」的本質，消費者來到百貨公司，就是為了好的購物體驗和多樣化的商品，轉型擴張實體商店體驗。

（三）科技服務應用

PARCO 轉把重心放在如何運用科技，「衍生實體商店服務」為核心的科技布局，讓顧客無時無刻都享有和在 PARCO 實體商店相同的體驗，也就是所謂的「24-7 PARCO」（Twenty-four Seven PARCO）策略。為了讓顧客無時無刻都享有在店面一樣的體驗，PARCO 主要從以下這四個方向規劃。

1. 消費前

(1) 強化內容：從 2013 年起，PARCO 推出「商店部落格」平台，讓實體通路中的每個業者都擁有一組品牌的帳密，各品牌的店員則成為「部落客」，撰文分享自家商品。

(2) 溝通和行銷：為了讓旗下各品牌店員積極經營商店部落格，PARCO 常辦培訓課程，讓店員普遍具有「全通路購物」（Omni-channel Shopping）的概念。而顧客如果在部落格上看到喜歡的商品，除了按 Like，還能收藏到顧客自己的帳號，或分享到其他社群網站。

2. 消費中

除了用「擴張實體商店體驗」的概念打造全通路購物，另一方面，PARCO 各家店面也積極做小型實驗，觀察分析不同的科技增進顧客體驗的效果。

(1) 更新基礎設備：PARCO 在百貨公司內改用數位看板，佈建店內專屬的免費 Wi-Fi 或 Beacon。

(2) 使用電子看板「P-wall」展示千種商品：PARCO 在東京池袋和涉谷兩家店面使用電子看板「P-wall」展示千種商品，取代傳統櫥窗，顧客可以點擊有興趣的商品瀏覽，每天有 7,000 個造訪人次。

(3) 日本軟銀的機器人 Pepper 當接待員：在福岡、池袋和調布店的折扣期間，PARCO 更嘗試使用日本軟銀的機器人 Pepper 當接待員或「一日店長」，提供顧客多語言導覽或優惠的資訊。試驗期間，平均每兩分鐘就有一位顧客使用 Pepper 取得訊息，特別得到女性和小孩的喜愛。

(4) 引進新科技，研發 Beacon Analytics 系統：2014 年，PARCO 在日本最大的名古屋店（擁有 3 棟樓，總共 30 層的商店）重新改裝，只要顧客的智慧型手機上有 Pocket PARCO APP，進到 PARCO 店內就會和 Wi-Fi 或 Beacon 取得連結，留下逛街的足跡。Beacon Analytics 系統能分析同層店鋪的顧客集中熱點，也能透過會員資料分析不同年齡層的逛街偏好，甚至能夠綜合分析顧客在不同棟建築，不同樓層的足跡。PARCO CITY 已經為 Beacon Analytics 系統申請專利。

3. 消費後

(1) 全通路購物：PARCO 在 2014 年 5 月推出 Kaeru PARCO 的服務，將網路購物功能導入商店部落格。顧客可以在部落格上直接購買，也能選擇要送貨到家或是直接到店取貨。2015 年 3 月推出的 Pocket PARCO APP 也和部落格商店互通，讓顧客隨時隨地都能在 PARCO 購物。

(2) 推出 APP 上集點當誘因：蒐集的點數 Coin 可以換成折扣，除了消費可以集點，連上店內的 Wi-Fi 也有點數。

4. 成果效益

對 PARCO 來說，發展電子商務不是為了搶掉實體商店的生意，而是為了擴大實體商店的體驗。因此，PARCO 甚至將商店部落格的營收計算併入各品牌的實體店面，讓品牌的店員更有動力運用商店部落格來行銷。目前每個月透過 Kaeru PARCO 帶來的營收最高達到 2 百萬日圓，甚至佔某些品牌總營收的 10%。

Kaeru PARCO 從 3 月推出 Pocket PARCO APP 至今，有 45% 的顧客在點選 Pocket PARCO APP 的訊息後會到實體店面逛街，其中有 67% 的人會掏錢消費。

APP 也更促進了持有 PARCO 信用卡的熟客使用頻率，平均消費金額甚至比沒用 APP 的金額增加 60%。可以說 PARCO 真正打造出了讓顧客無時無刻都能買東西的全通路購物環境。

表 4-3　PARCO 百貨的顧客旅程接觸點和科技應用解決方案

消費階段	消費前		消費中		消費後	
時間階段	計畫到店家		瀏覽和挑選商品		結帳和售後	
顧客行為和需求	搜尋	導航	抵達瀏覽	選擇和評估	結帳	售後
商務場域	在家	在路上	鄰近商店/商店櫥窗	商場/貨架展示	櫃台/櫃員	客服中心/維修中心/
場域服務痛點	顧客無法接觸到實體商品	顧客不易找到進入商店的路徑	顧客鄰近商店，卻匆忙經過	顧客找不到商品和無法決定是否購買	顧客排隊等候時間太長	顧客抱怨處理
科技應用的目的	提供豐富商品資訊	提供定位和導航資訊	提供符合顧客需求的商店資訊	提供搜尋商品規格試用和價格比較資訊	提供快速支付和優惠折扣	提供售後資訊和服務
科技應用解決方案	1. 商店部落格平台和網路購物 2. Pocket PARCO APP	-	佈建店內專屬的免費 Wi-Fi 或 Beacon 取得連結	1. 電子看板「P-wall」展示千種商品 2. 日本軟銀的機器人 Pepper 當接待員	1. APP 集點折扣 2. Beacon Analytics 系統	部落格按 Like 和收藏，分享到社群媒體

資料來源：商業發展研究院，2016

章後習題

一、選擇題

(　　) 1. 麥肯錫公司所描述的零售 4.0 新型態零售服務內容，下列何者不是其中之一？

(A) 電子零售、差異化思考　(B) 數位行銷和社群媒體

(C) 顧客關係管理方案和數位折價券　(D) 點對點數位化物流服務

(E) 地理位置服務和自助結帳　(F) 電子錢包

(G) 店鋪樓層的數位儀表板服務　(H) 動態訂價技術

(　　) 2. 顧客旅程地圖是由哪些基本因素構成？

(A) 產品與服務　(B) 顧客接觸點與路徑組合

(C) 手機與電腦　(D) 座標與位置

(　　) 3. 顧客旅程地圖分為三階段，分別為探索、設計、應用，下列哪個選項為顧客旅程地圖的正確順序？

(A) 設計 > 探索 > 應用

(B) 探索 > 設計 > 應用

(C) 設計 > 應用 > 探索

(　　) 4. 全通路模式沒有解決以往零售產業的哪些問題？

(A) 服務無法儲存　(B) 必須要現場服務

(C) 必須要大量購買才有折扣　(D) 庫存即時去化與銷售

(　　) 5. 實體或虛擬業者，在智慧零售所面臨的都是哪些課題？

(A) 如何預測目標顧客動態改變的需求

(B) 如何比競爭對手快一步掌握上述動態資訊

(C) 如何持續掌握此一競爭優勢

二、問答題

1. 英國設計協會（UK Design Council）在 2005 年提出雙鑽石模型的服務設計大致上可以分為哪些階段？請嘗試以雙鑽石模型說明速食店的服務設計流程。

2. 試說明房仲業如何利用 AR 科技改變看房與銷售模式。

參考文獻

1. Global Powers of Retailing 2016, from https://www2.deloitte.com/content/dam/Deloitte/global/Documents/Consumer-Business/gx-cb-global-powers-of-retailing-2016.pdf。

2. 宋同正（2014），設計學報，第十九卷，第二期。

3. Banathy, Bela H. Designing Social Systems in a Changing World. Plenum Press, 1996。

4. Design Council. The Design Process: What is the Double Diamond? https://www.designcouncil.org.uk/news-opinion/what-framework-innovation-design-councils-evolved-double-diamond。

5. Dubberly, H. (2004) How do you design. [online], San Fransisco, http://www.dubberly.com/ accessed on 21-10-2014.

6. Hype Cycle for Emerging Technologies, Gartner ,2013 https://www.gartner.com/smarterwithgartner/top-trends-in-the-gartner-hype-cycle-for-emerging-technologies-2017/。

7. Marc Stickdorn、Jakob Schneider, 池熙璿翻譯（2013），這就是服務設計思考！This Is Service Design Thinking: Basics, Tools, Cases, 中國生產力中心出版。

智慧零售新貌—服務創新應用

❖ 5.1　先進技術在智慧零售之應用
❖ 5.2　跨境電商於智慧零售之進展
❖ 5.3　行動支付於智慧零售之展望

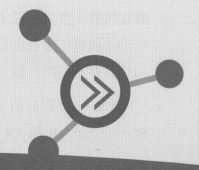

Smart Commerce

5.1 先進技術在智慧零售之應用

一、前言

　　近年來有許多零售、流通、電腦或通訊技術研討會，均以智慧零售爲標題，介紹如何將新世代的資訊、通訊科技整合應用到物流、零售與流通產業，本單元主要在介紹各項先進技術在智慧零售的應用，並以實例說明企業是如何運用多樣化的資通訊技術蒐集消費者的購買行爲及動線觀測，並即時轉換成可被分析的大量數據，藉以提升零售管理之營運效率。

　　以下將介紹被廣泛討論或是已經被應用在零售業的先進技術，包括 VR 與 AR、4G/5G 行動通訊服務、二維條碼與 RFID 應用、移動定位服務（LBS）、NFC 與 iBeacon 以及人體特徵辨識等，期望能夠透過這樣的介紹，重新思索這些先進的技術對於零售業和消費者可能帶來的衝擊或助益。

二、先進技術介紹

（一）VR 與 AR 在零售場域的應用

　　虛擬實境技術（Virtual Reality, VR）是一種可以創建和體驗虛擬世界的電腦模擬系統，虛擬實境是利用電腦模擬產生一個三維空間的虛擬世界，提供使用者關於視覺、聽覺、觸覺等感官的模擬，讓使用者如同身歷其境一般，可以即時、沒有限制地觀察三度空間內的事物。

　　實境擴增技術（Augmented Reality, AR），藉由電腦技術將虛擬的資訊應用到眞實世界，眞實的環境和虛擬的物體即時地疊加到了同一個畫面或空間同時存在，合併了現實和虛擬世界而產生的新視覺化環境，在新的視覺化環境裡，實體和數位物件共存並即時互動。

　　VR、AR 對於慣常使用視覺行銷的零售商產生了衝擊，當然也帶來了新的契機，以下是 VR 和 AR 改變傳統視覺行銷，進而滿足消費者需求的方式：

1. 可發展體驗式行銷

體驗式行銷的重點在於藉由提供娛樂或是特別的消費體驗，來連結消費者與品牌之間的關係，現在業者可以運用 AR 和 VR 的方式去創造一個特別、有趣且與眾不同的購物體驗，讓消費者觀看電影或是下載手機 APP 遊戲產生直接的互動，藉以增加銷售量和顧客忠誠度，消費者在體驗的過程中越快樂越投入，就會越願意掏腰包，社群媒體和網站能即時與朋友分享使用經驗，都會產生推波助瀾的效果。

2. 隨處都是資料，輕易追蹤每個消費者的目光

AR 和 VR 可從使用者的行為和活動來統計資料，讓企業更能瞄準消費者個別的購物體驗與瀏覽率，進而增加購買率。以產品展示來說，AR 和 VR 平台被期望能應用在那些較難被測量與追蹤之消費者心理反應和情緒。雖然聽起來似乎已經侵入到個人的隱私，但如同科技監控我們身體健康狀況所帶來的好處勝過隱私上的損失，為數眾多的零售商都將投入這項技術，期望促成更多的銷售機會。

3. 不受限的空間和客製化

賣車、家電或是任何大型消費商品的企業都知道，展示間的空間費用總是昂貴的，直到現在空間問題還是沒有真正解決，VR 和 AR 系統讓整個顧客空間可以改善效率和舒適度，很明顯的就是減少店面裝修的成本和工時，零售商可能要建造一個季節性的店內氛圍，利用一個按鍵就可以轉換成夏季氛圍的展示，一切空間內原有的產品和店內樣貌以及感受，將會成為零售商想要創造給顧客客製化且量身訂做的體驗。

4. 可減少物流損失以及實體店面和展示空間的實質成本

沒有實體展示意味著成本可以大量減少，傳統視覺行銷需要提供消費者實際的商品、維持實體店面和展示空間的貨源，這些都是相當沉重的成本負擔。

（二）4G/5G 行動通訊服務

隨著資料通信與多媒體業務需求的發展，適應移動資料、移動計算及移動多媒體運作需要的新世代移動通信開始興起，下一個世代的移動通信技術將給人們帶來更加便利的未來。

第四代行動通訊系統，一般稱呼為 4G，指的就是第四代行動電話、行動通訊標準，意即高速移動中能達到每秒 100MB、靜態傳輸速率則達到每秒 1GB 的超高網路速度。

第四代行動電話（4G）採用 LTE/LTE-A 系統支援封包交換，可以用更快的速度上網，由於 4G 的手機大多同時支援 3G 與 2G，因此在手機找不到 LTE 基地台時仍然會以 UMTS 基地台上網，講電話或傳簡訊時仍然可以使用 GSM 系統的語音通道來完成。

第五代移動通信系統，簡稱 5G，是 4G 之後的延伸，目前正在積極研發中，新的通信技術足以在 6 秒內下載完 1 部 3D 電影，比目前的 4G 快上約 40 倍，雖然 5G 通信技術仍有距離以及容易受遮蔽的限制尚待克服，相信在不久的未來，這些問題將會被解決，接踵而來的就是此一技術的服務及商業模式的創新。當通訊技術升級，表示檔案傳輸的速度大幅提升，所謂的 IoT，在未來將提升為萬物聯網（Internet of Everything, IoE），屆時又將引領下一波的零售業產業創新。

當通訊的頻寬變快以後，人與物之間透過網路和雲端技術連結成一個大型的網絡，達到完全沒有時差且即時的互動，例如：家裡的冰箱可以知道雞蛋已經剩下沒幾顆了，就把資料上傳到雲端，零售店接受到訊息，可以直接把雞蛋送到顧客指定的地點，除了冰箱可以上網，舉凡汽車、家電、隨身裝置、住宅、辦公室也都能連上網路，現在就有業者在汽車內建 LTE（Long Term Evolution，通稱 4G）通訊模組後，駕駛即可使用汽車內建系統快速上網，透過 APP 整合 GPS 地圖導覽、路況分析、車況問題解決，汽油即將耗盡時 APP 亦可提供臨近加油站資訊，當自駕車越來越普及後，開車這項技能在未來也不是很重要了，車子充其量就是個移動的辦公室或是客廳罷了。

（三）二維條碼（QR Code）服務與 RFID 應用

我們常常聽到或看到的 QR Code 便是二維條碼的一種，跟過去一維條碼相比，二維條碼多了一個維度可以來表達訊息，所以在可以產出的數量上幾乎是無限，長相上比較像長方形，像迷宮的樣子；一維條碼則像是一堆寬度不等、黑白相間的等高長條列成一排。

因為一維條碼的不足，所以二維條碼開始被廣為使用。如今在便利商店的發票上，各種活動的資訊查詢和行銷上，我們都能見到二維條碼的蹤影，二維條碼對我

們來說，無疑是一個可以透過行動裝置掃描，然後將頁面自動導向特定目的地的好
幫手，非常簡單且方便讓使用者省去搜尋的煩惱。

一維條碼　　　　　　　　　　　　　　二維條碼

不包含訊息　　包含訊息　　　　　　　包含訊息　　包含訊息

圖 5-1   一維條碼與二維條碼圖

　　由於二維條碼改良了一維條碼的不足，因此這個技術逐漸被重視，在其「資料
儲存量大」、「資訊隨著產品走」、「可以傳真影像」、「錯誤糾正能力高」等特
性下，二維條碼勢必將走入每個人的生活之中，給我們帶來更大的便利，目前二維
條碼在中國應用廣泛，如支付寶、微信二維碼，零售商選擇和支付寶進行合作後，
可以在其服務窗後台利用「數據羅盤」的服務對客戶群體進行數據分析。另外，目
標人群的信息推送，還可以結合支付寶提供的 LBS 服務功能，利用地圖位置進行
精準行銷。

　　RFID 並非一項新興的資訊技術，早在二次世界大戰時即被應用在敵我戰機識
別之用，然由於晶片生產技術的大幅精進，以及半導體線寬的逐步縮小，使得晶片
的成本下降，以及晶片的單位體積得以越做越小，也因此 RFID 的應用才逐漸被大
家重新思考；隨著 RFID 技術的逐漸成熟，舉凡航空業、製造業、服務業、流通業
或食品業等將會廣泛地應用，其中又以 RFID 在物流業的運用最引人注目。

　　其中最重要的推動力量，應是在 2003 年時全球零售業的龍頭 Wal-Mart 要求
它的前百大供應商，在 2005 年 1 月開始必須在所有的棧板和紙箱上放置 RFID 的
晶片，以強化其供應鏈資訊與貨品的快速流通，進而減少庫存並預防偷竊以降低
成本，此舉不但喚起整個物流業對於 RFID 在物流運籌技術上的重視，也正式宣告
RFID 將逐漸深入並影響你我週遭的生活。

即便到了現在，為了追求產品資訊的正確性和即時性，RFID 在零售與流通業的應用更是隨處可見，RFID 不但能取代傳統條碼的商品識別功能，其無線射頻的特性，將可以在不碰觸到產品的情況下，就讀到目標商品的所有訊息，試想如果每件商品都貼上了 RFID 標籤，無需打開產品的外包裝，也不必逐一地進行盤點和建檔，RFID 系統就可以成箱地進行資料讀取和識別，進而準確地獲得產品種類、生產商、生產時間、生產地點、顏色、尺寸和位置等相關資訊。

RFID 系統可以實現商品從原料、半成品、成品、運輸、倉儲、配送、上架、最終銷售，甚至退貨處理等所有環節進行實時監控，甚至可以做到防盜與防偽的功能，不僅能極大地提高自動化程度，而且可以大幅降低差錯率，從而顯著提高供應鏈的透明度和管理效率。

（四）LBS、NFC 與 iBeacon 技術應用服務

移動定位服務（Location Based Service, LBS）是通過電信移動運營商的無線電通訊網路（如 GSM 網、CDMA 網）或外部定位方式（如 GPS）獲取移動終端使用者的位置資訊（地理座標或大地座標），在地理資訊系統（Geographic Information System, GIS）平臺的支援下，為使用者提供相應服務的一種增值業務。

LBS 首先是確定移動設備或使用者所在的地理位置；再來便是提供與位置相關的各類資訊服務，如找到手機用戶的當前地理位置，然後在特定範圍內尋找手機用戶當前位置處 1 公里範圍內的飯店、電影院、圖書館、加油站等設施的名稱和地址，LBS 借助互聯網或無線網路，在固定用戶或移動用戶之間，完成定位和服務兩大功能。

根據 IDC 分析報告，LBS 對零售業的價值在於協助預先了解顧客在實際位置上的消費者行為，藉此滿足消費者需求，利用智慧型手機和 LBS 技術可以蒐集消費者的位置與行為，進而確認並連結消費者和服務端之間的關係，有助於發展店內或賣場空間的展示並促進消費。

LBS 技術結合廣告推播的應用越來越多見，除了現有行動廣告市場越來越重視用戶與線上／線下服務整合外，硬體和平台商都看好加值行動廣告的發展潛力，以低功耗藍牙或其他新一代的傳輸技術整合的 LBS 應用服務，可加速並擴增無線傳輸技術的市場應用價值，也補足了 LBS 室內導航應用服務缺口。

近年來，藍牙（Bluetooth）通訊技術使用率高、成本低，具有導入室內定位應用的優勢，觀察建構於行動智慧裝置之上的無線通訊技術，藍牙被應用的比例相當高，甚至基於節能與降低功耗目標所開發出來的低功率藍芽（Bluetooth Low Energy, BLE）無線傳輸技術，也成為熱門通訊技術，不僅相關終端設備相繼推出，更有行動廣告開發商關注其可能產生的 LBS 地緣行銷應用價值。

NFC 技術是由 Philips、Sony 聯合開發的無線連接技術，NFC 的應用可以讓電子設備在即便沒有實體傳輸線連接的情況下，即進行資料傳輸，NFC 現已大量使用於電子錢包、識別證等生活化用途，是一個絕佳且應用廣泛的數據傳輸應用解決方案。

比較這些無線傳輸技術後，會發現藍牙與 NFC 在傳輸模式和應用上還是有所差異，首先，在無線傳輸應用硬體裝設比率方面，NFC 裝設比例相當低，約莫只有三成，而藍牙幾乎已經是智慧手機、平板以及其他電子裝置必備的傳輸方式。

另在 LBS 的架構下，以藍牙為基礎的 iBeacon 定位技術，可以在 50 公尺通訊範圍下，隨時接收訊號源推送出來的數據短信息，而 NFC 技術僅能在 10 公尺的範圍內拉取訊息，在訊息傳遞的方式上，推播訊息還是比拉取訊息來得實用多了，這也是為何應用藍牙技術的 iBeacon LBS 會這麼熱門的原因。

Apple 斥資 2,000 萬美元購併 WiFiSLAM 室內導航技術應用公司後，在全美 254 家 Apple Store 啓用，透過 iBeacons 技術環境，用戶可以在手機開啓藍牙或是藍牙 LE 條件下，由 iBeacons 訊號端主動推播訊號，運用智慧行動裝置上裝載的多種感測器進行定位座標點的推定，藉由 Wi-Fi 天線、GPS 接收器、加速計、陀螺儀與電子羅盤等感測器，搭配機器學習與用戶行進模式分析辨識等演算法，進行數據分析，同時繪製室內環境的行動區塊地圖，手機持有者可因此即時獲得商品行銷推送資訊、加值服務身分篩選或是針對不同用戶屬性推播不同的訊息內容，衍生如自助結帳、小額電子支付、導引購物等服務。

（五）網路及雲端服務

網路與雲端服務遍布在我們生活和工作之中，包括線上信箱、線上搜尋系統（Yahoo、Google）、線上知識與影音資料庫（YouTube、土豆網、維基百科）以及社群平台（Facebook、LINE 等）都屬網路及雲端服務的範疇。

根據美國國家技術標準局（National Institute of Standards and Technology, NIST）對雲端服務的定義：雲端服務是雲端服務提供者與使用者之間的互動過程。此外，NIST 針對雲端服務提出了五大基本特徵、三個服務模式及四種佈署模型：

1. 五大基本特徵

需求導向自助化服務（On-demand Self-service）、廣泛的網路存取（Broad Network Access）、共享資源池（Resource Pooling）、快速彈性（Rapid Elasticity）、測量服務（Measure Service）等。

2. 三個服務模式

軟體即是服務（Software as a Service, SaaS）、平台即是服務（Platform as a Service, PaaS）、架構即是服務（Infrastructure as a Service, IaaS）。

3. 四種佈署模型

私有雲端（Private Cloud）、社群雲端（Community Cloud）、公有雲端（Public Cloud）、混合雲端（Hybrid Cloud）。

近幾年來，網路購物對於零售通路產生了不小的衝擊，IBM 指出，網路購物已是全球共通的消遣娛樂，全球網路購物營業額在 2012 年更已突破 1 兆美元大關，成長速度也超越實體通路，顯示傳統零售業者必須盡速做出改變，否則消費者將會漸漸流失。

其中的關鍵，在於如何應用網路及雲端科技，提升消費者在實體通路的消費體驗。調查中發現，超過 80% 的受訪者願意在逛街購物時，應用更多科技，其中，近 3 成的消費者，甚至願意使用 3 種以上的科技，顯示消費者對於更智慧的零售模式有越來越高的期待，而快速普及的行動支付工具，可以讓消費者無須攜帶信用卡及錢包即可完成交易，消費者在實體通路採購不但更為方便，店家也可藉此塑造高科技的新潮服務形象。

實體通路若能與網路商場或是雲端應用作更緊密的結合，亦可帶來更多創新的經營模式，以寵物用品商店為例，過去的經營者獲利來源，主要是透過實體門市販售寵物用品，但寵物用品的擺設空間大、品項繁雜，導致毛利率過低，因此決定將零售的部分在網路商場進行，店面僅展示重點商品，當消費者上門時，門市人員直接將購物網站作為產品型錄，根據客戶需求推薦與說明產品，客戶可選擇線上訂貨

送到府，或是送到門市自行取貨（Offline to Online），或是透過企業的管理後台掌握消費者的消費習性，將新商品資訊推送到消費者的郵箱或手機上。

　　虛實整合不僅可以為消費者帶來嶄新的消費體驗，也為傳統零售的管理方式帶來巨大衝擊。對零售業者而言，如何全天候把握商場的脈動，一直是管理上的一大難題。除了要在銷售現場，對實體店面進行走動式的直接管理外，還要花不少的時間在後端辦公室，使用電腦和電話來監控銷售資料、商品調度、庫存水準和供應狀況，還得隨時應付各式各樣的客戶投訴及售後服務，但管理人員如果只是待在後端辦公室，也無法及時掌握零售通路最重要的銷售現場狀況，當然會對商場的管理效率帶來負面影響。

　　最好的解決之道就是虛實整合，藉由行動裝置、雲端運算及巨量分析等技術的結合，將各種後端辦公室使用的工具，整合在一個小巧輕便的行動資料終端中，讓商場管理人員能隨時存取所需的資訊和應用程式，並聯繫相關人員，有效整合虛擬與實體通路會員資料，完整記錄會員消費行為，還可透過客戶關係管理的分析報表及行銷工具，由簡訊與電子郵件進行精準行銷，增加客戶回購率與再服務率。

（六）人體特徵辨識

　　有關人體特徵的辨識，這部分牽涉到人機介面的設計、軟體的開發以及系統平台的整合，然而最重要的還是每一項技術都應衍生出相對應的商業模式，若是沒有具體的商業模式，再多的技術也無法造福使用者進而創造利潤，以下將介紹語音辨識、人臉辨識和手勢控制辨識等技術在零售業的應用。

1. 語音辨識

(1) 智慧車載：行車安全問題上一直聚焦很多目光，Nuance 公司推出客製化汽車級語音平台 Dragon Drive，並獲得了 2015 CES 創新大獎，將語音平台與手機連接，可以協助駕駛者用語音控制 GPS 導航、訊息收發、電話接打，甚至更新社群網路等。

(2) 智慧穿戴裝置：現在許多穿戴式裝置和手機均可以透過語音辨識系統完成使用者的指令，包括打電話、發訊息、查路線、叫車等，語音辨識系統甚至還可以充當個人助理，給予語音回饋的功能，透過聲紋的辨識功能，可以有保密和防偽等附加功能。

(3) 智慧家居：有一款名爲 Luna 的智慧床罩，想要以一種全新的方式收集更多人體數據，同時整合各種智慧家具，語音辨識或許是最適合成爲資訊整合的一種方式，使用者躺在床上可以用語音操控電視、手機和其他家用電子設備。

(4) 教育領域：語音辨識的難點之一是眾多語言和方言的差異化，這一點反而可以成爲其在教育領域的應用，讓數據庫提供一個標準，可以爲口語評測提供一種更加簡便有效率的方式。

(5) 智慧接待機器人：機器人是人工智慧的最佳載體之一，機器人可同時嵌入機器學習、電腦視覺、語音辨識、自然語言處理等技術，從而具備能聽、說、看的能力，在零售中扮演重要角色。而其中又以 Pepper 機器人爲代表，它可以識別顧客的說話內容、語調和表情，同時它還有著很全面的導購功能，當顧客把需求用語音告訴 Pepper 後，它可直接帶顧客走到商品的貨架前，像售貨員一樣介紹商品的基本資訊。

2. 人臉辨識

人臉辨識主要是擷取人眼的輪廓特徵（例如距離）和臉部的形狀，內政部入出國及移民署所推出「自動查驗通關系統」（E-gate）即整合護照讀取機、數位攝影機、臉部及指紋辨識系統，而現在類似的技術也運用於零售業，業者可以在賣場藉由辨識系統了解顧客觀看廣告的行爲，或是藉由辨識性別和年齡以及行爲，提供個別顧客客製化的需求。

在 7-ELEVEn、全家、麥當勞或星巴克，總能看到牆上的大型數位電子看板輪播著一個又一個的廣告畫面，當我們目光停留於這些數位看板時，看板上的感應器會在背景分析人臉生物特徵，統計每個人的觀看行爲，並透過統計資料讓廣告商更精準地投放內容，Intel 與國內數位看板公司前線媒體（PilotTV）合作，採用 Intel RCM（Retail Client Manager）軟體，從雲端管理廣告內容，結合行爲探測並搭載智慧辨識系統，達到最精準的數位看板行銷，這個軟體主要採用雲端系統，讓客戶能從遠端發送相關內容，廣告行銷業者能在幾分鐘內建立廣告和促銷活動，並獨立控管每個螢幕（T 客邦，2016）。

3. 手勢控制（Gesture Control）

手機的手勢控制（Gesture Control）指的是可以通過手部在裝有攝影機的手機上方移動，使該手機感應到手的運動，這樣就能實現鬧鐘靜音和來電鈴聲靜音（不會掛斷電話）的效果，當在來電或鬧鈴響起時，攝影機下方的燈光閃爍，

就證明手勢控制已經打開，這時可以使手部從攝像頭順著機身方向開始來回移動，就能關閉鈴聲或鬧鈴，手勢控制的技術逐漸成熟，在很多設備上安裝這驅動設備，可以用於展示、銷售、軍事、醫療、教育、金融等各個領域。

外貌、指紋、瞳孔、微血管、手勢和語音都是人類特徵的一部分，近年來被廣泛應用在辨識科技上，更多的應用隨著人工智慧的發展和網路的便利有更大的突破與變革。

三、結論

在物聯網的浪潮下，零售業成為影響最深的產業之一，四成的企業高層認為將科技應用在零售業是差異化優勢的關鍵投資項目。

在 B2C 的應用上，先進技術可用在行動服務（如點餐、導航、支付等）、加值服務（如電子菜單、排隊叫號系統、限時優惠等），在 B2B 的應用上，企業則可利用先進技術來執行自助服務（如互動導覽機、商品查詢機、自助點餐等）、連鎖門店管理（如遠端設備管理、門店巡檢系統、員工訓練系統等）、綠色後勤管理（如智慧能源分析、燈光控制、門禁管理等）、商業智慧（如門店服務效率、智能影像分析等）。

以虛擬通路為例，中國最大的自營式電商企業京東在 2014 年推出了「售後到家」服務，使用者在京東購買 3C 產品，不用出門就可享受到專業的售後維修、配件更換甚至換機等服務。京東已在北京、上海、廣州、成都、武漢、瀋陽、西安建立了七家維修中心，配備了超過 500 人的專業化技術工程師團隊和經驗豐富的運營管理團隊，目的是全方位提升使用者體驗。

同時，中國在互聯網和新進技術的時代下，出現了許多顛覆傳統產業的產品和應用，以電信業來說，微信取代手機發放簡訊和電話的功能，而支付寶發展的壯大也給傳統銀行帶來了極大的威脅，先進技術為零售商在 B2B 以及 B2C 的應用上帶來許多創新和進步，但同時也必須注意，如同電信、銀行業所面臨的困境，避免可能所伴隨的威脅。

以近年的熱潮精靈寶可夢 GO 的風行為例，精靈寶可夢 GO 運用了 LBS 地理位置服務以及 AR 擴增實境等技術。地理位置服務讓精靈寶可夢 GO 與現實地理地圖結合，呈現真實的街道架構；而擴增實境讓玩家可以透過手機鏡頭將寶可夢與現

實世界拼貼，達到模擬出精靈寶可夢世界的效果。先進技術結合企業本身的創新和與消費者的連結，藉此達到相當大的影響力。

如同前述所說，在物聯網和先進技術的浪潮下，零售業成為影響最深的產業之一，未來，各種技術在零售業的應用上將會更加廣泛，此外，現在也是一個技術商業的時代，科學技術是第一生產力，科學技術水準的不斷提高，推動了各行各業的發展進步。借助各種創新技術，零售業也在發生翻天覆地的變化，尤其到了今天，各種新技術、新應用層出不窮，科學技術更新換代的速度也更快，這些新技術應用在零售行業，使零售行業的技術含量越來越高，使技術對零售行業的重要性越來越大。

做為個體的零售企業，要想獲得更好的生存與發展、更好的市場地位，除了要不斷地改善消費者購買體驗外，還要擁抱新技術，不斷以新的技術改造或武裝自己，以期降低成本、提高效率、改進經營管理的水準。

5.2 跨境電商於智慧零售之進展

一、緒論

隨著數位科技的發展，製造、銷售、流通、金融、商業自動化和電子商務環境的整合與新制度的建立，儼然是數位匯流下知識經濟的發展新趨勢，除了電子商務（Electronic Commerce, EC）突飛猛進之外，電子支付系統（Electronic Payment System）與電子貨幣（E-money）在網路技術與資訊科技的推波助瀾下持續蓬勃發展，金融交易的形式與交易貨幣的樣貌隨著時空的變遷而有所不同。

現在的消費者在購買物品、支付金錢或驗證身份過程中，已經不需要再攜帶大量的零錢或是紙鈔，而是被各式塑膠貨幣取而代之，現今塑膠貨幣的種類與促銷優惠族繁不及備載，目前市場上的消費族群多半會同時選用多種塑膠貨幣，但這又會造成攜帶與使用上的不便，悖離了原本塑膠貨幣所欲帶來的便利性。

為了迎接電子商務潮流之多元化與電子付款趨勢，電子金融與相關付款機制對貨幣市場整體金流影響甚深，隨著手機、平板、電腦等 3C 產品的發展，令交易顯

得更加便利。在此便利下，將各種替代貨幣收容到同一個載具中的需求應運而生，而這載具必須讓我們能廣泛使用，甚至隨時能被攜帶，放眼望去生活周遭最適合的載具，手機應該是第一選擇。

電子商務與金融結合載具運用之下，使得交易不再僅限於國內交易，而是以點對點、國際對國際的跨國交易，簡稱為「跨境」。隨著跨境交易逐漸茁壯，應如何與行動支付運用與結合，與隨之壯大過程中，將會如何影響相關產業的發展，是近幾年來該被關注的議題，以下章節將介紹跨境電商與行動支付的發展沿革與未來趨勢。

二、跨境電商的發展沿革與未來趨勢

隨著全球網路快速發展，順勢帶動了網路交易的驚人成長，電子商務一詞便在此產生。電子商務係指透過網路進行買賣交易，其中絕大部分與線上購物（Online Shopping）有著極大的關聯。電子商務的交易模式，有以下幾種：

1. 企業對企業（**Business-to-Business, B2B**）

意指製造商、批發商、零售商層級的企業之間的網路交易，其中包含原物料、半成品、零組件到製成品的多重關係。

2. 企業對消費者（**Business-to-Consumer, B2C**）

泛指網路購物（Online Shopping）與網路零售（Online Retail）。然而隨著科技進步，現今已進入到新的範疇－網路交易的服務與付費內容，例如：團購服務、旅遊服務、付費音樂等。

3. 消費者對消費者（**Consumer-to- Consumer, C2C**）

電子商務在 C2C 的部分，是建立起消費者對消費者（或顧客對顧客 Customer-to-Customer）之間的網路交易與互動的平臺，電子商務的業者再從買家與賣家之間的交易收取必要的手續費。

隨著電子商務與電子交易市集（Electronic Market）的蓬勃發展，交易全球化的趨勢使得國土與疆界逐漸模糊進而被跨越，「跨境電商」（Cross-border E-commerce）一詞便儼然而生，也成為新網世代電子商務的另一個代名詞。

跨境電商是將電子交易市集的層級拉得更寬廣，把分屬不同國境的交易主體和對象，藉由電子商務和支付平台達成交易、進行支付與結算，並透過國際化的專業

物流送交商品、完成交易的一種跨境國際貿易，跨境電商並不僅是一個名詞，更為一個動詞，投身至這新革命的洪流中，並與生活作結合，促使我們的生活更便捷，跨境電子商務之所以能帶來這麼大的商機，除了不侷限交易對象與交易模式外，更主要的是這一新的商機發展並不侷限於國土與單一商業模式，該從何了解跨境電子商務的發展與其成長的趨勢，透過本章節的介紹可以對其有更深入的探討。

（一）電商的發展歷程

1989 年 3 月，網際網路誕生了，到 1995 年便開始有企業開始進行電子資料交換（Electronic Data Interchange, EDI），EDI 最初僅僅是企業與組織（供應商與購買商）間，透過各種既定的通訊標準來管制、傳輸並交換資料的工作，網際網路成形的初期，資訊技術與科技的運用都不普及，設備的建置和資料的傳輸所需的費用都很昂貴，並不廣泛也非所有企業都能負擔。

1997 年網路上出現了最早期的電子商務行為，買賣雙方直接在網路上進行交易，在販售商品的過程中，透過與專業的廠商合作，直接在網站上設置目錄，進行一對一交易，在此階段不仰賴中間交易商，交易的彈性變高、成本降低，但仍侷限由賣方提供商品，買方在網路上瀏覽然後決定要不要購買，互動的方式較為單向，市場的效率與透明度並不高。

直至 1999 年，第三方供應商（Third-party）的新興事業產生，第三方供應商旨在促使一個電子交易市集（E-marketplace）或是電子集散中心（E-hub），這是透過網際網路技術與電子商務所建構的資訊平台，可以解決傳統電子交易之不便與物流配送相關問題。

在此資訊平台上，傳遞著多元的資訊及交易資料，且沒有限制哪些特定的垂直產業或供應鏈可以參與，某些電子交易市集專精特定產業，某些則同時橫跨不同產業，一般的商業行為如採購、銷售、拍賣、尋找最新的企業活動資料及更改公司產品內容等，都可以在電子交易市集上進行，隨著電子交易市集的演進，進一步可使公司和整個行業的結構和營運方式徹底發生變化，利用即時合作資訊，可使公司專注開發核心業務、增強公司的競爭優勢，並支援公司與其他部門，使之能夠更有效地與其他供應業者相互結盟，在此一階段中，交易由原先的單向交易，轉變至雙向交易，訂單的複雜性與溝通互動也隨之提高。

至此，電子商務開始蓬勃發展，各種電子商務網站如雨後春筍般出現，宛如戰國時期，百家爭鳴，知名的電子商務網站，也都在那數年之間逐漸成長茁壯，例如：1994 年亞馬遜電子商務（Amazon.com）成立、1995 年郵購與網路拍賣公司 eBay 成立、1998 年馬雲在中國大陸創辦阿里巴巴公司、2004 年知名入口網站 Yahoo 也推出 Yahoo 奇摩購物中心等。

（二）電子商務成長趨勢

電子商務的發展距今尚不到 20 年，也許你會猜測：下一個 5 年，究竟會發生什麼事？2020 年，專家預測全球電商零售總額將達到 3.4 兆美元；其中跨境模式銷售額的成長扮演主要的角色，漲幅將超過 27%，電子商務的零售比率也直逼 30%。

1. 全球 B2C 電子商務銷售額成長趨勢及主要國家比重

B2C 電子商務產品銷售的範圍除了一般實體商品外，尚包含了旅遊服務、數位內容下載、演唱會門票等服務類的產品，B2C 電子商務銷售金額（B2C E-commerce Sales）代表企業透過網際網路的交易方式，向消費者販售商品的總金額，在現今網路科技發展與數位化程度高及普遍的市場，B2C 電子商務的銷售額仍持續成長。

根據 Statista 估計，如圖 5-2 所示，2012 年 B2C 全球電子商務銷售金額約為 1.05 兆美元，而美國約占全球 B2C 電子商務銷售的比重 31.5%，換言之，在 2012 年，全球約有超過三分之一的 B2C 電子商務交易在美國進行，顯見美國在全球電子商務市場的地位穩固，不過隨著其他國家電子商務網購市場的急起直追，尤其是中國大陸迎頭趕上後，美國 B2C 電子商務銷售額所占比重逐步下滑，到了 2016 年，美國 B2C 電子商務銷售占全球比重降減至 26.3%。

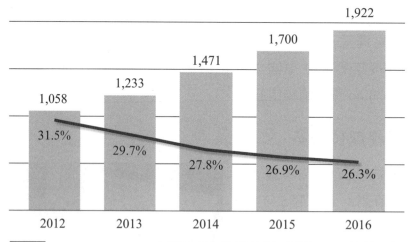

■ B2C電子商務銷售　　─ 美國銷售額占全球比重

- 1,058 (2012) 31.5%
- 1,233 (2013) 29.7%
- 1,471 (2014) 27.8%
- 1,700 (2015) 26.9%
- 1,922 (2016) 26.3%

圖 5-2　2012-2016 B2C 全球電子商務銷售額（單位：10 億美元）

資料來源：Statista，2016

如圖 5-3 所示，2014 年全球 B2C 電子商務銷售額的地區比重前三名依序為中國大陸（34%）、美國（27%）和英國（11%），光是三個國家就佔了總銷售額的七成以上，由於中國大陸擁有人口絕對優勢，且政府也積極輔導電子商務這個區塊的發展，促使中國大陸在 2014 年成為全球電子商務銷售額最大的國家，而美國在電子商務中所扮演角色，雖然總銷售額有所減少，但其地位仍不可小覷。

預估 2016 年中國大陸的零售電子商務銷售額將達 8990.9 億美元，為全球貢獻 47% 的比例，也就是說，中國大陸在阿里巴巴、京東方等企業的帶動下，已經成為全球最大的零售電子商務市場。至於全球第二大零售電子商務市場的北美地區，預估 2016 年的零售電子商務銷售額將成長 15.6%，達到 4233.4 億美元。

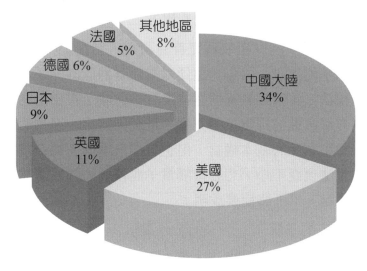

圖 5-3 2014 年 B2C 全球電子商務銷售額分配

資料來源：Statista，2016

2. 綜合分析

根據研調機構 eMarketer（2018）的預測，2018 年全球有 36.6 億的人口每個月至少利用 PC 或行動裝置上網一次，年成長 5.5%，該機構更進一步預估至 2019 年時，全球將有高達 38.4 億的人口每個月至少上網一次，除再較2018 年成長 4.9% 外，上網人口占全球人口之比重更將首次突破五成大關，達50.8%，至 2020 年時，全球的上網人口數更將突破 40 億人口。

全球電子商務市場的崛起，帶給中小企業廠商將產品銷往全世界的新舞台，以往的實體通路，受限於賣場的空間或成本考量，供應商要進行海外銷售，往往需要爭取在當地零售通路上架的機會，不僅成本會大幅提昇，利潤也會受到壓縮，想要經營自有品牌更是難上加難，不過，在電子商務的推波助瀾下，供應商或買家可以在網路上有著無遠弗屆的銷售管道，對於經營自有品牌並進行市場定位都有更大主動權。

（三）電商所涉及的法律問題

電商隨著網際網路的蓬勃發展，創造了不少商機，但也因網路特有的行為模式，與傳統交易或生活有著很不一樣的差異，進而衍生了不少問題，若涉及法律問題，更應該小心謹慎。

1. 美國「智慧財產與國家資訊基礎建設」報告

美國是電商發展較早、制度也較為完善的國家，它在 1995 年 9 月提出「智慧財產與國家資訊基礎建設」報告，這便是電商耳熟能詳的「白皮書」，這報告針對智慧財產權法、技術和教育問題提出分析，除了提出所面臨的問題，並探討解決問題的方法，進而提出具體方案，最後則擬定一系列的修法草案，這部白皮書雖然保障了電商的基本權益，但也有部分電商認為白皮書限制了該產業的發展，各方說法褒貶不一，想要接觸電子商務的人都應該試著去了解，報告中所提的各個要點，以下將簡要說明：

(1) 傳統智慧財產權的考量

以著作權法層面而言，在網路上，著作權與一般傳統的著作權無異，著作權所保護具有原創性的概念的表達（Expression），並非是保護概念（Idea）本身而已；然而美國的著作權法意識到這一點，故其對著作權法要求需附著（Fixed）在媒體上，原創者經由媒體表達即應賦予智慧財產權，一般作品經「著作」完成後便取得著作權，並不需要登記手續，屬於網路的著作權法就此確認。

(2) 傳送（Transmission）的法律意義

網路最大的功能在於能夠快速且無限制地對觀看者傳送資訊，傳送是網路發揮力量的最大關鍵，白皮書提出「傳送權」（Transmission Right）的概念，認為傳送應明定為「散布權」（Distribution Right）的一部份，確認著作權人有權傳送重製品，傳送可視為發行的方式之一。

(3) 侵害著作權責任之歸屬

著作權的構成要件不一定是意圖或明知，無知侵害仍屬侵害行為，所謂重製或拷貝並不只指一字不漏地照抄，極少數的抄襲仍然可能構成侵害；在電腦軟體的侵害，判例上仍認為，即便只是程式的組織、結構、次序雷同，乃可能構成侵害的條件，電商在進行相關交易的同時，不僅是網路平台上所散佈的產品資訊，包括圖表和文字在製作的過程中，都納入法律保障的範圍中。

電商所涉及的法律問題，除了智慧財產權之外，還有其他法律所衍生的問題嗎？這個答案是肯定的，近年來跨境電商大幅興起的原因，部分竟是因為執法機關對小額貨物的交易和支付金流的監督與管理難以具體落實，使得廠商有利可圖。

事實上，海關對於個人郵遞的物品、出入境旅客行李以及個人物品等，都是以「自用且合理數量」作為判斷標準，海關因為人力和效率等因素，不可能100% 查驗所有的貨品，即使是不符合監管條件的物品被海關查扣，懲罰的成本也非常低，頂多就是補交稅金或是罰款，現階段大陸地區實施新的政策，將快遞公司跟個人的申報改成電商平台的申報，制度上包括提前備案、保稅監管、分類審核、清單驗放、匯總核銷，目的在促使小額貨物得以快速通關，事後繳稅，以解決跨境 B2C「時間」和「稅收」這兩個最主要的問題。

2. 臺灣地區網路電商詐欺行為

除了在通關與稅金之外，由於電商大多是採網路支付或是第三方支付的方式交付貨款，即便第三方支付多了一個監督的機構，公信力有所提高，但仍存在著詐欺的問題，以下是臺灣地區較常發生的網路電商詐欺行為：

(1) 網路拍賣：賣方要求買方在網路上進行競標活動，得標付款後未收到產品、標價造假、得標後加價等。

(2) 網路服務：提供最原本的服務而收取相關費用；支付線上或其費用後，未提供服務或提供不實的服務。

(3) 商品不實：在網路購買產品付款後，未收到商品或者收到的商品與訂購時明顯不符。

(4) 信用卡或個資外洩問題：電商大多採網路付款、到點取貨或貨到付款等，此外，商品交由物流業者進行配送之前，購買者亦須填寫相關個人資料，這些都有信用卡被盜用和個資外洩的風險。

根據聯合信用卡中心 2016 年統計，臺灣於 2015 年發卡機構通報詐欺金額達 8億 2,029 萬元，其中屬於網拍、網購等未經持卡人授權的非面對面交易，就高達 7 億 604 萬元，佔整體詐欺金額的 86.7%，為所有信用卡詐欺型態之首。在網際網路或電商模式日新月異的經濟世代，所涵蓋的範圍錯綜複雜，故在投入其身之前，要先釐清網路之間的法律權益與基本政策。

目前我國除了網路交易產生的詐騙行為，所產生的刑事、民事訴訟之外，目前本國法律並非配合著電商發展速度，反而是跟不上其發展速度。例如「第三方支付」議題，在於「非金融機構支付服務業管理條例草案」當中，應是遵循著：第三方支付最大的特點，在於如果買賣雙方無法當面查證對方的真實身分與信用狀況，以及商品品質或適用性時，第三方支付業者就可以附加履約保證的服務，讓網路購物的信賴度與安全性提升，此一概念執行。

然而以觀光業為重的臺灣，在陸客來台使用「支付寶」結帳的過程中，有專責的科技公司負責跨境匯兌服務，即可完全取代銀聯卡或是新台幣。政府在意識到這灰色地帶，便於 2014 年將「非金融機構支付服務業管理條例草案」改名為「電子支付服務管理條例草案」。補足其第三方支付的相關金融資訊。

此外，目前的電子商務法令觀察，「電子簽章法制」、「消費者保護相關法規」、「電腦處理個人資料保護法」、「公平交易法」，以及未來可能通過的「電子支付服務管理條例草案」等，為片斷的立法過程，難以從中了解電商整體發展的保障。甚至許多法令在立法當時根本沒有電子商務的概念，現在只能擴張解釋，勉強適用，所以相關的法規還是應該要與時俱進、盡早修訂，協助產業在健康的環境中競爭、成長與茁壯。

3. 綜合分析

電子商務透過網路跨越國境，各國在立法或協助電商發展的過程中，除了考量自身的國情外，對於國際整體的電商環境與世界趨勢也不能置身事外，如此方能協助國內電商快速發展，反觀國內，究竟電子商務的相關法規應整合於一部專法還是散見於各相關法規，業界與學界爭議多年，政府與立法機關應該更靈活體察科技變化，當法律的制定跟不上科技的腳步，往往是造成整體電子商務環境發展的阻礙。

（四）電商對社會經濟所帶來的衝擊

電商的本質是零售（Retail），而零售的核心是營運，營運貫穿了電商或跨境電商的整個供應鏈中，包括上游的採購、下游的銷售及中間的物流配送，全球和臺灣電子商務近年來發展快速，電子商務儼然成為生活中不可或缺的一環，改變了消費者的購物與偏好，接下來要進一步了解的是，隨著電商的發展，究竟對社會經濟、產業和社會帶來哪些衝擊？

1. 物流業

在電子商務當中，物流業扮演著極為重要的角色之一，幾乎就是決定電商是否能順利運作的關鍵因素，傳統物流業著重在產品出廠後的包裝、運輸、裝卸、倉儲，側重在產品單向的位移，如圖 5-4 所示。

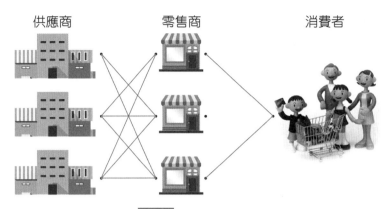

圖 5-4 傳統物流示意圖

資料來源：自行彙整

2003 年起現代物流業融合資訊技術，打造成一個專業化、規模化與集團化、多元化以及更國際化的物流體系，透過物流中心的引進，可彙整供應商與零售商物流與資訊流，物流中心亦可肩負直接接觸消費者，並立即滿足其需求的功能，使物流服務更深入且訊息的傳遞也更加快速，由圖 5-5 可見。

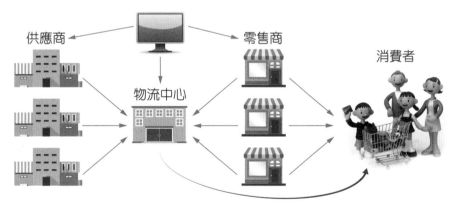

圖 5-5 現代物流示意圖

資料來源：自行彙整

不同的電商其所能掌握的物流資源也有很大的差異，因此賣家必須考量自身的需求選擇電商所提供的物流方案，若是僅在國內進行交易，所要考慮到的物流配送便顯得容易許多，可採用「點對點」或是「店對店」的物流模式。

若是考量到「跨境」便顯得複雜，例如「跨境專線物流」乃是利用航空包艙方式將貨物運輸到交易國，再透過合作公司進行該國的派送方式，此種物流方式的優點是將大批貨物統一集中後再發往目的地，經濟規模擴大後可降低成本，

但整體運輸成本還是會比郵政小包高，業者目前亦提供「海外倉儲」的服務，係指由網路交易平台、物流服務商，獨立或共同為賣家在銷售目的地提供的貨品倉儲、分揀、包裝與派送的一站式控制與管理服務，此方式則是為目前跨國電商業者較為推崇的物流方式。

隨著電子商務的發展，所要思考的問題並不一樣，電子商務交易過程中，最主要的是供應鏈管理、需求預測與存貨調度，若訂單產生斷貨問題，便會影響其供貨信度，物流業也是隨著電商的發展，拓展更多境外的業務點，不同的航運方案都會影響客戶對該電商的評估，電商的發展確實對物流業的經營規劃產生巨大的影響力。

2. 金融業

談及金融業的衝擊，必定得討論到電子商務交易對於金融業的影響，隨著金融業的型態改變與國界模糊化，在收、放款交易中，程序顯得更加繁複了，交易的方式已經不同以往，即使有現金或線上信用卡刷付的方式，更多元的支付方式也都參與其中，由圖 5-6 所示。

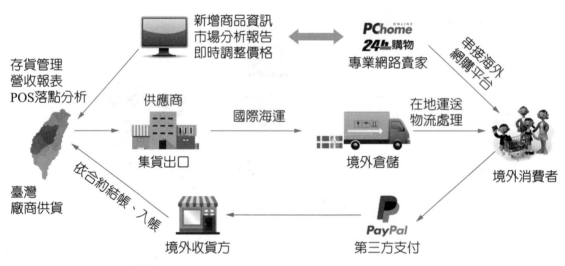

圖 5-6　跨境電商物流、金流、資訊流全段式整合流程

資料來源：貿聯 WeGoLuck.com，自行彙整

交付機構是指境內、境外交易的資金通道，從現階段來看，主要可區分成兩種支付機構：

(1) 商業銀行

大部分的（跨境）電商網站都支持 VISA、萬事達、美國運通、JCB、銀聯等不同種類的銀行卡，消費者僅在網路上輸入卡號和交易識別碼等訊息即可。

(2) 第三方支付平台

通常用戶只需要用信箱註冊，接著綁定自己的銀行卡便可開通第三方支付了，透過第三方支付平台，消費者和商家可以直接在線上完成跨境支付。

由上述可知，新的交易模式產生，不管是境內或跨境，金融業都需成立金融互聯網，結合第三方支付之數據分析，金融業可以推出更多客製化、貼心與即時的服務，可以隨著電商的發展，積極主動與其合作，擴大其營運範圍，然而網路交易可能引發監理及電子交易安全的疑慮，線上交易模式必須採取多層防護的措施加以把關。

3. 綜合分析

電子商務的供應商除了提供產品之上架銷售、接單和促銷，還需考量倉儲、物流、金流及資訊流等問題，這些都是構成電子商務的「必要條件」，伴隨著「跨境商務」的來臨，廠商所面臨的競爭不再只是來自境內，更嚴峻的將是來自於全球業者的競爭，所影響的不單單只有電商這個產業，連同銀行業、物流業、零售業或是倉儲業，都將受到不少衝擊和影響。

（五）電商未來的發展趨勢

電商要如何持續發展呢？商品不但要有品質還要有特色，宣傳、美工和文案也不可忽視，在口碑行銷方面，必須要更精確、更細緻。因此電商往往需要耗費更多的心力維繫旗下產品的網路行銷與品牌經營，以下將說明電商發展網路行銷和經營品牌應特別注意的事項。

1. 網路行銷

談及電子商務，最成功的案例非 Amazon 莫屬，Amazon 決定網站上商品陳列排序權重依序如下，經營者可參考這些知名電子商務網站的商品排序權重，重點式地提高某些對自身產品較有利的排序方式，提高產品能見度。

(1) 點擊率（Click Through Rates, CTR）：商品的點擊率越高，在網頁上的排行越高。

(2) 轉換率（Conversion Rate, CR）：指訪客轉換為客戶的比率，也就是造訪該網站的訪客實際購買商品的比率。

(3) 銷售紀錄（Sales History）

(4) 推薦流量（Referral Path）：指網友將網站的商品連結貼在 FB 等媒體社群後，引發他人進入網頁瀏覽商品的網路流量。

(5) 商品評價（Reviews）

(6) 存貨（Inventory）：在 Amozon 中，若產生斷貨的情況，在網頁上的排名便會下降。

(7) 關鍵字（Keywords）

(8) 曝光次數（Impression）

(9) 賣家後台的操作權限（Seller Authority）

2. 品牌經營

業者應透過資料收集與市場調查，在曝光度較大的購物平台開始經營品牌，接下來則是主動出擊，除了掌握平台內的目標客群，更可以選擇在討論較為熱絡的社群軟體上建立虛擬社團，進而建立品牌的形象，如果消費者在粉絲討論區發表對於購買產品過程的問題，業者在網路互動上更要特別謹慎，水可以載舟亦可以覆舟，顧客的提問和業者的回覆對於品牌形象有著關鍵性的印象。

全球電子商務的發展趨勢，已經從過去在電腦前瀏覽的習慣轉變為在手機上瀏覽，因此行動商務儼然成了各家業者的新戰場，包含 ecommercemanager.com、ecommerce.org、SIME 等機構都提出看法分析，未來行動電子商務的發展趨勢有以下幾點：

(1) 以 Big Data 分析，洞悉消費者需求：消費者的購買記錄經過日積月累之後都成了巨量資料，平台業者可用以分析消費者的潛在需求，作為相關的決策推廣，這將是未來電商營運的關鍵。

(2) 行動電子商務門檻降低，網路商店將增加：行動電子商務被視為必備的配備，不論是供應商、企業或是平台應都要有自己相對應的 APP。

(3) 個性化和客製化，強化客戶體驗：國外已有少數的商店讓客戶修改和設計產品，例如 NIKEiD 的 ID 鞋，便是取於「Individual Design」的縮寫，亦即「個人設計」，透過自行配色、挑選鞋款、繡上字母等作為代表。

(4) 消費者管道多元，需跨通路整合行銷：現今 3C 產品多元化，消費者不只透過傳統 PC，更可選擇平板或是手機進行消費，業者必須整合這些管道才能有效地傳遞行銷訊息並發掘不同消費者的偏好與商品特性。

(5) 快速的到貨服務：競爭激烈的市場茁壯成長的過程中，許多供應商提供當天交貨，迅速贏得客戶的信賴。例如知名品牌 UNT 跨境模式，在歐洲境內採取與當地物流商合作，達到差異化的彈性出貨。

(6) 移動 POS 商店崛起：因為行動支付的便利，使得業者提供移動式的 POS 系統。於瑞典南部小城鎮－維肯，便利用此特點，採取自動結帳、無人商店的新型電商整合購物模式。

當電子商務在境內發展有一定的成熟度後，便會開始轉移至境外。未來，跨國電商將朝著「社交化」、「行動化」以及「全球化」發展。由於需求式購買往往購買目標明確，通常透過電腦（PC）端的搜索、類目等功能就可以達成。而下章節將會更明確地討論行動支付於智慧零售之展望。

5.3 行動支付於智慧零售之展望

「行動支付」不僅是一項金融科技技術的代稱，更足以改變整個金融生態系統，從消費者、商家到金融業，行動支付與傳統紙鈔支付兩大不同的應用模式，改變了您消費的方式，資策會 MIC 產業分析師胡自立：「ING 針對英國 2015 年的調查，高達 30% 用戶使用過行動支付，而中國大陸 2015 年第一季行動支付交易金額超過 2 兆人民幣，相較之下臺灣行動支付進展緩慢。」

而何謂行動支付？行動支付是指消費者可以在不使用現金、支票或信用卡的情況下，使用行動裝置支付各項服務或數位及實體商品的費用。行動支付的發展和「電子票券」息息相關，金管會在民國 98 年制訂了「電子票證發行管理條例」，所謂的電子票券指的是「以電子、磁力或光學形式儲存金錢價值，並含有資料儲存或計算功能之晶片、卡片、憑證或其他形式之載具，作為多用途支付使用之工具。」

因此，如民眾所熟悉的，於 2000 年由悠遊卡公司發行的悠遊卡或於 2007 年由高雄捷運公司所發行的一卡通，及 2007 年由愛金卡股份有限公司發行的儲值卡，

都為電子票證的範疇。隨著手機、平板、電腦等興起，行動支付就是將這些實體卡片虛擬化，存到上述 3C 等行動載具裡。行動支付發展得非常快速，又可分為遠端支付和近端支付，各有不同的技術平台支援：

1. 遠端支付（Remote Payment）

不需將手機或行動裝置靠近任何感應器、讀卡機，就可以完成支付作業稱為遠端支付。換言之，遠端支付為電子商務及行動商務，用筆記型電腦或手機完成購物程序，在網路上刷信用卡、金融卡或是以電子優惠券支付費用，即可算是遠端的行動支付。這種服務多半需要消費者事先或是當下輸入信用卡或金融卡的資料，搭配消費授權碼的安全措施進行扣款，對於許多消費者來說，掏錢包、拿出信用卡輸入資料，是一件十分麻煩的事，但現在已經出現許多服務，讓消費者只需輸入一次資料，之後就能直接進行扣款，程序簡化後相當方便，高鐵自家的訂票 APP 就是典型的例子。

2. 近端支付

近端支付指需要進行感應的支付方式，以行動載具靠近資料讀取設備，完成交易程序，諸如 NFC 手機信用卡。跟遠端支付相比，近端支付目前多用於商店的小額交易，或是交通運輸系統，因為臺灣仍有交易金額的限制，所以可應用的範圍並不大。

隨著 3C 產品的發展，於 2015 年資策會調查統計，臺灣約有 16.5% 民眾的手機可以使用行動支付，本章節對於行動支付將敘述其發展緣起，與所運用的範圍及趨勢有著更進一步的說明。

（一）行動支付的沿革

為了達成不用現金的買賣並追求便利性，最早期的簽帳卡便因此誕生了。簽帳卡最初版本為錫片，上面印有持卡人的姓名與住址，於結帳時交給收銀員，收銀員便會將卡片資訊轉印到帳單上，錫片上突起的字母概念沿用到今日的信用卡。

隨著技術流程改善，將卡片資訊轉印至帳單上或簽帳卡帳單，待付帳款機制調整為刷卡機等支付載具來完成刷卡動作。「便利付款」的概念很快變成信用卡的常態，如美國銀行的 BankAmericard 在 1958 年上市，便是現今的 Visa 金融卡，以及在 1969 年由 Wells Fargo、HSBC 和 Union Bank of California 所組成銀行聯盟發行的 MasterCharge，為現行的 MasterCard。

　　這些銀行靠著磁條和智慧晶片的強大功能，塑膠信用卡和金融簽帳卡讓不用現金的買賣變得容易，這些刷卡是透過系統執行，系統會取得持卡人的帳戶資料，將其交易從商務機器傳送到受款銀行，再傳送到信用卡網路，之後傳送到發卡銀行確認是否有足夠的資金，最後發卡銀行會回傳成功的授權給受款銀行，受款銀行進而能通知商家，其所接收的卡片是有效的。

　　隨著長期演進與發展，在手機便利的時代下，更將實體信用卡虛擬化成為手機信用卡，讓支付方式更便利，由於使用者必須綁定實體銀行帳戶或信用卡，才能透過 Google Pay、Samsung Pay、Apple Pay 等進行交易，金流流向與原本信用卡支付雷同，並無太大差異。在隨時隨地購買的便利性下，我們可以在線上購買任何東西，一旦將商品加入線上購物車、輸入信用卡資料，所有購物權力便都在你的手中。

　　隨著時間變遷，金錢從珍貴、實用的商業工具轉變成沒有固定形狀的電子資料，交易的機制劇烈轉變，而且會繼續轉變，無論是給他人禮物或是購買東西，金融工具都變得是自我和需要的延伸。既然大多數人每天出門都會攜帶錢包和手機這兩樣個人物品，當它們開始結合在一起，是自然不過的事情，我們使用這些新工具的方式，一定會受到長久以來我們對交易所形成的情感關聯和興致模式的影響。我們該學習的是如何了解它，進而更容易使用它。

（二）行動支付的應用、機制與模式

　　在了解行動支付的應用、機制與模式之前，必須先介紹以下幾個常聽到的名詞：

1. NFC（**Near Field Communication**）

為「近距離無線通訊」技術，讓兩個電子裝置在非常短的距離進行資料傳輸，NFC 和藍牙都是常見的短距離無線通訊標準，但因為使用藍牙在程序與操作介面上過於複雜，加上連線需時較長（約需六秒），使得在推動上遇到不少的阻礙。而 NFC 無須操作，裝置即可傳送資料，手機只要有搭載這項技術，就可以和感應式讀卡機進行交易。

2. SE（**Secure Element**）

安全元件為存放資料的空間，包含信用卡資料、用戶資訊…等，而一般的安全元件形式有下列三種：(1) 特殊 SIM 卡，如將資訊儲存在 SIM 卡；(2) 額外的

晶片 Embedded SE，需額外找空間插入手機；(3) Micro SD 卡，也是可以儲存資料的地方。

3. SP（Service Provider）

服務供應商，提供各種服務的供應商，含消費店家、交通運輸業者，任何提供和行動支付有關的服務供應商。

4. OTA（Over-the-air Technology）

「空中下載技術」，以往身份資料或是信用卡資料需經過實體接觸傳輸才能完成。OTA 可以讓裝置只要透過行動網路或是 Wi-Fi 即可完成資料接收工作，這項技術最常應用在軟體更新，軟體提供者只要透過網路推播就可以通知使用者完成更新，而使用者也可以直接在手機上更新 APP。OTA 應用在行動支付上，則是下載信用卡用戶資料到手機中，結合 NFC 技術就可以使用手機付款。

5. MNO（Mobile Network Operator）

行動電信業者，提供行動網路服務，讓你到哪裡都可以隨時執行行動支付，在 TSM（Trusted Service Manager）系統裡面提供行動網路使用者的資料，放入安全元件晶片裡面，和晶片製造商協調，製作供應具有可以儲存資料的 SIM 卡放入手機中，才能夠配合 NFC 技術使用行動支付。

在了解較常用的專有名詞後，一般行動錢包或支付應用程式可能用的支付框架有三種：NFC（近場通訊）、雲端（Cloud）或封閉式系統（Closed Loop）。要採取哪個方式取決於開發者和客戶所希望的體驗要如何呈現。這三種生態系統可以共存在一個錢包裡（手機裝置），每種生態系統可能有自己的優點和缺點，因此開發者必須衡量每一成本，選擇對自己最適合的。以下為整理其行動商務的三個支付生態系統，他們在使用者體驗上的優點和挑戰：

表 5-1　行動商務的三個支付生態系統，使用者體驗上的優點和挑戰

支付框架	優點	挑戰	使用商家
NFC	1. 卡片資料安全儲存 2. 可遠端感應 3. 不需要資料網路 4. 交易速度快	某些市場商家不接受	Google Pay

支付框架	優點	挑戰	使用商家
雲端	1. 大多裝置和作業系統都支援 2. QR Code / 條碼屬此方式	1. 需要資料網路，較無安全性標準 2. 商家要支付較高的處理費用	PayPal
封閉式	1. 大多裝置和作業系統都支援 2. 消費者使用風險較低 3. 商家應具備 POS 裝備 4. 獎勵計畫的支持	1. 只有支持的商家才能使用 2. 若信用卡與此卡連結，則易有安全疑慮	Starbucks、悠遊卡

參考資料：行動支付體驗設計

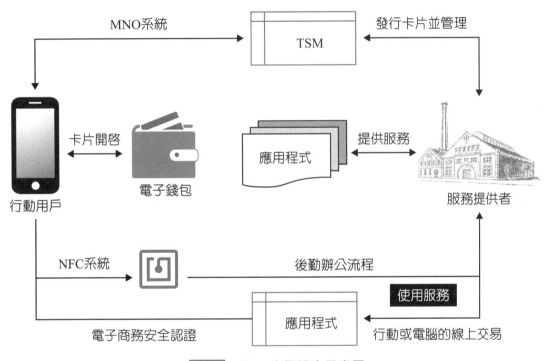

圖 5-7　NFC 生態組合示意圖

參考資料：自行整理

　　NFC 支付通常由三個主要元素組成：手機的 NFC 天線、手機裡防干擾的安全元件、服務提供者的非接觸式 NFC 讀卡機。NFC 生態組合示意圖（如圖 5-7），NFC 支付的流程像這樣：消費者結帳時會打開相對應的應用程式，輸入 PIN 碼，付款時會點付款按鈕或者將手機放置讀卡機上方，又或是只要將手機放置讀卡機上方，連應用程式都不用開啓，皆是取決於 Visa payWave、MasterCard PayPass、American ExpressPay 等不同的規定功能，與發卡銀行規範它的卡片在 POS 終端機出現的方式。

當消費者完成讀卡機上感應手機所形成的交易後，在服務提供者端會顯示交易成功和金額、其他相關資料如商家名稱、時間和日期等。在交易跑完傳統支付網路後，會傳送到使用者的手機。

雲端是 2006 年由 Google 執行長 Eric Emerson Schmidt 所提出的一個概念，是新進入支付世界的儲存科技流行詞，現在可在我們需要時和需要的地方從任何聯網裝置取用我們的檔案，如 7-ELEVEn ibon 列印，或者是取用我們的個人資料，最早將雲端概念應用到隨身支付系統的是 PayPal。相較於 NFC 生態系統，有些人認為雲端較有效率，其基礎建設的吃力工作較少，顧客跟一個安全的網路服務註冊他的卡片，任何透過行動裝置的支付會被記到資金來源的帳上，卡片資料不會儲存到手機上，交易則是透過在店掃描條碼或 QR 碼。

最後一方式爲封閉式支付系統，此方式如同零售商店裡的小錢罐，消費者可以爲之後的使用儲存一筆錢，它們以儲值卡爲基礎，只能在當店進行扣抵。如同 Starbucks 在推出後，其應用程式可以讓使用者用點數兌換免費飲品，現省現金，讓消費者立即有感體驗消費，此外相較塑膠卡片或現金，都較容易攜帶多了！

每一種系統都有它們的優缺點，但最重要的並非將缺點移除，而是開發者（金融機構、行動電信商或是服務提供商）須站在消費者或使用端立場，設身處地找出最適合的系統，畢竟所有交易最終還是以促進消費者買單爲最終目標！而行動支付又如何影響我們的生活？於下章節會進行說明。

（三）行動支付的未來趨勢

隨著行動商務及行動支付興起，積極拓展手機載具成爲整合型支付工具，搭配主動式的消費者服務行銷、支付方式多元化，將可擴大市場客戶規模，加快交易速度、衝高業績。而消費者也隨著智慧型手機與平板等行動裝置的興起，在消費行爲有了明顯的改變。國際電子商務產業研究機構（First Annapolis Consulting）調查，行動電商所帶來的趨勢可歸咎於以下五點原因：

1. **安全控管變革－「安全可靠」爲發展基礎**：電子商務提供的服務、便利性與安全性讓客戶感到信任。

2. **銷售通路變革－「全通路」時代的來臨**：全通路（Omni Channel）銷售提供安全可靠之支付選擇方案、簡便的行動裝置螢幕操作介面及整合。

3. **消費習性變革－「社群」行銷模式興起**：社群或團購網站行銷（Social Commerce），消費者可很快速地找到所需商品或服務。

4. **連網模式變革－「穿戴設備」引領「沙發電子商務」新潮流。**

5. **物流創新變革－「快速運籌」奠定電子商務決勝關鍵。**

　　手機行動支付興起，除了促進全球經濟之外，亦影響了產業跨境合作。各行各業跨境合作亦是行動支付的未來趨勢之一。現今市面上已出現銀行業者將其金融卡結合 Visa 的信用卡支付功能，此外近十年來因應捷運而發行的一卡通及悠遊卡，甚至是愛金卡，也是銀行業異業結盟者之一。而在於手機支付方面，通訊軟體 LINE 或微信等，結合廠商提供不同優惠或小額支付貼圖等，也是近幾年來的潮流。支付寶結合電信業者端，促進臺灣本地觀光，使陸客來台也能融合原有的付費習慣。對於我們終端用戶而言，我們所享受的皆是跨業結盟的趨勢，圖 5-8 為跨境業者合作示意圖。

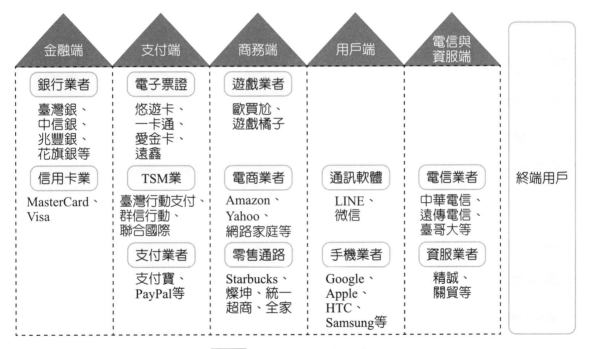

圖 5-8　跨境業者合作示意圖

參考資料：資策會（2015）

不管是商務業者、金融業者，在搶食行動支付這一塊大餅的過程中，跨業結盟已是不可避免的趨勢，使用端或消費者會隨著不同的產業結合，而產生不同的消費行為。行動支付的未來趨勢除了跨境、跨業等產業或地區合作外，更需要注意的是消費者在使用中是否覺得滿意與愉悅，這樣才能產生實質的經濟效益與規模，達到彼此互益。

（四）結論

手機結合支付功能，不僅能提高消費者觸及率，更可以縮短付費時間，提高服務提供者的競爭力。行動支付體驗要注重的是，在付款時銷售端點使用應用程式流暢度；交易前和交易後服務提供商如何引導使用者獲取其該有的回饋；最後則是保護使用者的財務隱私權。

以臺灣所屬的市場，在布局亞太市場過程中，該如何找尋合作夥伴，或是進入他國所遭遇金流法規限制等都是問題。再來，行動支付發展過於快速，串聯主流技術如何分散資源綜效獲取用戶青睞？在提供加值服務擴大支付情境，卻也因為消費者使用習性所導致移轉速度不快，意識尚須強化。在合作面上，支付產業鏈過長，大小產業規模銜接支付服務容易有資源分配不均的地方，加上整合支付產業過程中，若使用場景未形成，投資資源後續發展恐將受限。

行動支付絕對只是個起點，未來將可看到更多的創新模式與商業應用，因此監理機關在面對跨業、跨境的服務串融的生態系時，如何讓法規設計與調適上，具備一個能因應實務調整與變通的機制，保障消費者的權益，確保支付環境的安全可靠，是主管機關人員應深思的問題（Allums，2015；李鵬博，2015；外貿協會，2016）。

章後習題

一、選擇題

( ) 1. VR 與 AR 在零售場域的應用有哪些方式？

甲、發展體驗式行銷；乙、不受限的空間和客製化；丙、可減少物流損失以及實體店面和展示空間的實質成本；丁、追蹤每個消費者的目光。

(A) 甲乙　(B) 乙丙　(C) 丙丁　(D) 以上皆是

( ) 2. 電商發展網路行銷和經營品牌應特別注意的事項？

甲、轉換率（Conversion Rate, CR）；乙、推薦流量（Referral Path）；丙、品牌經營；丁、曝光次數（Impression）。

(A) 甲乙　(B) 乙丙　(C) 丙丁　(D) 以上皆是

( ) 3. 行動電商所帶來的趨勢可歸咎於哪些原因？

(A) 安全控管變革

(B) 空中下載技術（Over-the-air Technology, OTA）

(C) 服務供應商（Service Provider, SP）

(D) 行動電信業者（Mobile Network Operator, MNO）

( ) 4. 以下何者是電子商務的未來發展趨勢？

甲、網路行銷；乙、品牌經營；丙、社交化；丁、行動化；戊、在地化。

(A) 甲乙丁戊　(B) 乙丙丁戊　(C) 甲丙丁戊　(D) 甲乙丙丁　(E) 以上皆是

( ) 5. 以下何者是行動支付的未來發展趨勢？

甲、安全可靠；乙、全通路；丙、社群行銷模式；丁、連網模式變革；戊、物流創新模式。

(A) 甲丙丁　(B) 乙丙戊　(C) 甲丁戊　(D) 甲乙丙　(E) 以上皆是

二、問答題

1. 你認為行動支付對於智慧零售的重要性以及未來兩者的整合發展趨勢為何？

2. 你認為行動支付對於跨境電子商務的重要性以及未來兩者的整合發展趨勢為何？

參考文獻

1. 外貿協會（2016），中國大陸跨境電商武功秘笈。
2. 外貿協會（2016），全球品牌跨境電商營運模式：美國網購市場與跨境電商新商機。
3. 李鵬博（2015），揭秘跨境電商。
4. AllumsSkip（2015），行動支付體驗設計：針對行動商務的法則和最佳慣例。
5. eMarketer（2018），Worldwide Retail and Ecommerce Sales: eMarketer's Updated Forecast and New Mcommerce Estimates for 2016—2021. 擷取自 https://www.emarketer.com/。
6. Statista（2016），B2C e-commerce sales worldwide from 2012 to 2018（in billion U.S. dollars）. 擷取自 Statistic: http://www.statista.com/statistics/261245/b2c-e-commerce-sales-worldwide/。
7. Statista（2016），Digital Commerce. 擷取自 Statista Market Forecast:https://www.statista.com/outlook/330/100/digital-commerce/worldwide#market-transactionValue。
8. 生活科技教育月刊（2009），條碼知多少─淺談條碼的演進與二維條碼的應用，擷取自 http://www.doc88.com/p-70783593226.html。
9. 臺灣物聯網聯盟（TIOTA）（2015），擷取自 http://www.aiweibang.com/yuedu/13716963.html。
10. 米其林餐廳鼎泰豐 善用排隊叫號 顧客用餐體驗再昇華！（2015），擷取自 http://www2.advantech.tw/intelligent-retail-and-hospitality/casestudies/26356f91-9567-4aa6-829b-6b87331168ef/。
11. 沈臻懿（2014），Advantages and Disadvantages of 3D Printing Technology。
12. 羅賓‧路易斯、麥可‧達特著（2013），廖文秀譯，挑起購買慾，零售業新獲利模式，大樂文化出版。
13. 曾守正（2011），雲端服務之動態訂價策略。
14. 零售 4.0. 零售革命，邁入虛實整合的全通路時代（2015）。
15. Fredrik Jungermann（2016）. 4G PENETRATION: GLOBAL TOP LIST.
16. Joe Bardi（2016）. Virtual Reality（and AR）retail visual merchandising ideas: Top 4 reasons AR and VR are made for visual marketing. 擷取自 MARXENT。
17. http://www.marxentlabs.com/four-ways-virtual-augmented-reality-improve-visual-marketing/。
18. T 客邦（2016），廣告看板正在偷偷盯著你！Intel 與線科技以人練辨識打造精準行銷，資料來源：http://www.techbang.com/posts/16531-digital-sign。

06

智慧零售工具—電子商務工具與運用

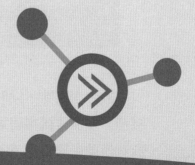

Smart Commerce

 **6.1** **智慧零售必植基於電子商務工具運用與優化**

　　企業經營在於了解客戶需求，提供客戶需要的產品與服務。傳統零售透過實體通路提供產品與服務，接觸及吸引人潮，滿足客戶需求，創造交易增加企業營收，全方位智慧零售則透過多元化組合管道，採用全通路（虛實通路）以整合線下與線上（Offline to Online, O2O）方式，及運用全媒體（虛實媒體）以引導人潮或流量至線下或線上通路達到企業經營最終目的—銷售。

　　資策會 FIND 團隊調查發現，臺灣 12 歲（含）以上民眾，已有 1,432 萬人持有智慧型手機或平板電腦，隨著智慧型手機、平板電腦的使用率逐年上升，人手多屏的時代，更適合結合行動商務、行動支付、移動定位服務（Location Base Service, LBS）、物聯網技術、人工智慧、機器人、3D 列印、數據分析等資通訊軟硬體技術，驅動人潮與流量主動走進虛實通路。

　　現今企業雖可同時透過虛實工具或管道，適時提供與滿足消費者需要的產品與服務，然而傳統零售通路或管道是無法解決另一項企業經營重點—了解客戶需求，唯有借助虛擬管道或工具，利用資通訊等高科技技術與消費者產生深層互動，了解消費者潛在的需求，生產或提供高品質的產品與服務，以滿足消費者的需求。

所謂工欲善其事，必先利其器，電子商務有許多大家熟知或使用的虛擬工具，企業經營者就應該善用這些虛擬工具來達到其企業經營目的。

資訊通訊技術（Information Communication Technology, ICT）與各種高科技軟硬體的快速演進，加上各種 ICT 創新應用風起雲湧，對各行各業產生劇烈影響與衝擊，機器人、無人汽車、無人飛機、無人工廠、無人商店、無人餐廳不再只是電影的情境，我們正處於極度資訊化與數位化的時代。虛實界線越來越模糊，消費者個人與社交關係資訊（喜、怒、哀、樂），消費者所有食、衣、住、行及娛樂相關資訊，以及運用各種有線及無線電子商務設備與工具搜尋、比較、瀏覽、購買、交易、支付、運送等，所有資訊都被完整記錄在網站、影音平台、社交媒體及搜尋引擎等工具內，所以零售業者必須透過這些工具收集消費者資訊，分析、歸納並洞察消費者的真正需求，才能達到銷售目的，所以工欲善其事—發展智慧零售，必先利其器—了解電子商務工具與運用。

承上所述，企業欲發展智慧零售必須聘用熟悉、了解電子商務工具，以及擁有工具優化技巧的人才，可是現今大學教育，學、用落差嚴重，具備實務經驗與實用技巧的人才取得不易，所以人才之培訓與取得，是政府及企業推動與發展智慧零售的最大困難與障礙。

在此推薦四種大家最常接觸且使用頻繁的虛擬工具—網站、影音平台、社交媒體及搜尋引擎，將分別介紹這四種重要虛擬工具優化的技巧，讓企業運用這些虛擬工具優化的技巧，在消費者不同的購買流程—引起注意、產生興趣、網路搜尋、採取行動及網路分享（Attention Interest Search Action Share, AISAS），與消費者互動並從中影響網路消費者購買決策，達到企業永續經營之目的。

6.2 網站優化

一、中小企業網站優化注意事項

電子商務首要任務就是建置一個網站，強化網站方法如下：

（一）公司聯絡方式與聯絡人置放於網站首頁

企業的網站應將其市內電話、免付費專線、電子信箱、其他即時電子通訊聯絡方式、以及聯絡人，設在它的首頁，以便客戶聯繫業務。

（二）了解目標客戶

有許多不同類型的客戶正在尋找不同種類的產品，當他們拜訪你的網站時，企業應該立刻明確掌握住訪客需要的產品或服務。但是了解客戶需求，不是一件容易的事，特別是對於擁有眾多資訊的大型網站。

以獸醫網站為例，與其要訪客去點擊服務選項，尋找到有關獸醫能為馬提供的服務，不如先將獸醫能夠提供服務的動物種類分別列出來，選項像是狗、貓、馬、鴨嘴獸等，這些標籤可以讓有寵物治療需求的人們更有興趣。

（三）依客戶需要創造內容

公司網站應該創造客戶需要的內容，以及能帶給客戶良好使用經驗的網頁，才能儘早使客戶進入購買流程。

客戶需要了解你公司的主要內容，而搜尋引擎需要有內容才能索引。如果首頁上沒有客戶需要的內容，有極大可能會錯失讓客戶和搜尋引擎喜歡上你網頁的機會。

訪客到公司網站是想了解你是誰，以及你所賣的產品。在網站上置放訪客需要的資訊，否則他們就會離開你的網頁而轉去你對手的網站。況且，在沒有實質內容的情況下，這些頁面也根本不會顯現在 Google 搜尋結果頁面上。

（四）勿在網站置放複製別人的圖片

使用網路上複製貼上的照片，直接置放於網站上，是一件很嚴重的違法事件。

（五）置放證明

潛在的消費者期望在你的網站上，看到其他消費者曾經接受過服務的經驗，置放客戶滿意度調查，可以幫助客戶對你的服務品質有更多的了解。但必須要確定這些滿意度的回饋是真實的，如果你沒有做任何有關回饋資訊的調查，可以從第三方的評論網站找到，像是 Yelp 的網站，這些都可以使客戶對你更加的信任。

（六）置放認證標章

如同前面提到的證明一樣，認證標章就是向消費者提供一些有關公司的優質服務的認證，可以幫助那些未曾聽過公司的消費者，對公司網站有正面的印象，進而寄 E-mail 或打電話聯繫公司。

（七）在著陸頁或是全部的頁面增加對話框

對於網站上的每個頁面，可以設計一些跟內容有關的對話引導客戶點擊，例如可以在頁面上放「免費聯繫我們進行估價」的彈跳視窗訊息，只要利用這個簡單的技術，將能夠增加 300% 的點擊率。

（八）區隔你的訪客

網站可以利用簡單的問題設計來區隔訪客，像是預算、問題的性質、運送產品所需的時間、公司規模、頭銜、地理位置等，這個辦法可以幫助你將訪客帶進正確的內容、產品、業務等。而那些被帶進網站的訪客，我們將可以提供更貼近其需求的服務，因為他們已經是被區隔出來的訪客。

（九）與競爭者的產品差異化

每一位與你搶奪商機的競爭者都在販賣同樣的商品或服務，因此你必須要突顯自己的產品與競爭對手的不同。

二、網站易用性的五項主要原則

易用性意味著以使用者為中心的設計，設計與研發的過程都必須專注於未來的使用者上—確定他們的目標、心智模式、以及滿足他們的需求，也就是建立一個有效率且容易操作的網站。

五項網站易用性原則介紹如下：

（一）可用性與可接近性

當人們想要拜訪你的網站，但無法瀏覽的話，不論是什麼原因，你的網站就是個無用的網站。

（二）明確性

明確性為易用性的核心。訪客會帶著某種目的拜訪你的網站，網站的任務就是幫助訪客快速滿足他們的目的，如果網站能做到這一點，你的訪客將會感到愉快，並且網站也會奠定了一個正向的使用經驗。

（三）可學習性

可學習性是易用性的另一個重要面向。設計一個直觀的介面應該成為網站的目標—介面不需要教學，或甚至是花長時間去弄清楚一個試驗或錯誤。直觀設計的關鍵在於設計出人們都知道的東西，或是創造某樣容易學習的新東西。

（四）誠信

誠信是網站另一重要面向。即便訪客找尋到他們要的內容，若他們不信任公司網站，那些內容也是沒有價值的。

讓訪客知道你的公司是由真實的人來經營是很重要的，提供清楚的「關於我們」頁面與你的聯絡方式，如果可以，最好附上你實際的地址。

當然內容也扮演一個很重要的角色，就是對於網站可信度的感知，確保網站內容是誠實且精確的，避免錯誤的文法或拼音上的錯誤，對於公司專業領域要表現出信心。舉例來說，公司可以置放第三方公證的證明文件，或是公司的社群媒體的追隨者，來贏得訪客的信賴。

（五）關聯性

最後，有利於網站易用性最重要的就是關聯性，網站清晰明瞭還不夠，內容必須要有關聯性，再一次強調，必須讓訪客知道他們為什麼要來到你的網站。

首先，先確認你的目標客戶是誰。第二，與他們溝通，找出他們拜訪公司網站的目的。第三，定義使用者情境，找出在什麼情況下，人們會拜訪你的網站，且尋找什麼樣的內容。任何設計決策，都應該朝著對使用者更友善的方式去進行。

三、網站優使性 25 項檢查清單

網站優使性清單大致分為以下四部分來說明，網頁親和力、辨識度、導覽及內容。

（一）網頁親和力

這個部分不僅包含傳統的網站無障礙相關問題，也包含任何可能使瀏覽網站的訪客取得資訊受到阻礙等問題。

1. 合理的載入時間。
2. 清楚的文字與背景對比。
3. 字體大小／間隔要容易閱讀。
4. Flash 和 Add-ons（附加元件）要謹慎使用。
5. 圖片要有適當的 ALT 描述語法標籤。
6. 客製化「404 找不到網頁」。

（二）辨識度

當訪客到訪你的網站時，第一個會問的問題是「你是誰？」，並且要將接續問題的路徑設計清楚，例如：「你是做什麼的？」與「為什麼我要相信你？」。

1. 公司商標優先配置。
2. 標語使公司目的清楚。
3. 首頁要在 5 秒之內可以清楚表達重點。
4. 清楚顯示公司資訊的路徑。
5. 清楚地顯示聯絡方式。

（三）導覽

導覽介面應以容易連結至網站其他頁面為主要思考重點。

1. 主要導覽（Main Navigation）應容易辨識。
2. 導覽的標籤要清楚和簡潔。

3. 適當的按鈕和連結數量。

4. 公司標誌與主頁面連結。

5. 連結網址要一致和容易辨識。

6. 網站搜索的地方要容易找到。

(四) 內容

內容才是王道。網站內容必須連貫、有架構、易於瀏覽。

1. 主要標題要清楚和具有敘述性。

2. 關鍵內容在顯眼位置。

3. 樣式和顏色要一致。

4. 謹慎地使用加強效果（例如加粗）。

5. 廣告和彈出式廣告要不明顯。

6. 主要內容要簡潔和具有解釋性。

7. 網址應該有意義和方便使用者搜尋。

8. 超文件標示語言（HTML）網頁標題要能清楚說明公司產品。

 **6.3 影片優化**

影片製作及影片優化是很重要的，因為影片可以擴大你的行銷範圍、建立自己的品牌和激增網站流量。影片不僅可以在 YouTube 搜索上排名，也可以在 Google 的網站上和影片搜尋上提升排名。

一、臺灣網友使用網路影音概況

comScore Video Metrix 觀察臺灣網友透過桌上型電腦或筆電瀏覽線上影音狀況，調查顯示臺灣共有 1,159.3 萬位不重複使用者，相當於 87.7% 的臺灣網路人口，平均每位使用者瀏覽 216 次影音、花費 1,139 分鐘瀏覽影音內容，且平均每次造訪會瀏覽 6 則影音內容。（http://www.ixresearch.com）

表 6-1　臺灣整體影音使用

不重複瀏覽影音人數（000）	11,593
影片次數（000）	2,508,999
每位使用者瀏覽影片次數	216.4
每位使用者花費時間（分鐘）	1,139.2
總瀏覽時間（百萬分鐘）	13,207
網路人口到達率 %	87.74
平均每次造訪瀏覽影片數	6.0

來源：comScore Video Metrix,2015 年 12 月，臺灣；發佈單位：創市際

二、臺灣線上影音使用者輪廓

　　comScore Video Metrix 調查顯示，臺灣線上影音使用者中，男性與女性使用者佔比分別為 53% 與 47%，在瀏覽情形方面，男性使用狀況顯著超越女性，平均每位男性較女性網友多瀏覽了近 1.5 倍的影片數，並花費 2 倍的影片瀏覽時間。年齡人口數以 25-34 歲族群為最大宗；使用狀況方面，平均每位使用者觀賞影片次數，及平均每位使用者影片觀看時間，皆以 15-24 歲族群表現最突出，平均每次造訪瀏覽影片數則以 6-14 歲族群表現最佳。（http://www.ixresearch.com）

表 6-2　臺灣線上影音使用者使用狀況

	不重複瀏覽影音人數（000）	每位使用者瀏覽影片次數	每位使用者花費時間（分鐘）	網路人口到達率	平均每次造訪瀏覽影片數
Total Audience	11,593	216.4	1,139.2	87.74	6.0
All Males	6,096	254.3	1,502.3	88.94	6.6
All Females	5,497	174.4	736.6	86.44	5.1
Persons：6-14	918	184.2	682.3	76.36	7.2
Persons：15-24	2,529	270.0	1,555.3	92.30	6.6
Persons：25-34	2,749	233.3	1,400.8	89.57	6.1

	不重複瀏覽影音人數（000）	每位使用者瀏覽影片次數	每位使用者花費時間（分鐘）	網路人口到達率	平均每次造訪瀏覽影片數
Persons：35-44	2,580	197.1	1,010.0	88.35	5.5
Persons：45-54	1,810	189.6	795.7	86.87	5.6
Persons：55+	1,006	163.1	744.1	84.03	5.0

來源：comScore Video Metrix,2015 年 12 月，臺灣；發佈單位：創市際

三、影音效力

影音廣告之所以快速成長是因為其效力。如果一張照片勝過千百萬個文字，那麼一段影音則更勝之。Forrester 研究公司估計一分鐘的影音相當於傳遞 18 億個文字訊息。不可諱言，影片內容比起文章更具吸引力，且也更有教育意義和提供知識的作用。

影音的效力不只是聲音而已。消費者會記住影音，即便它被塞滿許多資訊。研究指出，80% 的用戶會想起在過去一個月內收看的影音廣告，而其中高達 46% 的用戶會有後續動作，例如尋找更多的訊息，或訪問廣告商的網站。研究發現，44% 的消費者會在尋找當地產品及服務時觀看線上影音，而 53% 的觀看者在觀看影音後會主動聯繫業務，51% 觀看者會造訪該公司網站，33% 的觀看者會去賣場，最終則有 71% 的觀看者會購買。

像這樣的表現數字解釋了中小型企業對於線上影音的高滿意度。調查研究指出，70% 企業很滿意他們自己在線上影音行銷的表現，並表示這是一個行銷人員可以提升客戶口碑的地方。

影片出現在搜尋結果第一頁的機率約有 1：11000，有相同關鍵字的網頁出現在首頁的機率約有 1：500000，所以透過 Google 關鍵字搜尋影片，比其他任何索引特定文字的網頁出現在首頁的機會高出 50 倍。

四、影響 YouTube 影片排名因素

影片排名是非常簡單的，你可以利用很多優化網頁的方式提昇影片在 YouTube 的排名。以下是幾項影響 YouTube 影片排名因素的分析：

1. **Meta 數據**：影片的標題、描述和標籤都是排名的核心因素，插入關鍵字在這三種元素中很重要。和優化網頁標題類似，應該把主要的關鍵字放置在影片標題的最前面。

2. **影片質量**：高清影片的排名會高於低質量的影片。YouTube 在搜尋結果上強調高清影片，HD 是一個用戶體驗元件，質量差的影片會惹怒用戶，若影響到用戶，不僅將會減少觀看次數也會失去訂閱人數，你還會得到不喜歡的負評。

3. **觀看次數、喜歡、分享和連結**：YouTube 影片排名會被觀看次數、YouTube 上的喜歡（讚）、分享和內部連結影響。如果影片是在你的頻道內發表的，你應該儘量推廣，才會獲得觀看、喜歡、分享和連結。以下為幾種推廣影片內容的方法：

(1) 分享到你所有的社交網站。

(2) 嵌入至你的網站。

(3) 分享到社交性書籤網站上。

(4) 分享到社群網站上。

4. **短文、優化和註解**：影片利用短文和優化的方式可以增加影片的點擊率、觀看次數和分享，每個影片都可以自行選擇上傳的短文。另外，該影像必須為高畫質、精彩且吸睛，視覺上的衝擊力有助於增加點擊次數和觀看次數。註解可以讓你強調影片內容，該內容可以附註成額外的影片註釋、召喚行動和連結到其他相關影片，你可以利用這項特徵要求用戶喜歡和分享你的影片。

5. **字幕和隱藏字幕**：在 YouTube 可選擇使用影片的字幕，這項功能吸引了更多的聽眾，例如聽障者或是聽力有問題者。另外，字幕是可被搜尋引擎搜尋到的，透過啟用字幕的功能，就能提升影片的排名。

6. **品牌**：雖然品牌化影片並不會直接影響到影片的排名，但它卻會增加品牌權利，會有更多訂閱者、分享和觀看次數，確保每部影片開頭和結尾都涵蓋品牌。YouTube 也有浮水印的功能，讓使用者也可以在影片上加註品牌的浮水印標誌。一個有價值、能解決問題、能滿足使用者需求的好影片是很重要的，好的內容會被分享和被轉貼連結，還能增加排名，只要多花點時間在你的影片上，並多加優化它，就能有一個成功的 YouTube 平台了。

五、使用影片改善搜尋引擎最佳化的技巧

即使是最好的影音，如果無法被找到也是沒用的。以下是有關如何使用影片改善搜尋引擎最佳化，使你的網站和影片增加曝光的技巧。

1. **影片積分**：影片的內容是影響搜尋引擎最佳化排名最重要的因素。影片可以幫助你的網頁或網站發送關鍵字到搜尋引擎，搜尋引擎會依據消費者在搜尋結果中的需求因子來排名（包含影片），因此你的網站上的影片將會提高網頁排名。

2. **關鍵字標籤**：添加關鍵字在影片標題、描述和標籤，提供更多的訊息給搜尋引擎，以幫助識別及優化你的影片，如同在圖片標註。

3. **影片內容**：精簡描述影片內容來提高它的可檢索性，並增加相關的搜尋請求。

4. **影片網站地圖**：影片網站地圖是你的網頁的延伸。可被定義的數據包含期限、評分、點閱率、適合年齡、影音是否可以被嵌入及其他有用的訊息。

5. **上傳影片至 YouTube**：上傳影片至 YouTube，並將 YouTube 上的影片嵌入你的網站。Google 表示，它會計算影片觀賞次數，以及嵌入影片的網站收到的意見和 YouTube 上的影片回覆之相符程度，因此建議在 YouTube 上發佈影片，以達成搜尋引擎最佳化的目的。

6. **將影片嵌入有相關內文的網站頁面**：網站的內文有助於搜尋引擎辨識你的影片內容。

7. **從你的 YouTube 影片反向連接**：你可以從 YouTube 反向連接，並嵌入你的網頁連結至你的影片中。

8. **社群信號**：讓更多的人喜歡或查看你的影片，是一種搜尋引擎對影片內容的價值的積極信號，所以將你的影片與影片連結置入至社交平台，這將增加影片被發現的可能性，並增加你的網站的外部連結。

9. **在網站上創建影片庫**：在網站上創建影片庫，則 Google 便會知道哪裡可以找到你的影片內容，並為每個影片寫下豐富的關鍵字註解標籤。

6.4 社交媒體優化

一、社交媒體優化為何重要

社交媒體的網頁瀏覽數持續增加，有些品牌的社交媒體瀏覽數已經超越了使用者從 Google 網頁所瀏覽的人數。因為連結流量的重要日益增加，各大搜尋引擎如 Google、Bing、Scour 都將社群活動加入搜尋結果。社交媒體提供了快速且無遠弗屆的溝通能力，這種能力是前所未見的，而且無庸置疑地，這會持續改變企業吸引顧客的方式以及未來展望。

社群推薦連結流量的成敗主要有兩個因素：

1. 內容是否有趣。
2. 內容是否可容易地在不同網頁分享。

社交媒體優化能夠讓使用者推薦其朋友瀏覽頁面，進而提升網頁瀏覽量，如果網頁能夠引起其中一個使用者共鳴，那麼這位使用者的朋友們也有可能會對相同的網頁有興趣，這麼一來，你可找到你的目標客戶。而且社交媒體優化也能達到搜尋引擎優化（搜尋引擎優化程度由連結來計算），社交媒體優化不只幫你的品牌創造強大的社群媒體地位，也可幫你的公司帶來很大的效益。

社交媒體可改善網頁搜尋結果的排名，藉由與人在各類線上虛擬平台上交流，公司將擴展企業業務範圍和獲利機會至那些點擊到企業主要頁面的人們。社交媒體優化協助凝聚所有你的社交媒體帳號，一貫的品牌網路指引著你的潛在客戶到你想讓他們去的地方。

二、社交媒體優化的技巧

社交媒體優化（Social Media Optimization, SMO）讓你可以容易地在社交網站上分享資訊，現今我們已經不再專注於網頁的瀏覽人數，而是更加重視如何讓更多人看見你的頁面。

　　除了讓大家從網頁看到你的頁面，從應用程式與其他的社交媒體瀏覽頁面也能為你的品牌帶來正面效益，如果可以讓你的內容更容易轉貼的話，就能為其帶來更大的好處。

（一）內容技巧

1. 內容至上

不管是哪一種平台（臉書、推特、部落格等）都著重於新穎且有品質的內容。最好的內容如果沒有吸引讀者，就不會受到關愛，所以你的貼文要貼近生活，讓大家覺得好親近，這樣才會有好的結果。

實用的貼文會讓人記憶猶存，而且讀者會牢記在心，將更有意願去了解你的產品及服務，藉由提供豐富的貼文，可以贏得使用者的信賴，你也會因此獲得好的名譽。在現今競爭激烈的社會，豐富且有內容的貼文可以讓你在市場中和別人有所區隔，貼文內容就像是火，而社交媒體則是汽油，內容行銷之所以這麼實用，是因為人們會願意為此付費。

2. 持續更新內容

很多人註冊了社交媒體之後就沒有更新及維護。研究指出，只有 36% 的人認為他們的內容行銷是有效的，最大的挑戰是他們必須經常且持續推出足夠的貼文，且這些貼文要吸引人們。內容是需要策略的，例如一些吸引人的標題，以吸引讀者再次造訪你的網頁。

3. 提供內容訂閱

在 Facebook、Twitter 與 RSS 上，你的貼文很容易被略過，有一個方法能確保你的貼文被大家看到，那就是訂閱。

專注於吸引別人訂閱你的內容，每天寄文章或是新聞到訂閱者的信箱，對於忙碌的商務人士是很有效的，即使他們信箱的信件非常多，讓他們打開信箱，就能看到你的貼文並連結到你的文章。

4. 重視與相信貼文數據及分析

社交媒體數據可以提供實用的資訊，例如：讀者的位址以及哪些標題和關鍵字吸引他們，還有你的文章的點閱率。好的文章可以帶來潛在的客戶，不要只重視被分享的貼文，要找出哪些貼文確實讓公司獲得潛在客戶，貼文內容雖然不能把每個潛在客戶變成顧客，只要持續提供好的內容，透過社交媒體行銷，你可以擁有更多潛在客戶。

5. 讓你的貼文內容更有精神

有些貼文內容只是在陳述一個事實，如同你在過時的黃頁廣告中看到的一樣。現在我們必須有所改變，貼文可以包含建議、警告、娛樂、激勵、驚奇等，不要太無聊，只要你創造驚奇的內容，觀眾就會被吸引！

6. 調整內容至受歡迎的話題

了解讀者感興趣的話題。貼文內容是創造銷售奇蹟與建立信譽的工具，藉由運用關鍵字工具找出最受歡迎的慣用語和關鍵字，你就可以使你的貼文內容與讀者產生共鳴。

7. 了解你的顧客

當你在規劃內容策略時，應該常想到你的顧客，這樣你規劃出的內容才能吸引到你想吸引的人。利用社交媒體的數據來完善你的內容策略，你要知道買家的角色以及他們感興趣的東西，這樣才能改進你的內容策略。

8. 撰寫吸引人的部落格貼文

好的內容包含很多面向，例如：版面編排、設計、形式，內容是否是原始策劃的等等。創造高品質的貼文內容需要的是積極性，積極地開發內容，隨時隨地創造內容。即使你看到一篇不是你所創造的貼文內容，記下你從這篇內容中獲得的靈感與心得，並試著將這些靈感與心得轉化成自己的貼文。

9. 超越文字的思考

內容包含圖像、影片、文字以及聲音。你可以使用各種適當的工具與目標族群溝通，手機的使用愈來愈普及與方便，對於生活忙碌的人來說，他們沒有時間可以坐下來好好閱讀一篇文章，手機將會是一個很好的推廣工具，藉由手機可以更貼近客群。

10. 傳遞目標內容

利用不同的內容以及平台來傳達給不同的族群觀眾。將內容做一些區隔以達到高觸及率，但是內容要一致、正式且有相關的。你可以運用一個部落格專門與年輕的客群互動，而另一個部落格則跟中年人溝通。

11. 激勵顧客

不要只是一味地溝通，要激勵顧客。尋找一些可能會使讀者停下來聆聽或觀賞的利基領域，思考一些問題，誰是你的客戶群？他們想要聽到什麼？他們跟朋

友、家人談論些什麼？他們的阻礙是什麼？他們擔心什麼？你可以如何鼓舞他們？你可以如何幫助並激勵他們？

12.有策略地使用關鍵字

關鍵字應該是最重要的。要了解什麼主題會涵蓋觀眾感興趣的話題？準備好讀者感興趣的主題和關鍵字，創造讀者感興趣並願意分享的獨特內容。

13.改變內容開發與傳遞的方式

在銷售週期中，顧客的旅程從意識開始，然後產生興趣、考慮（思考）、購買，最後擁有產品並向他人建議產品。公司的內容策略須視目標客戶在銷售週期中所處的位置不同而作因應調整。

14.分享內容便利

有經驗的社交媒體行銷人員都知道分享的重要性。根據社群網站分享按鈕 AddThis 公司的調查，臉書是最多人從網頁物件分享的社群網站，佔了全部的 38.52%。但這也表示還有 61% 是從別的社群媒體分享出去的。事實上，AddThis 的資料顯示其網頁工具箱的執行效果比其他網頁物件高 40%，AddThis 也會根據使用者最常分享的幾個社群網站，新增其分享按鈕到網頁工具箱裡。Gigya 提供使用簡易的工具，讓使用者可以一次分享頁面到多個社群網站，而且不用離開目前頁面就可以做到，是一個優化網頁內容的好方法。

15.社交網站登入

大部分網站的目標都是要吸引訪客，最好就是讓訪客都能註冊成為會員，因為如果你可以讓訪客註冊的話，他們會更常瀏覽你的網頁，你也會獲得更多的瀏覽數、更低的跳離率。假如你是在經營電子商務平台的話，可能會因此增加銷售量。

傳統的註冊資料都又長又亂，對於使用者來說相當麻煩，在看到如此長的註冊資料後，使用者可能就會選擇放棄註冊。因此，使用簡易社群登入可以改善這個問題，為了避免重複填寫註冊資料，比較進步的網站會讓已經註冊過的會員同步他們的社群網頁帳號。

16.社交網站留言

利用社交網站留言及分享，可以增加你的網頁流量。臉書會按讚的使用者通常會比不按讚的使用者多出 2.4 倍的朋友，而按讚的使用者在臉書的連結點擊率也比其他的人多出 5.3 倍。Levi's 將臉書「讚」的功能植入於其官網並獲得成

功。牛仔褲在社群網站的留言中被廣泛地討論，Levi's 意識到臉書成為了他們各個網站中流量最大的一個。

因為按讚只會跳出一行制式文字動態，而分享會顯示連結並能加上文字留言，積極的網站皆會在使用者按讚之後鼓勵分享。

除非你代表的是一個新聞網站或部落格，其中很重要的是社交網站留言及臉書按讚嵌入的位子，如果設定得當，便能增加網站流量，也能讓使用者認為你的網站內容是「值得按讚」的。

（二）電子信箱與社交媒體融合技巧

1. 結合電子信箱與社交媒體行銷

E-mail 是我們生活中重要的一部分，它佔了工作時間的 28%。現在大家大多使用社交媒體，如臉書及即時通訊軟體等新興工具直接聯繫（接觸），或分享到其他社交媒體及 E-mail。

2. 藉由「自願接收」促銷產品郵件與觀眾互動

觀眾訂閱且願意接收你的 E-mail，那麼觀眾每天或每周都能看到你的商業訊息，電子信箱是世界上最好的社群聯繫工具。

3. 改變 E-mail 和社交媒體融合的策略

以下有幾項建議：

(1) 臉書會寄廣告到你的信箱。

(2) 在推特上訂閱品牌的人打開 E-mail 的機率是沒訂閱的人的三倍。

(3) 在臉書推廣活動期間，建立具有商標的推廣贈品。當產品發表時，你的電子郵件名單將會是有用的工具，你也可在 E-mail 管理中使用自動回覆功能。

4. 建立個人及企業的社交媒體目標

(1) 個人：自我表現、練習寫作、當一個實用的資料來源、與部落客連結、對社會有貢獻。

(2) 企業：品牌意識、提高宣傳效果、支持客戶、招募（新成員）、吸引被其他企業推薦的人、建立媒體刊登計畫。

(3) Google 分析可以追蹤及了解你的目標。

（三）呼籲行動（Calls to Action, CTA）技巧

1. 藉由呼籲行動以獲得更多潛在客戶

社交媒體呼籲行動是有效的社交媒體策略中，必要但經常被忽略的要素。雖然社交媒體可以網羅到潛在的客戶，以及想要搜尋你的產品或進一步參與的大眾，但是你必須帶領他們進入銷售或其他轉換過程的下一步。不管是什麼平台—部落格、臉書、推特等，內容有包含呼籲行動的貼文會比沒有的成功率來得高。所以，種種原因都顯示應該使用「呼籲行動」！

2. 藉由呼籲行動擴大你的影響範圍

在 Facebook 上，貼文中包括呼籲採取行動「分享」，則貼文會得到更多的分享次數、評論和讚數。有時候，邀請別人分享你的貼文的動作，將是鼓勵粉絲採取你的建議。一旦他們分享了貼文，這將更進一步把訊息散佈給他們的同事、朋友和家人，進而擴大你的影響範圍。

3. 藉由呼籲行動抓住讀者的注意力

呼籲採取行動的例子包括：點擊這裡、今天就註冊、在此回覆、現在就購買、在此註冊、點擊和評論。當讀者在你的頁面上瀏覽，即使是很短的時間，你可藉呼籲行動吸引他們的注意，激勵他們採取你希望他們採取的行動。

4. 藉由呼籲行動得到最大的刺激

讓你的呼籲行動清楚明瞭，且每一篇貼文都要有呼籲行動，但是要避免過度的呼籲行動。當你清楚且直接地採取呼籲行動，可以降低訪客選擇其他選項的風險。

5. 嘗試不同的呼籲行動接觸點

在 Twitter 上，如果你的目標是那些沒有追蹤你的人，可以嘗試使用呼籲行動來吸引他們。Twitter 的內容就像快速移動的河流，讀者可以快速瀏覽更新的資訊。當他們在決定是否閱讀完整的更新資訊時，呼籲行動能幫助你抓住這個機會。如果他們喜歡所看到的，他們會更想要追蹤你、轉推你的訊息，並造訪你的網站。

6. 從呼籲行動推論

有效地呼籲行動可以讓讀者填寫潛在客戶資料表、電話及信箱註冊。當你放了呼籲行動，你會知道哪些比較有效。分析及檢視你的呼籲行動的效果，思考看看如何使你的呼籲行動更有效率？知道答案後將增加你的行銷成果。

6.5 搜尋引擎優化

一、什麼是搜尋引擎優化？

「搜尋引擎優化」（Search Engine Optimization, SEO）泛指所有能確保你的網站及其內容，在搜尋引擎結果頁面（Search Engine Results Pages, SERPs）上之可見性方法的總稱。在實際技術面的操作，可以透過頁內 SEO（on-page SEO）與離頁 SEO（off-page SEO）來提升網頁的可見度。所謂的可見度，為提升搜尋引擎結果頁面之有機結果，而非付費的部分。

二、為什麼需要搜尋引擎優化？

建設強大的網站架構與提供清晰的瀏覽，將使搜尋引擎能夠更迅速且更容易索引你的網站。更重要的是，提供訪客良好的的使用經驗並鼓勵再度造訪，值得深思的是 Google 越來越重視用戶體驗。

透過搜尋引擎連結到你網站的流量，比例相當巨大，也清楚地顯示 SEO 的重要性。根據 Conductor 的報告指出，64% 的流量來自有機的搜索結果，2% 來自社群媒體，6% 來自付費搜索結果，12% 為直接搜索，以及 15% 來自推薦連結來源。在所有有機流量中，我們發現 Google 佔全球有機搜尋流量 90% 以上。很明顯的，你必須要存在 Google 搜尋引擎結果頁面上，且排在前面。

根據 Advanced Web Ranking 的報告指出，在第一頁搜尋引擎結果頁面中，前五項搜尋結果占了全部點擊率的 67.60%，而六到十的搜尋結果僅佔了 3.73%。

因此讓你的網頁出現在前五項搜尋結果是至關重要的。

三、如何做到搜尋引擎優化

以下分兩部分來介紹搜尋引擎優化的技巧，什麼是搜尋引擎所尋找的？以及什麼不是搜尋引擎所要尋找的？

（一）搜尋引擎在尋找什麼？

1. 關鍵字搜尋是搜尋引擎最佳化的第一步

在優化搜尋引擎前，必須先決定你實際上想優化些什麼。意思是當你想要讓你的網站在 Google 等的搜尋引擎上排名在第一頁，你必須辨認出人們使用什麼關鍵字做查詢。當決定你的網頁要置放哪些關鍵字時，以下是必須考慮之關鍵因素：

(1) 搜尋量：首先要先考慮有多少人會使用這個關鍵字做查詢，愈多的人使用這個關鍵字，能獲得的搜尋者就愈多。

(2) 關聯性：搜尋引擎會盡量提供最相關的結果給搜索者，他們藉由閱讀你網頁上的內容，和評估這些內容是否與搜尋者所找尋的資訊具有相關性，來決定關聯性。

(3) 競爭：就搜尋引擎優化而言，你必須了解相關產業（與你競爭排名）所使用的特定關鍵字。

首先你必須知道誰是你的潛在客戶，他們想要找些什麼。因此你需要了解：

(1) 什麼類型的訊息是潛在客戶會感興趣的？

(2) 潛在客戶有什麼樣的問題？

(3) 潛在客戶使用什麼語言來描述他們做的事，以及所使用的工具等？

(4) 潛在客戶還會從哪裡購買東西？（這裡指的是你的競爭者）

得知以上問題的答案，你就會有個最初可能關鍵字的清單和範圍，從中幫助你獲取適當的關鍵字。

藉由顧客對你工作的描述，來製作一張核心清單，並將這些字鍵入到關鍵字工具，如 Google 的關鍵字工具，或類似 Uber Suggest 和 WordStream's 的關鍵字

工具。你可以使用各種關鍵字工具，像是 SEMrush，查看你的競爭對手所使用的關鍵字排名，關鍵字工具會讓你知悉你的競爭對手最近所使用的每個搜索詞在 Google 上的排名。你也可以在你自己的網頁上使用 SEMrush（或相似的工具，如 SpyFu），以改善你的排名和搜尋量。Google 也會將更多的數據放置在它們免費的網站管理員工具界面上，讓民眾自由使用。

一旦你掌握了目標族群之話題，以及他們搜索的內容，也看過你的網站及競爭對手網站流量最多的關鍵字後，你就可找出適當且具有競爭力的關鍵字清單。

2. 內容的質量

藉由其他網頁連結到你網站的數量與品質，來決定你的網頁品質。簡單來說，假如你的網頁只有被部落格所連結，而我的網頁經常被像是 CNN.com 等信賴程度高的網頁所連結，那我的網頁將會比你的網頁更值得信賴。

3. 使用者經驗

網站若能提供最佳的使用者經驗，有助於提升搜尋引擎最佳化。網站需要易於瀏覽、搜索清晰的網頁，以及相關的內部連結及內容，讓造訪者持續造訪你的網頁。

4. 網頁下載速度

網頁下載速度也會影響搜尋引擎最佳化的效果。Google 也開始標籤加速的移動頁面（Accelerated Mobile Page, AMP）的結果，這也促成 Google 移動演算法的更新。

5. 跨裝置的相容性

你的網頁及內容是否能給予任何不同螢幕尺寸及裝置進行同樣的優化？Google 表示響應式設計是手機優化的首選方案。

6. 資訊架構和內部連結

資訊架構就是你安排頁面的方式。你如何安排頁面及內部連結會影響你網站對於搜尋的排名，這是因為搜尋引擎十分重視超連結，並將之視為對網站的信任或投票，也是讓搜尋引擎更了解頁面內容以及他的重要性跟可信賴度。

搜尋引擎會看你連結之實際內容，也叫做錨本文（Anchor Text），就是使用有意義的文字連結至另一網頁，會幫助 Google 了解頁面內容。如果你的網站是從 CNN 被連結過來，這就代表你的網站可能非常重要，如果你在你的網站不停地連結至某個特定網頁，這就代表這個頁面在你的網站是非常重要的。

你必須知道你最常被外部連結的頁面。（使用工具像是 Ahrefs、Majestic SEO、或是 Moz 然後查詢「最佳頁面」來搜尋），把最重要的頁面放在你資訊架構的明顯處。再從你最常被連結的頁面（最重要的頁面）連結到你希望的頁面，以增加網站搜尋引擎的排名。內部連結有許多優點：

(1) 它提供了你的觀眾進一步的閱讀選擇，減少跳出率。

(2) 它有助於提高你對某些關鍵字的排名。

(3) 它可以幫助 Google 抓取和索引你的網站。

7. 權威（Authority）

一個權威的網頁將被他的使用者、業界、其他網頁以及搜尋引擎所信賴。被一個權威網站連結是非常有價值的，因為此舉增加了我們網頁的信任度。越多權威網站的連結，就越有可能將公司的網站形塑成為權威網站，成為權威網站也就可以增加網站搜尋引擎的排名。

8. Meta 描述與標題標籤

有 Meta 描述與標題標籤，不一定會提高你在搜尋引擎結果頁面的排名，但它可以幫助提高搜尋者點擊你網頁結果的機會。

9. 正確標記的圖像

多數人將圖像上傳到他們的網站時，不知使用 alt 屬性。因為 Google 無法看你的圖像，但可以讀 alt 文本，所以盡可能在你的 alt 文本上精確地描述你的圖片，以增加你的圖片顯示在 Google 圖像搜尋的機會。

10. 內容行銷及連結建置

因為 Google 對網站的排序計算還是依據連結來評定，如果你想要有更高的網站排名，那麼擁有大量連結且內容相關之連結就變得非常重要。

創造可分享的內容與連結是 SEO 最重要的工作，例如：創造有用的內容，但內容中必須包括特定詞語，那些你想要當作搜尋關鍵字的詞語。

建議透過以下的三個步驟完成內容行銷及連結建置：

(1) 分辨和了解你的連結及分享的觀眾

你要吸引點擊的第一步，就是了解誰有可能會連結至你的內容。數種工具能讓你找到目標族群中的影響者，這些影響者可能會分享你的網站，但最有效的可能是 BuzzSumo、FollowerWonk 以及 Ahrefs 等一些類似的工具。

使用這些工具是要先分辨出你內容觀眾中可能的意見領袖，並且了解意見領袖分享的內容；找出意見領袖的問題與分享的內容，然後思考你是否能創造出他們認為有價值的內容，並且願意分享出去給其他認為這有價值的人。

思考你可以如何幫助這些意見領袖。你是否能幫助他們解決工作上的問題，或是你是否能主動幫助他們達成目標，甚至是你能創造或提供哪些價值是他們的觀眾需要的？你是否有辦法得到特殊的數據或知識來幫助他們的工作？如果你能持續地提供你的內容給意見領袖，你就能與其建置有效的關係，意見領袖就會將你創作的內容分享、擴散出去。在你創作主要內容之前，你應該先想到你的內容能如何幫助使用者，以及他們能如何被分享、誰來分享，跟他們分享的原因。

(2) 決定創作何種內容以及如何宣傳創作的內容

接著你需要了解你自己的能力，以及你能創作哪些種類的內容，而這些內容必須可被分享及宣傳。下列是可被分享的內容種類：

① 創作出能解決觀眾及消費者問題的內容。

② 重新製作已經受歡迎的內容。先找出受歡迎的內容，但重新創作出品質更好的內容，就能減低內容失敗的風險。

③ 稱讚其他人的內容。

公司應著重於創作出不同而真實有價值的內容，並有計畫的宣傳這些內容。

(3) 將內容與特定關鍵字連結

最後別忘了置放關鍵字至相關的內容網頁，這不代表你必須塞一堆關鍵字至公司網頁，尤其當這些關鍵字並不適合你的內容。網路用戶常上搜尋引擎找某些特定事情，他們希望找到有辦法幫助其解決問題的內容，所以當你在創作內容時，你最好要知道觀眾及消費者使用的語言，特別是實際上會被連結及分享的內容，因為你會需要分配搜尋關鍵字至不同的頁面。

11. 網域名稱

你應該使用子根目錄域（searchenginewatch.com/category/seo），而不是子域（searchenginewatch.category.seo.com），因為這對你的整體網站架構比較好。你還應該確保，如果你所經營的網站不帶 www，有人輸入 www.example.com 仍然會被轉接到你的網站。

12.標題和固定連結

文章的標題應該要低於 55 字，以確保在搜尋引擎結果頁面的可見度。確保文章標題是活潑的、有吸引力的，避免爲衝高點擊率及網站流量而使用聳動的標題或是未提及的內容。Google 表示你可以用三至四個關鍵字，應該把最重要的關鍵字放在第一個關鍵詞。

13.評論

不要關閉你的評論系統。有評論者經常在你的貼文下參與回覆，顯示出造訪者對你文章內容的關心，不論他們回應的觀點是讚美或挑剔，無論哪種方式，至少人們閱讀，但要留意過濾掉垃圾的評論。

14.本地搜尋引擎優化

Google 日趨基於用戶位置提供搜索結果。誰在眞實世界的適當時機中抓住了搜索者的注意力，對於企業來說至爲重要。你應該註冊「Google 我的商家」，並確保所有的訊息是準確的、最新的，如開放時間、聯繫資訊、客戶評價以及你的正確歸類。

15.社交媒體

透過非技術手段的搜尋引擎優化提升你的網站知名度，最明顯的方法是透過社交媒體。確保你出現在所有相關的社交媒體管道，不僅僅是播出你的內容，而是作爲客戶服務的管道，並眞正與人友好互動，對人有益且有幫助的。

16.建立網站地圖（Site Map）

建立網站地圖有助於搜尋引擎發現你的網站，最好的網站地圖是列出公司的網站頁面，與頁面簡短、富含關鍵字的描述。

17.獲取來自可信、相關來源的連結

連結就像是爲你的網站投票。購買連結不再是提高你網站重要性的好方法，需考慮連結質量而不是數量，連結必須是與你的網站內容有關，且連結必須是信譽良好的網站。

18.行動裝置友善程度

如果你的網站有大量流量來自行動裝置的搜尋，你的行動裝置友善程度就會影響你在行動裝置上的排名。在某些特定族群中，行動裝置流量已經超越桌機流量。Google 最近發布了評分的更新，也將這點納入其中評分。

19.其他搜尋引擎優化應考慮的事

有幾個特殊的案例及事業類型需要用特別的搜尋方式，這些需要特殊方法的搜尋環境類型包含：

(1) 國際優化（International SEO）：對外銷企業而言，如何在不同的國家及不同的語言，以不同的方式來提升公司網頁排名，提升公司國際能見度，是另一重要必備技巧。如果你試著要在不同的國際市場接觸不同國家的客戶，Aleyda Solis 對於國際優化實務有一套很好的指南，而且 Google 也會提供你一些建議，以及在指南中告知你最好的執行方式。

(2) 當地優化（Local SEO）：對於小企業以及特許加盟商來說，最有價值的自然搜尋流量是用「地名」及「服務」來做變化（例如 Boston Pizza Shop），以獲得當地排名。

(3) APP Store 搜尋優化（APP Store SEO）：如果你的企業有推出應用程式 APP，能讓你公司的 APP 出現在不同應用程式商店的搜尋裡，將會為你的公司帶來正面影響。

（二）什麼不是搜尋引擎要尋找的呢？

違規手法（黑帽手法）會使得 Google 為懲罰你違規而將你的網頁停權，所以最好避免使用違規方法。底下為應避免的違規方法：

1. **關鍵字堆砌**：在你的網頁過度使用關鍵字，特別是當他們會明顯影響你網站的可讀性。

2. **購買連結或過度交換連結**：別利用沒有任何實質內容，專門用來大量交換連結，或給自己的網站製造連結的連結農場。

3. **重複的內容**：Google 另一個違規的重點就是薄弱且重複的內容。如果你的網站上有大量重複內容，會使得搜尋引擎認為你的內容較無品質，以致影響你公司網頁的排名。

4. **隱藏文本和連結**：避免使用同色的文字在同色背景上、設置字體大小為零或隱藏連結。

（三）結語

當你了解了搜尋引擎如何排名網頁及如何定位你的網頁，並了解如何從搜尋引擎創造更多流量之後，你也必須了解，沒有任何一個網站能夠將搜尋引擎優化的每個面向做的到淋漓盡致，思考你比較擅長的事，並訂出預算及可以運用的資源，如果你擅長創作及推廣你的網頁內容，那麼就決定你要使用哪些關鍵字並持續專注、經營這些關鍵字。

記得搜尋引擎優化目標是讓你的企業及網站能得到更多的曝光及流量，要找到能夠幫助你增加你的企業及網頁搜尋引擎流量的方法，而不只是盲目的追求最新的優化術語。

6.6　電子商務工具與運用瓶頸

電子商務的經營管理及維護與運作，需要跨領域的各種專業知識與技術—資通訊技術、金融科技、設計與美工、經營管理與行銷、法律與稅務等，因此企業若要從傳統經營模式跨入虛實整合電子商務模式，會產生如下之瓶頸：

1. 跨領域人才取得不易。

2. 企業難以迎合與應付變動快速的外在環境、科技技術及消費者需求。

3. 法規增修之速度難以趕上資通訊變遷之速度。

章後習題

一、選擇題

( ) 1. 下列何者不是常見的網路虛擬工具？

(A) 影音平台　　　　　　　(B) 社交媒體

(C) 搜尋引擎　　　　　　　(D) 自動付款機

( ) 2. 下列何者可以增加網頁親和力？

(A) 放大字體與間隔

(B) 多使用 Flash 與 Add-ons（附加元件）

(C) 客製化「404 找不到網頁」

(D) 避免使用 ALT 描述語法標籤

( ) 3. 下列何者不是網站內部連結的優點？

(A) 減少跳出率　　　　　　(B) 增加廣告收入

(C) 提高某些關鍵字的排名　(D) 幫助 Google 抓取和索引至網站

( ) 4. 下列何者不是影響 YouTube 影片排名因素？

(A) 影片含有字幕　　　　　(B) 豐富的文字說明

(C) 觀看次數、喜歡、分享和連結　(D) 觀眾留言的次數

( ) 5. 下列何者不是社交媒體優化的技巧？

(A) 內容技巧　　　　　　　(B) 電子信箱與社交媒體融合技巧

(C) 呼籲行動技巧　　　　　(D) 網站優化技巧

二、問答題

1. 欲使用影片改善搜尋引擎最佳化有哪些技巧？

2. 企業要從傳統經營模式跨入虛實整合電子商務模式，會有哪些瓶頸？

參考文獻

1. Andrew Shotland（2013, January 14）. 10 Simple Things SMB Websites Need To Fix Before SEO, Retrieved from http://searchengineland.com/author/andrew-shotland
2. Greg Gifford （2015, February 2）. 10 Common Mistakes To Avoid On Local Websites, Retrieved from http://searchengineland.com/author/greg-gifford
3. Nate Dame （2013, November 8）. Creative Link Building Ideas For Really Boring Websites, Retrieved from http://searchengineland.com/author/nate-dame
4. Sabina Idler （2013, Mar 26）. 5 Key Principles Of Good Website Usability, Retrieved from https://blog.crazyegg.com/author/sabina-idler/
5. Peter J. Meyers （2009, February 10）. 25 point Website Usability Checklist, Retrieved from http://drpete.co/blog/25-point-website-usability-checklist
6. Glenn Pingul （2008, May 1）. Video SEO Can Give Small Businesses An Edge, Retrieved from http://searchengineland.com/author/glenn-pingul
7. Barry Schwartz （2009, January 9）. Want To Rank Tops In Google Do YouTube Videos Stupid!, Retrieved from http://searchengineland.com/author/barry-schwartz
8. Tony Edward （2015, July 24）. YouTube Ranking Factors Getting Ranked In The Second Largest Search Engine, Retrieved from http://searchengineland.com/author/tony-edward
9. Wesley Young （2015, August 17）. The Rise of Video 8 Tips to Boost Your Site, Retrieved from http://searchengineland.com/rise-video-8-tips-boost-sites-seo-227498
10. Dan Kobler （2012, September 7）. What is SMO ,Retrieved from http://campfiredigital.com/what-is-social-media-optimization/
11. Jim Tobin （2010, Oct 22）. 4 Winning Strategies for Social Media Optimization, Retrieved from http://mashable.com/author/jim-tobin/
12. Jennifer Slegg （2007, January 9）. 25 Tips To Optimize Your Blog For Readers and Search Engines, Retrieved from https://searchengineland.com/25-tips-to-optimize-your-blog-for-readers-search-engines-10226
13. Debbie Hemley （2013, May 8）. 26 Social Media Marketing Tips from the Pros, Retrieved from https://www.socialmediaexaminer.com/26-social-media-marketing-tips-from-the-pros/
14. Jim Newsome （2008, May 19）. 10 Fundamental Tips To Improve Your SEO, Retrieved from http://searchengineland.com/author/jim-newsome
15. Christopher Ratcliff （2016, Jan 21）. 22 essentials you need for optimizing your site, Retrieved from https://searchenginewatch.com/2016/01/21/seo-basics-22-essentials-you-need-for-optimizing-your-site/
16. Tom Demers （2015, April 30）. Complete Beginners Guide to Search Engine Optimization, Retrieved from http://www.wordstream.com/blog/tom-demers
17. 林蕭錫（2015）。支援全通路零售的整合型 O2O 智慧零售應用之設計（碩士論文，國立臺灣科技大學，2015）。
18. 張益國（2015）。物聯網互動數位看板之情境感知推薦系統（碩士論文，國立臺灣海洋大學，2015）。

19. 潘秋羽（2014）運用商業智慧法探討企業社會責任對消費者行為之影響—以 A 公司為例（碩士論文，國立成功大學，2014）。

20. 陳章泰（2014）。無人商鋪的商業模式之研究（碩士論文，國立政治大學，2014）。

21. 林晏伶（2014）。企業資源與線上至線下經營模式之關係（碩士論文，國立屏東大學，2014）。

22. 林蔚君、王可言、詹雅慧、史孟蓉、余承叡（2015）。巨量資料風潮與智慧產業技術支撐力。工程，12-24。

23. 劉承春譯（2008）。商業智慧—零售業者的 IT 首選。CIO 企業經理人，12。

NOTE

07

智慧零售主角——消費者購物行為分析

Smart Commerce

7.1 消費者

　　凡是個人或家計單位，為了供應最終直接使用而購買產品或服務者，均可稱之為消費者，廣而言之，芸芸眾生皆有機會扮演此一角色。企業所面對的顧客有兩大類，消費者是其中之一，另一則是產業用戶；在交換的過程中，前者代表著對特定產品及服務具有生理或心理需求的一群買家，在需求驅動之下，他會將其心智能力投入到有助於解決該項問題的領域上，從而展現不同面向的行為。

一、消費者行為

　　消費者行為正是人類藉以進行生活上的交換行為，它是消費者面對消費決策時，認知、情感和行為在動態環境下的互動結果。換句話說，消費者行為是一系列持續的過程，它涉及消費者如何制定和執行其有關產品與服務的取得、消費與處置決策，並難以自外於相關內、外在因素對這些決策之影響。

　　綜觀消費者行為可歸類為取得、消費和處置等三大項，然而，這些行為是前後連貫的，雖然單一的消費角色可能只須面對其中之一，但是，消費決策是一完整的持續過程。

1. **取得的行為**：產品資訊蒐集、評估產品替代方案與實際購買行為。

2. **消費的行為**：消費者在何種情況下，如何、何地、何時來購買產品。

3. **處置的行為**：在產品失去其價值後，消費者如何處置產品本身與其包裝。

二、持續過程之階段性

（一）購買前

　　在購買前階段中，消費者察覺購買需要（或想要），即為消費者行為之起始點；為求解決問題、滿足生活所需，會尋找對各項商品有更加認識的來源，並隨著生命週期的改變，萌生新的需要，因此，消費者在此時會出現資訊接觸及本益評估的行為類型。

資訊接觸行為是指在購買過程的早期階段，無論消費者有心或無意，去接觸到有關商品、商店或品牌資訊。包括讀到或注意到報紙、雜誌或廣告看板上的廣告；在網路上搜尋公司或其他網站；聽到收音機的廣告、看到電視廣告，和從銷售員或朋友聽來的訊息。此時，行銷人員的主要問題是如何增加消費者看到且注意到這些訊息，進而提高後續其他行為發生的可能性。

本益評估行為則強調消費既是人為決策，理應合乎個體對經濟及邏輯之本質。消費者想要透過交換獲取價值，理當有一合理的價值交替做為代價，包括財務資源、非財務資源及時間等。因此，他所持有的資源代表一種預算及限制，以價值進行交換為前提，應該要先完成本益評估的任務。此一階段的主要行銷議題在於了解特定產品能為消費者帶來何種價值，以及如何提升消費者持有資源的可能性。

（二）購買時

在購買時的階段中，消費者透過他在購買過程中所遭遇的交易與消費整體經驗，包括賣場商品呈現與陳列、賣場的規劃與指引、服務人員的態度與專業、感官體驗與賣家信用等，將再度確認此購物究竟代表著何種意義。因此，消費者在此時會出現商店接觸、商品接觸以及交易的行為類型。

消費決策中，商店接觸常緊接在備案選擇之後，儘管型錄購物、電話訂購和網路購物等日趨重要，但消費品的購買大半仍以零售店為主。商店接觸包括找到商店、去到商店以及進入商店。有些消費者樂於逛街，有些視逛街為苦差事，有些則純為價格導向，特別鍾愛一些平價商店；更有些人偏好高級服務或獨特商品，故偏好能顯示其個性的商店。這些購物本質的差異是店家設計市場區隔策略時，極為重要的構面。

零售商在意如何增加與維持來客率，製造商則關心選擇性需求，如何透過商品接觸讓消費者願意購買他所生產的品牌和款式。用來達成商品接觸的方法大都牽涉到推式策略（Push Strategy），像交易折扣與獎勵可增強零售商的銷售積極性，同時可提升配合度。不過，有些方法牽涉到拉式策略（Pull Strategy），像發送折價券鼓勵消費者購買製造商的品牌。

交易是交換活動之具體展現，為求確保交易，移除達成交易的障礙成了首要之務；前述信用付款就是例子之一，而利用快速結帳櫃檯及電子掃描來減少顧客排隊等候時間也是，凡此均在提升快速購買效用，以免錯失商機。

（三）購買後

在購買後的階段中，消費者對於產品與服務表現的評價將會影響其再購意願及口碑。產品能否如預期般表現功能或令人愉悅？購後反應之呈現方式、如何處置購後的產品、產品是否具有再售與再利用的價值？類此種種問題將成為消費者整理各面向的自我感受。因此，消費者在此時會出現消費與處分及訊息溝通的行為類型。

產品及服務的特性決定了消費與處分行為的內容，例如：耐久性直接設定了產品及服務的壽期，也給了交易雙方不同的接觸時空領域。漢堡和薯條（非耐久財）消耗得很快，有些策略可以加快消費過程，像是餐廳的簡易座位短時間或許還算舒適，但不堪久坐會使顧客不適而不再樂意上門光顧。反之，購買一部汽車（耐久財）一般涉及好幾年的消費或使用和例行性保養，補充商品像是汽油也需購買，最終還得找個適當歸宿（賣掉、報廢或交換），此類耐久財的消費與處分行為必須要以更長的時間幅度來加以應對。

消費者當然隨時都可以與公司或其他消費者溝通產品、品牌、商店的相關訊息，並不一定在購買過程的最後階段才詢問與了解相關訊息。強調訊息溝通行為，是因為消費者一旦兼備使用者的身分，姑且不論其對商品的實質了解是否更多，經驗將會使其與他人交談互動時更具影響力。拜網路之賜，消費者之溝通網絡不再受到時空限制，主動性更強，公司也更希望消費者回饋行銷資訊給公司，並希望該消費者能提供產品有關訊息給其他潛在消費者，並鼓勵其他人去購買。

三、消費者購買決策及流程

不同消費者所面對的選擇標的雖然不盡相同，但是決策的程序上卻是相似的；可是，個別消費者在面對不同的購買決策時，決策的實際內容倒是繁簡不一，一般可分為例行回應（Routine Response Behavior）、侷限性解決（Limited Problem Solving）、全面性解決（Extensive Problem Solving）等三大類型。

表 7-1　消費者購買決策類型

	例行回應	侷限性解決	全面性解決
購買價格	價格低廉	⟶	售價昂貴
購買頻率	經常	⟶	少有

	例行回應	侷限性解決	全面性解決
消費者涉入	低	→	高
品類及品牌之熟悉度	耳熟能詳	→	極為陌生
投入問題的心思、搜尋或時間	簡單、少量	→	廣泛、詳盡

資料來源：整理自本教材

如表 7-1 所示，當消費者所購買的產品屬於價格低廉、經常性購買、涉入程度低，及對於此產品之品類及品牌的熟悉度耳熟能詳，其投入問題的心思、搜尋或時間將會是簡單少量的；此時他所表現的是例行回應決策類型。

相較之下，當消費者所購買的產品屬於價格昂貴、少有購買、涉入程度高，及對於此產品之品類及品牌的熟悉度極為陌生，其投入問題的心思、搜尋或時間將會是廣泛詳盡的；此時他所表現的是全面性解決決策類型。

介於例行回應與全面性解決之間的決策，概稱侷限性解決。但是，消費者個人條件不同，同一產品對於有些人來說可能是偏向例行回應，有些人則偏向全面性解決，同中有異是常態，異中求同則是有待行銷人員的投入與處理。

全面性解決代表著消費者處於一種複雜的決策情境，此時他將經歷一系列完整的決策流程，必須以更多的時間及精神來慎重處理，意味著消費者決策是目標導向、問題解決的過程。由於將消費者決策視為問題解決，其決策流程如圖 7-1：察覺問題、搜尋資訊、評估方案、選定產品、購後行為。

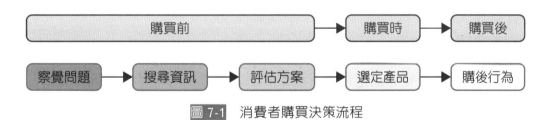

圖 7-1 消費者購買決策流程

資料來源：改編自 Henry Assael（2006）。消費者行為：策略性觀點（黃明蕙譯）。及 Michael R. Solomon（2013），Pearson Education Limited

（一）察覺問題（Problem Recognition）

決策問題的察覺，來自消費者對理想水平與實際狀態之間的認知差距，如何讓此認知差距跨越臨界點進入意識狀態，有時是需要來自外界的適時提醒。當實際

狀態未變但是理想水平提高，消費者將發覺機會到來，反之，他會發覺需求存在，兩者皆是決策問題。理想水平之設定受到消費者個人的財務狀況、先前經驗、家庭特性、文化與社會階層、參考團體、個人發展、目前處境，與行銷活動等因素的影響；影響實際狀態之認知則來自例行性匱乏，或對產品使用現況不滿足。

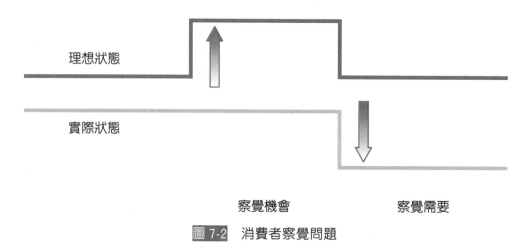

圖 7-2　消費者察覺問題

資料來源：改編自 Michael R. Solomon（2013），Pearson Education Limited.

根據手段目的鏈結（Means-end Chains）的觀點，一旦正視問題的存在，消費者必須對決策問題的各種層面加以解釋或陳述，從中對決策之功能或心理後果形成預期狀態。問題陳述就是決策的架構，是消費者用來審視問題及評估可選方案的一個觀點或參考架構，其中包括訂出一項預期目標、組合出容納一組子目標的目標層級、相關的產品知識，以及一套可行的法則或捷思，來引導消費者搜尋、評估以及整合知識，以做出選擇。

（二）搜尋資訊（Information Search）

資訊搜尋乃是消費者為進行購買決策的制定、達到決策目標，所從事的心智與具象的資訊搜尋活動，包括搜尋產品、價格或商店等活動。典型的類型包括：有關產品與服務來源及可得性的資訊、有關產品特性與利益的資訊、有關產品評估標準的資訊等。

記憶中的相關知識，是問題解決過程中的一個重要元素，它可能會由記憶活化，以利整合過程中使用；但有些知識可能來自於在問題解決過程期間，對環境資訊加以解析而得到。因此，這類活動依搜尋的方向來看，有內在搜尋與外在搜尋之

分。個人由於對特定領域抱持興趣或高度涉入，將較為關注該領域資訊的長遠發展，形成一持續性搜尋活動，並轉化為個人記憶；個人參與網路社群，究其本質正和此種個人興趣喜好相關。

知覺風險（Perceived Risk）包括金錢、功能、實體、社會和心理等幾個層面，若是現存知識尚無法有效控制知覺風險，將進一步看到對外搜尋的活動出現，以彌補內在搜尋的不足或遺漏。知覺風險越高，資訊搜尋量越大。

網路資訊以量著稱，再加上上網之普及和便利，儼然成為對外搜尋之主要資訊源頭。網路可在瞬間提供無數的產品資訊，拜網路仲介之賜，強力提升網友過濾及整理線上市場資訊的能力，更是推升網路在消費決策中所扮演的份量。

（三）評估方案（Evaluation of Alternatives）

選擇方案是消費者在購買時所考慮的產品類別、產品形式、品牌或款式等，也包含其他決策類型在內，如惠顧不同的商店、逛街購物時機，或是採用何種付款的方式。在有限的時間、精力，以及認知能力下，消費者很難考慮面面俱到，通常只評估所有可能方案的一個子集合，稱為考慮集合（Consideration Set），在該集合中的每一品牌成為被列入最終考量與選擇的候選品牌。

消費者根據其對購買該產品或品牌結果之信念，而用來評估選擇方案的特定標準，稱為評估準則。每種產品類別的關鍵屬性不盡相同，最能決定品牌優劣順位的重要標準即是關鍵屬性（Determinant Attributes），因此，品牌之品類歸屬對評估準則的影響至鉅；以餐廳為例，多數消費者認為乾淨與衛生最為重要，其次為食物美味；但是產品關鍵性屬性並非固定不變，會因情境改變，例如：在燃料價格不斷上揚時，省油性成為安全性之外另一項重要的關鍵屬性。

隨後，消費者視其涉入高低來設定評估模式；可以是採屬性之間好惡相抵的補償型模式，抑或採價格、外觀等產品訊號或品牌來源國等市場信念，充做捷思判斷（Heuristic Judgment）簡化決策，選擇性地使用某些簡易原則來取代繁複的評估過程。

（四）選定產品（Product Choice）

消費者根據評估的結果下定購買決策，並實際進行購物及履行交易；不過，在時間壓力及知覺風險的作用下，他也可能會終止或遞延購買行動。此外，通路及店

家選擇是其中另一項重要決策，當購物不僅是取得商品的功能考量，享樂型需要讓購物成為一種有意義的消費體驗，店家形同劇院，主角、配角和場景將共同營造出遠超越商品本身所能帶來的滿意度，讓消費者樂於落實購物計畫。

劇院消費中，身歷其境是要件之一，這原本就是有利於實體通路的一種觀點。如今，開發虛擬實境技術的進展，將使網路商家有機會迎頭趕上，補足虛擬通路所缺的一角。

（五）購後行為（Outcomes）

執行購買決策並取得產品之後，消費者仍須面對後續的一連串相關行為，包括可能浮現的購後認知失調（Cognitive Dissonance）、產品使用及評估、滿意或抱怨，以及產品處置等。

根據認知失調理論，決策前不同備案之間若是僅有些微差異，消費者對決策之信心不足，極可能處於購後認知失調的精神緊張；這股壓力有賴進一步的訊息來加以紓解，此時與他人進行意見交流是決定後續回應的重要因素之一。

此外，產品使用情形決定了消費者對實際績效的感受，而透過壽期本益（Life Cycle Costs and Benefits）的評估確認其認知公平性（Perceived Fairness），進而影響其主觀的滿意度。預望失驗模式（Expectancy Disconfirmation Model）則是強調預期績效的重要性，它與實際績效共同決定失驗程度，進而讓消費者整理自己對該產品的整體感覺或態度。網路交流讓人更加確認自身對使用績效的感受，若是不幸出現抱怨，負面口碑也會在網路上廣為流傳，速度之快絕非口耳相傳所能比，這讓廠商更無可迴避，而無法自外於消費流程之最後階段。

最後，產品功成身退，在環保意識高漲的年代中，如何最終處置產品也不可輕忽，甚至衍生出二手再生市場；拜網路普及之賜，將原本零散的消費力量聚集成為可經營之足量市場，讓很多特殊產品及服務均得以有其安身立足之點。

四、影響決策過程的內外在力量

各家消費者行為模式之內容不一而足，綱舉目張者，如 Blackwell、Miniard 與 Engel（2012）所提出的 EBM 模式；另有精簡扼要者，如 Assael（2004）以消費者決策為核心的簡單模式。本章採用後者觀點，將消費者行為模式綜合說明如圖 7-3。

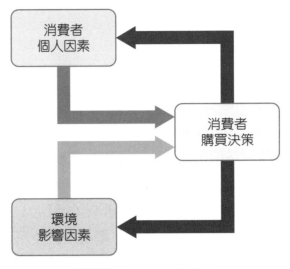

圖 7-3 消費者行為模式

資料來源：改編自 Henry Assael（2006）。消費者行為：策略性觀點（黃明蕙譯）

　　決策主體是消費者，決策過程自然會受到個體內在因素的影響，動機、知覺、學習、態度、人格特質、生活型態和價值觀等，皆是常見的內在力量。知覺是指消費者進行選擇、組織及解釋外界的刺激物，並給予有意義及完整圖像的一個過程；學習則是指來自資訊與經驗的影響，所產生的一種行為、情感以及思想上的持久改變；針對一個特定的對象，人們所學習到的一種持續性的反應傾向，即是態度，此一傾向代表著個人的偏好與厭惡、對與錯等個人標準。

　　動機是一股內在驅力，主要來自因需要未得到滿足而所產生的緊張，會促使人們採取行動來滿足其需要。人格特質、生活型態和價值觀直接指出人與人的差別所在，代表著人們內在的一些心理特性、一種生活的模式和一種對優越行為模式的持續性信念。

　　人是群聚的個體，決策過程也會受到外在因素之影響，決策選項不可免的也會對外進行調適。這些外在作用因素之延續性長短不一，長遠者如文化，短暫者如情境；但文化、次文化、社會階級、家庭、參考群體、情境因素等，隨著個人生活空間的延伸而擴展，形成大小層次各異的作用力。

　　網路改變了市場疆界，全球化市場應運而生，隨著市場的擴張，這些力量造成的行為差異愈趨明顯；在一些文化敏感度較高的產品上，這些外在力量仍如影隨形般加大了它們於不同區隔所帶來的差異性。加上人際空間的實質限制的突破，虛擬社群出現，參考群體的影響力愈受關注。

7.2　網路購物

數位革命影響至鉅，網路與人類日常行為之連結日益密切，令青少族群很難想像上一世代沒有電子郵件的日子。據 Miniwatts Marketing Group（2016）調查顯示，2015 年 11 月全球網路使用率為 46.4%，北美地區居冠為 87.9%、歐洲次之為 73.5%、澳洲大洋區為 73.2%、亞洲則有 40.2%，僅高於倒數第一非洲地區的 28.6%。但是，人口眾多的亞洲地區使用者總數有 16 億人，在 15 年間成長率高達 1,319%，大幅領先第二名歐洲地區的 6 億人。臺灣地區使用人口為 1966 萬人，滲透率 84%，僅次於南韓的 92.3% 及日本的 90.6%。

根據美國國家統計局報告，美國消費者在 2007 年網路購物金額為 1,360 億美元，電子商務交易占全美零售額的比重在 3.40%，而 2015 年則花上 3,418 億美元，占全美零售額的比重已達 7.26%。

另據臺灣資策會產業情報研究所（2016）「行動購物消費者調查分析」報告顯示，2015 年臺灣整體網購族突破 85%，有網購經驗的網友，有 66.4% 表示未來願意使用行動購物，較 2014 年增加 4.9%，雖然網路購物行為現階段仍以 PC 介面操作為主，但智慧型手機持有比例已超越個人電腦，預估未來跨螢的消費型態將更趨明顯。

行動購物者較常使用行動裝置進行查找產品（46.8%）、逛購物網站（44.1%）、前往實體店前查找優惠（31.8%），整體滿意度為 54.4%。臺灣網友每月網購 1 至 2 次（42.4%）為主，其次為每月低於 1 次（34.3%），整體而言，每月平均網購 2.05 次，與 2014 年相比無明顯變化。網購消費金額方面有較明顯的提升，平均年網購金額約 24,744 元，較 2014 年成長 14.1%。分析帶動網購金額成長的原因，主要來自年消費額超過 30,000 元以上的中高消費族群增至 24.4%，較 2014 年成長 6.3%。每次平均網購金額的提高及中高消費族群比率的增加，顯示出臺灣網友對網路購物的依賴度加深，願意在虛擬通路上進行更多消費。

一、網路消費者

網路的發展同時帶來了虛擬消費的商機，消費者能夠足不出戶、按幾個按鈕就完成消費，能夠隨時取得最新消息，設備技術的更新讓有線、無線通訊暢通無阻。

網路消費者是指習慣透過網路進行消費的群體，他以共通的網絡交流互動，造就了全球化消費文化，其中甚至有網路成癮一族，凡事都要透過網路來完成，像是過度地投入在網路交友、網路遊戲等，幾乎無時無刻都會使用電腦與網路。

　　網路時代的消費者具有數位化、講效率、個人化、重便利、要整合與會主動等特性，憑藉著網路的連結，他能夠更快、更便利取得豐富的資訊，藉此來做為購物決策的參考。網路消費者把所有的交換行為都透過網路來進行，具有高度數位化的特性；他講求效率，視過度延宕為異常現象，即逕行略過；透過網路他能享受便利的網路空間，使其能在最短時間內就能了解、熟練與快速地找到所需要的產品或服務。網站要能提供一次購齊的服務，讓網友得以最快的速度滿足所有的需求與欲望。他越來越主動參與網站、產品或服務的提供，並樂於解決網站或其他使用者或需要者所碰到的問題。

二、搜尋與分享

（一）資訊搜尋

　　面對決策之際，消費者本身若是所知有限，對外搜尋資訊常是購買前階段會出現的主要行為；透過廣告、雜誌、網路或親朋好友等各種管道，設法收集相關資訊以利決策，更為妥適。此外，縱使目前沒有問題存在，接觸外界資訊並加以有效保存，也有助於未來決策之用。有些人基於興趣，甚至對於蒐集資訊也是樂在其中。

1. 個人的產品知識

　　資訊需求量的多寡，除考量風險及成本效益之外，個人的產品知識高低也是一項決定因素。在產品知識和外部搜尋努力之間存在著一個倒 U 型的關係，資訊搜尋活動在那些對產品僅有中等程度理解的消費者身上最常發生。專業知識豐富的人，自然無額外的資訊需求；專業知識非常有限的人，則可能會覺得能力不足以進行廣泛的搜尋活動，甚至可能無從著手。

　　產品知識水準不同的人所搜尋的資訊類型也不同，行家對攸關決策的資訊比較敏銳，所以傾向於採用選擇性搜索，搜尋的心力會更專注、更有效率。相反地，生手常常依賴他人的意見和非功能性特質來評選品牌，如品牌名稱和價格等，更注重的是宏觀形象而不是屬性細節。比如說，在訊息中深入說明技術的實際內涵及重要性，還不如單純列舉更多項數的技術資訊，更能給生手消費者較深刻的印象。

2. 數位化

數位化普及的購物環境，降低了蒐集資訊的心力付出，且讓消費者更有機會搜尋到知識，而非僅是資料或資訊，進而提升了資訊所能帶來的潛在效益。購物生手拜行家經驗分享之賜，可以跳越知識形成的階段過程；行家或是達人透過自身經驗或手邊收集的一些資料，從中找出有用的資訊，並利用這些資訊加上自己的想法及做法，最後產生知識，讓生手直接更快、更容易將網路搜尋的成果運用在購物決策或生活之上。

此外，人工智慧欣然萌芽，原本大量資料對決策個人極容易造成的網路資訊過荷也不復存在。資料探勘技術的深入發展，也促進了資訊個人化的可能性。網站內容的語意分析能力更形加強，再加上主題標籤等機制的導入，跨平台的搜尋亦非難事。更多、更有用的知識正藉著網路，以更快的速度進入決策流程，有助於抑制取得資訊的成本，有效降低知覺風險，提升消費者決策信心，促進交易流暢。

（二）分享

可更新、有價值與系統化的資訊即是知識，人們可用來應對生活問題與進行決策。當它在人際之間相互溝通與傳送，不再據為己有私用時，即是分享。傳統人際溝通或因生活共通、鄰近位置、關係密切而形成，分享行為可使人從中獲得回報或建立聲譽；姑且不論助人之個人特質，人們會因分享滋生信任，因信任而更樂於分享及合作。反之，若是缺乏信任將阻礙知識的分享交流，也不容易產生自發性合作。然而，不同於過去傳統分享的情況，傳播管道日益多元化，導致網路的分享活動蓬勃發展。

（三）Yahoo! 奇摩知識＋

「Yahoo! 奇摩知識＋」正是一件在虛擬空間進行知識分享的好案例，其特色在於網路使用者可以將問題列表在 Yahoo! 奇摩知識＋的社群平台中，由社群成員自發地提供解答，並依照網友評價的差異，將所有回應的答覆依序排列，形成知識的分享。這意味著社群成員間的知識分享已經成為虛擬社群的重要功能，社群的黏著度亦可藉此提升，進而有助網站的經營。該平台為了鼓勵網友繼續在知識＋回答問題，針對會員的問、答、評論都會有對應的點數作為賞罰。網友透過累積點數提

升在平台中的身分，藉此可獲得其他網友的認同，平台則藉此表彰專業元素並促進知識分享的行為。

（四）批踢踢實業坊（Ptt）

臺灣地區年輕族群幾乎無人不曾使用批踢踢實業坊（Ptt），此一免費服務的平台擁有超過兩萬個不同主題的看板，每日有上萬篇的新文章被發表以及閱讀，並且擁有歷代網友留下數量可觀的資料文件。在電子佈告欄上面溝通是雙向的，每個人都可以是讀者，也都可以是主筆；加上現今網路容易取得，不受時間、空間的限制，在電子佈告欄上的作家可以散居各地、年齡不拘，每個人都可以發表並回覆自己的看法，因此，在 BBS 上的資訊總是最新並且開放的。

BBS 按照不同主題分成不同的「看板」，讓網友可以找到自己感興趣的討論話題；若該主題仍然太過廣泛，則再按照細類分成許多不同看板後，再將這些看板集合起來放置於一個群組之下，以方便找尋。以 PttBBS 為例，其「分組討論區」首先就提供了多個能夠供網友進入的看板路徑。當中的分類包含社團、音樂、漫畫、遊戲、政治等等，而在點選大分類之後，又會有更細密的區分可以讓網友挑選。各版自成一小社群，成員除了能夠使用 BBS 系統所提供的基本功能聯絡彼此外，也能夠藉由發表文章來和成員交流，其中也包含了知識的分享。

（五）匿名性

不論是 Yahoo! 奇摩知識＋或 BBS 的社群成員，個人在虛擬社群中是具有匿名性的。在匿名性的保護下，個人的稱謂和身分是可以無限替換的。因此，在虛擬社群裡，個人可能只是以一符號作為代表來和他人進行互動，而不定然是真實的我。這樣網路匿名的特性抽離了個人的臨場存在感，也減弱了傳統溝通模式中必要的關係培養的可能性。

網路提供了一種匿名且嶄新的人際互動模式，超連結網路讓網友能夠不斷地在網路空間跳躍，甚至轉換身分交替與他人溝通。它讓人際溝通不再侷限「一對一」的點對點溝通，而成為「一對多」的點對面溝通。這不只改寫了傳統溝通模式，也讓人際關係的培養變得更加複雜；信任和專業原本是訊息來源的兩大支柱，如今，匿名互動使得人際信任的培養更難掌握，相形之下，專業的元素在溝通與分享當中顯得更加重要。硬體速度改善，增強了即時分享的機會。強化的網路敘事工具，讓分享不再侷限文字表達，更加增長分享及接收的意願。

7.3 社群

社群是以特定關係為基礎，透過共同的語言、想法、觀念與喜好而成，彼此相互交流與共享，建立歸屬感與互相依賴的群體。

一、參考群體與社會網絡

絕大多數人是屬於群體，會透過觀察周遭人的行動來得到行動的提示，並試圖迎合或取悅他人。要求自己配合或認同心目中個體或群體的期望，常是許多購買行為的首要動機。多數人為求免受批判通常會自我抑制積極行為，但身處群體中的人們在失去個人本體觀點之際，個體身分淹沒於群體中，去個人化會讓從眾效應悄然蒞臨；個人責任感降低，更會展現積極行為；社會懈怠也可能讓人感覺到決策有眾人代勞，因而對任務付出較少的心力，甚至認為既然有了集體認同，因而做出更大風險的行動方案，出現風險轉嫁現象。在社群互動中，個人行為是會受團體動力所影響的。

參考群體乃是對個人評價、期望或行為，具有重大影響的真實或想像個體或群體，是影響消費者決策的一股重要外在力量，而社群就是參考群體之一種。參考群體加諸個人的社會力足可改變他人行動，而它對消費決策的影響力則必須考慮到權力的基礎所在，包括了參考權、資訊權、法定權、專家權、獎懲權和強制權等（Solomon, 2013）。

群體如果引人羨慕成為參考對象，個體就會仿效其行為與選擇，使自己和參考群體相似，並調整個人購物偏好，此即參考權（Referent Power）。群體成員都可能知道一些他人想知道的事，透過群體的互動與傳播作用，群體即能擁有資訊權（Information Power），而具有影響消費者意見的能力。

有時，社會認同的身份地位可以賦予人們力量，如警察、醫生等職業，工作上有著嚴謹的職場規範和倫理守則，縱使這些職人之間的專業能力仍是高低有別，但社會大眾還是普遍承認人民保姆、白色巨塔等，著裝特定制服之下所擁有的法定權（Legitimate Power）。專家權（Expert Power）來自個人或群體在某領域擁有的特定知識，具有優於他人的經驗或技能，從而令人接納其評論並信服其建議。當群體擁有能為消費者提供有形或無形的正面強化手段時，依據此正面強化所受到評價或

期待的程度，該參考群體將對消費者產生獎酬權（Reward Power）的影響。強制權（Coercive Power）則是藉著社會威脅或實體威脅對人產生影響，姑且不論能否有長期約束力，此舉至少可在短時間內奏效。

這些力量之基礎不同，性質各異，也決定了不同社群影響的力道和持續性。此外，參考群體也不是對所有類型的產品和消費者行為都有同等重要的影響。產品究竟是公開或私下使用、是奢侈品或必需品，會是影響參考群體重要性的兩個面向；一般而言，(1) 參考群體對奢侈級的產品選擇有更強的影響力，而必需級產品則反之；(2) 參考群體對於在社會中具有高能見度的品牌選擇有更強的影響力，如果消費者的購買不被旁人注意，那麼他就不太容易受人左右。

二、意見領袖

在消費決策過程中，由人際接觸所衍生出來的有關影響力還有意見領袖、市場達人及代理消費者等。意見領袖倒不是無所不知的，之所以能成為消費者重視的資訊來源，是出於以下幾個原因：專家、知識、社交活躍、法定權、同質性及參考權、早期購買等因素；意見領袖通常特別具有影響他人產品選擇的能耐，如專家般具有專業技術和說服力；以無偏見的方式預先審查、評價及綜合產品資訊，自許成為公正評論家，所以擁有了知識力量；他們的社交活躍，在社群中交友廣泛；由於他們的社會地位較高，意見領袖往往具有法定權。

此外，他們在價值觀和信仰上與消費者相似，所以具有參考權；他們往往是早期率先購買新產品的一群，所以承擔了較大風險，此一經歷可以大大降低後繼保守人士購物時的不確定性。

市場達人不定然對某種特定的商品感興趣，也不定然是某種商品的早期購買者；他們就只是對購物與市場變化瞭若指掌，會積極地參與傳播各種市場訊息。由於他們對於商品種類及購買處所有全面性的瞭解，因此與全能意見領袖所扮演的角色十分類似。

對他人購買決策有影響力的還有代理消費者，他是受雇為他人購買決策提供支援的人。與意見領袖或市場行家不同，代理消費者通常是有報酬的。如室內設計師、股票經紀人、職業仲介或升學諮詢顧問，都可視為是代理消費者。無論他們是否實際代表消費者作出購買決策，代理人的推薦都是極具影響力的。

三、網路社群

　　群體無所不在，絕非僅見於實體世界，網路世代充斥著線上社群。網路社群是很多個人形成的組合，參與的成員藉由社群滿足他們的歸屬感、資源取得、娛樂及資訊的需求。每個人都有很多不同的特質，包括興趣、認同、生活圈、工作、想法、創作等，而這些屬性都可能是構成社群的一種要素。透過這些屬性，形成一種人與人的連結，如親屬關係、同學、師長、職場、同好等。因此，以個人為中心就可形成諸多社群，在你社群中的某個人，也有他自己的許多社群，綜合起來社群就更顯得錯綜複雜了。

　　當代的社群網站百花齊放，儘管各有不同技術來提供各式各樣服務，但本質仍然是連結興趣與人。網路社群不同於實體社群，它無法提供實質的存在感。不過，社群帶動成員間的對話，依然形成溝通。它的形成有賴建立共通性，如何在成員之間找出集體興趣或利益所在，是產生羈絆的要件。

（一）網路社群的分類

　　依共通性來看，網路社群可分為興趣型、關係型、交易型及幻想型等基本類別。早期社群多半是興趣型社群，網友因為具有相同的興趣而聚集在一起，基於要分享共同的嗜好、取得有意義的資訊或想要解決某特定問題，通常也具有高度的人際互動與聯繫的關係。聚集相同生活經驗的人，彼此分享經驗而創造出來的關係稱之關係型社群。交易型社群讓網友能在社群中交換產品買賣的情報，詢問彼此的意見與交易的需求，還能在社群中實際進行買賣的行為。幻想型社群的成員更是將社群視為一個新的環境、人物與空間，參與其中能有想像的空間，隨心所欲地扮演不同人物，滿足在現實空間裡所不能達到的境界。

　　討論區是一種以特定興趣或主題為基礎形成之討論平台，究其本質，也是人和興趣的結合。部落格則是另一種不同形式的社群服務，它透過優質內容來間接達成凝聚興趣社群的效果；藉此吸引對該主題有興趣的網友瀏覽互動，因而也可能擁有非常大的流量與影響力。像是臉書粉絲專頁、社團，或是 Twitter 等無人不知的社群服務，也都可以讓網友因為某種特殊的興趣而結合在一起。所以，興趣可以說是網路社群得以成形的最重要因素。參與者因彼此共同興趣而集結，分享意見與討論話題，持續累積一段時間後，轉化成較私人性關係與個人認同。

參與網路虛擬社群的成員可以即時線上流通資訊、交換觀點，亦可抒發個人意見或形成論壇等。如果涉及消費與產品資訊，網路虛擬社群可成為口碑流傳的集聚點，參與者可於線上徵詢或提供他人對於產品與服務使用的經驗與意見，作為購買決策的參考。

　　據資策會產業情報研究所（2015）的調查，有92.1%的網友會在討論區找尋購物資訊，僅3.7%表示討論區對購物沒有幫助，遠低於個人化社群的16.5%，顯示它對購物影響力是大於個人化社群。選擇管道來源前五名依序為膜拜01（Mobile01，41.2%）、Yahoo!奇摩知識＋（33.6%）、批踢踢實業坊（32%）、比價王（ePrice，29.2%）、愛評網（iPeen，26.5%）。網友在討論區選擇上較為平均多元，主要是網友會依據消費需求，選擇相同屬性的討論區查找購物資訊，訊息來源的分眾化程度明顯。討論區主要提供網友搜尋詳細的商品資訊（42.1%）、搜尋符合需求的商品（33.2%）、有助找到便宜商品（29.2%）、有助了解市面上各式商品（28.5%）等購物協助。

（二）網路社群行為與運作

　　社群為求有效運作，就要設定統理行為守則，更加需要成員參與；大多數網路社群的政治模式都是民主的，凡事運用多數決來下定論。群眾力量與社群相互滋長，這股網絡效應正是社群努力以赴的關鍵所在。

　　網路傳播行為中，使用電郵發信可謂最早出現的主要活動，因此，在網路轉寄行為之推促下，易於形成多階段的溝通。有些消費者每日平均上網使用電子郵件2小時以上，認同電子郵件可為生活帶來許多價值，藉之平衡個人內向個性、維持友誼與聯繫，甚至視之為工作良伴。他會轉寄所蒐集的資訊或收取的電子郵件訊息給自己的聯絡人，拜這些病毒消費者之賜，訊息散布又快又廣。

　　分享行為是社群是否能夠持續的重要關鍵，此類行為的出現頻率反映出成員參與的熱絡度，也有助於社群關係的維繫。分享要能引起其他成員的回應，此時標的訊息的吸睛力是重要的，但是，內容與故事性更是決定影響力的重要角色。

　　適當的回應有賴傾聽，網路瞬息萬變，網友講求速度成性，容易出現一知半解或斷章取義之扭曲；分享人除了完整表達、言之有物之外，更要注意設法讓聽者專注傾聽，方能讓分享出現善的循環，讓電子口碑有發展契機。

社群網站的經營者須持續主動地在群體內提出討論的議題，再利用一次次的討論與回覆來觀察與傾聽每個粉絲的需求；更要利用多元的社群工具來將不同的內容、故事等轉化成文字、圖像、影片或是其他多媒體的呈現模式。此外，舉辦活動也是跟粉絲之間建立關係的重要方式。

四、網路社群的影響力

網路社群所具備的影響力可綜合成資訊性、比較性和規範性等三大類，直觀上，資訊性影響力似乎是最間接、中性的，效果可能不若其他兩者之強大；不過，許多研究卻發現分享知識將導致信念改變，使團體成員的立場和團體日漸一致，此時，資訊性影響力會是更加深遠的。此外，消費者甚至會以參考團體影響力來替代品牌評估。

受惠於人工智慧及大數據科技的發展，人際溝通有可能轉成更加個人化的人機溝通，網路社群中專家權的樹立也更容易，個人對網路口碑的倚賴也將會加深。

（一）網路社群的資訊性影響力（Informational Influence）

消費者的目標是要獲取知識，接受資訊的條件是要有可信度，故權力的來源是專家，進而出現接受行為。網路提供了從個人來源獲取資訊的方法，消費者可從電子郵件、新聞群組、布告欄、聊天室和提供消費者意見的網站取得產品資訊。

（二）網路社群的比較性影響力（Comparative Influence）

當個人意在透過團體連結，從中取得增強和自我滿足，並強化自我概念，比較影響力即在其中。此一權力的來源是典範權，而個人對團體的行為是認同。

根據和購買者相似的偏好做產品推薦，提供了企業影響消費者購買的方法。網路協同過濾科技，能根據顧客的購買行為和與其相似品味者的行為，向顧客做出推薦。此外，消費者自願上聊天室和網站，與他們覺得有相似品味、態度和偏好的人分享資訊。因為他們覺得可以在聊天室或網站與他人產生關聯，因而可以有效傳播口碑。

（三）網路社群的規範影響力（Normative Influence）

規範影響力是團體用來使成員遵從規範與期望的影響力，植基於個人想要接受團體獎賞的慾望。權力的基礎是獎賞或強制力，結果會出現遵從、順應團體的行為。網路社群的成員透過相互討論和分享產品與服務資訊，影響他人的購買。網友可能覺得必須嘗試產品或服務，以便能保有身為特殊興趣社群成員的歸屬感。

消費者也有順從網路社群規範與價值的需求，比如說，在聊天室每個人都該有說話的機會，霸佔談話是不被接受的。因為人們並不是面對面，所以他們反而會更加要求他人順從，規範力量更強。匿名性更讓人們在網路上比較無壓抑地表達自己的想法，因為在面對面溝通時，人們反而對順從會比較敏感。

規範影響力和產品能見度即可造就社會乘數效應，規範一旦存在，模仿團體行為的欲望會帶來示範效果，選擇相同產品或品牌的消費者會以幾何級數的速率成長。

7.4 口碑

其他消費者所訴說的產品點滴，然雖褒貶不一，但通常會比消費者自己在廣告中所見所聞要來得更有影響力；個人口碑推薦與消費者在網路上推薦、評價曾被譽為全球網路最受相信的廣告形式。口碑是人際間的資訊交換，談論產品、品牌或是服務等的資訊；當消費者對某項品類相當不熟悉時，消費者所分享的產品經驗與評價，會有較大的影響力。它隱含一股從眾的社會壓力，在產品接納過程中，後期的消費者會更加依賴口碑所提供的資訊。

消費者並不一定會將該產品或服務的經驗或評價傳達給其他消費者知道，一般在下列幾種情況下會引發口碑溝通的動機：

1. **高度涉入**：對於該類型的產品或活動高度涉入，在討論相關議題時會樂在其中，例如：汽車迷、線上遊戲迷、太空迷等。

2. **展現專家權威**：對於某一類型的產品相當瞭解、專精，希望透過口碑溝通的方式，讓他人知道他是這方面的專家。

3. **出自對他人的關心**：人們可能會基於對他人的關心，而開啓這類型的產品話題。

4. **降低購買的不確定性**：降低購買行爲不確定性方法之一，是和其他人討論這項產品，因爲透過討論可以讓購買決策得到更多的支持，藉由得到他人的支持與認同，並更加肯定自己的購買決策。

一、網路口碑（Online Word-of-mouth）行為

人類早期是透過面對面所產生的口碑溝通行爲，但由於網路科技的發達，資訊科技加速了口碑效應；現在口碑不再是眞的要用「口語」，大眾會使用網路平台去傳播口碑，透過瀏覽網頁的動作，來收集其他消費者所提供的產品資訊與主題討論，並可以借助滑鼠等電子設備爲媒介，針對特定主題進行自身經驗、意見與相關知識的分享，故別稱「電子口碑」（Electronic Word-of-mouth）或「滑鼠口碑」（Word of Mouse）。

電子口碑提供非同步、一對多、快速的資訊行銷傳播方式，多數研究均認爲以電子口碑行銷傳播，克服時空因素之限制與降低溝通成本，比傳統口碑行銷傳播產生更快速、便利、範圍更廣之效果預估。

電子口碑藉由網路的特性使得每個人可以輕易地製造、傳遞、獲取或分享訊息，因此擴散時猶如病毒般滋長快速散播，此種現象又被稱爲病毒行銷（Viral Marketing）、話題行銷或蜂鳴行銷（Buzz Marketing）等。實務上不乏透過網路爆紅短片來引發品牌共鳴之作法，例如：Evian 礦泉水於 2009 年成功推出「溜冰鞋寶寶」創下極高點擊率之後，2013 年再推出一部創新廣告「寶寶與我」，四天就吸引了近三千萬人次觀賞。（http://www.brandinlabs.com）

雖然同屬口碑擴散，但傳統口碑與網路口碑仍有以下不同之處：

1. **後者網絡較廣**

   傳統口碑侷限於認識的群體成員之間的口語相傳，但網路口碑透過網路進行，不受限於地理與時空的限制，而且具便利性、匿名性，因此，網路口碑可以多人對多人傳播，沒有範圍限制。

2. **後者來源較多元化**

   傳統口碑侷限於特定的群體，多是與自己背景相近的朋友或熟人，但網路口碑不限來源者的工作、背景、長相、地位，因此，網路口碑較傳統口碑更具多元性。

3. 後者網絡屬於弱連結（**Weak Ties**）

人際網絡聯結強度取決於成員之間相處的時間長短、彼此之間的關係親近與情感強度。成員相處時間越久、關係越親近，則聯結度越強，但網路口碑是建立於較不熟識、關係較淺的群體成員之間，因此，網路口碑屬於弱連結的人際網絡。弱連結帶來擴大社會資本的機會，容許更多元化來源的意見與建議，提供更多數量的決策參考資訊，而且可產生更具品質的決策建議。

可為消費者提供評價的網站不計其數，如此一來，產品或服務的資訊量將多到令消費者難以閱讀及處理；不過，在下定購買決策之際，他必須要先判定其他人的看法是否可用。然而，訊息受眾絕不想為了尋求有用意見而付出太多時間，而且並非所有人在搜尋所需資訊時都有相同的經驗，譬如說，較缺乏網路經驗的網友用來搜尋資訊的方法一定遠遜於饒富經驗的網路玩家，因為前者對媒體所知不多，技能自然難以與玩家相提並論。此外，他們更不易處理資訊流，較難批判所找到的資訊，因此，較可能認為線上消費者的意見是無偏見的，對隱身螢幕之後的訊息來源幾乎毫無存疑。此時，電子口碑對他的影響力會較強。

隨著經驗增加，消費者對電子口碑的人為操弄有更深入認識，了解到線上資訊品質是有極大變異存在，而且，過往的一些負面經驗也可能降低了線上意見的可信度和影響力。個人若有更多時間吸取更多經驗，才能獲知網站的聲響。因此，略有網路經驗的網友會比生手更可能質疑電子口碑來源。

處於經驗光譜的另一端，有著豐富經驗躋身專家之列的玩家。玩家們憑藉著經驗及知識，較能感受到特定網站確實能夠提供他所要的充裕資訊，因此會更樂於使用線上資訊來源。他能操作不同於生手的資訊搜尋策略，明白好的資訊來源何在，對網路資訊做更嚴謹的驗證，從中找到更多攸關需求的資訊。如此一來，電子口碑對這些人的影響也是很高的。綜言之，網友的網路經驗和口碑效應之間會呈現 U 形關係，恰與產品知識及資訊需求量之間的倒 U 形關係相反。

二、網路口碑之內容

打造口碑要有亮點，流傳的訊息內容才是主角。通常，一件事情會流行並不光是掌握意見領袖或社群參與即可決定，更重要的是訊息本身。意見領袖能加速傳播的速度，但是訊息本身若是話題性不足或無獨特效益，很難期待消費者會有正面回響。

《風潮行銷》一書認為訊息如果兼具社交通貨、觸發物、情緒、曝光、實用價值及故事等六大關鍵要項，感染力最強。人們會使用社交通貨來達成他在周遭人群中所想要的正面形象，分享一則訊息猶如話出行家之口，能讓分享人與有榮焉，當然樂於分享；在日常環境中安排一些小小的提醒物，令訊息湧上心頭、掛在舌尖，有力的觸發物勝過廣告標語，可使聊天成員有志一同、共聊盛事；人們正是在乎訊息，所以才會分享，喚起強烈激發的情緒共鳴，如敬畏、興奮、發笑、憤慨、憂慮等都會引人關注，並更樂於與人分享。

人「見」可畏，訊息的大眾能見度高就是曝光，高度曝光是人們常用的一項人氣指標，聲勢浩大份量夠，引人好奇注目，有樣學樣進而帶動模仿學習；實用價值是功利的考量，訊息能讓受眾有效完成任務，個人利害攸關一旦受用，助人益己何樂不為，藏私只會造成落人一步，及早分享方為上策；故事是人類原始娛樂形式之一，甚至是文化傳承的載具之一，其中可裝載資訊、訊息、教訓和規範，若是讓訊息在主角及配角之情節、插曲、懸疑、結局的結構中，以故事形式融入聊天而傳達出去，分享會是更完整、更生活化、更能理解的。

7.5 消費決策數位化

對消費者而言，網路現象乃決策外在環境中一項無可免的重大變化。但是，消費者終究仍是一個獨立個體，其決策流程之階段性或許並無重大變異，不過決策細部活動必然受到影響。如圖 7-4 所示，為求完整說明，以全面性解決之決策情境，來說明此一系列決策流程中受網路影響所及的細部活動，並以時下常見之訂房消費說明之。

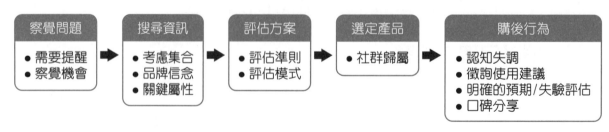

圖 7-4　網路對消費決策之影響

資料來源：整理自本教材

一、察覺問題（Problem Recognition）

在此階段中，網路會對「需要提醒」與「察覺機會」產生明顯影響。消費動機決定於理想與實際情況之間的認知差距，差距若要跨越臨界點進入意識狀態，有時是需要來自外界的適時提醒，以往人們接受提醒來自於現實生活周遭，其所能接受到的刺激有限；但是透過網路，能夠接觸到許多的人事物，也會獲得各式各樣不同的提醒。因此，網路使消費者接受到的提醒變得更多、更廣。

當實際狀態未變但是理想水平提高，消費者將發覺機會到來，而理想水平之設定會受到消費者個人的財務狀況、先前經驗、家庭特性、文化與社會階層、參考團體、個人發展、目前處境與行銷活動等因素的影響，參考團體往往是消費者用以參考、比較的個人或團體，網路讓人們接觸到更多的參考群體，並能更加頻繁地接觸，示範效果將對理想水平的提高有直接的影響；行銷活動透過網路更是大鳴大放，標榜著給予消費者更高、更好的理想境界，消費者縱使足不出戶也能看到琳瑯滿目的產品，對於理想水平的提高也有其間接的影響。

網路除了有利聯繫之外，更可以透過歷程紀錄來揣摩消費者當下可能面臨的問題所在，並及時加以提醒需要。此外，也可將市況的改變適時提供消費者參考，促發理想狀態的變化，進而察覺機會。訂房網可能透過收到信用卡發卡銀行之電郵，提醒消費者該信用卡與訂房網有促銷合作，或是消費者自身曾有瀏覽如TripAdvisor、HotelsCombined 等訂房網之經歷，入口網站也會適時打出訂房優惠資訊，此類網路接觸皆有提醒消費者需要或面對機會之功能。

二、搜尋資訊（Information Search）

在搜尋資訊階段中，網路會對消費者之「考慮集合」（Consideration Set）、「品牌信念」（Brand Belief）與「關鍵屬性」（Determinant Attributes）產生影響。

網路資訊以量著稱，再加上上網之普及和便利，儼然成為對外搜尋之主要資訊源頭。若無網路相助，資訊要能發揮作用必須考慮到記憶的儲存、活化和取用；網路串聯了各大資料庫，其容量絕非個人記憶所能比，拜搜尋引擎之賜，原本影響決策的個人差異不復明顯，讓消費者極可能在短時間內就拉高資訊存量，對決策內容不再毫無頭緒。以往品牌知名度幾乎決定於廠家的行銷投入及消費者個人的媒體接觸，如今，所有品牌一鍵可得。

訂房需求者只要上網輸入關鍵字、旅店名稱或旅遊地名，各大訂房網逐一列出；旅店資料更在訂房網之逐項比較之下，不僅房價、空間、設施、擺設、服務等清楚標示，更不乏住客之正負評價；有些負評甚至為求顯眼，不惜正評給分卻在評價內容上大吐苦水，更顯出意見之中立性。

品牌信念指出特定品牌存在之理由，乃是消費者形成品牌態度的重要基礎。網路可降低資訊搜尋成本，加上社群分享行為之輔佐，讓消費者有更多機會接觸到評價性綜合論述，信念建立更加快速。

產品知識提升，消費者對各項產品屬性有明確評比，能更加確認各項屬性如何決定個人所追求之終極績效，屬性之間孰重孰輕，評選重點當然容易掌握。

網路可在瞬間提供無數的產品資訊，拜網路仲介之賜，強力提升網友過濾及整理線上市場資訊的能力，足量的資訊再加上評價參考，更是推升網路在消費決策中所扮演的份量。

三、評估方案（Evaluation of Alternatives）

在評估方案階段，網路可能會對「評估準則」與「評估模式」產生影響。在決策評估時，評估準則源自於信念及屬性，關鍵屬性則有利於明辨屬性之交替關係，令方案之間優劣立判，因此，也提高了全面性評估之可行性。如前所述，訂房網站列出之旅店屬性鉅細靡遺，這些資訊一旦為訂房人查知，必然令人難以視而未見，自有影響選擇之潛力。

雖說，消費乃個人意志所主導之行為，但是網路的存在讓高涉入產品的評估變得不再因能力不足而未逮。只要肯搜尋，行家達人無所遁形，決策幫手在流程中幾乎如影隨形；消費者對品牌信念之掌握更為充實，更了解決定績效之關鍵屬性何在，此一情況使得他採用高深思水平之補償型模式的意願和可行性加大。

四、選定產品（Product Choice）

消費者不虞資訊不足，明確了解各方市場情報，樂於深思比較，做出更有自信的最後決定。此外，雖然臨店購買依然存在，但網路世代下購買點的影響力卻無法免於社群的影響及規範，資訊的即時傳輸讓原本僅是少數一、二人臨場的購買點，仍脫離不了社群作用與影響。如此一來，消費者臨店前的決定更不易動搖，在社群的支援下，消費者仍是可以有效因應購買點情境因素所帶來的衝擊。消費者在訂房之前，甚至可以即時進入常用社群，線上徵詢正反意見，還可統計出不同旅店之人氣指數。此時，意見若是多而雜，旅店若有提供線上客服，即可從旁加速下定決心。

五、購後行為（Outcomes）

需要是消費決策之源頭，究竟個人需要有無確切滿足？自然是購後評估的一項重點。當消費者能買到他所想要的產品及服務，購前需要明確，則不易引發認知失調，使用中若有疑慮，網路上不乏徵詢使用建議的對象，預期狀況及實際績效雙雙掌握，產生負向失驗的機率自會降低。

線上購物平台所提供的購後評價是必要的，旅店樂於收到客戶意見的肯定，旅人更是需要管道疏通負面觀點；諸如服務人員親切、空間寬敞、出入方便等，皆可為旅店營造出好口碑，甚至也可在線上針對負評做出合理之解釋及給予必要之補救。

興趣社群如雨後春筍般地出現在網路上，即是典型的消費者購後行為的轉變。消費者在購前設想完整，購後招來個人滿意及眾人肯定，與品牌互動出現正向循環，互蒙其利；相對的，競爭品牌將來更不易在滿意的顧客身上見縫插針，品牌轉換會需要有更大的誘因。

智慧科技對消費決策之影響一如上述，然而，科技的發展似乎仍未能完全掌握消費決策之動態過程。以巨量資料（Big Data）分析爲例，數據可讓業者掌握每一位消費者、減少行銷策略之不確定性、提高顧客從事自動化購買的機會，智慧科技對消費行爲資訊的蒐集是較無疑問的，但是，個人化消費之趨勢日益普遍，行爲人決策所處之內在狀態及情境因素等，卻可能因爲此一發展而更爲隱密及無從觀察，建構 O2O（Online To Offline）的經營模式些許有彌補此缺憾之考量；如果資訊付諸闕如，何來數據分析？行銷人員在策略規劃上勢必更要細分消費情境及主動掌握，以竟全功。

消費者早期使用桌上電腦或筆記型電腦進行網路購物，但科技發展日新月異，聯網裝置推陳出新，更多消費者使用平板電腦、手機網頁及手機 APP 上網購物。據臺灣網路資訊中心（2015）報告指出，2015 年 12 歲以上民眾上網比例達 83.4%，其中使用區域網路者由兩年前的 62.2% 降爲 56.3%，行動上網有 81.4%，而無線上網則高達 91.3%。電腦在網路購物中所扮演的重要性雖然受到擠壓，但對消費者來說，終究只是代表著網路購物載具選擇的多樣化；不過，也顯示出消費者的上網時間、地點也日趨多元、有彈性、更加不受限制。

根據域動行銷（2015）調查資料顯示，載具之間甚至已發展成共用關係，讓民眾之生活更爲數位化，也使網路更密切融入生活作息，幾乎成爲生活中不可或缺的一環，甚至出現成癮現象。消費是個體生活的部分活動，論及消費者行爲時，當然也不宜將網路抽離。此一發展讓業者更有機會如影隨形掌握消費者蹤跡，行銷手法將更有彈性變化；不過，這也必須先讓消費者養成接受驚訝的習慣，因爲原本按部就班、循序漸進的消費行爲將隨時曝光，不再是習慣所能完整解釋的。

繼 B2C、C2C 之後，消費性電子商務市場也出現 O2O 的經營模式；三者同是以線上支付爲主，但後者則是強調產品或服務的取用，是由消費者在離線實體通路中進行，而非只是透過物流服務交付而已。企業在經營上有其虛實整合的考量，但是有鑑於消費決策難免存在著實體因素的作用，當然也該以虛實合一的角度來面對消費流程。

章後習題

一、選擇題

( ) 1. _____是人類原始娛樂形式之一，甚至是文化傳承的載具之一，其中可裝載資訊、訊息、教訓和規範，透過它來分享能使訊息更完整、更生活化、更能理解。

    (A) 觸發物   (B) 故事

    (C) 正面情緒   (D) 購物

( ) 2. 推動口碑流傳的關鍵要素包括哪些？

    (A) 社交行情   (B) 觸發物

    (C) 情緒   (D) 公開

    (E) 實用價值   (F) 故事

    (G) 以上皆是

( ) 3. 雖然同屬口碑擴散，但傳統口碑與網路口碑仍有不同之處。以下相關敘述，何者有誤？

    (A) 網路口碑傳播較廣

    (B) 傳統口碑來源較多元

    (C) 網路口碑連結較弱

    (D) 電子口碑對非網路玩家的消費者有更強的影響力

( ) 4. 消費者現實和理想狀態差異大時，容易引發哪一個購買決策階段？

    (A) 問題察覺   (B) 決策評估

    (C) 資訊搜尋   (D) 產品選擇

( ) 5. 下列何者屬於「口碑行銷」的類型？

    (A) 專家代言人行銷   (B) 意見領袖傳播

    (C) 部落客文章發言   (D) 以上皆是

二、問答題

1. 請說明消費者購買決策制定的五個基本過程？並舉例說明一個選購品的消費者購買決策過程。

2. 消費者在評估方案時，原本會因不同決策類型而有不同準則及模式；如今消費決策數位化，將對此帶來何種影響？

1. 王信文、何巧齡（2006）。影響網路購物行為之關鍵因素分析。經營管理論叢，2(1)，1-28。
2. 臺灣網路資訊中心（2015）。2015 年臺灣無線網路使用狀況調查報告書。取自 http://www.twnic.net.tw/download/200307/20150901e.pdf。
3. 汪志堅（2015）。消費者行為（五版）。全華圖書。
4. 林建煌（2013）。消費者行為（四版）。華泰文化。
5. 陳志萍（2012）。社交網絡臉書之電子口碑行銷傳播效果研究。廣告學研究，第三十八集，23-49。
6. 廖淑伶（2016）。消費者行為。普林斯頓。
7. 樂斌、陳苡任（2015）。網路行銷 - 理論、實務與證照（二版）。滄海書局。
8. 資策會產業情報研究所（2016）。行動購物消費者調查。2016/3/28，取自 https://mic.iii.org.tw/IndustryObservations_PressRelease02.aspx?sqno=429。
9. 資策會產業情報研究所（2015）。2015 下半年討論區於購物影響力分析。2015/9/30，取自 https://mic.iii.org.tw/IndustryObservations_PressRelease02.aspx?sqno=411。
10. 域動行銷（2015）。2015 年 Q2 臺灣網路、行動調查數據報告。取自 http://www.clickforce.com.tw/newspaper/Report/2015Q2.pdf。
11. Roger D. Blackwell, Paul W. Minard and Jame F. Engel（2012）, Consumer Behavior, Cengage Learning Asia Pte Ltd.
12. Henry Assael（2006）。消費者行為：策略性觀點（黃明蕙譯）。雙葉書廊。
13. Jonah Berger（2015）。瘋潮行銷二版，（陳玉娥譯）。臺北市：時報文化。
14. Manuela López & María Sicilia（2014）, "Determinants of E-WOM Influence: The Role of Consumers' Internet Experience," Journal of Theoretical and Applied Electronic Commerce Research, 9(1), 28-43.
15. Michael R. Solomon（2013）, Consumer Behavior: Buying, Having, and Being（10th Edition）, Pearson Education Limited.
16. Miniwatts Marketing Group（2016）, Internet Usage and World Population Statistics, 2015/11/30, retrieved from: http://www.internetworldstats.com/stats.htm

08

智慧物流導論—產業需求與變化

- ❖ 8.1 消費需求的變化與智慧物流發展趨勢
- ❖ 8.2 智慧物流的內涵與運作模式
- ❖ 8.3 智慧物流的關鍵技術
- ❖ 8.4 智慧物流人才需求

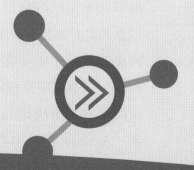

Smart Commerce

　　大明與小娟是交往多年的男女朋友，大明在美國讀碩士，小娟則還在大學讀書。為表達彼此的思念，情人節之前大明透過 Amazon 網站買了手環及 T-shirt 給小娟，由於小娟住在宿舍，她便請大明將禮物寄到她宿舍的智取站。小娟為了讓大明也能趕快收到她的禮物，直接到美國 Amazon 的網站買了 CD 及耳機給大明。

　　透過 Amazon 訂單處理中心再考慮到稅、送貨地點、品項存貨等因素，將訂單分配給全美 95 個物流中心（MWPVL, 2017）之一。小娟的訂單正好被分配到第八代的智慧物流中心處理，Kiva 系統經運算後將訂購給大明的貨由取貨員先放置到移動式料架（Shelf）上，而後由 Kiva 搬運車送到揀貨員旁邊，由揀貨員根據紅外線所指的位置，揀取 LED 小螢幕上顯示的數字的貨品數；揀貨完成後，小娟的訂單即送入小包裝箱中分揀，再將小娟訂單的箱子送到往大明居住地方出貨的碼頭，進入到美國國內配送體系。

　　大明訂的貨也剛好在同一個物流中心，經由與小娟訂單相同的程序揀貨完畢後，由分揀機將裝有訂單貨品的箱子送到負責國際快遞的 UPS 的區域，UPS 再經由其體系，先送到美國的 Hub 中心，經空運運達桃園，並在入關後由卡車配送至小娟宿舍的智取站。在送貨員將貨品放置在智取站後，即發簡訊到小娟的手機，小娟憑此簡訊上的訊息及密碼，到智取站將小明的禮物取出，開心地回到宿舍打開大明寄來的禮物箱（如圖 8-1）。

　　上述楔子描述故事中的大明、小娟透過電商平台訂貨與送貨，是目前許多人會做的事。對廠商來說，由於需求量日益增加，為了加快處理速度、應付日益找不到物流從業人員的窘境以及確保存貨的可及性（Availability）、降低成本，因此也應用多項智慧倉儲、智慧配送及智慧供應鏈的技術於其中。

　　在智慧倉儲的部分，Kiva 系統以及其相配合的揀貨系統，不僅需要有數據及演算法來協助取貨以及揀貨的決策，Kiva 搬運車本身所具備的即時位置的感應，以及將此位置回傳到控制平台的網路系統、決策與控制的平台等，都需要用到智慧物流的技術才能完成；而該決策與控制平台需能決定多輛 Kiva 搬運車同時運行的路線，以及避免車輛碰撞所需的感應與判斷等，都是屬於智慧物流的一環。此外，由訂單數據所決定的存貨數量，更是確保在適當存貨下能維持服務品質的重要因素。Amazon 物流中心及 Kiva 系統所運用與智慧商務有關的系統說明如下：

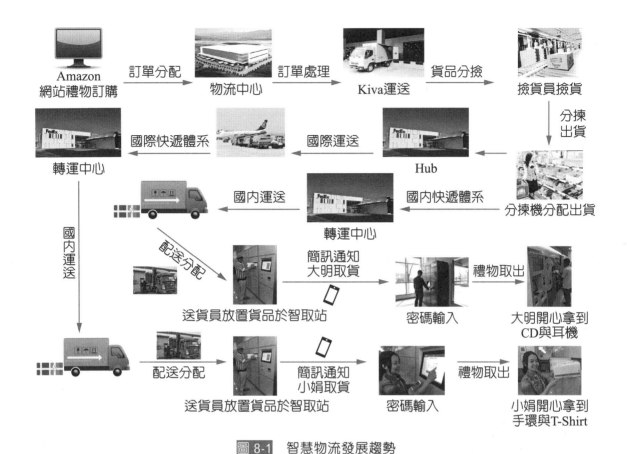

圖 8-1 智慧物流發展趨勢

資料來源：https://www.youtube.com/watch?v=UtBa9yVZBJM, 統一速達

1. **物流自動化系統**：物流系統的自動化，包括輸送帶、分揀機、條碼系統等。

2. **物流搬運設備控制系統**：由 Kiva 搬運車的位置感應與控制，據以算出搬運車之間的相對位置，以便根據被指派的目的地，挑選最適當的搬運車以及其最適合的路線，其中主要應用的智慧科技包括：物聯網（Internet of Things, IoT）、雲端運算（Cloud Computing）、智能設備、智慧決策，虛擬實境 / 擴增實境（Virtual Reality, VR/Augmented Reality, AR）等。

3. **智慧倉儲決策系統**：根據顧客的訂單，智慧倉儲決策系統即有各項決策需要進行，包括：由存貨區被送出的貨品、放置到移動式料架上的取貨員、送至揀貨員的 Kiva 搬運車、負責揀貨的揀貨員、揀貨訊號的控制等，其中應用的智慧科技包括：IoT、雲端運算、智慧決策、巨量資料決策等。

4. **智慧配送與智取站**：配送貨車的數量及路線安排、載具之間的整合與決策等，都可以透過智慧配送系統運作得更為有效率。譬如臨近的配送點，由該發貨中

心出發的貨車根據安排好的路線進行配送；而較遠的配送點，則經由大型貨車運輸到目的集散中心（Hub），再由集散中心配送至配送點。另外智取站也是智慧配送的一環，能降低送貨人員投遞的次數。智慧配送應用的科技包括：IoT（如 GPS，溫度、狀態等的感測）、雲端運算、智慧決策、巨量資料決策，VR/AR 等。

5. **訂單分配決策系統**：顧客下單後訂單的分配決策系統，會考慮到稅、配送地點、存貨等因素來分配訂單至適當的物流中心，其中應用的智慧科技包括：雲端運算、智慧決策、巨量資料決策等。

6. **供應鏈存貨決策系統**：主要決定物流中心各品項的存貨量以及採購量，不同物流中心的存貨配置量及轉運量等，其中應用的智慧科技包括：雲端運算、智慧決策、巨量資料決策等。

上述楔子的故事正好將智慧物流應用的現況做一說明，底下則介紹智慧商務的基本知識。

8.1 消費需求的變化與智慧物流發展趨勢

智慧物流是一種以資通訊技術（ICT）為基礎，在物流過程中的存貨控制、倉儲作業、流通加工、運輸、配送等各個環節，透過連網感知器（IoT）、雲端運算、智慧決策（包括巨量資料決策及其他演算法或最佳化決策）等，即時回饋處理，全面進行分析、決策，以及自我調整的功能，實現智慧化、效率化、彈性化的現代物流服務，以因應當今社會在智慧生活與智慧商務環境下，對於物流服務的需求。另外，智慧物流在進行決策時，除考慮到成本的下降及效率的提升之外，在企業往永續發展的今日，也需考慮到企業經營的風險與品質，並能從安全、節能、低碳足跡等方向進行規畫與決策。

智慧物流發展的趨動力，來自於消費市場端以及供給服務端的變化。在市場需求端方面，主要是消費者對多樣性、個性化產品的需求以及網路社群、行動商務等應用普及化的改變；在供給端方面，則因為這幾年 ICT 技術的更加成熟，包括 IoT 的小型化與低成本化，巨量資料運用技術的成熟，雲端運算的普及化，加上市場需

求的趨動力，進而促使產業朝向智慧化的方向發展，並因而創造出更多符合市場需求的服務模式。影響智慧商務的發展的因素很多，包括：

1. 生產端生產過剩及產品多樣化

因生產技術的突破及產能的擴充，生產端生產出超過市場需求量的商品；同時，在市場競爭下，生產業者因技術的成熟、模組化的設計等因素，從而生產出多樣且客製化的商品，並能即時（快速）回應消費市場的需求。在此趨勢下，產品的生命週期變短了，新商品導入的週期也變快。在日常生活中，手機、汽車、3C 的週邊商品等，都是明顯的例子。

2. 消費端行為的改變

消費端需求多品項、限量、個性化、客製化的商品，並可接受高於市場 10-30% 的價格；對廠商來說，這市場即是新藍海，值得根據消費需求，改變其生產、銷售的模式，如校園背包、喬丹鞋、訂製的工藝品或手工藝品等。

3. 智能生產系統的成形

生產系統為因應個性化且少量多樣的市場需求，須以大量客製化（Mass Customization）的方式將個性化的多樣性商品製造出來，其中牽涉到生產系統在設計、勞工、設備、物料管理上的改變，以及整體管理上的彈性與靈活度。不僅設備要具備多能工、換線快、彈性度高之外，生產體系現場的資訊整合、系統的智慧化等更是重點。同時現場工作的員工也要具備處理智慧化生產設備及系統的能力，並能靈活地因應來自市場需求的變化及生產現場變動的挑戰。

4. 行動商務興起

從行銷的理論來看，不同消費族群可區分不同的市場區隔，而社群媒體的運用，也使得企業能針對更小的市場區隔來進行行銷的工作，形成小眾市場，甚至是以個人為行銷對象的一對一行銷。從行銷的角度來看，每個消費者都是不同的，智慧型手機的廣泛擁有，促進了行動商務與社群媒體的發展，也推動一對一行銷的發展。

5. 線上線下的整合（Online & Offline, O2O）

現今商業服務朝向運用智慧科技提高服務價值的方向演進，O2O 的整合與新型態智慧零售出現，使得企業的營運策略已不再僅侷限於內部營運效率提升，以及強化上下游的關係，而是以消費者的立場出發，設計與提供符合消費者期待的服務或商品。O2O 主要是透過 Online 的方式訂購各種商品或服務，而

後在 Offline，也就是實體店或以實體配送方式，進行消費；當然也可以反過來進行。為實現無縫接軌的 O2O，需利用自動化、物聯網、大數據、智能化等技術，打造快速且彈性化的貨品出貨與配送管理系統，提供快速、便捷、隨地、隨意與更朝向重視個人化服務、社群行銷與便利性等以消費者為中心的模式發展，提供消費者良好取件服務，例如在網路上訂餐、租車、規畫旅遊等，都屬於這方面的服務。

6. 智慧科技的發展與應用

智慧科技主要強調的是物聯網、智慧機械與機器人、巨量資料（Big Data）、雲端技術，VR/AR 等資通訊技術及其智慧化。而其發展與應用，配合模組化設計（Modular Design）、精實生產（Lean Production）等的智慧製造；智慧倉儲、智慧配送、全通路服務以及與生產端、消費端之間的整合與決策分析等的智慧物流，趨動了智慧商務的發展。

臺灣所提出的生產力 4.0 或智慧商務，是相對於德國所提出的產業 4.0（Industry 4.0），但強調在商務端的應用，結合軟硬體的相關技術、提供產品體驗與銷售，以及快速與便利的服務，建立具有適應性（Adaptive）、資源效率、智慧聯網、品質預防的智慧工廠與智慧物流體系。在商業服務流程中則透過智慧聯網與數據分析，整合客戶以及商業夥伴，轉化為實際商業的應用。從消費需求到商業模式的智慧化，則透過對消費者行為的監測與追蹤，發掘顧客潛在的消費行為模式、特性、喜好，並由此蒐集大量消費行為資料，利用數據科學進行演算與預測模式建構，進而轉化成為商業決策與營運模式的智慧銷售。而後經由智慧製造的智慧聯網，隨時動態調整生產流程與決策，以因應消費需求動態的變化。結合智慧製造與智慧商務，使得消費需求、商業決策、營運模式、製造生產、物流配送等過程之間的各個環結，能持續運作、回饋、對話，實現工業結合商業需求的全通路服務之完整商務智慧化。

物流介於消費端與生產端之間，在智慧銷售改變銷售端的運作模式以及智慧製造改變產品的生產模式之後，物流的主要效用（Utility）即在於調合兩者之間的差異，使智慧製造系統生產出來的產品能在適當時間、以適當型式、送到適當地點，滿足消費者個性化且多變化的需求。因此，智慧物流所具備的能力包括：快速回應顧客需求、擁有多樣性產品組合、提供跨境與多溫層物流服務、具備快速與彈性配送的能力等。

後在 Offline，也就是實體店或以實體配送方式，進行消費；當然也可以反過來進行。為實現無縫接軌的 O2O，需利用自動化、物聯網、大數據、智能化等技術，打造快速且彈性化的貨品出貨與配送管理系統，提供快速、便捷、隨地、隨意與更朝向重視個人化服務、社群行銷與便利性等以消費者為中心的模式發展，提供消費者良好取件服務，例如在網路上訂餐、租車、規畫旅遊等，都屬於這方面的服務。

6. 智慧科技的發展與應用

智慧科技主要強調的是物聯網、智慧機械與機器人、巨量資料（Big Data）、雲端技術，VR/AR 等資通訊技術及其智慧化。而其發展與應用，配合模組化設計（Modular Design）、精實生產（Lean Production）等的智慧製造；智慧倉儲、智慧配送、全通路服務以及與生產端、消費端之間的整合與決策分析等的智慧物流，趨動了智慧商務的發展。

臺灣所提出的生產力 4.0 或智慧商務，是相對於德國所提出的產業 4.0（Industry 4.0），但強調在商務端的應用，結合軟硬體的相關技術、提供產品體驗與銷售，以及快速與便利的服務，建立具有適應性（Adaptive）、資源效率、智慧聯網、品質預防的智慧工廠與智慧物流體系。在商業服務流程中則透過智慧聯網與數據分析，整合客戶以及商業夥伴，轉化為實際商業的應用。從消費需求到商業模式的智慧化，則透過對消費者行為的監測與追蹤，發掘顧客潛在的消費行為模式、特性、喜好，並由此蒐集大量消費行為資料，利用數據科學進行演算與預測模式建構，進而轉化成為商業決策與營運模式的智慧銷售。而後經由智慧製造的智慧聯網，隨時動態調整生產流程與決策，以因應消費需求動態的變化。結合智慧製造與智慧商務，使得消費需求、商業決策、營運模式、製造生產、物流配送等過程之間的各個環結，能持續運作、回饋、對話，實現工業結合商業需求的全通路服務之完整商務智慧化。

物流介於消費端與生產端之間，在智慧銷售改變銷售端的運作模式以及智慧製造改變產品的生產模式之後，物流的主要效用（Utility）即在於調合兩者之間的差異，使智慧製造系統生產出來的產品能在適當時間、以適當型式、送到適當地點，滿足消費者個性化且多變化的需求。因此，智慧物流所具備的能力包括：快速回應顧客需求、擁有多樣性產品組合、提供跨境與多溫層物流服務、具備快速與彈性配送的能力等。

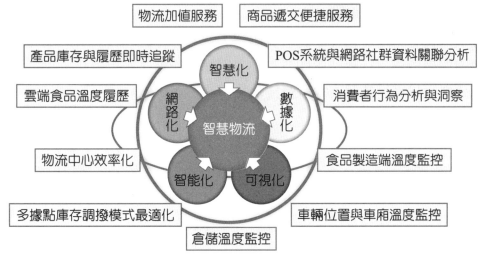

物流加值服務　商品遞交便捷服務
產品庫存與履歷即時追蹤　　POS系統與網路社群資料關聯分析

圖 8-2　智慧物流的內涵與運作模式

　　智慧物流從軟硬體設備來看，可分為硬體設備智能化及軟體決策智慧化；從功能的角度來看，可分為倉儲智能化、運輸配送智慧化、供應鏈決策最佳化。硬體設備智能化需先投入設備的自動化後再加入智慧化，因此需投入相當多資本。自動化取代的是人力，對不同經濟發展程度的社會而言，其所需投入自動化設備程度並不相同；相對地，軟體決策智慧化所需投入的成本相對較低，若決策聯網設計適當，也能透過 ICT 的技術對硬體操作員進行決策指派，達到智慧化的目的。

　　根據圖 8-2 智慧物流發展方向，其發展狀況如下：

（一）智慧商務營運

　　利用數據科學精確發掘顧客需求，並利用智慧化與整合技術，提升營運品質與效能：

1. 消費者行為分析與洞察

　　利用消費者行為分析，以及 O2O 社群行為分析與辨識管理，挖掘消費者潛在需求（Customer Insight），據以推測所要提供給消費者的商品與服務。

2. POS 系統與網路社群資料關聯分析

　　透過大數據分析，從企業內部之 POS 系統、社群網路等資料，找出目標客戶及其對於產品或服務的評價；進而找出特定議題的意見領袖，以掌握輿論動向。

3. 產品庫存與履歷即時追蹤

為提供消費者不斷貨且安心的消費服務，透過庫存管理技術與產品履歷機制，提供消費者能夠以行動裝置即時查詢不同通路據點之庫存資訊，以及相關產銷履歷資料，以滿足其個人的消費需求。

（二）智慧物流支援服務

透過物聯網、自動化、資通訊技術、行動科技等，減少人力物力的浪費，提高人員生產力、作業速度與多樣少量處理能力：

1. 多據點庫存調撥模式最適化

利用智慧管理與調度機制，進行庫存與資源的最適化管理，包含可視化管理、庫存調度與即時補貨、車輛調度與支援等。

2. 物流中心效率化

針對物流中心的高人力作業，導入自動化相關物流系統與設備，發展快速、精確的進儲、分揀、貼標與出貨服務，透過降低其人力負荷與減少低附加價值活動比例，以提高整體生產力與價值。

3. 物流加值服務

透過智慧化與自動化技術，協助物流業者建立更多加值服務，並從中發掘轉型契機。

4. 商品遞交便捷服務

利用自動化與智慧化工具，發展便捷寄送與取貨服務，提供個人化貨品的遞交服務。

（三）智慧溫度監控

利用網路高速化、全球定位技術、自動化、行動化、資訊化等科技，減少人力物力的虛耗，提供溫度即時全面監控及異常快速回報處理能力，提升商品的品質與安全：

1. 車輛位置與車廂溫度監控

利用車輛定位與監控系統，透過行動網路即時傳回車輛運行與位置資訊，以及保溫車廂溫度狀態，透過雲端即時收集紀錄，再由電腦監控即時回報訊息，進行自動化監控，提升監控效率。

2. **倉儲溫度監控**

利用 ICT 技術，將倉儲內溫度記錄器資訊即時傳回內部資料中心，再由監控系統即時回報訊息，進行全面自動化監控。

3. **食品製造端溫度監控**

利用 ICT 技術將食品製造空間內溫度記錄器資訊回傳至內部資料中心，再由電腦監控即時回報問題。

4. **雲端食品溫度履歷**

透過自動化的溫度監控，全面監控食品從製造到倉儲運輸等各面向之溫度，透過收集上傳至雲端。也可經由例如 QR Code 的掃描，立刻知道食品溫度履歷，對於消費者和客戶端，以及製造端、倉儲端、運輸端在問題發生時，可以了解問題之所在，釐清責任以確認食安。

8.2 智慧物流的內涵與運作模式

全球經濟的變動迅速，許多國家為提升自身國家的競爭能力、促進經濟發展，提出各種相對應策略，以面對產業不斷變化的結構與發展方向。近年來全球智慧科技的應用日益普及，為加強產業競爭力、滿足快速與多變市場需求，以及因應少子化與人口老化所造成就業人口遞減的現實面問題，相當多國家投入智能科技的發展，透過推動數位製造、網實整合等來發展智慧製造。

這幾年，除了德國的「工業 4.0」計畫之外、美國也提出「先進製造計畫（AMP）」政策、日本則以「工業 4.1J」為原則並在 2016 提出「Society 5.0」，而韓國於 2014 年提出「製造業創新 3.0 策略」，中國 2015 年提出「製造 2025 計畫」等。綜觀全球幾個主要國家均積極推動網實智能化製造，配合生產端和銷售端的智慧化，快速回應市場的需求，為帶領國家朝向智慧化的社會而努力。

臺灣產業發展也面臨人口結構變遷、全球化、科技化及跨領域技術整合等相關議題的挑戰。因此行政院於 2015 年推出「生產力 4.0 計畫 –Taiwan Productivity 4.0 Initiative」，作為下一階段產業發展的主軸。生產力 4.0 主要推動架構產業包含 (1) 製造業；(2) 商業服務業及 (3) 農業，以智慧型自動化的產業發展方案為基礎，整

合商業服務智慧化與自動化，以及農業科技化，期能發展智慧機械、物聯網、巨量資料和雲端運算等技術來引領製造業、商業服務業以及農業等相關產業提升產品與服務的附加價值。

臺灣一開始推動的生產力 4.0 計畫及目前的智慧商務計畫，除了智慧機械之外，也包含智慧零售、智慧物流及智慧金融三部分，比德國的「工業 4.0」所涵蓋的範圍還要廣。而日本的「社會 5.0」計畫，則以智慧生活為主題，與臺灣所提的智慧商務也是以智慧生活為主體的計畫內容，在廣度上，較為接近。

雖然臺灣的工業實力沒有德、日、美的堅實，但臺灣在 ICT 軟硬體製造與設計上有相當的實力，若能加上巨量資料、雲端運算、智慧決策等的應用，整合製造、銷售與物流，將能提升臺灣智慧商務的發展，推升臺灣整體產業的水平，並更進一步將智慧生活的種子，深埋入每個人的生活之中。

目前商業服務的型態是朝向運用智慧科技提高服務價值的方向演進，O2O 的整合與新型態智慧零售出現，使得企業的營運策略不再僅侷限於內部營運效率的提升以及強化上下游合作的關係，而需以消費者的立場出發，提供符合消費者期待的商品與服務。全通路服務（Omni-channel Service），是支持新型態 O2O 智慧零售運作順暢的關鍵。全通路服務是指整合實體店面、電子商務、電視購物、社群商務等虛實銷售通路，實現由各種銷售管道訂貨（Order From Anywhere）的可能，提供消費者優惠、便捷、安全的購物／取貨等無縫的消費經驗與體驗。

在智慧商務全通路的環境下，物流業者有幾項重要的工作包括：存貨控制與出貨預測、商品儲運調度、跨通路協同補貨、彈性化配送、智能化物流支援等，以便能在低存貨的環境下，提供消費者快速配送到貨、多元商品提取／退貨等服務，實現由各種管道配合消費者的需求送交商品（Fulfill From Anywhere）的全通路物流服務（Omni-channel Logistics）如圖 8-3。

圖 8-3　智慧物流全通路發展模式

資料來源：工業研究院

　　在 O2O 的服務中，所運送的商品有相當比率是需要溫度控制商品，如一部分 3C 商品、藥粧品、農產品、鮮食品、即食品等（如圖 8-4），因此時間與溫度控制的時效性與準確性皆相當重要，也需要有能適當處理需控溫的商品的人才與設備才能，提升其服務的價值。

　　在多點配送服務方面，考慮消費者取貨點需求的多樣性，如到店取貨、到社區管理中心取貨、到自動取貨站取貨等，因此配送、庫存等需與電子商務、行動商務、實體銷售等結合，使商品的訂貨、存貨、配送、顧客取貨、資通訊應用與管控等各方面一體化，朝向「整合性」的方向發展。藉由新的資通訊科技的應用，讓業者與消費者可以隨時掌握商品的品質與配送到達的時間等，並透過雲端等技術來強化對商品甚至是冷鏈商品的監控與管理。

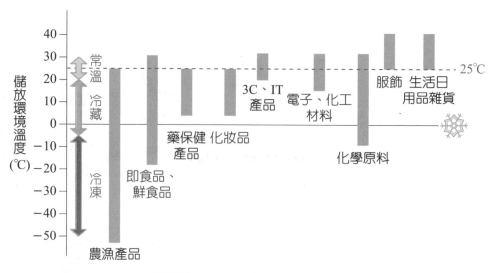

圖 8-4 產品類別儲放溫度範圍

資料來源：經濟部商業司

　　智慧冷鏈系統中，需導入各種資訊科技，包括條碼、自然辨識系統、銷售時點系統（POS）、電子資料交換（EDI）、加值網路（VAN）、無線射頻辨識（RFID）等。隨著 GPS 和電信網路的愈趨成熟，業者可透過 e 化資訊，先行處理報關作業以加速通關處理時間，也可針對冷鏈的過程確保溫度變化的風險，透過運輸過程即時監控系統，傳回之資訊了解物品運送狀況。因此，透過智慧冷鏈的系統，公司可運用在雲端上的巨量數據資料加以分析，提供改進之資訊，並即時通知作業人員可能的問題以減少潛在的風險。

　　智慧物流以科技驅動物流業升級轉型，透過巨量資料、物聯網、智能化等科技的應用，以消費者為核心，打造優質的消費與體驗環境，提升商業服務的生產力與競爭力。對於業者來說，可以增加競爭優勢，提升員工效率、填補勞工的不足；對於員工來說可以打造優質的工作環境，提升薪資並衍生出新的工作機會。根據經濟部商業司的定義，全通路物流所包括的產業有：倉儲運輸業、宅配與快遞業，以及自動化設備業，總受僱人數將近 28 萬人，生產總額為 1 兆 1297 億元。對臺灣來說，這幾個產業不論就業人口數或產值來說都相當重要，且對於使用科技提升效率較為重視。由於臺灣的企業有些規模並不夠大，ICT 的使用還未完善，因此對中小型企業智慧商務的輔導，可從厚植其實力與協助轉型為主，整合電子商務與行動商務，強調價值鏈的整合；對於大型企業且 ICT 的使用較為熟稔的企業，則可輔導企業快速升級，提供全通路整合的精緻化個人消費服務。

　　智慧物流以 ICT 為基礎，並運用各種先進技術包含自動化、物聯網、大數據及智慧化等技術，結合在物流的運輸、倉儲、包裝、裝卸搬運、流通加工、配送、信息服務等各個環節，達到自動化、網路化、可視化、追蹤化，以及智能控制化等發展新趨勢。智慧物流可提供快速、便捷、隨地、隨意與更朝向個人化服務，以及以消費者為中心的 C2B（Consumer-to-Business）模式發展，例如無人化貨物遞交系統、社群行銷等，以提供消費者良好取件服務體驗，並全面分析如何降低物流成本，提高效率，控制風險，節能環保及改善服務（如圖 8-5）。

圖 8-5　智慧物流與新興科技之整合

　　在現今網路的發展趨勢下，透過網路線上消費與實體商店的消費情況已普遍存在於我們的生活中。為因應銷售模式的改變，統合貨品的出貨，發展出整合 B2C 或 B2B 的提升內部營運效率的物流模式，如圖 8-6 所示。其中製造商、電子商務公司、貿易商等將商品存放於自有或是 3PL 之倉儲或物流中心，再整合自有車隊或外包車隊，直接進行宅配，或將商品配送至店家或各類型自動取貨站，再由顧客前往取貨等。

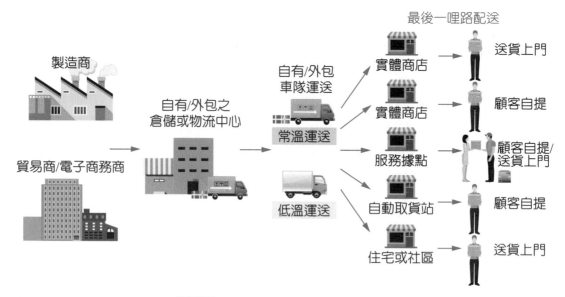

圖 8-6　物流營運效率提升模式整合

　　物流自動化、流通管理、銷售管理、倉儲管理、物流管理等都是智慧物流的基本訓練，而透過資訊科技處理供應鏈的備料、存放、管控、溫度監測、運送、國際通關等，也都屬於智慧物流所需要執行的工作。因此，未來的物流廠商必須把握資訊科技在產業的應用，並培養全通路物流的相關人才，以因應未來產業的所需。

 **智慧物流的關鍵技術**

　　智慧物流乃是以科技來趨動物流的運作，智慧化的部分可分為資通訊技術智慧化的部分，以及智慧自動化（智能化或智動化）的部分。在 ICT 智慧化方面主要是 IoT 的應用、雲端智慧化、巨量資料等，其他技術如 AI（人工智慧）、VR/AR 等也是。最後呈現的應用則主要可分為智慧倉儲與智慧配送，兩者之間息息相關，更與各場域、設備、容器、產品等所內嵌的 IoT，以及智慧聯網、智慧決策平台等緊密結合。其中 IoT 透過智聯網將即時訊息傳至雲端上的智慧決策平台，該平台透過數據分析產生決策，再經由智聯網傳至 IoT 元件上，而對設備、容器、產品等產生指令的下達，達到智慧且即時決策回饋的目標（如圖 8-7）。

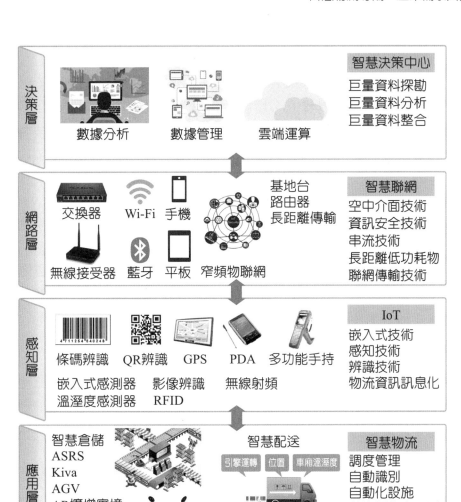

圖 8-7　智慧物流的關鍵技術

（一）智能化

　　智慧商務中的智能化與智慧化最大的差異在於智能化是將智慧化的決策透過 IoT 來趨動實體的裝置，因此，智能化需具備感應（感知）、決策、致動（Actuation）等三階段的能力。而在感知與決策以及決策與致動之間，還需要有智聯網的傳輸系統，將感知的訊息傳至決策平台，再由決策平台將決策訊息經由智聯網傳輸至實體的裝置（Devices），並由此裝置根據指令執行各項工作，其實際運作如下：

1. IoT 接受端的應用

生產力 4.0 的技術中，讓系統有智能化的基本元件即是 IoT。IoT 讓各種裝置變得「有感覺」、「有視覺」，爲智能化第一階段的能力。在應用層的各種設備上如機械手臂、Kiva 搬運車、智能化倉儲、配送車輛等，安裝各種裝置，而其「感覺」、「視覺」來自於裝置上的各種感測器（Sensors），如 GPS 定位器，溫度、濕度、光度、壓力等。感測後的訊息透過智聯網的方式，傳回到智慧平台上。

2. 智慧雲端聯網（智聯網）

裝置有了感應之後，接下來即要能隨時、隨地將感測到的訊息回傳到資料平台，並在決策完之後，將指令下達到 IoT 來改變裝置的行爲。智慧雲端聯網即是此回傳及指令下達的智慧網路的部分。

3. 巨量資料分析決策

在作決策時，可透過巨量資料分析或 AI（人工智慧）或其他演算法、統計方法等決策機制，對感測的資訊加以處理，以作爲下達決策的依據。此決策分析的能力即是智能化（智慧化）第二階段的能力，亦即根據演算法及巨量資料，運算出最佳的決策。

4. IoT 致動端的應用

由智慧平台回傳決策指令時，亦需透過 IoT 接收訊息，並將該等訊息轉換爲此裝置反應的致動，此即爲智慧化中第三階段的能力。如 Kiva 搬運系統中的車輛，在感測其他車輛的相對位置時，會將此等訊息即時回饋到搬運車輛的控制平台，即時算出最適路徑並避免碰撞。

（二）何謂智慧倉儲

智慧倉儲與一般倉儲不同之處在於將一般倉儲功能智慧化，以達到效率、品質、省力化的目的，其中如：併貨作業、越庫作業、供應商群聚共同送貨等，這些作業都有需要智慧化。倉儲智慧化與倉儲自動化最大的差異在於 IoT 的使用，以及將 IoT 所蒐集的資訊進行決策。自動化主要談的是硬體的自動化，如自動搬運、車子自動運行（Kiva 系統）、自動分撿、自動上 / 下工件、自動送工件至下一站等；但智慧化則需加上 IoT 對自動化過程的感測、辨識等，而後將資訊回傳至資訊中心，再進行智慧的決策，指揮軟硬體設備完成工作。感測的過程可以判斷設備何時

會故障、何時需進行保養，以及工作過程中物品是否會依照所規畫的路線、方向、次序進行，如自動堆棧的過程，物品是否依其規畫的方向、位置進行堆疊、兩層中的紙板是否放置妥適（如後面章節中 Edeka 公司的案例）、貨物撿取接近完成時是否有 Kiva 的車輛自動搬運貨品前來等。

智慧倉儲的決策層級可分為兩類：供應鏈決策層級 – 存貨控制、向供應商下單決策、下游配送決策等；物流作業決策層級 – 根據訂單進行分貨、拆板、併板等決策，控制硬體設備，如分撿機上的滾輪（Roller），馬蹄等制動的時機。現代化的倉儲提供各種不同加值的服務，包括：

1. 一般倉儲的服務

例如併貨、越庫、拆板 / 拆箱、分貨、撿貨、重新包裝，以及各種流通加工，例如貼標籤、放入保證書及不同語言使用手冊、為季節禮盒或促銷方案而重組貨品包裝成一個商品等。

2. 支援生產系統的服務

看板整備作業、小包組合搭配（Kitting）、批號控管、多廠商貨品共同配送（Pool Distribution）、貨品排序與量測（Sequencing and Metering）等；也可以是處理回收或維修品的服務如：維修或重整服務、退貨處理等。

3. 快速物流中心的服務

出貨自動化（如案例中 Edeka 系統）、快速分貨（自動分撿機）、撿貨自動化（如 Kiva 系統）等，以及由巨量數據分析存貨控制，加快由供應商送貨到物流中心的速度。例如 Zara 位於 Zaragoza 的物流中心，每週要處理約 260 萬件衣服，在該物流中心方圓 16 公里的範圍內有 11 家 Zara 的工廠，與物流中心透過地底下約 200 公里長的高速單軸軌道連結，不僅能將物流中心存放的布料送到工廠染整、加工，也將工廠生產完的成衣送回物流中心。

物流中心的光學掃瞄器每小時可處理 60,000 件商品，再經 400 餘條分撿道將成衣分撿到世界各國的零售點，由收到訂單到送達零售點，在歐洲約 2 天內送達，美洲與亞洲約 3-4 天。Zara 此種快速時尚公司，能在 15 天內將新產品從設計、生產到上市，背後除了扁平化組織架構使得決定商品的程序快速之外，也因為：(1) 在布料採購與染整作業上應用延遲策略；(2) 生產基地主要位於歐洲，其中在西班牙加工廠生產 50% 商品，在歐洲總共生產 76% 商品；(3) 市場、物流中心、加工

廠之間資訊的整合與串聯，使得 ERP/WMS 系統得以經由所收到的零售點訂單，下達指令給物流中心的 WCS（Warehouse Control System，倉儲控制系統），再由 WCS 控制物流中心各種物流搬運系統（Material Handling Systems），如輸送帶、自動倉儲、分撿機，包裝機等。其中 ERP 系統透過巨量資料分析市場的需求，並轉換成布料需求、染整數量的規畫等；而 WCS 對各種物流搬運系統的控制，物料搬運系統現場訊息透過 IoT 的反饋等，都是屬於智慧物流應用的部分。Zara 物流中心，快速、正確的分揀、出貨等，即是智慧倉儲最佳的示範應用。

（三）智慧運輸與配送

透過 ICT 技術，即時獲取包括需求、地點、交通現況、GPS 等的訊息，在評估顧客服務需求、成本、時間、碳排放等因素之後，動態決定輸配送的路線，取貨送貨的次序，提供對顧客（消費者及廠商）在時間、地點、模式、溫度彈性化配送。同時，輸配送過程能追蹤、紀錄過程與路徑；若產品有溫度控制之需求，也能提供溫度履歷；需金流服務時，也能具備刷卡或手機行動支付等功能。智慧配送的另一層級的功能在於提供無人駕駛運輸（Uber）、無人機配送（Google）等的功能。

近年來大臺北地區的配送密集度高，容易塞車、停車不易，因此不易預估到貨的時間。但很多品項的體積不大，因此有業者在雙北實施以貨車為移動式發貨倉，而後由機車到貨車停車點取貨，再根據配送路線進行宅配或店配。

上述的貨車加機車的配送模式中，業者需根據每天的配送需求，決定貨車的數量、每部貨車負責的配送區域，以及所需支援配送的機車數量及路線；而每部機車上也會裝置有 GPS 系統，若有溫度控制需要的商品，也會有溫度履歷的紀綠以確保配送品質。在此配送模式中，機車的配送通知會由系統直接根據需求、體積（重量）規畫路線後進行指派，應用 IoT 元件回傳位置、溫度等訊息，若有塞車訊息或取貨、送貨需求的變動等，也會即時動態地改變配送順序及路線，其他訊息的傳送與確認也包括簽收配送單、付款資訊等。

上述的配送模式，即是一種企業智慧配送的運作模式，包括以智慧決策平台決定貨車、機車數量及配送區域，以 IoT 回傳即時訊息（位置、狀態、溫度等），經智慧決策後再動態調整配送路線及順序等。該貨車加機車的配送模式可提高配送效率達 45%，且機車平均的配送時間約為 1.5-3 小時，比一般貨車縮短許多。

（四）物聯網 IoT（Internet of Things）

設備內嵌有感應的元件，能自行處理、分析，並自動做出應對，也可經由網路傳送訊息到智慧決策平台；經智慧決策後，再將訊息經由網路傳回到設備，進而做出致動回饋與決策。IoT 是智慧物流的基礎元件，其所建構的智慧決策平台，則是智慧物流的核心。

這幾年因消費性電子商品的普及，使得 IoT 的成本下降、體積縮小、功能提升，IoT 的應用有了突破性的發展。Amazon 第二代無人機具備了自動躲避障礙物和確認送貨地點的新功能，即是利用無人機上的攝影機結合電腦視訊（一種 IoT），感測前方的障礙物以進行躲避，而在到達目的地降落之前，會自動偵測收貨點與訂單地址是否穩合才降落卸貨。

日本長崎縣的農場在乳牛身上裝置計步感測器（一種 IoT），幫助農場人員 24 小時即時追蹤牛群在農場的移動距離，以推算出適合母牛受孕時機，將繁殖成功率由 44% 提升至 90%。日本在 2015 年底也開始在 23 縣市陸續導入系統整合商 PS solutions 的農業 IoT，實現遠端農地的監控作業，例用 LTE 通訊技術，將農地感測裝置傳回來的溫度、土壤濕度、太陽幅射、二氧化碳濃度等數據，加以分析，以協助農民找到適合不同農作物栽種的生長環境，提高農產品的生產量。

日本航空也在那霸機場實驗現場工作人員安全追蹤的實驗性計畫，讓長期在戶外執勤的人員穿上高導電性衣料所織成的服裝，以藉由每位員工生理訊號的變化，自動診斷員工健康狀況，如有心跳加快、體溫升高或疲勞現象，即會通知醫護人員到場處理，以保障現場人員的生命安全，再結合 GPS 系統，將能更有效預防。日本航空 2015 年開始，在公司部門員工的識別證上加入 iBeacon 定位技術，追蹤員工在公司上班期間的工作狀況，再從蒐集到的上班行為數據，找出提高部門員工的工作效率、能改善企業生產率的新作法，進而展開了一項改善企業組織與產能的計畫。

（五）雲端運算（Cloud Computing）

是一種根植於網路上的運算方式，透過這種方式，電腦或其他終端裝置可以共享建構在網際網路上的軟硬體資源。雲端運算的發展是繼大型電腦、用戶端—伺服端（Client-Server）架構後，因應網路時代來臨的應用服務。像我們常用的雲端硬碟（如 Dropbox）、電子信箱（Gmail）、網路搜尋引擎（Google Search）等，都屬於雲端運算在個人端的應用。

當然在企業的應用則更廣泛，例如購物網站如 PChome、社交媒體如 Facebook、Twitter 等。此外，與 IoT 結合的雲端物聯網、跨國公司的資訊系統、臺灣政府部門的資訊系統等，也都屬於雲端運算的一部分。使用雲端運算服務的好處在於用戶端並不一定要具備有 ICT 的專業知識，因此並不需要聘用網路的專業人員來了解「雲端」基礎設施的各種細節，也無需購買昂貴的伺服器及儲存空間，而可以用租賃的方式來使用，不需事先大量投資於設備與專業人才兩方面。

8.4 智慧物流人才需求

臺灣擁有超過 2 萬家物流企業，外貿依存度高。近年來全球區域經濟興起，區域經貿組織發展迅速，兩岸服務貿易協定、TPP、RECP 區域貿易協定等，加上新興國家的經濟開放與快速成長，貿易促進了交流，帶來全球經濟結構的重新整合，也帶來物流需求的提升。

ICT 應用的成熟下，促進了跨國界的電子商務、行動商務快速發展，也使得產業的國際競爭更為激烈，物流服務的重要性與日俱增，物流運籌的競爭策略更成為國家經濟發展策略中的重要一環。物流產業服務的範疇已從單純的一般貨物運輸，擴大到多品類產品、多配送點的服務。其中多品類產品由於種類繁多且儲放溫度相當廣泛，尤其是食品類別（如圖 8-4），因此針對低溫保溫與控制之冷鏈體系即顯其重要性，也是物流活動過程中相當重要的價值所在。

智慧物流的課程，除持續培育運輸與倉儲業的專業與跨領域人才外，更應積極協助業者利用智慧化科技，解決人力不足的問題。本課程透過導入智慧科技於物流的相關領域，培養應用大數據、智慧科技、多溫層全通路配送管理等關鍵技術的智慧物流人才，並建立人才培育的課程、教材、師資及實作場域等典範案例，以進行全面推廣與擴散。希冀協助產業掌握轉型發展所需關鍵技術的自主能力，加強產學鏈結，提升技職人才及在職人員的技能。

另外，從教育層面而言，技職校院課程規劃原本即強調專業與實務，然而這幾年消費特性改變、資通訊技術發展迅速，造成整體商業環境丕變，使得原有的課程內容未能完全配合社會及產業的發展，造成所培育的人才未必符合當前社會及產業所需。加上生育率下降，人口結構產生變化，使得年輕勞動力減少，不僅對社會造

成負面衝擊，也連帶影響經濟發展。面對少子化及高齡化的衝擊，學校更應回歸務實致用，以培育具備產業特色的優質人才，提升學生就業競爭力。

一、人才需求分析

在人才培育方面，以智慧商務的菁英人才為主，以提升整體產業的生產力，拓展商業新動力，以配合在 2024 年，達成零售業及物流業人均產值成長至新台幣 230 萬元為目標。課程設計及相關配套措施，根據產業專家所提供意見，未來全通路物流需求之專業人才包括如下：

1. 物流資通訊（行動化）應用人才

熟悉物聯網的概念、架構、趨勢與技術，及資訊整合能力，並可導入感知層與網路層之實作技術，與智慧物流的應用接軌。

2. 物流系統分析與規畫人才（系統分析鏈）

具作業管理知識，熟悉物流業現況及實務的發展，且能運用資訊系統管理，以進行物流效能計算及分析，物流中心的配置與運作，倉儲與配送作業，以提升物流經營效率。

3. 自動化物流導入與規劃人才

具倉儲設備管理實務及物流系統整體概念，熟悉自動化設備的原理與應用範圍，並擁有規劃倉儲、配送的系統流程知識，可從事智慧物流的整合性設計。

4. 全通路物流配送管理人才（管理鏈）

具備作業管理及相關處理技術，熟悉物流倉儲、配送之資訊與作業系統流程，並能運用系統管理商品上下架、盤點、補貨、寄貨、出貨等物流管理作業之能力。

5. 冷鏈物流人才

熟悉定低溫狀態的物流網路和供應鏈體系，例如產品生產、搬運、倉儲保管、輸配送、銷售等功能所串起的每一個鏈環節。

6. 供應鏈系統管理人才

熟悉供應鏈管理技術、存貨控制技術，全球運籌營運實務及相關支援作業知識，且具擬定供應鏈管理策略能力，以增進與供應商、製造商、倉儲及零售商各項活動（物流、金流、商流）的有效連結，使供應鏈成員能透過資訊分享，降低整體商業活動全面性風險與成本，以改善獲利力及提升最終使用者價值。

二、關鍵技術分析

　　為了促進上述之產業發展，以下八點關鍵技術，將是優先培育人才應具備之技術能力，包括：(1) 多據點庫存模式技術；(2) 物流中心自動化技術；(3) 物流加值服務技術；(4) 全通路配送技術；(5) 全通路創新服務技術；(6) 零售端銷售預測分析技術；(7) 智慧商業營運技術；(8) 智慧物流服務技術；(9) 智慧溫度監控技術。

　　綜合以上資料彙整、篩選，及產業專家座談會與夥伴學校策略聯盟會所得結論，列出以下 9 項智慧物流人才所需具備能力。

1. 巨量數據分析能力

擁有擷取、管理、處理資料的能力，並能運用分析工具發掘趨勢變化後提供優質精準的商業資訊服務，並尋求出新的商業價值。

2. 市場需求分析能力

具有全通路物流零售及物流整體概念，且能透過資料分析方法，進行市場需求分析及預測，及發掘組織在該市場所擁有的優勢資源和獨特能力，訂定企業發展策略滿足市場的客戶需求。

3. 物流智慧自動化應用能力

擁有智慧物流的應用技術，包含物聯網的感知裝置、雲端資料收集與應用、ASRS 系統的建置技術、雲端車輛管理系統應用知識等，利用自動化設備及資通訊技術改善物流效率，以提升管理能力。

4. 物聯網與資通訊應用能力

擁有物聯網的概念、架構、趨勢與技術，其中包含感知層與網路層之實作技術，應用物聯網及資通訊技術於物流效能改善，以及系統整合能力。

5. 多溫層物流作業能力

擁有恆定低溫狀態的物流網路和供應鏈體系知識與技術，並了解恆溫冷凍技術應用於產品生產、搬運、倉儲保管、輸配送、銷售等每一個鏈環節。

6. 全通路配送管理能力

擁有車隊調派與管理能力，包含透明化的配送時間、貨物情況、路線變動，並擁有現場開立收貨單據，以及 GPS 車隊定位追蹤的能力。

7. 彈性倉儲作業與管理能力

擁有提升倉儲效率及滿足客戶需求的能力，包括智慧裝卸及倉儲機器人、智慧輸送帶及結合語音及無線辨識能力的智慧揀貨系統等必備知識。

8. 國際物流作業與管理能力

擁有通關自動化、貿易便捷化、關港貿單一窗口等提升國際貿易效率的方法與技術。

9. 物流實務作業能力

擁有倉儲作業執行、負責商品上下架、盤點、補貨、寄貨、出貨、等物流管理作業之能力。

　　基於上述對智慧物流說明，未來要投入該領域之人才，除了傳統的商業知識、零售、物流等相關技術外，還必須熟悉跨領域或是跨境應用的知識、系統整合及動手做之能力。同時，利用發展重點技術與應用及產業領域等課程模組知識，彈性與多元地導入現有課程，培育未來欲從事商業服務類之學生，具備智慧物流所需能力。

　　未來可銜接未來產業之職位如：智慧物流配送管理師、智慧物流規劃與管理人員、智慧物流資通訊（行動化）應用人員、物聯網與物流應用人員、資料倉儲分析師、物流自動化導入與規劃人員、智慧物流系統分析與決策管理師、冷鏈物流規劃與管理人員、智慧物流及國際運輸人員等。

三、結語

技術的發展始終不能脫離人性的需求，而此需求包括：便利、效率、客製化、快速、彈性、永續、節能。事實上，整個智慧商務的發展即是為了滿足此等人性的需求，而智慧物流的發展則來自於企業間的競爭、市場的需求，以及資通訊科技發展的支持。企業智慧物流主要是用資通訊技術在物流決策與作業應用，集中表現在應用新的感測技術，以及巨量資料所進行的智慧決策，實現智慧倉儲、智慧運輸、智慧裝卸、智慧配送、智慧供應鏈等各環節的決策與作業。

以智慧倉儲為例，Foxconn 發展智慧倉儲的主要目的是為了節省人力並加快出貨作業，而 Edeka 的智慧倉儲系統做得相當完善，其設置的背景除了德國在智慧倉儲系統的設置與規畫的成熟外，也是為了能節省人力，提高倉儲作業的正確性。而 Zara 的智慧倉儲是以快速反應為主，200 多公里的輸配送軌道及自動分揀機等，都是為了能迅速出貨，以達到快速上市的目標。

有些商品的來源及銷售地點涉及跨國物流，其複雜度及作業上的要求就更為嚴謹，例如：日本水果和水產品在臺灣、香港、東亞地區，在保鮮狀態隔日送達顧客手中，其中各項作業與資通訊系統的整合、商品的監控等，即需能無縫銜接。另外，有溫控的食品（水產、肉品、牛奶、花卉、蔬菜、化妝、藥品等）也需透過 IoT 進行全程監控，由生產端到採摘或禽肉處理後的管理（預冷、儲存、熟成），最後的輸配送等過程，不僅有相當的業務需求，其所需的物流技術與作業更是嚴密。

章後習題

一、選擇題

( ) 1. 下列何者不是影響智慧商務發展的因素？

(A) 行動商務的興起

(B) 智慧科技的發展與應用

(C) 企業資源規劃系統（ERP）的廣泛使用

(D) 線上線下的整合 O2O

( ) 2. 下列哪項科技不是實現智慧物流的基礎？

(A) 自動化技術與智能化實踐　　　(B) 社群行銷

(C) 巨量資料分析與應用　　　　　(D) 物聯網與資通訊技術

( ) 3. 臺灣的生產力 4.0 計畫相對世界各國工業 4.0 計畫的敘述，何者是對的？

(A) 美國是世界第一個提出工業 4.0 的國家

(B) 日本後來提出工業 4.1J 的計畫

(C) 中國提出製造 2026 的計畫

(D) 韓國提出製造業創新 4.0 策略

( ) 4. 請敘述智慧物流人才所需具備的能力，何者敘述是錯誤的？

(A) 物流資通訊應用人才　　　　　(B) 自動化物流導入與規劃人才

(C) 全通路物流配送管理人才　　　(D) 智慧金融分析與應用人才

( ) 5. 下列何者對臺灣所提生產力 4.0 理想中所要達到的目標的描述是錯誤的？

(A) 達到生產與物流硬體自動化的目標

(B) 建立具有適應性品質預防的智慧工廠與智慧物流體系

(C) 達到生產與物流智能化的目標

(D) 透過智慧聯網與數據分析客戶以及商業資訊以轉化為實際商業的應用

二、問答題

1. 何謂 O2O（Online and Offline）？O2O 的發展對智慧物流的發展影響為何？

2. 請敘述智慧物流八點關鍵技術為何？並請對每一關鍵技術簡單敘述。

參考文獻

1. MBA 智庫百科，http://wiki.mbalib.com/zh-tw/%E6%99%BA%E6%85%A7%E7%89%A9%E6%B5%81。

2. MW PVL，http://www.mwpvl.com/。

3. Omnichannel，Wikipedia，https://en.wikipedia.org/wiki/Omnichannel#cite_note-7。

4. 工業 4.0 下的物流運籌布局（2016），周維忠。http://www.chinatimes.com/newspapers/20160717 000109-260204。

5. 工業技術研究院，https://www.itri.org.tw/chi/mobile/index_tw.aspx。

6. 王曉鋒、張永強、吳笑一（2015），零售 4.0。

7. 臺灣 O2O 浪潮全面啟動（2015），劉麗惠，http://www.ieatpe.org.tw/magazine/ebook286/b2.pdf。

8. 臺灣物流產業分析（2010），林巧雯、林易柔、廖于翔、謝育驊，http://nfuba.nfu.edu.tw/ ezfiles/31/1031/img/90/distribution.pdf。

9. 全日物流股份有限公司，http://www.roundday.com.tw/new/。

10. 吳香君，數位出版通路結構之研究，http://www.nhu.edu.tw/~society/e-j/83/8301.htm。

11. 物流再升級，思維新版本 [物流 4.0 探討一]，2015，http://www.iamech.com.tw/iamechseeread. php#。

12. 股感知識庫，https://www.stockfeel.com.tw/%E9%9B%BB%E5%AD%90%E5%95%86%E5%8B% 99-%E7%B6%B2%E8%B7%AF%E5%AE%B6%E5%BA%AD8044/。

13. 迎戰全通路零售 4.0 品牌如何精準洞察消費者（上），動腦新聞，2016，http://www.brain.com. tw/news/articlecontent?ID=43180&sort#236lFJgp。

14. 智慧物流新科技無人化是特點（2016），許昌釘，http://www.chinatimes.com/newspapers/2016 1127000729-260301。

15. 經濟部商業司，http://gcis.nat.gov.tw/mainNew/index.jsp。

16. 銳俤科技股份有限公司，http://www.elocation.com.tw/。

17. 顛覆產業的 19 個 IoT 應用，http://www.ithome.com.tw/news/106446。

09

智慧物流架構—商業模式整合

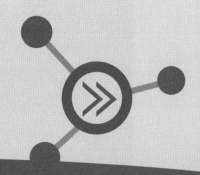

Smart Commerce

　　過去，由於網際網路的發達，帶來網路購物消費模式的興起，許多企業紛紛投入經營此一虛擬通路，形成同時具有虛擬及實體兩大通路之現象。現在，面臨全通路時代來臨，除了既有的虛實通路之外，在行動上網服務普及後，手機 APP 購物成為新興的購物管道，如何善用社群媒體，增加曝光及整合多通路以避免產生衝突，成為新時代的經營挑戰。因此，本章將首先說明互聯網以及物聯網，進而造成工業 4.0 的時代來臨；第二，又因工業 4.0 影響到商業以及零售模式，最後引發全通路時代；第三，全通路又會改變到物流模式，形成物流 4.0 的改變。

9.1　從互聯網、物聯網到工業4.0

　　過去 20 多年來，人類的生活與溝通方式深受互聯網（Internet）的影響，互聯網幫助人們解決了信息間的共享需求。

　　近年來，人們透過互聯網的訊息交互，進而建立物聯網（Internet of Things, IoT）。物聯網是一個由人、物件、機器相連而構成的巨大網路，以供感測、控制、偵測、識別，並交換所有資訊，進而提供更加值的應用服務。物聯網將會是一種新型態的網路革命，具有跨產業融合概念，也代表一種趨勢、充滿想像與機會。網際網路不久將消失而隱身為無所不在的環境裡，下一世代就是物聯網概念所形成的網路世界（張小玫，2015）；互聯網與物聯網的關係整理如表 9-1 所示。

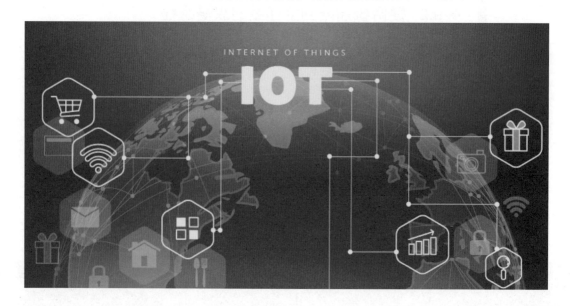

表 9-1 互聯網與物聯網的關係

	從系統接入角度	從網路數據採集方式與傳輸內容角度
互聯網	1. 有線接入：電腦→網卡→區域網→企業/校園網→地區主幹網→國家/國際主幹網→互聯網；電腦→ADSL 設備→電話交換網→互聯網；電腦→Cable Modem 設備→有線電視網→互聯網。 2. 無線接入：電腦→無線城域網→互聯網；電腦→無線區域網→互聯網。	1. 獲取訊息：透過人工。 2. 傳輸主要內容：Telnet、E-mail、FTP、Web、IP11v、P2P、電子商務、網路多媒體、搜索引擎、即時通信等。
物聯網	物聯網應用系統運行於互聯網核心交換結構基礎上，並根據自身需要選擇 RFID 或無線感測網路的接入方式。	1. 獲取訊息：RFID、感測器。 2. 傳輸主要內容：物聯網的傳輸內容主要為 RFID 數據信息，包括物品名、物品編碼、物品製造商、製造時間等。

　　隨著物聯網（IoT）時代來臨，工業應用領域也開始整合各種技術而掀起新一波工業革命，也就是工業 4.0 或稱第 4 次工業革命。最早於 2011 年漢諾威工業博覽會，德國政府提出工業 4.0 概念，目的是傳統製造業運用 IT 技術提升能量，使其轉型成具有適應性、資源效率及人因工程學基因的全面自動化生產的智慧工廠，同時也從重構供應鏈、商業流程及服務流程之中，找到許多新客戶及商業夥伴。

　　工業 4.0 變革的核心在於工業、工業產品和服務的全面交叉滲透，借助系統、互聯網和其他網路上實現產品及服務的網絡化。掀起工業 4.0 革命的主要原因是要解決全球面臨的四大難題：勞動力減少、物料成本上漲、產品與服務生命週期縮短、各種需求變化加快。工業 4.0 改變了生產的分工形式和產品的整合方式，一切以需求為主，展開對價值鏈和產業鏈的全方位改造與整合。（張小玫，2015）

　　工業 4.0 主要是利用物聯網及網際網路服務來改革生產流程，未來的智慧工廠在每個生產環節、每個操作設備都具備獨立自主的能力，可自動化完成生產線操作；而且每個設備都能相互溝通、即時監控周遭環境，隨時找到問題加以排除，也具有更靈活、彈性的生產流程，因應不同客戶的產品需求，圖 9-1 為工業 4.0 下的工廠型態。

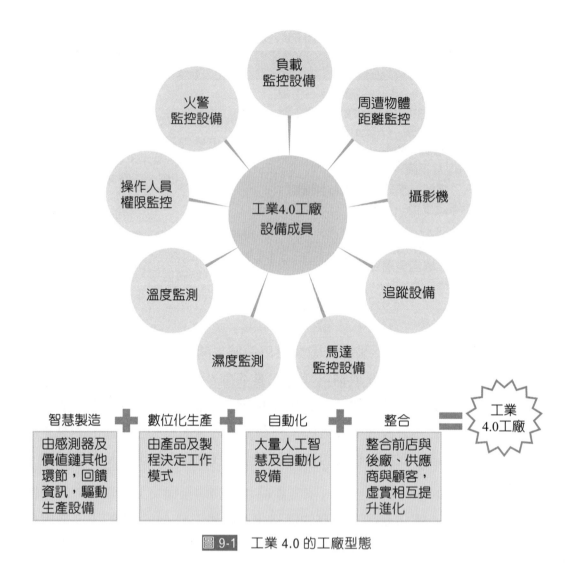

負載
監控設備

火警
監控設備

周遭物體
距離監控

操作人員
權限監控

工業4.0工廠
設備成員

攝影機

溫度監測

追蹤設備

濕度監測

馬達
監控設備

智慧製造	數位化生產	自動化	整合	工業 4.0工廠
由感測器及價值鏈其他環節，回饋資訊，驅動生產設備	由產品及製程決定工作模式	大量人工智慧及自動化設備	整合前店與後廠、供應商與顧客，虛實相互提升進化	

圖 9-1　工業 4.0 的工廠型態

　　因此，過去無交集的工控領域與 IT 領域，在物聯網時代開始對話。爲了實現「智慧工廠」，物聯網利用感測器取得資料，加以分析後找到各種關聯應用，背後蘊藏的技術關鍵就是大數 據，如圖 9-2 所示，在工業 4.0 的工廠中不只是自動化，製造業從「自動化」進入「智慧工廠」，關鍵就在預測。大數據的分析功能，得以從歷史資料中找出事件發生的週期，進而預測故障發生時間週期。

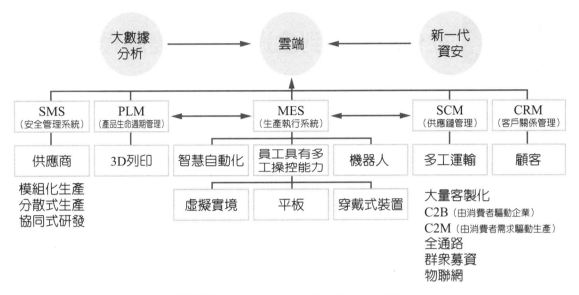

圖 9-2　工業 4.0 工廠背後的資訊系統

　　面對工控與 IT 的交集，英特爾、思科、奇異（GE）、IBM 及 AT&T 等網通、電器及電信大廠，2014 年即共同組成工業網路聯盟（Industrial Internet Consortium, IIC），打算透過建立一套開放互通標準的工業物聯網智慧系統，將未來所有智慧型設備、工業機器、人員、流程與資料等連結起來，降低未來工業應用及流程所需花費的人力時間及操作複雜度。

　　綜言之，面對工業 4.0 時代，製造業關注於五個關鍵需求：

1. **對的資料給對的人**：雲端技術的出現，讓新創初期支出成本降低，如何讓裝置與裝置溝通、將對的資料傳達給關鍵的人，成為提高管理效率的重點。

2. **預測危機**：以往工廠要等設備故障才做維修，導致製程中斷，機器連網後，系統得以預測故障的發生，並發出警示。

3. **多樣化生產**：產業的消費端與製造端越來越近，生產周期縮短，為因應快速變化的市場，企業必須從生產單一產品到生產多樣產品，從大量生產到少量製造。

4. **工控與 IT 交集**：物聯網時代，工控資料開始與 IT 資料互通、整合，例如為了系統安全，將工控系統集中化管理，這種資料集中的概念，在 IT 領域已經存在逾 20 年。

5. **速度決勝**：以往的製造廠影響力有限，現在應變速度快、貼近市場、小而美的製造業，在工業 4.0 時代更有商機。

9.2 從傳統通路到全通路的改變歷程

通路是將產品從生產者交到消費者的過程，傳統通路主要是指消費者由最終零售實體店面購買商品或服務，如圖 9-3 所示，而電子商務通路是指買賣雙方利用網路來進行商業活動，如圖 9-4 所示。

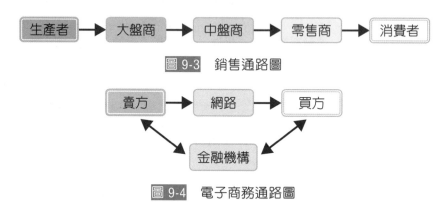

圖 9-3　銷售通路圖

圖 9-4　電子商務通路圖

傳統通路銷售型態主要分為四個階層，指的是從生產者到消費者間需要經過多少通路，零階是由生產者製造直接交給消費者，中間不經過其他通路；一階是生產者製造後，交由零售商販賣給消費者；二階是生產者製造後，交由大盤賣給零售商，再賣給消費者；三階是由生產者製造後，交給大盤，再給小盤，再到零售通路，最後到消費者手中，如圖 9-5 所示。

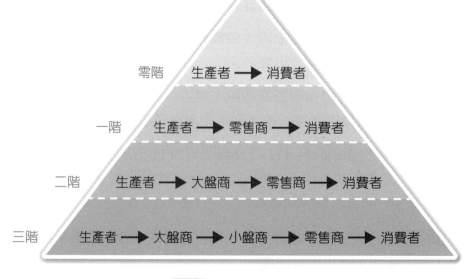

圖 9-5　傳統通路型態

資料來源：吳香君，數位出版通路結構之研究

相對地，電商通路型態主要分為四種，即 B2B、B2C、C2B、C2C 等四種；B2B 是指企 業間的採購；B2C 是企業對消費者，即為一般網路購物；C2B 是消費者對企業，如團購網；C2C 是消費者對消費者，如拍賣網，如圖 9-6 所示。

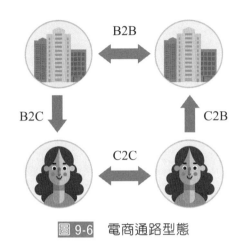

圖 9-6 電商通路型態

近幾年實體零售進入微利時代，企業盈利愈加困難，主要原因為兩方面：

在專賣店、超市、百貨等實體店銷售額增速放緩的同時，人工、租金、水電等成本卻快速攀升，使企業利潤空間受到擠壓，盈利能力不斷下滑，利潤率增速放緩；換言之，零 售企業銷售額的增幅明顯慢於各類成本漲幅。

由於電子商務、無線互聯網終端的崛起，消費的多元化和消費通路的多樣化，使得消費者有了更多的選擇機會，造成了消費者的分流，大量消費者轉移至線上。

以上因素會影響企業在銷售利潤上的發展，必須轉型尋找出路，以消費者為中心，建立線上與線下相互結合的全通路銷售模式。

首先，針對實體零售轉型，很多的實體零售店面對互聯網的威脅，紛紛想突破困局而踏上轉型之路，建立全通路零售模式，實體零售店靠著 O2O 對消費者做引導，滿足消費者購物需求，並在線上發佈促銷特價與廣告宣傳，進而引導消費者到指定店面消費。

另一方面，針對線上零售轉型，電商企業在互聯網崛起後創造出好成績，但市場成長終究會趨緩，同時受到某些因素限制，例如在物流方面可能會發生不可控的情況，如：在送貨途中發生型態改變，或是無法準時送達消費者指定位置，或運送錯誤地點；例如在消費者體驗上，因網路只能看到圖片，無法真實觸摸

物品，所以對於某些產品消費者還是會傾向至實體零售購買。因此，爲提升電商競爭力，有些原本只有在線經營的企業開始往實體通路發展，在市區開設實體店除了供消費者取貨，並可提供市區內當日訂購當日送達，同時也在市區中推廣品牌知名度，接觸非線上顧客，也可以讓消費者到實體店面享受面對面體驗服務。

一、邁向 O2O 模式

通路的演變是由單通路、多通路、跨通路、全通路進行演進，如下所示。

1. 單通路階段：大型連鎖實體店時代。

2. 多通路階段：網路商店時代，零售商採取線上線下雙通路。

3. 跨通路階段：實體商店與虛擬商店交叉合併使用。

4. 全通路階段：移動商店時代，注重顧客體驗，實體商店地位弱化。

線上到線下（Online to Offline, O2O）的核心是提供消費者多種購物通路，並將通路整合，提供極致的購買體驗。消費者喜歡跨通路一致性的購物體驗，無論消費者在哪種通路都能獲得一樣品質的產品，可以至任意門市退換貨，透過手機下單門市取貨、支付；此時，線上電商通路的優勢爲：獲取資訊、售前服務、發展會員、會員管理、個人化服務；而線下門市通路的優勢爲：好的購買體驗、與顧客建立關係。換言之，O2O 的核心原則就是要：提供好的產品和服務體驗，同時維護好消費者關係，建立好口碑。

以美國梅西百貨爲例，如圖 9-7 所示，在體驗管理方面，消費者透過 APP 設定關注商品及提示資訊，當進入門市後得到相關資訊；在設計過程中，「常識」與「自然」是重要考量，讓消費者在自然狀態下體驗商品，而不是強迫消費者改變習慣。

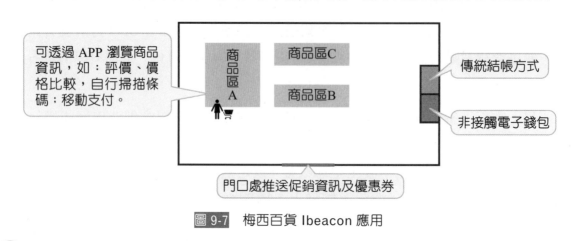

圖 9-7　梅西百貨 Ibeacon 應用

在臺灣，微風廣場導入以 iBeacon 為技術核心所開發的「FootPoint 踩點趣」APP，用戶下載該 APP 之後，在微風廣場逛街時，微風廣場的系統會根據顧客所在區域，即時提供附近區域店家的優惠券或紅利點數給消費者，藉以提高顧客走進店面消費的機會。臺灣 O2O 發展階段可以整理說明如下（臺灣 O2O 浪潮全面啟動，劉麗惠 2015）：

1. **第一階段**：企業藉由建設官方網站，行銷企業產品與形象。

2. **第二階段**：實體通路推出線上支付，再到線下取貨。

3. **第三階段**：隨著智慧手機的盛行，開發行動商務與手機 APP 商務。

4. **第四階段**：結合大數據、行動定位服務、iBeacon 等智慧化零售服務，建立無所不在的通路。

然而，目前實體零售企業轉戰線上，建立線上線下結合的 O2O 模式，效果似乎低於預期，主要原因為兩方面：

實體零售的自建網商平臺，無論是瀏覽量，還是轉化率、銷售規模，都無法和電商抗衡。

線上零售的特點就是低價，因此，實體零售企業為了要打進電商市場必須面臨低價問題，而低價就造成低毛利。

對於電商竄起和消費者習慣的改變，實體零售商經營盈利壓力從未減輕過，讓很多傳統實體零售企業處在一個進退兩難的境地。

在「消費者為王」的時代為了滿足消費者需求，零售商開始對各種通路進行整合，透過資訊技術，進一步深化各類通路之間的連動，為消費者提供便捷、全方位的購物、娛樂、社交體驗，進行無縫式消費體驗，全力建構「實體店＋網路＋手機（網路終端）」的全通路零售模式。（零售 4.0）

二、全通路（Omni Channel）

根據 Frost&Sullivan 顧問公司所提出，全通路被定義為在所有通路之間達到無縫、輕鬆、高品質的消費者體驗，包含以下幾點。

1. **線上線下引流方式**：商家通過各種方式，針對目標消費人群進行宣傳推廣，讓他們知曉、了解產品並前來消費。線上推廣方式有網頁廣告、搜尋引擎推廣等；線下推廣方式有電視廣告、平面廣告等。消費者傾向於透過線上社交媒體網路接收資訊，為了適應消費者習慣，企業可以透過線上社交媒體平台引流，推廣商品和服務。

2. **購買環節的融合**：購買階段可分為下單、支付、配送、售後四個環節，如圖 9-8 所示，此四環節實現了 O2O 閉環，指線上線下實現對接迴圈，只有將線下體驗回饋到線上用於交流才能實現。

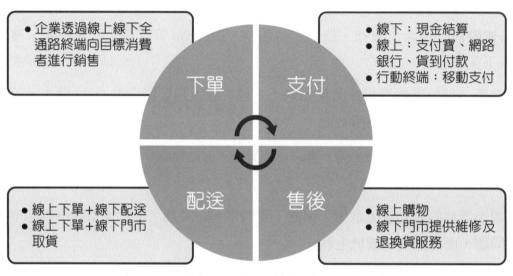

圖 9-8　全通路的購買階段

3. **全通路N+n**

   (1) N 種接觸點：主要包含兩方面，一是消費者購物的通路接觸點，把產品推送給消費者；二是消費者接觸資訊和媒介的接觸點，把資訊推送到消費者面前。消費者的購買通路 主要包括三種類型：實體通路、電子商務通路、移動商務通路，消費者了解商品資訊管道除了有傳統媒體管道，還有社交媒體平台，消費者只要有購物需求，就能夠隨時隨地進行購買，讓商家的商品把消費者包圍起來。

   (2) N 種服務：為消費者提供高品質、一致性的 n 種服務，包含：

   ① 下單服務：讓消費者能方便快速的下單。

   ② 支付服務：為消費者提供最方便快捷的支付方式，同時保證支付方式多樣化。

③ 配送服務：針對線上消費者，對商品配送服務要求因商品而異，在配送過程中應確保商品的完好無損。

④ 售後服務：主要體現在退貨服務上，即時回應消費者的要求並耐心服務。

⑤ 會員行銷服務：線上線下會員管理體系的一體化。

4. **全通路零售的價值**：全通路零售模式不僅為消費者提供極致的購買體驗，還會增加零售企業的曝光及銷售機會，有利於企業建立強大品牌，增強競爭力。

(1) 給消費者帶來更好的購買體驗：全通路可以使消費者在任意時間，以任意方式獲取想要的商品，透過線上線下各種通路滿足消費者購物的社交化、當地語系化、移動化及個人化消費需求。

(2) 增加零售企業的曝光及銷售機會：全通路零售模式可提高客流量、轉化率，進而增加顧客忠誠度。

(3) 客戶成本最小化，客戶價值最大化：客戶成本包含時間成本、精力成本、金錢成本等，客戶價值包含始終如一的商品品質及其他增值服務等，企業為客戶降低時間、精力、金錢成本，對於客戶來說就是一種價值。

圖 9-9 是智慧零售整合智慧物流，消費者可以藉由多種零售通路購買，而企業可以將貨物快速送往接近消費者處。

圖9-9 多元通路整合形成智慧零售環境

　　全通路零售模式成功的關鍵在於後端管理，全通路需要各個環節互聯互通，達到整體成本與效率的平衡，從而實現後端的科學管理，其成功關鍵因素整理如下所示。

1. **商品**：保持各通路之間商品資訊的同步一致性。

2. **價格**：保持線上線下各通路之間終端價格的同步一致性。

3. **支付**：提供方便快捷的支付服務。

4. **庫存**：實現所有通路的庫存共用。

5. **物流**：掌握物流過程的最後一哩。

6. **促銷**：在促銷執行過程中，確保不同通路的促銷資訊的一致性。

7. **會員**：將會員資訊即時同步到門市電腦端，提供各種產品的優惠資訊和會員積分給消費者。

8. **利益**：制定利益互享機制，並對每個環節的貢獻值，按照不同比例給獎勵。

9. **供應鏈系統**：在不同的分銷通路，保證供應鏈的同步協調和資訊協同。

 物流 4.0 時代

　　物流是指物品流通活動之行為，在物品流通過程中透過管理程序有效結合運輸、倉儲、包裝、流通加工、資訊等相關物流機能性活動以創造價值、滿足顧客及社會需求。

在物流 1.0 時代，線上通路和線下通路是獨立運作，二者的倉儲活動跟配送活動完全孤立，各自負責自己業務，只是在最後一公里上進行融合，如圖 9-10 所示。

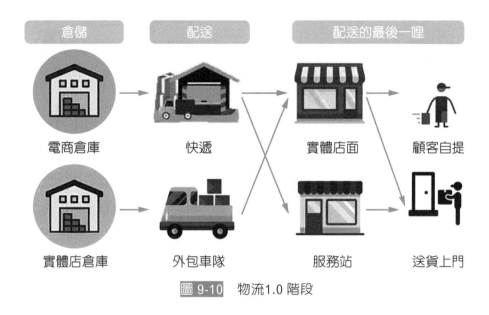

圖 9-10 物流1.0 階段

在物流 2.0 時代，線上線下物流融合由最後一公里向前延伸，即配送環節整體融合，配送車輛共用，線上線下合流排車，但倉儲活動依然分開，如圖 9-11 所示。

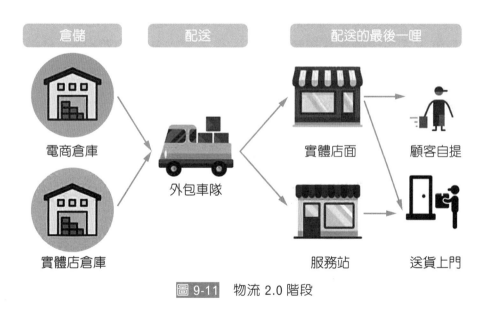

圖 9-11 物流 2.0 階段

在物流 3.0 時代，是深度融合階段，線上線下通路的倉儲和配送物流全過程融合，在 2.0 基礎上，實現倉庫庫存共享，甚至可以從採購開始的整體供應鏈進行融合。深度融合時，不僅倉庫的庫存共享，任何有庫存的地方都能爲全通路共享使用。

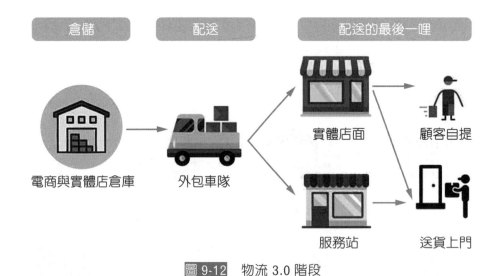

圖 9-12　物流 3.0 階段

資料來源：物流模式倉儲與運送https://www.50yc.com/information/redian/5012

　　而物流 4.0 則是在工業 4.0 的概念下，從採購、生產、銷售乃至售後服務相關的物流與後勤支援的整體運籌體系進行改造與升級，使得物流競爭力成為企業競爭力的重要環節。物流運籌體系的升級，需要從整體供應鏈的物流與資訊流的管控與高效率化、低成本化著手，其中雲端運算、大數據分析、物聯網、智慧化設備等先進 IT 技術的導入與應用，是不可或缺的元素；為達到兼具高效率化與低成本化，降低人工作業程度，在各環節導入智慧化設備，是未來物流運籌體系的必然發展趨勢。（參考資料：行政院生產力 4.0 發展方案）

　　隨著自動化、資訊及通訊科技的進步，物聯網逐漸發展成熟，串連起運輸、倉儲、包裝、裝卸搬運、流通加工、配送、資訊服務等各個環節，整合電子、光學、電訊等科技，以達到高精度要求的智慧物流，其系統將呈現以下的物流特性：

1. **物流轉型加值支援服務**：透過智慧化與自動化技術，協助物流業者建立更多加值服務，並從中發掘轉型契機。

2. **多據點庫存調撥模式優化技術**：利用智慧管理與調度機制，進行庫存與資源的最適化管理，包含分散庫存規劃與透通、存貨調度與即時補貨、車輛調度與支援等。

3. **節能物流中心效率化技術**：針對物流中心的高人力作業，導入智動化相關物流系統與設備，發展快速、精確的進儲、分揀、貼標與出貨服務，透過降低人力負荷與減少低附加價值活動比例，以提高整體生產力與價值。

4. 便捷商品遞交互動式技術：利用自動化與智慧化工具，發展更便捷的寄貨、取貨服務，提供個人化的貨品遞交服務，如：智能櫃。（參考資料：行政院生產力 4.0 發展方案）

面對工業 4.0 時代的來臨，物流 4.0 將會經常使用一些智慧化、無人化科技設備，說明如下：

一、無人化智慧物流硬體科技－無人機、無人車、無人船

大陸知名電商平台京東在最新發布的新一代智慧物流科技中，「無人化」是最明顯的特點。首先是全自動化的無人智慧倉庫，擁有 3D 視覺系統、動態分揀等功能的 DELTA 型分揀機器人；可以慣性導航、自動避障的智慧搬運機器人 AGV；運行速度高、定位準確、性能穩定、安全監測的 SHUTTLE 貨架穿梭車；高精度、載荷最高達 165 公斤、臂展接近 3 米的六軸機器人 6-AXIS 等，構建出智慧倉儲系統化方案。

「最後一公里」一直是大陸農村和偏遠地區物流配送的痛點，當貨物走出京東無人倉後，就將依靠無人機和無人車送到用戶手中。京東應用多種無人機型結合，打造快速幹線，包括近距離（1 公里）和中遠距離（30-50 公里）的運輸，載重可達 5-30 公斤，兼具原地起降技術和自動裝卸貨設計，目前京東無人機已經開始在多地送貨。物流公司應用無人機在山區鎮村間進行測試；如果將郵件從鎮上快遞到村裡，鎮與村的直線距離 12 公里，車程 40 公里，因山路彎曲，開車最快要 40 分鐘，而無人機只需 8 分鐘就能把重量在 10 公斤以內的貨物安全送達，這些無人化科技在西部貴州、四川等地的山區，用處特別大。

在無人駕駛方面，京東規劃以有「陸上航母」稱號的自動駕駛貨櫃車，搭載著高精度導航，可在高速公路等簡單道路環境中以序列跟隨行駛的方式運行；而終端的無人快遞機器人，則通過鐳射 + 視覺 + GNSS 的導航技術，實現從站點到客戶地址的全自主送貨，爲城市消費者解決最後一公里的問題。

此外，DHL 物流公司與中國大陸最大民營貨運公司順豐速運，亦展開相關研發與服務，DHL 計畫採用其開發的無人機「Parcelcopter」，作爲離島的緊急運送載具，順豐速運則已經實際使用無人機，並開始在中國東南部城市運送貨品，每日可達 500 趟次以上。

未來因自動駕駛的導入，除可解決人力短缺問題，亦可降低在貨物配送上，占整體成本 30%-40% 的卡車駕駛人事費用，以及相關人力配置，對物流成本結構將有重大影響。全球最大的卡車製造商戴姆勒已經積極投入無人駕駛卡車的研發與實地測試，預計 2025 年以前商用化。

勞斯萊斯則投入無人貨船的研發和商用化，由於不需船員登船，免除遭遇海盜的人身安全風險，加上不需船員住宿艙房，亦可擴大載貨空間，在貨運用途上，可能引發超越無人駕駛卡車的效應。（周維忠，2016）

二、無人化智慧物流硬體科技－RFID、大數據

RFID（無線射頻辨識）技術的應用已行之有年，運用 RFID 除可自動管理進出貨資料、調整庫存之外，也可即時共享生產和運送狀況，進一步因應供需變動或運輸環境變化，彈性調整生產和物流計畫；企業之間亦可藉由共享物流功能、數據分析，更有彈性地選擇不同物流公司或運送方法、路徑等，達到整體運籌的最佳化。

除了硬體無人科技之外，軟體大數據對於營運環境預測和建構商業模型也是不可或缺的技術；大量資料可以進行先進的預測所需，可以減少冗餘庫存，保障供應鏈上游對下游的精準供貨；大數據在倉儲布局、揀貨路徑優化、路網規劃、動態路徑規劃、智慧建站等方面都有很大助益。

三、無人化智慧物流科技－系統整合

洋山港是大陸最大的貨櫃港，是利用小洋山島填埋而成的海上人工港，並由全長 32.5 公里東海大橋連接上海本土，預定洋山港四期碼頭設計吞吐能力可以達到 400 萬標準貨櫃，並首次採用最新一代自動化貨櫃裝卸設備和自動化管理控制系統，也就是由電腦控制橋吊來裝卸貨櫃，用無人駕駛的自動轉運車替代現在碼頭上的貨卡，未來整個碼頭上幾乎看不到人，全都是系統自動調度。

船靠岸後，電腦會自動安排作業時間點，系統提前通知無人轉運車到達位置。電腦會根據卸船計畫，即時計算路徑，無人轉運車則會按照電腦規劃的行駛路徑，前往堆場，整個計畫可以精確到秒級。由於是全電力驅動，洋山四期也是一座「安靜綠色」的現代化碼頭。

　　上了岸之後，快遞業的無人化物流將完成「最後一哩路」，把貨送到終端客戶手中。由於貿易型態的改變，個人用戶愈來愈多，物流業者必須要靠著不斷參與電商的運作，不斷調整、設計各式方案讓客戶選擇，作到客製化服務。首先是要解決「最後一哩路」的問題，這時候一些科技發明就可派上用場，例如無人飛機、機器人派送或智能櫃等；在「個性化」需求方面，如何透過消費者數據，讓消費者取貨收件更有彈性，或消費者需要退換貨和維修時，物流業者能幫忙提供那些售後服務；在銷貨旺季，如何透過大數據預測，調整營運，讓消費者可以準時收到貨等。

　　綜言之，大型貨櫃輪靠岸後，重達 60 噸的貨櫃由機器手臂卸載在無人碼頭上，由自動引導運輸車輛（AGV）運上已經在等候的無人貨櫃車，接著一列無人駕駛的貨櫃車隊行駛在高速公路上，把貨運送到智慧倉庫中分揀、分運，再由小型無人車送到城市住家、智慧取物櫃或由無人機送到山區及偏鄉，這已經不是小說或電影的想像，而是物流 4.0 時代的真實情境。（周維忠，2016、許昌平，2016）

9.4 統一超商案例

　　如同上面各節所述，從傳統通路到全通路，從傳統物流到物流 4.0，這個過程並不是突然發生，也不是短時間形成，更不是某個企業或科技產品的鼓吹帶動，而是當商業環境複雜化的趨勢越來越嚴苛，科技產品的應用越來越廣泛之後，使得有識之士得以更有效整合結合商業環境和科技產品二者的潛在能力，進而引發喊出工業 4.0、全通路、物流 4.0 等標誌，終於形成 4.0 時代的來臨。因此，我們可以統一超商為例，檢視反省那些商業環境的改變和科技產品的引入，使得統一超商也逐步走入全通路時代，其相對應的物流系統也必須走向物流 4.0 的環境之中，才能繼續引領產業發展趨勢，成為零售產業領頭羊。

　　1978 年統一企業集資成立統一超商，目前在臺灣總店數大約為 5 千多間，也是此產業中的龍頭企業。表 9-2 是統一超商資訊系統、物流與電商化的歷程整理，可以看出統一超商一步一步導入資訊系統，讓公司可以精準地掌握消費者需求，幫助門市了解什麼時間需要訂購多少商品；在物流方面為滿足超商的配送需求而成立物流公司，使超商擁有強大的物流能力；因為電子商務與手機的盛行，統一超商也推出線上網購平台與手機 APP 來滿足消費者的購物需求。

表 9-2 統一超商資訊系統、物流、電商化歷程表

年份	項目
1989/08	EOS 電子訂貨系統全省連線。
1990/09	與日商菱食商社合作成立專業物流「捷盟行銷股份有限公司」。
1995/02	統昶行銷股份有限公司成立新市低溫物流中心，承接南部兩百多家統一超商（7-ELEVEn）低溫商品配送業務。
1995/11	開始導入第一代 POS 銷售時點情報系統。
1999/03	成立「大智通行銷股份有限公司」負責超商出版品、影音資訊、玩具與 EC 商品等配送業務。
1999/09	與日本排名第一宅急便業者「大和運輸株式會社」簽約，成立「統一速達股份有限公司」。
2000/07	成立「捷盛運輸股份有限公司」滿足便利商店（CVS）全品項需求，有常溫、冷藏、冷凍、鮮食多溫層的運輸配送機能。
2003/11	「第二代 POS 服務情報系統」正式導入 7-ELEVEn。
2006	推出「7-ELEVEn APP」提供店址、天氣、運勢、好康優惠等查詢功能。
2007/01	結合 icash 與信用卡功能推出「icash wave」，成為國內零售業首次結合電子錢包與信用卡的創舉。
2007/10	7-ELEVEn 推出二代事務機，整合 ibon 打造行動商務中心。
2010/01	與露天拍賣合作推出全球首創「交貨便」服務，成為全台最大網拍面交中心。
2010/07	統一超商成立 7net 購物網站。
2011/04	推出「ibon 量販便利購」，利用 ibon 平台、7net 網購機制及商品採購力，開啟民生販商品販售新平台。
2012	推出「ibon 行動生活站 APP」，40% 的功能與門市 ibon 一樣。
2013	啟動「綠色物流」，透過行車記錄管理系統監控達到最佳效能。
2013/12	完成全門市導入第三代 POS 系統，精準掌握消費趨勢，並優化門市營運效能。
2014/06	「ibon 行動生活站 APP」改版，提供票務、繳費、紅利、數位儲值、行動列印、交貨便、行動錢包、門市查詢等 8 大行動服務，人手一台 ibon 帶著走。
2015	推出「OPENPOINT APP」，提供最新活動訊息及點數查詢功能等。
2015/08	因應集團未來發展策略，整併旗下「ibon 品牌」數位化服務藍圖，原 7net 網站於 2015/08/18 正式更名為「ibon mart 統一超商線上購物中心」。

年份	項目
2016/07	邁入「ibon 便利生活站 3.0」，導入創新服務四大平台為行動列印、繳費服務、購物寄貨、票券中心。
2017/03	拓展 ibon APP 服務功能平台：E-Service 平台、禮贈平台、會員點數平台、行動商務平台。

資料來源：7-ELEVEn 企業情報、7-ELEVEn 新聞看板、ibon mart 線上購物中心、統昶行銷股份有限公司官網、大智通文化行銷股份有限公司官網、捷盛運輸股份有限公司官網

　　在全通路的的影響下，實體店面紛紛朝向電子商務發展，統一超商除了擁有實體店面眾多的優勢外，同時也在實體店提供良好的服務體驗給消費者，並且能精準掌握消費者需求；在電子商務方面，統一超商建立了 ibon mart 為雲端超商，滿足消費者多元的需求，同時結合實體店面的優惠活動，使消費者即使不出門也可以在任何時間地點買到生活用品、零食、飲料等商品；統一超商也有建立手機 APP，可讓消費者在行動裝置上提供更多服務，例如：商品預購、咖啡外送等。

　　統一超商的全通路部分可以圖 9-13 進行說明，從 1978 年統一超商成立以來，隨著時代科技進步，消費者需求改變，引進許多幫助企業營運的資訊系統，如：EOS、POS 等，使統一超商朝向智慧零售發展，消費者可藉由實體通路、線上通路、行動通路進行購物，同時在所有通路也擁有一致的體驗，而達到智慧零售的背後必須搭配良好的物流系統形成智慧物流，以上是實線線條部分說明。在虛線線條部分是消費者對於統一超商的通路進行購買或是獲取超商相關資訊的管道，並且在各個管道中消費者會員資料都可以串聯。除了這些管道外，統一超商也有利用一些社群媒體與消費者互動，例如：統一超商透過 LINE 舉辦一些互動優惠活動，或是利用 Facebook 分享進行抽獎活動，還有 7-ELEVEn 的 YouTube 頻道會放上宣傳影片如「單身教我的 7 件事」系列或是微電影等。

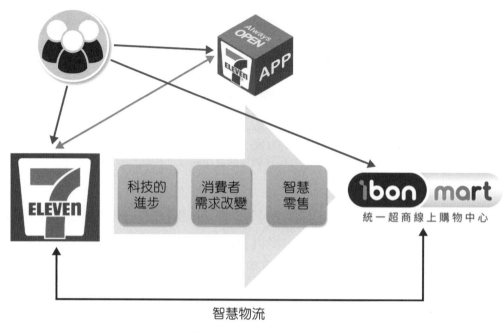

圖 9-13　統一超商全通路型態

　　資訊系統的改變可以整理如圖 9-14 所示,說明如下:

1. POS 銷售時點情報系統(Point of Sales)

　　目前統一超商用的是第三代 POS 系統,以每小時為單位,提供:即時進銷存情報、每日四次的天氣情報、即時傳送集中化的商品情報。當顧客在結帳時,每刷一次條碼就會存入一筆銷售資料至 POS 系統資料庫,並利用大數據進行消費者行為分析,可讓統一總部快速反應消費者需求,並掌握當地附近區域消費者的消費習慣,開發相關商品並且準確預估銷售,減少庫存量與報廢品之外,還能汰換冷門商品,增加熱門商品的訂貨,以提高營運績效。沒有 POS系統之前,門市無法記錄詳細消費資料,如果要了解存貨數量,必須以人工去進行商品盤點,但是無法及時分析銷售資料而進行補貨,會造成缺貨情況。（資料來源:統一超商企業情報官網）

2. EOS 電子訂貨系統(Electronic Ordering System)

　　使門市、物流中心、產品供應商能同步接收到訂貨訊息,門市店長只需要透過系統,按個鍵就可以將訊息快速的傳送到各個地方,能節省許多資訊交換的時間。沒有 Eos 系統之前,門市訂貨店長必須要打電話給物流中心,透過物流中心再去向供應商進行採購,等待供應商報價後,才能進行下單,其中花費的時間都是成本。（資料來源:摩爾 7-ELEVEn 研究室）

3. 自動訂貨建議系統

此系統是綜合上面兩種系統而成，運作方式是以 Pos 系統所蒐集的歷史資料，對店長提供訂貨量建議，連結 Pos 系統與 Eos 系統去進行訂貨作業，系統 會將銷售資料與庫存資料進行比對。自動訂貨建議系統對於門市店長在決定訂貨量上有 輔助功能，店長無須將銷售資料與庫存進行比對，經過系統分析可以降低訂貨作業成本。

4. VCM 供應商協同管理系統（Vendor Collaborative Management System）

利用網際網路連結 供應商、物流中心與門市，使供應商可以即時上網查詢存貨與帳務資料，供應商可以知 道物流中心的供貨情報，也可以對交易金額進行確認。以前供應商想要確認帳務資料， 可能要打電話聯絡物流中心查詢，這個系統可與供應商進行整合，使訊息傳輸更加快速 有效率。（資料來源：摩爾 7-ELEVEn 研究室）

5. 網路報價系統

廠商可直接上網提出產品規格，也可擴大統一超商尋求新商品的來源，不須再經過一般樣品報價的流程，大大節省時間成本。（資料來源：摩爾 7-ELEVEn 研究室）

6. VAN 加值網路（Value Added Network）

VAN 是利用下層基本網路設施進行額外的附加服務。7-11 總部利用 VAN 加值網路通知捷盟（7-ELEVEn 集團物流公司）自己要採用的商品，捷盟再下訂單經由 VAN 傳送給廠商和集約站，然後由捷盟驗收貨品放進倉庫裡，可以快速且正確不變的將資料內容傳輸至其所要求的地方。

7. EDI 電子資料交換（Electronic Data Interchange）

7-ELEVEn 利用 EDI 電子資料交換的標準格式在企業內部進行資料流通，沒有 EDI 時，單位間在交換資訊時會造成格式不符的問題。

8. 行動辦公室（Mobile Office）

只需透過人手一台的筆記型電腦，便可隨時將門市和總部的資訊串接起來，達到訊息即時傳輸彙整與資源共享的目的，同時節省區顧問往返辦公室與門市的時間。

9. 數位行車記錄管理系統

透過 GPS 定位與監控機制,鎖定降低油耗、全程溫度監控、安全駕駛等管理面向進行升級,達到綠色物流每年可降低碳排放量約 400 萬公斤,減低了物流對環境的汙染。(資料來源:統一超商企業情報官網)

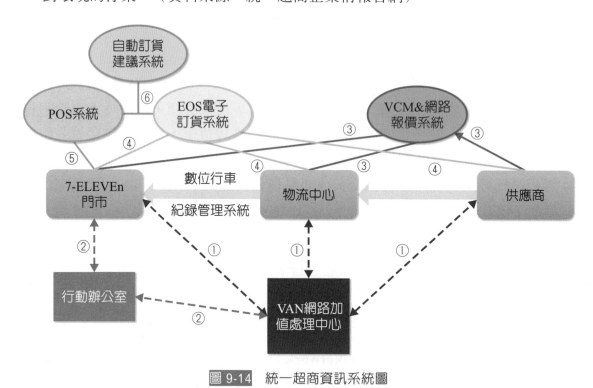

圖 9-14 統一超商資訊系統圖

參考資料:7-ELEVEn 物流系統介紹 PPT

統一超商成立的物流中心,共分為五種物流配送系統,即常溫、低溫、鮮食、麵包、出版品等,物流系統的改變可以整理如圖 9-15 所示,說明如下:

1. 配送多樣少量

超商的空間有限,能夠放置存貨的面積很小,還要避免缺貨,所以物流 為符合超商需求,必須進行多樣少量配送。

2. 專業物流分工

統一超商依據商品不同保存需求而建立不同物流中心,分別為:捷盟常 溫物流中心、統昶低溫物流中心、統昶鮮食麵包物流中心、大智通文化出版品物流中心。

3. 配送階段演變

統一超商的物流模式共有三階段演變：

(1) 集約化配送階段：統一超商從多家批發商分別向各間門市送貨，改由一家批發商在區域內統一配送。

(2) 共同配送中心階段：共同配送中心代替了特定批發商，分別在不同區域統一集貨、統一配送。

(3) 細化配送階段：隨著店鋪的擴大和商品的增多，7-ELEVEn 的物流配送越來越複雜，各區域 的配送中心需要根據不同商品做出不同頻率的配送，以確保食品的新鮮度。（資料來源：7-ELEVEn 便利店的物流管理模式）

4. 良好的儲位管理

儲位管理就是利用儲位來使商品處於「被保管狀態」，並且能夠明確顯示所儲存的位置，同時當商品位置發生變化時能夠準確記錄，使管理者能夠隨時掌握商品的數量、位置，以及去向。

5. 綠色物流

2013 年統一超商導入綠色物流，加上數位行車記錄管理系統，透過共配與整合機制，達到效能最佳化降低碳排放量。（資料來源：統一超商企業情報官網）

6. 運輸車隊保養

7-ELEVEn 和國內具規模的專業大型車服務廠商「長源汽車」進行合作，提供有計劃性的專屬服務規劃，即「物流車維修保養機制」，記錄車輛的基本資料及車歷，每月並由物流公司提供每輛物流車的里程數等資料，透過電腦連線，汽車保養廠商會列出哪些車子該進廠做何種保養。（資料來源：摩爾 7-ELEVEn 研究室）

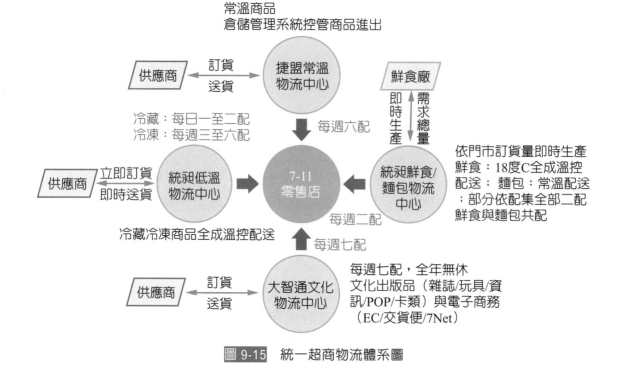

常溫商品
倉儲管理系統控管商品進出

供應商 —訂貨→ 捷盟常溫物流中心 ←送貨—

鮮食廠

即時生產 ⇄ 需求總量

冷藏：每日一至二配
冷凍：每週三至六配

每週六配

供應商 —立即訂貨→ 統昶低溫物流中心 ←即時送貨—

7-11 零售店

統昶鮮食/麵包物流中心

依門市訂貨量即時生產
鮮食：18度C全成溫控
配送；麵包：常溫配送
；部分依配集全部二配
鮮食與麵包共配

冷藏冷凍商品全成溫控配送

每週二配

每週七配

供應商 —訂貨→ 大智通文化物流中心 ←送貨—

每週七配，全年無休
文化出版品（雜誌/玩具/資
訊/POP/卡類）與電子商務
（EC/交貨便/7Net）

圖 9-15　統一超商物流體系圖

資料來源：統一超商企業情報官網

　　針對上述有關全通路和物流 4.0 的說明，以及統一超商的作業現況，我們可以思考還有哪些做法可以使得一家企業更廣泛充實地進入全通路時代和物流 4.0 時代，分別說明如下：

1. 線上線下引流方式

透過 YouTube 做線上推廣，電視廣告做線下推廣，再以 Facebook、LINE、Blog、Instagram 社群媒體推廣商品與服務。

2. 購買環節的融合

在下單環節中，7-ELEVEn 透過線上 ibon mart 與線下門市進行銷售；在支付環節中，線下以現金算，線上有 ATM 轉帳、7-ELEVEn 取貨付款信用卡一次 /分期付款、信用卡紅利折抵、貨到付款、ibon 付款支付方式，7-ELEVEn 也有行動支付功能使用 7-ELEVEn APP 輸入商品卡、餘額卡或是禮物卡條碼即可以行動支付方式付款；在配送環節中，可於線上購物選擇至線下門市取貨，7-11就會將商品配送至指定門市；在售後環節中，線上購物的商品如有瑕疵都可在門市進行退貨。

3. **全通路 N+n**

　　7-ELEVEn 有提供實體通路、電子商務通路、移動商務通路接觸消費者，而消費者可以透過電子傳單（EDM）、社群媒體平台（Facebook、LINE、Blog、Instagram）接收到資訊，使消費者隨時都可以進行購物；7-ELEVEn 提供一致性服務使消費者能快速下單，多樣化的支付方式；對線上消費者因商品的不同性質進行不同配送服務；在售後服務上，如商品有瑕疵，線上消費者在退貨程序中必須等待三天才能進行退貨申請較不方便；7-ELEVEn 的會員在線下與線上是通用的管理體系。

4. 爲達到全通路，7-ELEVEn 可以使用行動定位，當消費者地點靠近門市附近時發送優惠券至行動裝置，同時顯示店內有什麼促銷活動等給消費者，在 APP 方面雖然可以連上 ibon mart 購物，但是比不上其他專業購物 APP 介面，可以將 ibon mart APP 升級，以達到消費者最佳體驗。

5. 上述四點主要針對通路的理念而產生，至於物流 4.0 時代的較新科技，如無人機和無人揀貨車等，臺灣地區的物流企業尚未使用，其主要原因爲，臺灣消費人口有限，消費量較不具規模，目前的倉儲配送系統已經足夠滿足需求，並沒有立即更換的急迫性。

章後習題

一、選擇題

(　　) 1. 在 O2O 的模式中，移動商店的時代到來，以及注重顧客體驗和實體商店的地位弱化，這是屬於哪個階段？

    (A) 單階段通路　(B) 多通路階段　(C) 跨通路階段　(D) 全通路階段

(　　) 2. 關於物聯網，下列敘述哪一項錯誤？

    (A) 物聯網的英文名稱為 Interconnection of Things（IoT）

    (B) 物聯網可賦予智慧給物件，並擁有與其他物件或人溝通的能力

    (C) IBM 提出了智慧地球的概念

    (D) 物聯網將感測器裝到真實物體上，並透過網路連接，以實現物與物的直接通信

(　　) 3. 在全通路的影響之下，實體店面紛紛朝向電子商務發展，隨著時代科技的進步，統一超商引進了哪些資訊系統？

    (A) 自動訂貨建議系統　　　　　　　(B) VCM 供應商協同管理系統

    (C) EOS 電子訂貨系統　　　　　　　(D) 以上皆是

(　　) 4. 下列有關全通路的敘述，何者正確？

    (A) 全通路會採用線上線下引流方式

    (B) 全通路會致力於各購買環節的融合

    (C) 全通路包含 N 個接觸點和 n 種服務型態

    (D) 以上皆是

(　　) 5. 下列有關全通路零售的敘述，何者正確？

    (A) 全通路給消費者帶來更好的購買經驗

    (B) 全通路給零售業帶來更多的曝光和銷售機會

    (C) 全通路可以達成客戶成本最小化，客戶價值最大化

    (D) 以上皆是

二、問答題

1. 請說明從物流 1.0 時代，演進到物流 4.0 時代，在物流系統方面所發生的差異。

2. 請舉例說明有哪些工具設備可以用來達成物流無人化的目標。

參考文獻

1. 吳香君，數位出版通路結構之研究，http://www.nhu.edu.tw/~society/e-j/83/8301.htm。

2. 股感知識庫，https://www.stockfeel.com.tw/%E9%9B%BB%E5%AD%90%E5%95%86%E5%8B%99-%E7%B6%B2%E8%B7%AF%E5%AE%B6%E5%BA%AD8044/。

3. 王曉鋒、張永強、吳笑一（2015），零售 4.0。

4. 劉麗惠（2015），臺灣 O2O 浪潮全面啓動，http://www.ieatpe.org.tw/magazine/ebook286/b2.pdf。

5. Omnichannel，Wikipedia，https://en.wikipedia.org/wiki/Omnichannel#cite_note-7。

6. http://mymkc.com/article/content/2239。

7. 動腦 Brain.com.tw，http://www.brain.com.tw/news/articlecontent?ID=43180&sort#236lFJgp。

8. 林巧雯、林易柔、廖于翔、謝育驊（2010），臺灣物流產業分析，http://nfuba.nfu.edu.tw/ezfiles/31/1031/img/90/distribution.pdf。

9. 物流再升級，思維新版本 [物流 4.0 探討一]，2015，http://www.iamech.com.tw/iamechseeread.php#。

10. 周維忠（2016），工業 4.0 下的物流運籌布局，http://www.chinatimes.com/newspapers/20160717000109-260204。

11. 許昌平（2016），智慧物流新科技無人化是特點，http://www.chinatimes.com/newspapers/20161127000729-260301。

12. 許昌平（2016），無人化科技陸掀物流革命，http://www.chinatimes.com/newspapers/20161127000727-260303。

13. 許昌平（2016），客製化物流電商時代勇立潮頭，http://www.chinatimes.com/newspapers/20161127000735-260301。

14. 許昌平（2016），滬洋山港無人化碼頭明年營運，http://www.chinatimes.com/newspapers/20161127000733-260301。

15. 7-ELEVEn 企業情報網，https://www.7-11.com.tw/company/history.asp。

16. 7-ELEVEn 新聞看板，全面升級再進化「ibon 便利生活站 2.0」挑戰一年 1.8 億人次使用 7-ELEVEn 虛實整合更貼心「ibon 行動生活站 APP」你的貼身服務小秘書，https://www.7-11.com.tw/company/news_page.asp?dId=557。

17. 7-ELEVEn 新聞看板，7-ELEVEn「OPENPOINT 行動 APP」即日起正式上線 Android 及 iOS 版本雙登場，便利生活新未來，https://www.7-11.com.tw/company/news_page.asp?dId=550。

18. 7-ELEVEn 新聞看板，ibon 便利生活站 3.0」時代來臨！7-ELEVEn 下半年再攻新服務 上億筆行動大數據揭密、「2016 年國人七大消費現象」曝光，https://www.7-11.com.tw/company/news_page.asp?dId=595。

19. 7-ELEVEn 新聞看板，統一超商持續優化 7 大元素，2016 年營收獲利再創新高 高價值、獨特性的 10 大熱門經營夯服務備受消費者肯定，https://www.7-11.com.tw/company/news_page.asp?dId=611。

20. Ibon mart 線上購物中心，http://mart.ibon.com.tw/QA_2016/QA_f1.html。

21. 統昶行銷股份有限公司官網，http://www.upcc.com.tw/about-history.htm。

22. 大智通文化行銷股份有限公司官網，http://www.wds.com.tw/wds1.html。

23. 捷盛運輸股份有限公司官網，http://www.plic.com.tw/plic/info/index.html。

24. 摩爾 7-ELEVEn 研究室，http://m7-11s.blogspot.tw/2009/11/7-11.html。

25. 教育部重編國語辭典修訂本，http://pedia.cloud.edu.tw/Entry/Detail/?title=%E5%8A%A0%E5%8
0%BC%E7%B6%B2%E8%B7%AF。

26. 電子數據交換，維基百科，https://zh.wikipedia.org/wiki/%E7%94%B5%E5%AD%90%E6%95%
B0%E6%8D%AE%E4%BA%A4%E6%8D%A2。

27. 7-ELEVEn 物流系統介紹 PPT，https://www.google.com.tw/url?sa=t&rct=j&q=&esrc=s&source=web&
cd =2&cad=rja&uact=8&ved=0ahUKEwj09LSDnKbQAhWHjJQKHbsbCTIQFggfMAE&url=http%
3A%2F%2Fbm.nsysu.edu.tw%2Ftutorial%2Fiylu%2F981om_report%2Ffinal%2520report%2F981_
finalreport_team9.ppt&usg=AFQjCNExD6LSx3WzxCN82d8QkjWePlxzIQ&sig2=rXarZ202KUF-
Qx2ErlKqFg。

28. 7-ELEVEn 便利店的物流管理模式，http://big5.58cyjm.com/html/view/39597.shtml。

10

智慧物流能力—作業管理技術

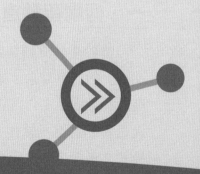

Smart Commerce

　　本章將介紹智慧物流人才所需必備的四個重要知識能力與作業管理技術，分別爲智慧倉儲、智慧配送、供應鏈管理、國際物流。「智慧倉儲」和「智慧配送」除了介紹基本的倉儲管理與輸配送管理技術外，還結合目前發展中的智慧科技，使讀者能夠跟上時代的腳步，從認識基本的科技應用開始，剖析智慧物流的創意應用，進而建立讀者未來在全通路物流領域中，創新應用智慧物流科技的可能性。此外，以「供應鏈管理」和「國際物流」引領商業服務 4.0 人才能夠從流程（Process）的觀點，追求全供應鏈成員的最大效益，包括原物料供應商、製造商、配送商、各樣型態的零售通路業者（亦即所稱的全通路業者：便利商店、超市、量販業、百貨公司、電視購物、網路與行動商務購物等）和消費者。

10.1 智慧倉儲

　　電子商務的興起，改變全球物流的產業結構，藉著資訊通訊（Information and Communication Technology, ICT）的進步，包括無線射頻辨識（RFID）、行動高速網路（4G/5G）、物聯網（IoT）、雲端平台、大數據分析（Big Data）、智慧裝卸、智慧輸送帶及倉儲機器人、智慧型語音與穿戴裝置等技術的興起，不但解決物流業者的問題，也促使物流作業朝向智慧化發展。物流業者爲了因應網購業者或消費者對於快速回應（Quick Response）的需求，必須加速發展智慧物流的新營運模式，強化倉儲管理的作業績效與營運效益，同時達到大幅降低營運成本的目標，方能在激烈產業競爭環境，立於不敗之地，以下針對智慧倉儲的定義、特色與發展趨勢及運作模式，依序說明如下：

一、何謂智慧倉儲

　　鑑於產品流通快速及生命週期愈來愈短情況，和「少量、多樣、高頻率、交期短」的訂單需求，業者紛紛透過運算工具蒐集許多資料結果，掌握多頻、週轉率高的暢銷商品，作爲評估採購數量與交期的預測與規劃。一般物流中心除了需處理大量貨物進出、儲存、揀貨與出貨工作外，尚須考量倉儲動線、儲放區域及揀貨模式之最適化，方能提升作業效率及管理效益，因此現代化物流技術的應用甚爲重要。

　　智慧倉儲是指在倉儲管理流程運用先進技術及管理方法，實現智慧入庫、智慧隨機儲存、揀貨、出貨路徑智慧運算、自動辨識、預警等管理功能，達到提升 (1) 倉儲利用率；(2) 庫存管理與存貨控制；(3) 資產優化利用；(4) 提升揀貨的速度與正確性；(5) 低碳與能源管理；(6) 損害檢測與預測性維護；(7) 員工健康與安全等營運效益。

二、智慧倉儲的特徵與發展趨勢

　　資通訊與物聯網技術的日趨發達，有助於提升倉儲作業管理效率的技術，包括行動高速網路（4G/5G）、智慧裝卸及倉儲機器人、智慧輸送帶及結合語音及無線辨識能力的智慧揀貨系統、雲端運算、大數據分析（Big Data）、智慧型穿戴式裝置等的興起，不但解決物流業者的問題，也促使物流業作業朝向智慧化發展，歸納智慧倉儲的特徵如下：

（一）大數據分析與智慧運算

　　在資料爆量、多樣化以及數據更新快速的時代下，大數據分析之應用日益受到重視，在智慧物流領域已大量應用於訂單預測、智慧倉儲作業與路線配送規劃等。由於數據的產生具有「4V」的特性：即資料量大（Volume）、資料多樣性（Variety）、過濾資料真實性（Veracity）、輸入與處理速度快（Velocity），尤其非結構資料（如 Text, Image, Video 等）的大量形成，強烈衝擊傳統資料庫技術之應用；同時，因為大數據資料類別多、形成速度快，因此雲端技術的支援與資料傳輸速度的充足與否，是其能否順利運作的重要關鍵。一般來說倉儲管理的重點工作包括 4 點：(1) 盤點庫存；(2) 儲位管理；(3) 進出貨管理；(4) 先進先出（即先進貨入庫的商品先出貨），無論哪一種作業管理都必須建構在正確識別商品身分的前提下，才能達到提高進貨驗收的效率及正確性，及庫存商品視覺化的目標。以下說明倉儲作業智慧化的應用與發展趨勢：

1. 智慧識別（Radio Frequency IDentification, RFID）

　　RFID 是物聯網概念中相當重要的技術，廣泛應用在物流作業管理領域。RFID 透過無線辨識功能，可以快速辨識並記錄物品的數量、位置，讓品項眾多的倉儲作業化繁為簡、效率倍增。

現代倉儲管理中導入 RFID 技術如圖 10-1 所示，對倉庫入庫、檢驗、揀貨、庫存、儲位調撥、出庫等各作業流程的資料，進行自動化資料收集，並利用後端管理系統查詢與辨別物品狀態，達到自動化管理，確保企業及時、正確地掌握及維持合理庫存數量。企業導入 RFID 智慧倉儲的效益有下列四點：

(1) 更有效地進行貨物識別、庫存資料蒐集、分類及追蹤等作業。

(2) 確實記錄棧板、物流箱、堆高機、卡車、設備及工時的資料。

(3) 在條碼無法工作的惡劣環境下進行資料蒐集。

(4) 整合智慧貨架、自動分流機、撿貨設備等，提高出貨效率。

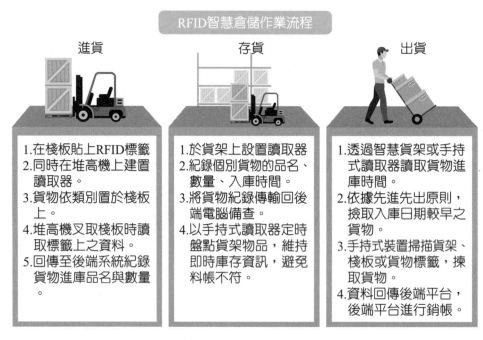

圖 10-1　RFID 智慧倉儲作業

2. 智慧入庫

新品入庫時，如圖 10-2 示，作業人員以立體測量儀（Cubi Scan）掃描，立即得知商品重量、材積資訊。相較傳統倉儲作業模式，不僅減少人工丈量的時間浪費與誤測，同時提升後續商品入庫效率，及提高儲位的利用率。另一方面，由過去歷史數據的蒐集與分析，配合經驗法則，確認那些商品易產生貨損（Damage）及損壞的部位，在商品入庫前進行預防性的包裝予以強化，減少貨損風險。

圖 10-2　Amazon 立體測量儀（Cubi Scan）

圖片來源：Amazon 網站：https: www.amazon.com

3. 智慧儲存與庫存優化

倉庫隨機存儲即對於新入庫的商品直接上架到就近或者隨機的可用貨架上，隨機存儲看似隨意，卻需要配合精確的 SKU 及儲位管理條碼化，在入庫時記錄隨機存儲的商品數量與對應的貨架資訊，同時以完善的大數據分析、智慧運算及流程分析，考量先進先出的原則、耐久財、庫存周轉率（暢銷/非暢銷品）、商品特性（例如：溫度、濕度、微生物/氣體/氣味交叉汙染）等限制因素，決定最適儲位位置，達到商品共同存放的極大化，有效提升倉儲利用率。

另一方面，庫存優化策略：考量整體需求變動、庫存水準、採購前置時間、最大庫存量、採購批量、訂單頻率等因素，透過大數據分析、智慧運算，建立穩定的補貨及庫存協調機制，達到消除過量的庫存，降低庫存持有成本的營運目標。

4. 揀貨、出貨路徑智慧運算

藉由裝置在棧板、貨物、搬運設備（例如堆高機）、存放設備（例如料架）及人員之感測器，不間斷追蹤與傳遞相關數據（例如高度、體積、重量、路徑、位置、樓層等）至雲端平台，可即時了解貨物、棧板、堆高機及人員的動態，透過大數據（Big Data）分析與智慧運算，考量不同的揀貨模式（例如批次撿貨或訂單揀貨）、儲位位置、路徑與訂單組合等因素，透過大數據（Big

Data）分析與智慧運算（演算法），提供倉儲管理者執行貨物裝卸、搬運與出貨的時間，及揀貨人員最佳揀貨路徑資訊。相較傳統倉儲作業模式，除了可減少揀貨路徑重複及揀貨行走貨搬運距離至少 60% 外，有下列兩點效益：

(1) 降低人員體能的消耗與時間的浪費，提升揀貨的速度與正確性。

(2) 提升搬運設備利用率，並達到節電、節能之效果及綠色環保物流的效益。

（二）理貨裝置穿戴化

隨著智慧型終端日益普及以及穿戴式裝置的技術日益成熟，許多業者試著將智慧型終端與穿戴式裝置導入倉儲作業。例如在倉儲作業中導入智慧型眼鏡，可透過室內定位技術即時告知工作人員貨物位置，同時可用智慧型眼鏡取代條碼掃瞄機，讀取貨物訊息，並即時與後端平台進行雙重確認。

將智慧穿戴裝置導入倉儲作業特定流程，例如存貨盤點、路徑指示、即時庫存回報等，都是未來穿戴式裝置應用的範疇；透過室內語音導航技術，即時告知工作人員貨物位置，配合穿戴式條碼掃描器讀取貨品訊息，實現揀貨智慧化。與紙張揀貨作業相比，揀貨效率可提高 25%，揀貨正確率達 99%，進而減少出貨錯誤造成的顧客抱怨及退／換貨處理成本。

以物流業巨人德國郵政 DHL 為例，如圖 10-3 所示，開始利用高階穿戴式顯示器和擴增實境技術來改善倉儲作業：DHL 的荷蘭倉庫運用頭戴式顯示器（HMD），及使用 Google Glass 進行室內導航與掃描產品，取代了手持掃描器和紙本揀貨清單，因此揀貨人員不需要使用傳統手持裝置即可用雙手完成揀貨。其具體成效：大幅提高揀貨效率約 25%，降低 40% 的揀貨錯誤率，並陸續將此技術導入到其他 DHL 倉庫使用。

圖 10-3　DHL 目視揀貨

圖片來源：DHL Trend Research Cisco Consulting Services, 2015

針對特定流程用穿戴式裝置來輔助才有機會創造較明顯的效益，因此如倉儲中的存貨盤點、位置指示、即時庫存回報等都可能是未來穿戴式裝置應用的場景。

（三）智慧倉儲機器人

傳統的物流中心採用的揀貨模式是「人找貨、人找儲位」模式，人動貨不動，揀貨人員需要根據訂單內容，在偌大的存貨倉儲中，找尋每張訂單上的商品。自傳統物流作業自動化作業，是用輸送帶在固定的路線上移動商品，但還是需要人力把商品移到輸送帶上，而且輸送帶的路線也是固定的，自由度受到嚴重限制。目前最新的趨勢是應用機器人作業，實現「貨找人、儲位找人」的揀貨模式，貨物（連同貨架）會被機器人運送至揀貨區員工面前，揀貨人員只要站在定點，進行揀貨作業。以 Amazon 為例：全美 50 個物流中心，其中 10 處導入共 1 萬 5 千個 Kiva 機器人（圖 10-4）負責搬運貨架，揀貨人員則是負責辨識產品與揀貨等較複雜的工作。倉儲機器人運用在搬運及揀貨作業有兩大優點：首先是用機器人搬貨架不需要再另外空出人行通道，貨物擺放與存放更有效率；其次是大量節省員工揀貨行走距離與時間，及避免揀貨路徑重複費時，提升訂單處理的正確性與速度。

圖 10-4　Amazon Kiva 機器人

圖片來源：Amazon 網站

同時為了方便機器人搬運，如圖 10-5 所示，每個貨架下的支架高度，剛好足夠 Kiva 機器人開進去，稍微升高就能把整個貨架頂離地面數公分，以方便移動，並以自體旋轉的方式改變前進的方向。而支架上放置貨物的部分就像是塑膠布衣櫃，數層多置物格的結構以彈性束帶擋住開口，使貨物不至於掉落，方便揀貨人員執行揀貨作業。

另一方面，物流中心儲存區，將不再有固定的儲區及儲位，貨架擺放的位置依據虛擬動線，隨著作業需求彈性調整，地板貼著 QR Code 導引 Kiva 機器人的路徑與動線，且機器人本身搭載感應系統，能避免兩架機器人相撞。整個倉儲中的貨物，隨著撿貨需要，不停的流動著。有了搬運機器人後，實現了「貨動人不動」的

作業模式。以 Amazon 為例：如圖 10-5 所示，處理訂單時，揀貨人員站在固定的位置上，並配置全新的視覺化電腦系統，Kiva 機器人會將放置欲出貨商品的貨架，頂到揀貨人員面前，揀貨人員根據電腦螢幕顯示訂單的品項、數量進行揀貨，並以圖示顯示訂單中每樣商品的照片，以防揀貨人員誤認商品，同時還能告知出貨商品的貨架位置。

目前 Amazon 第 8 代物流中心內如圖 10-6 所示，大量且重的貨物以全世界最大的機器手臂 Robo-Stow 負責搬運，同時也引進全新的電腦視覺系統，實現智慧裝卸作業，控制出貨裝車時間，縮短至 30 分鐘以內，有效提升出貨與裝卸的效率。

圖 10-5　Amazon 智慧揀貨作業

圖片來源：Amazon 網站

圖 10-6　Amazon 世界最大 Robo-Stow 機器手臂

圖片來源：Amazon 網站

三、智慧倉儲運作模式

針對現代化智慧倉儲運作模式，包含人員與貨物安全管理、智慧化儲位與庫存管理、儲位環境監控、智慧照明與通風、智慧設備維護，應用於倉儲作業之營運模式、效益與優點如圖 10-7 所示，依序說明如下：

（一）人員與貨物安全管理

　　出入口上架設攝影機與移動、聲光裝置，並與警報器（Alarm System）連結，偵測與監控貨物搬運、移動及裝卸作業。一旦有異常狀況發生，立即發出警告訊號，避免人員事故或貨物損傷（Damage）的情況發生。

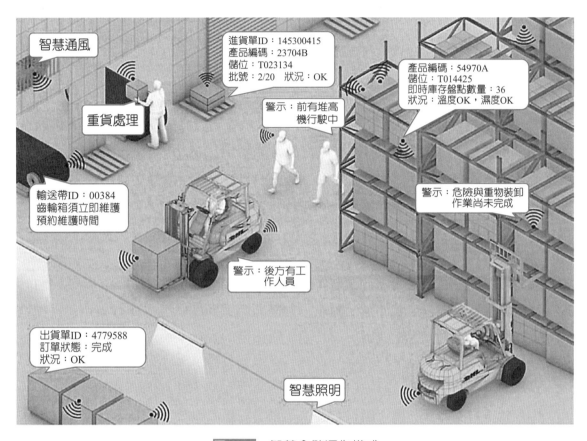

圖 10-7　智慧倉儲運作模式

資料來源：DHL Trend Research Cisco Consulting Services, 2015

（二）智慧化儲位與庫存管理

　　透過感測器不間斷的偵測與傳遞，及透過無線讀取器讀取出每個貨物棧板的資訊（RFID），一旦棧板移動到適當的位置，標籤會發送訊號（體積、重量、數量、儲區、儲位、商品特性…）至雲端平台倉儲管理系統（WMS），因應倉庫各類型貨物特性、進出貨原則（例如先進先出原則）、數量、體積與周轉率等有所不同，經由大數據（Dig Data）分析，提供管理者在設施與儲位的最適規劃與管理，相較傳統倉儲管理作業，智慧倉庫的優點如下：

1. 進行物料盤點作業，無需部分或全面停止倉庫相關作業與活動，不會影響供應鏈整體運作效益。

2. 達到儲位利用最適化，提升倉儲空間與設施利用率及庫存管理效益。

3. 精準掌握即時庫存、補貨數量，避免料帳不符及缺貨的情形發生。

4. 減少人員或搬運設備之非必要性翻堆、翻倉、重複存取上架作業，提升揀貨、出貨速度，及人員與設備的利用率。

（三）儲位環境監控

透過溫度、濕度甚至氣體濃度（例如 CO2）感測裝置不間斷的偵測與傳遞至雲端平台倉儲管理系統（WMS），並連結警報裝置（Alarm System），一旦各項監控數據發生異常，立即發出警示訊號，亦可透過設定機制發送簡訊或 E-mail 通知管理人員，進行後續必要的處理，達到即時監控、即時通報之效益。

（四）智慧照明與通風

透過照度、移動、聲光感測裝置，及風速、風向感測器持續偵測，連結照明、門窗、空調等設備，在沒有人員活動及下班時間時為關閉狀態，如有人員或貨物進出時，主動啟動照明或通風設備，達到節能與節電的效益。

（五）智慧設備維護

在倉庫中相關搬運設備、輸送帶、分類機及自動倉儲設備裝置各類偵測裝置，持續偵測相關設備狀態數據，一旦偵測到相關異常訊號，分析並預測設備異常時間，主動透過設定機制發送簡訊或 E-mail 通知管理人員設備之壽命與狀況，進行後續必要的保養維護、零件替換及維修。

四、結語

臺灣物流業者面對同業的激烈競爭及客戶對交期的要求，同時因應電子商務持續蓬勃發展，逆物流的需求亦不斷增加，面臨此等挑戰，資訊有效而快速的傳遞將是首要條件。隨著資訊通訊及物聯網（Internet of Things, IoT）技術的進步，加上新的商業模式帶動，物流業者陸續導入各式不同的固定或行動終端裝置，尤其是在

倉儲的工作環境，貨物裝卸、搬運、移動等動作頻繁，如何提高倉儲作業效率與管理效益是首要之務。

而智慧倉儲是指在倉儲管理流程，運用無線射頻辨識（RFID）、物聯網（IoT）、雲端平台、大數據（Big Data）分析、先進語音與穿戴裝置、智慧裝卸、智慧輸送帶及倉儲機器人，及相關資訊通訊等先進技術及管理方法，實現智慧入庫、智慧隨機儲存、揀貨、出貨路徑智慧運算、自動辨識、預警等管理功能，達到提升 (1) 倉儲利用率、(2) 庫存管理與存貨控制、(3) 資產優化利用、(4) 提升揀貨的速度與正確性、(5) 低碳與能源管理、(6) 損害檢測與預測性維護、(7) 員工健康與安全等營運效益。

10.2 智慧配送

近年來由於運輸設備、資訊通訊及物聯網技術的進步，加上新的商業模式帶動，物流產業的範疇早已從一般的貨物運輸，進而擴大範圍，許多商品受惠於資訊科技的進步，也可透過智慧物流及運籌，進行跨境交易，其中又以冷鏈物流技術最受矚目。

一、智慧物流管理應用最佳領域－冷鏈物流

冷鏈物流泛指冷藏冷凍類貨物在生產、貯藏、運輸、銷售各個環節中，始終處於規定的穩定低溫環境下，以保有商品的品質、減少損耗的一項系統工程，適用範圍主要包含食品、農產品及醫療等領域。以食品冷鏈為例：

食品從生產、儲藏、運輸、銷售、直至消費者各個環節中，一直處於各類食品保鮮需求所規定的低溫環境，避免食品品質劣化與耗損的整個過程，稱為低溫鏈或冷鏈。整體冷鏈如圖 10-8 所示；冷鏈中每個環節的溫度控管都非常重要，任何環節出現問題，造成食品品質劣化，即使往後的環節控管再嚴謹，都無法再恢復至初使狀態。

利用冷鏈的食品包括生鮮食品、冷藏食品、冷凍食品，從產地或工廠、儲運、銷售通路至消費者整個供應鏈，均需在下列低溫的環境下保存，才能維持食物原來

的價值。這其中包含了冷凍、冷藏技術，食品從出廠到運送至消費者家中冷凍、冷藏，每個過程必須確保保鮮品質及安全衛生：

1. 生產者的低溫儲藏或處理。

2. 從生產者至加工廠的低溫儲藏或運輸。

3. 加工廠的低溫儲藏。

4. 從加工廠至批發商的低溫運輸。

5. 批發商的低溫儲藏。

6. 從批發商至零售商（量販通路）的低溫運輸。

7. 零售（量販通路）商的低溫保鮮儲藏。

8. 消費者的低溫運輸與保鮮儲藏。

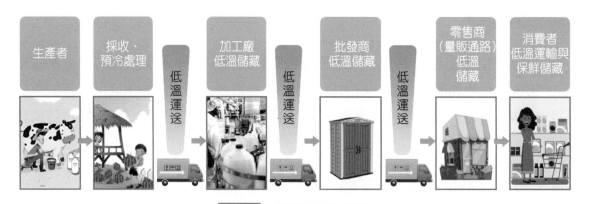

圖 10-8　整體食品供應鏈

　　在各類食品或食材低溫鏈中，冷凍或冷藏運輸可說是最易造成耗損的階段，一旦使用不良的運輸設備，或運輸作業上有疏失，使食品未能保持低溫，品質將受到傷害，因此正確選擇低溫運輸設備是維持冷凍食品品質的關鍵因素。常見的低溫運輸設備有低溫運輸車、船、貨櫃等，其中以低溫運輸車與生鮮食品運銷關係最大，例如以鮮乳低溫鏈為例，在流通的過程中，溫度變化最大的階段，就是從低溫物流中心配送至量販店、超商或便利商店，此階段如果溫度控制不佳，將會影響產品的品質，如圖 10-9 所示，因此運輸設備車的基本條件就是在運輸的過程中維持產品的一致溫度。

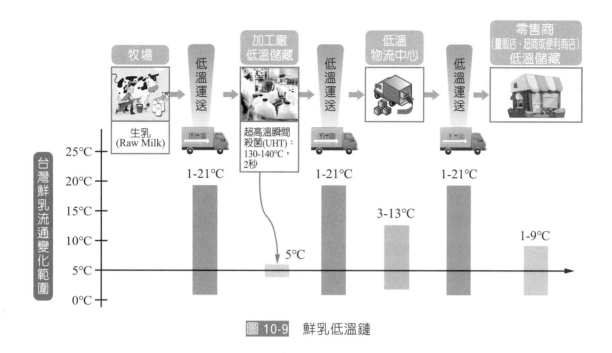

圖 10-9　鮮乳低溫鏈

　　隨著產業環境與政策的變化、新科技的運用，物流及運籌管理影響的產業領域也愈來愈廣，更因此改變不少產業的生態。如冷凍（藏）技術、資通訊技術及物聯網等技術，就明顯影響食品與農產品，及醫療商品的發展。以食品為例：一般的生鮮食品、加工冷凍食品及農產品，不管是儲存或運送，都很容易受到外界環境影響而產生變化，不但可能影響商品品質，更可能衍生食安問題，也因此對於智慧物流與運籌技術的發展期待最為殷切。

　　由於食品對於冷鏈物流的要求，遠高於一般常溫物流系統，且更為複雜，不僅要穩定的溫、濕度環境，也有時效性的問題。尤其臺灣位處亞熱帶，為維持有效的低溫物流作業環境在技術上有相當的困難度，再加上冷鏈物流之能源消耗頗高，在面對全球暖化及環保意識的高漲，如何建構綠色物流與節能減碳亦是低溫物流未來必須面對的課題，也因此成為智慧物流與運籌管理應用的最佳領域。

二、資通訊與物聯網技術在智慧運輸的應用

　　冷鏈物流由於需要高效率、高標準環境控制與監測、商品追蹤等功能，也讓資通訊技術有相當大的發展空間。從感知層的感測器、RFID，到網路層的網路通信、GPS 定位，再到開放與共用的雲端平台整合運作，都可為冷鏈物流帶來最大的經濟效益。

以感知層的感測器、RFID 為例，由於冷鏈物流貨物對環境的敏感性很高，因此需要感測功能以確保商品不變質。早期的冷鏈物流過程，只能針對倉儲環境進行監測，至於運輸過程就不易進行即時監測，若運輸過程出現問題，往往要到貨物交接時才會發現，這對要求精確環境控制的食品或醫療用品，可說是無法接受的事實。

所幸在資通訊技術的蓬勃發展，只要在食品打上 RFID 標籤，再配合感測器蒐集數據，就可根據設定的間隔時間，自動採集環境資訊並加以儲存，再透過資料接收終端傳輸偵測資訊，回傳到雲端平台，不但可追蹤查詢貨物的狀態及位置，更可對商品進行即時監控與系統調度。以下針對資通訊技術、無線射頻辨識系統、雲端資訊平台、物聯網 IoT 技術及多溫蓄冷共同配送技術，在智慧運輸與配送的應用現代冷鏈物流的應用，依序說明如下：

（一）無線射頻辨識系統

如圖 10-10 所示，低溫運輸採用的無線射頻（Radio Frequency Identification, RFID）系統，通常包括標籤（RF Tags）、天線（Antenna）和讀取器（Reader），通過無線電連線傳輸資訊，RFID 標籤（Tags）可配備感應器（Sensors）、內建電池和有限的溫度感測範圍，存儲產品電子碼（Electronic Product Code），作用於物流管理。RFID 標籤可以依照電源供應方式，被分成以下兩類：

1. 被動式 RFID 標籤（Passive RFID Tags）

被動式 RFID 標籤仰賴讀取器所提供的電源運作。當被動式 RFID 標籤感應來自讀取器的無線電波，標籤內的盤繞天線（Coiled Antenna）形成一個磁場，此時標籤將產生電力，提供標籤內所有電子電路元件所需電源。最後，將資訊儲存於標籤內存儲原件中。由於被動式 RFID 標籤無內建電源，被動式標籤可以被設計非常精巧，因此，被動式標籤常應用於嵌入式貼紙和類似平板狀等各種呈現方式。

表 10-1　電子標籤的類型比較

	主動式標籤	被動式標籤
電力來源	內含電池	依靠讀取器之電源
標籤電池	有	無

	主動式標籤	被動式標籤
電力可得性	持續	僅於讀取器範圍內
標籤訊號強度需求	非常低	非常高
標籤讀取距離	超過 100 公尺	3-5 公尺（實際更短）
多標籤讀取	每小時 100 英哩時速下，可同時讀取 1000 個以上的 Tag	在讀取器前 3 公尺左右，可同時讀取 100 個以下的 Tag
資料儲取容量	128bytes 以上的儲存容量	僅 128bytes 的讀寫

資料來源：RFID Xchange

2. 主動式 RFID 標籤（Active RFID Tags）

主動式 RFID 標籤內建電源供應能力。由於主動式 RFID 標籤結合讀取器讀取與標籤識別的能力，比被動式 RFID 標籤有較高的可靠性。主動式 RFID 標籤也比被動式 RFID 標籤傳輸擁有更高的功率水平，於物品配送的過程中能夠更有效、更容易的被識別。這些情況下的例子，可能是在擁擠的場合（如人群、牛群）；標籤放置於緊密包裝後水果、肉類或其他產品的容器中間，感應標籤資訊；通過金屬障壁傳輸（如貨櫃、卡車），或長距離傳輸（如在運輸途中的貨櫃）。（International Institute of Refrigeration, 2016）

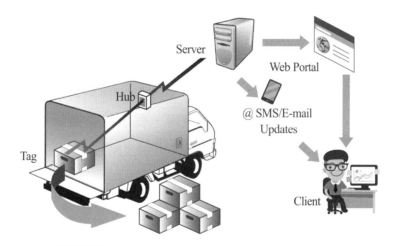

圖 10-10　應用 RFID 系統於冷鏈溫度監控示意圖

資料來源：International_ Institute of Refrigeration, 2016

利用無線射頻技術，透過以下使用方式可以改善易腐食品的供應鏈運送效率：

(1) 追蹤各個包裹（Packages）、棧板（Pallets）、貨櫃（Shipping Containers）或卡車在配送過程中地理行徑位置。

(2) 透過獨特產品電子碼（EPC）或條碼（Bar Code）等識別方式替代。

(3) 存儲即時環境數據（包括溫度），近零時差傳遞資訊，讓產品損壞前採取糾正措施。

3. 硬體

(1) 讀取器（Reader）

包含天線、控制及處理單位，主要功能為發射 RF 無線電波能量，來進行對 Tag 的讀寫，讀取資料後再利用有線或無線方式，與應用系統結合使用。（無線射頻辨識系統 RFID 技術介紹與應用，龔旭陽）感應器如圖 10-11 所示。

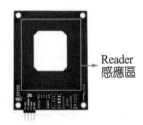

圖 10-11 無線射頻辨識系統感應器圖示

資料來源：龔旭陽，2015

(2) 標籤（Tag）

標籤由一塊微小的晶片和天線組成，再加上一個簡單的基板而成。主要功能為接收讀取器信號後，再以另一種頻率將標籤內的資料傳送出來，此傳送的數位信號必須使用不同的頻率，來避免干擾所接收的微弱信號。（無線射頻辨識系統 RFID 技術介紹與應用，龔旭陽）標籤根據其能量獲取方式，可以分為被動式標籤、半被動式標籤和主動式標籤三大類。

（二）雲端資訊平台

如前言所提及，資訊傳輸與共享為影響物流營運效率的重要因素，再加上低溫物流所運送的貨物多半對於溫度變化極其敏感，稍有差錯便可能影響貨物的安全效期，進而造成龐大的經濟損失，因此，在整個低溫物流的作業流程中，溫度的管控是十分重要的資訊，無論是對於低溫物流業本身或是其下游廠商。也因為低溫物流業對於高品質的訴求，產生對於雲端資訊服務平台的需求。

冷鏈雲端資訊平台如圖 10-12 所示：連結運輸資訊管理系統（TMS），可以在運輸與配送管理方面，提供訂單任務指派、排程調派、裝載堆置、車輛管理等決策分析與方案。

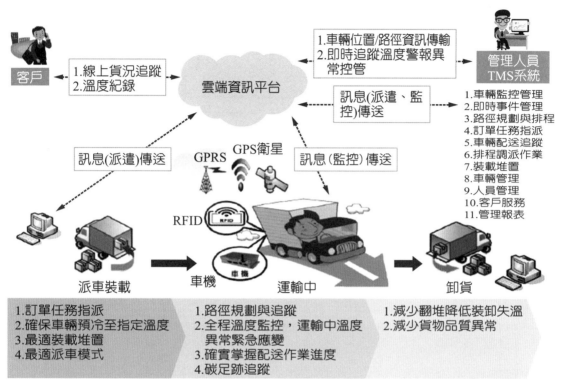

圖 10-12　冷鏈雲端資訊平台

在車輛與車廂溫濕度監控追蹤部分，可以整合由車廂內溫度感測器、蓄冷箱或智慧恆溫箱之 RFID 感測裝置，將即時的必要資訊（身分、溫度、時間、車輛 GIS/GPS 地理資訊等），透過車機或近場感應傳輸至冷鏈雲端資訊平台，提供進階資訊融合、數據分析及溫度追蹤功能與商品在途冷鏈履歷，提供使用者貨況或溫溼度追蹤查詢功能（圖 10-13、圖 10-14），對於商品流通之記錄與追蹤可視化管理。

圖 10-13　貨況追蹤查詢

資料來源：資拓宏宇國際，2015

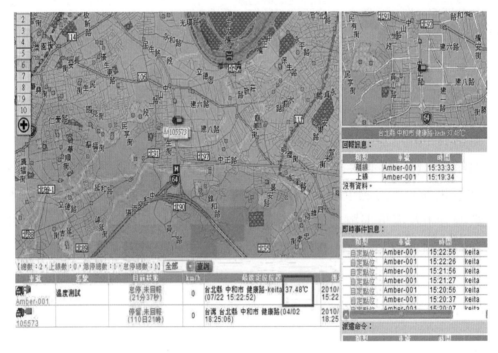

圖 10-14　溫溼度追蹤與查詢

資料來源：資拓宏宇國際，2015

（三）物聯網（IoT）技術

　　隨著網路及科技發展的精進，在現今社會中物聯網的應用已和人類生活密不可分，其應用範圍涵蓋如交通、醫療、物流管理等各產業。目前已有不少物流業者開始應用物聯網技術在供應鏈管理中，業者在貨物上裝上 RFID 辨識標籤，並透過網路與系統連線，隨時更新貨物儲存位置、庫存數量、運送狀況，以有效管理種類及數量繁雜的貨物，同時進行全面性的控管及追蹤。

　　在運輸與宅配的應用，物聯網技術能夠使貨物在運輸與配送過程中的管理更透明，可視化程度更高，通過在途運輸的貨物和車輛貼上電子產品編碼（Electronic Product Code, EPC）標籤，運輸線的檢查點上安裝上 RFID 接收轉發裝置，企業能即時瞭解貨物目前所處的位置和狀態，實現運輸貨物、線路、時間的可視化跟蹤管理。此外，還能幫助實現智能化調度，提前預測和安排最優的行車路線。縮短運輸時間，提高運輸效率。以下說明物聯網技術應用在運輸管理的優點與效益，如圖 10-15 所示。

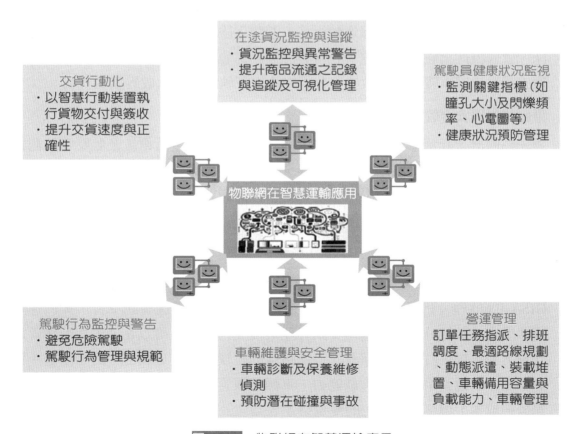

圖 10-15　物聯網在智慧運輸應用

1. **在途貨況監控與追蹤**

   透過車用終端、感測器與監控設備,即時傳送貨物身分、溫濕度、時間、GIS/GPS 地理資訊、車輛位置、行車速度及震動等監測數據至雲端資訊平台,全程監控與追蹤貨物在裝卸或運送途中是否遺失、損傷(Damage),及溫濕度異常狀況警告。同時提供準點偵測及預計抵達時間等預測,提升商品流通之記錄、追蹤及可視化管理。

2. **交貨行動化**

   透過智慧行動裝置(例如 PDA)進行條碼掃瞄與確認、交付、簽收、拍攝存證等,提升交貨的速度與正確性。除通話、導航外,亦可相當程度取代物流人員所使用之電腦及行動電話功能。

3. **駕駛行為監控與警告**

   透過感測器、車用終端監控設備,監控物流士行為是否合乎規範(例如是否超速,轉彎時是否減速等),並在發生異常行為時,進行駕駛行為矯正,或是車輛進入危險或管制區域時發出警告。另外在車體各部位如煞車、油門…建置感測器,油門與剎車則是紀錄駕駛行為,避免危險駕駛。例如若油門時常踩得過深,就代表此駕駛常會超速,若常有急煞車,也表示該駕駛行車危險性高,管理人員可依據車機產生的數據,分析物流士在執勤時的駕駛習慣與行為。

4. **車輛維護與安全管理**

   透過感測器、智慧車機及行動裝置,傳輸引擎轉速、電瓶電流及胎壓等監測數據訊息,避免因胎壓不足影響行車安全,同時提供車輛診斷及保養維修偵測。另一方面,透過車上即時影像系統、倒車雷達與距離感測器,提供物流士全方位、無死角影像預防潛在碰撞與事故的發生。

5. **營運管理**

   透過車用終端、感測器與監控設備,將即時資訊(身分、溫度、時間、車輛GIS/GPS 地理資訊等),透過車機或近場感應傳輸至雲端資訊平台,提供進階資訊融合、數據分析連結運輸資訊管理系統(TMS),可以在運輸與配送營運管理方面,提供訂單任務指派、最適路線即時規劃、排班調度、動態派遣、裝載堆置、車輛備用容量與負載能力、車輛管理等決策分析與方案,達到節省整體營運成本,與交貨即時化的雙重營運效益。

6. 健康狀況監視

受惠穿戴式技術進步神速，透過即時影像系統監測關鍵指標（如瞳孔大小和閃爍頻率），及監測心電圖及腦波，管理物流士的健康狀況，做出預防管理。一旦司機有過度疲勞或不舒服等異常生理狀態，皆可即時監測，並安排即刻休息或短期休假。

三、多溫蓄冷共同配送技術

傳統低溫物流與配送作業如圖 10-16 所示，係依據顧客（門市、商店、超級市場…）的訂單，在低溫物流中心揀貨、分裝後，由輸送帶或倉儲作業人員移運至冷凍（藏）車內，依照規劃的路線與排程運送至各個下貨點，由顧客端收貨人員驗收後完成運送工作。

由於臺灣地區人口稠密且交通擁塞，冷凍（藏）車在配送的過程經常發生怠速運轉的情況，造成引擎無法有效發揮運轉效率而降低了冷凍（藏）車制冷能力；同時因各配送點的距離過短，伴隨著高頻率的開門、卸貨作業而造成嚴重失溫（回溫），不僅使得食材在運輸與配送過程中，因劇烈溫差（−20℃至 −10℃）造成品質或鮮度的下降及耗損，同時導致冷凍（藏）車因引擎與壓縮機的負載與耗損，導致使用壽命降低及油料的浪費。

低溫物流中心	冷凍車或冷藏車配送 (單溫層配送)	零售商(量販店、超商或 便利商店)低溫儲藏
* 理貨溫度低 * 3K環境 * 耗能大 * 理貨空間受限 * 工作效率差	* 開門次數頻繁 * 70%冷能散失 * 多品項蓄冷儲藏 * 能量耗損高 * 劇烈溫差 * 食品(材)鮮度下降 * 少量高頻率配送 * 車輛裝載率低 * 溫度控制不易	* 卸貨時車輛怠速 * 耗油及維修成本高 * 製造公害(空氣汙染) * 門市收貨頻繁 * 門市人員工作負荷大

圖 10-16　傳統低溫物流與配送作業的缺點

目前大多數冷凍（藏）車僅具備單溫層配送功能，例如僅能選擇可維持在 −18℃ 以下的冷凍車運送冷凍食品，或是維持在 0℃ 以上不能結冰的冷藏車運送鮮乳或冷藏食品。因各類食材的溫層需求不同，所以對於不同溫層的低溫食材必須個別運送，造成車輛裝載率的降低及運送趟次的增加，及冷凍（藏）車設備投資、維護與物流成本的增加與浪費。

另一方面，對顧客端的門市與收貨人員而言，在冷凍（藏）車抵達卸貨時，為避免食品升溫或融化，必須立即放下手邊工作，將食品搬運入庫或上架，不僅增加收貨人員工作負擔，同時間接影響顧客服務品質。

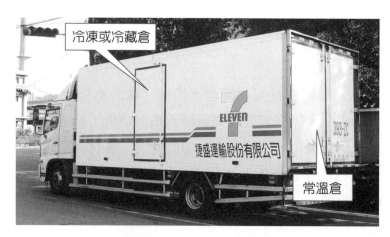

圖 10-17　三溫層共同配送車

資料來源：7-ELEVEn 網站，2016

（一）多溫層共同配送設備

有鑑於傳統低溫物流輸送系統無法因應流通業普遍要求的多品項、多溫層共同配送的需求，因而設計出兩種多溫層共同配送設備，分述如下：

1. 多溫層共同配送車

如圖 10-17 所示，三溫層共同配送車為同一車箱分隔常溫、冷藏（3℃ 至 −7℃）與冷凍（−12℃ 至 −18℃）三種不同的溫層區域，使用引擎驅動機械壓縮式冷凍機組維持所需的溫度條件，分別為常溫、冷藏與冷凍三個溫層，達到多溫共配之目的。

2. 多溫蓄冷共同配送技術

多溫層無冷凍動力運載的低溫物流輸送系統，即以創新設計之蓄冷櫃（箱），取代現行冷凍車應用的低溫物流系統。多溫蓄冷共同配送技術是一種以創新設計之蓄冷櫃（箱）取代現行冷凍車應用的低溫物流技術，它利用可抽換、不同溫度的蓄冷器（–33℃至 0℃）放入規格化蓄冷保溫櫃中，維持各類溫層需求不同的食品或食材（冷凍、冰溫、冷藏、常溫、熱食）的新鮮度，並以一般常溫貨車同時運送，為多溫度無冷凍動力運載之低溫物流輸送系統。

臺灣於民國 90 年由日本引進多溫蓄冷共同配送技術，滿足臺灣流通市場（連鎖便利超商、量販、超市、餐廳…）對食品或食材之多品項、多溫層共同配送的需求，同時兼顧降低運送成本與提升運送車輛裝載率之雙重效益，並確保食品或食材在運送時的品質與安全。多溫共配運送系統如圖 10-18 所示。

圖 10-18 蓄冷保溫箱及多溫蓄冷共同配送系統

資料來源：郭儒家、陳慧娟、洪碧涓，2014

使用多溫蓄冷共同配送的優點如下：

(1) 可以一般貨車（常溫）搭配蓄冷保溫櫃（箱），混合裝載不同溫層的食品與食材，降低運送次數並提高車輛裝載率。

(2) 以常溫車配送，無需冷凍與冷藏車雙重配置，不僅免除貨物稅，同時降低投資與維護成本。

(3) 以蓄冷保溫櫃保存食品，確保低溫食品與食材的品質與鮮度。

(4) 增進裝卸貨效率，縮短搬運時間。

(5) 減少冷凍或冷藏車停車怠速時之噪音與廢氣汙染，並可節省油耗約 12%，降低運輸成本。

多溫蓄冷共同配送系統是應用創新設計的保溫櫃（箱）取代現行冷凍車，如圖 10-19 所示，即利用可抽換、不同溫度且以顏色區隔的蓄冷器放入規格化保溫櫃（箱）中，保持不同溫層食品與食材於所需的溫度條件，並藉由一般常溫貨車可同時運送各類品溫食品與食材此系統優點包括：

(1) 多溫層共同配送。

(2) 車體免設置冷凍機組。

(3) 凍結設備集中管理，運轉條件穩定，使用壽命長且設置成本低。

(4) 溫度控制與配送品質佳，且多溫層商品運送之車箱裝載率最佳。

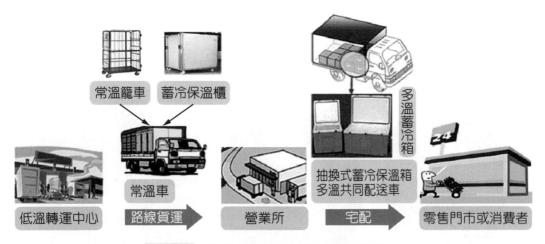

圖 10-19　抽換式蓄冷保溫箱多溫共配系統

資料來源：工業技術研究院 服務系統科技中心網站，https://www.itri.org.tw

隨著融合蓄冷箱內置 RFID 感測裝置（圖 10-20），將即時的必要資訊（身分、溫度、時間、車輛 GIS/GPS 地理資訊等），透過近場感應傳輸至冷鏈雲端資訊平台，提供進階資訊融合、數據分析及溫度追蹤功能，建立商品在途之冷鏈履歷，同時協助廠商在配送作業上，在單一車趟建立多溫層共配模式，支援通路少量、多樣化之冷鏈物流需求。

圖 10-20　內置 RFID 感測裝置蓄冷箱

資料來源：工業技術研究院 服務系統科技中心網站，https://www.itri.org.tw

（二）實務案例

新竹物流 HCT（Highly Confident Transportation, HCT）成立於 1938 年，七十幾年來不斷創新突破，由傳統運輸公司轉型為現代化服務業，提供物流、商流、金流、資訊流整合之綜合型物流服務。

HCT 於公元 2000 年推動企業流程再造（BPR），5 年投入 40 億台幣深耕臺灣進行企業流程改造，包含；E 化、M 化、自動化、貨件條碼化、OCR 簽單影像查詢與手持式終端機。2009 年導入全球最新第三代 3G 手持式終端機開啓 U 化貼心的服務。

近年來 HCT 更投入小物配、機車配送及冷凍冷藏全溫層車隊，以 3,000 輛車隊，每日平均配送 31 萬件、面對客戶約 15 萬人次，及提供七萬家客戶物流需求，藉由店配、宅配、貴重品配送、代收貨款等多元化專業服務，完成客戶供應鏈最後一哩路重要任務。

在低溫宅配服務上，HCT 提供冷藏 5℃ 及冷凍 –18℃ 專業配送服務，宅配前冷藏商品須預冷 6 小時，冷凍商品須預冷 12 小時且達到凍結狀態。不論是地方名特產、海鮮漁貨、季節蔬果、餐飲烘培食材，HCT 以專業冷凍或冷藏設備，依據產品溫層進行配送。如圖 10-21 示，主要應用兩種低溫設備在低溫品之配送保鮮上，第一種為低溫配送保冷箱（圖 10-22），其具有一定之容積，可滿足現有之低溫配送需求，在不佔用太多車廂空間的狀況下，利用常溫車配合保冷箱進行多溫層之配送；第二種為長效型低溫蓄冷籠車（圖 10-23），其容積為保冷箱的十倍以上，因此適合使用於北中南轉運站之轉運長時間理貨，大量低溫貨品處理，轉運站之間對點配送使用。

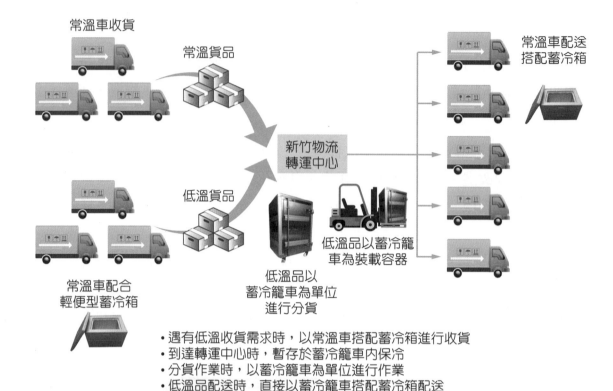

圖 10-21　新竹物流多溫層共同配送運作模式

資料來源：工業技術研究院 服務系統科技中心網站：https://www.itri.org.tw，2016

・遇有低溫收貨需求時，以常溫車搭配蓄冷箱進行收貨
・到達轉運中心時，暫存於蓄冷籠車內保冷
・分貨作業時，以蓄冷籠車為單位進行作業
・低溫品配送時，直接以蓄冷籠車搭配蓄冷箱配送

E70型 輕量保冷箱

外型尺寸	708×500×520 長寬高(mm)
有效容積	510×420×338長寬高(mm) / 72公升
重量	2.8公斤(kg)
外內材質	EPS複合材
適用保冷片	兩片B120
保冷能力	冷凍6小時 / 冷藏12小時(4片A4)

圖 10-22　低溫配送保冷箱

資料來源：工業技術研究院 服務系統科技中心網站：https://www.itri.org.tw，2016

規格型號	B120大型保冷片			
外觀				
尺寸	545mm (L) X 168mm (W) X 35mm (H)			
融解溫度	− 2℃	− 11℃	− 16℃	− 21 / − 25℃
顏色	白	紅	黃	藍
適用溫層	冷藏	冰溫	冷凍	冷凍
重量(kg)	2.0	2.1	2.2	2.3

大型冷凍冷藏保冷籠車

外型尺寸	110 × 110 × 200 長寬高(cm)
有效容積	88 × 85 × 160長寬高(cm) 1,200公升
重量	180公斤(kg)
可承受重量	800公斤(kg)
內層材質	舒泰龍(厚5~10cm)
外層材質	不鏽鋼板
適用保冷片	19片 B120
保冷能力	冷凍24小時(19片 B120) 冷藏48小時(19片 B120)
選購配件	1. 橡膠防撞條 2. 棧板底座 3. 溫度記錄器座 4. 270度全開型外嵌門框 5. 180度半開型內嵌門框 6. 客製型特殊保冷片放置架

冷藏以 − 2度保冷片測試至8度 / 環境溫度恆溫30度
冷凍以 − 25度保冷片測試至 − 8度 / 環境溫度恆溫30度

內嵌式門把　耐撞易承重

圖 10-23　長效型低溫蓄冷籠車

資料來源：工業技術研究院 服務系統科技中心網站：https://www.itri.org.tw，2016

四、智慧運輸與配送實務案例

　　臺灣企業在低溫物流資訊系統的發展，已朝向整合化與雲端化的，以 RFID 智慧感測技術與雲端化冷鏈物流平台為例，其中包括 RFID 技術、智慧感測技術、無線通訊技術、衛星定位技術、網路資訊技術等，以建立完整的冷鏈系統。以下將透過參與經濟部商業司歷年計畫的個案公司（捷盛運輸）來說明以下針對冷鏈雲端資訊平台應用案例。

捷盛運輸 2011 年的物流服務經營策略，期望透過「經營成長化（配合不同型態通路需求整合智慧化的派車系統，達到企業穩定成長）」、「服務整合化（建立一整合性的運輸服務管理平台達到管理集中對內標準化）」、「系統技術行動化（運用數位行車分析系統、RFID 溫度管理系統，提升服務與系統的能量）」、「管理認證化（相關的服務系統導入都配合管理人員的認證）」。

此計畫對於 CVS（連鎖超商）門市型態，整合 RFID 溫度記錄器、數位行車記錄器的資訊，透過運輸服務管理平台進行服務對應，而應用則以 7-ELEVEn 體系為首，進行應用與導入；宅配多點轉運型態，則因車輛調度變化大、站所與長途短途的需求不一，因此需要智慧化的排班系統以解決目前人車調度的需求；單一 DC 全省轉運型態，多對應常溫 DC（物流中心），通路服務對象需求差異大且客戶多，因此透過數位行車記錄器與人車調度進行應用與整合。計畫內容與衍生的服務價值說明如下：

（一）RFID 溫度管理系統－讓溫度管控即時且確實

RFID 以內裝晶片直接感應溫度，溫度感應速度最快，且以 RFID 方式傳輸圖檔資料，相關資料可以透提供給捷盛運輸以及物流中心做紀錄查詢與參考，如圖 10-24 所示，而整體功能除了硬體的 RFID 溫度記錄器，還包含異常溫度監控管理、防偽功能管理與溫度監控起訖管理；協助捷盛運輸掌握行車過程的溫度變化。

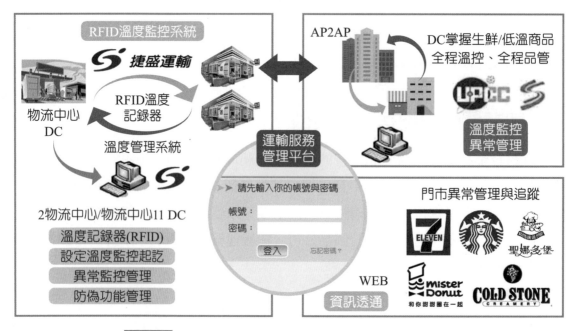

圖 10-24　RFID 溫度管理系統－讓溫度管控即時且確實

資料來源：全溫層運輸整合服務應用計畫

（二）數位行車分析系統－讓行車最安全

主要為車輛即時狀況掌控、即時回報異常狀況、送貨作業緊急狀況警示、到店時間管理、駕駛行為紀錄分析、溫度資料紀錄與防盜遭搶警報功能，如圖 10-25 所示。

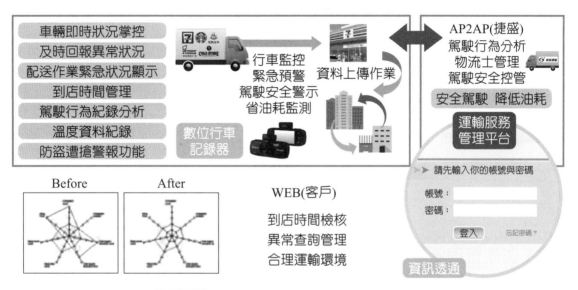

圖 10-25 數位行車分析系統－讓行車最安全

資料來源：全溫層運輸整合服務應用計畫

（三）智慧型排班系統－讓人車供需平衡

除了協助捷盛運輸針對各溫層的功能性進行配車與排班，也可以透過系統與宅配多點轉運型態、單一 DC（物流中心）全省轉運型態的客戶進行派車確認，如圖 10-26 所示；而整體功能來說有包含站所管理、里程運費管理、運輸車型管理、物流士與車輛管理以及排班計費的作業。

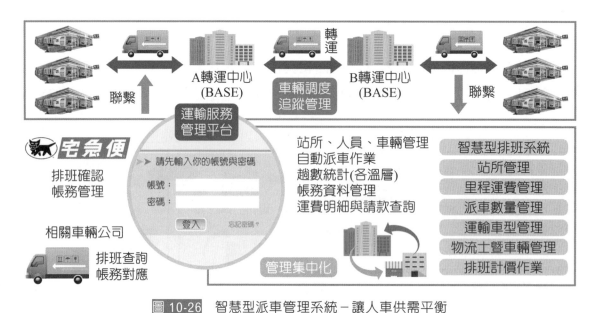

圖 10-26 智慧型派車管理系統－讓人車供需平衡

資料來源：全溫層運輸整合服務應用計畫

（四）運輸管理服務平台－讓顧客得到更多

　　主要針對配送溫度監控系統、車機系統與排班系統的相關資料進行分析與整合，提供給物流中心、客戶端進行確認，如圖 10-27 所示。而在運輸管理平台可協助客戶端與捷盛運輸之間的訊息資訊交流，包含溫度資訊、行車異常資訊、到店訊息、排班資訊與帳務確認的部分。

圖 10-27 運輸管理服務平台－讓顧客得到更多

資料來源：全溫層運輸整合服務應用計畫

10.3 供應鏈管理

面對全球化的競爭，企業必須快速回應才能滿足市場的需求。換言之，是以最低的成本，將客戶所需要的物料或產品，運送至需要的市場或生產基地。現今企業所面臨的挑戰如下：

1. 如何有效利用全球資源，並保持最低的庫存量以降低存貨成本、提高存貨週轉率及防止呆料的產生，以利資金的週轉及營運成本的降低。

2. 全球資源與商品的有效流通，涉及企業、供應商與客戶間各項相關正確資訊的有效流通與分享，以提升企業整體營運效益。

為達成上述目標，供應鏈管理可以創造低成本、高效率、高彈性及快速回應的競爭優勢，進而為企業創造利潤與附加價值。

一、何謂供應鏈管理

美國供應鏈管理協會（SCMP）定義供應鏈管理（Supply Chain Management）為從生產至運送最終產品到顧客手中的所有活動，亦即從接單到訂單管理、供給與需求的管理、原料、製造及組裝、倉儲與運送、配送到通路，最後送達消費者手中的一連串流程。因此，供應鏈可視為不同企業間從產品之原料來源、製造、配銷、運送等形成一個緊密合作關係之網絡結構，包括物流、資訊流與金流。

供應鏈管理為企業與其供應商、配銷中心與下游顧客為確保在最適當的時間，生產及配送最適當的產品至最適當的地點來滿足下游顧客與市場的需求，進而達到降低整體營運成本及提升供應鏈中所有成員競爭力的目標，所進行的資訊與流程整合。供應鏈管理包含了設計與管理所有的活動，牽涉到採購、運輸以及到最後所有的物流管理活動。供應鏈管理通常須網路內的夥伴合作並建立關係，包括所有供應商、中介商、第三方服務提供者以及顧客，提供正確的產品及服務，在正確的時間及數量，並在適當的成本下，送至正確的地點。

供應鏈管理的活動如圖 10-28 所示，是由許多上、中、下游的合作廠商活動所組成，提供消費者的最終產品。而且由於一次產銷作業可能是由一個或多個不同層級的供應商提供原料，並且在製造商方面也有零組件與最終產品的不同層級。因整

個供應鏈常是一個複雜的網路型態。例如：NIKE 就有好幾百個一階供應商，而所有層級的供應商則有好幾千家，TOYOTA 汽車網的所有供應商共有二萬多家，可見其供應鏈系統的龐大與複雜。

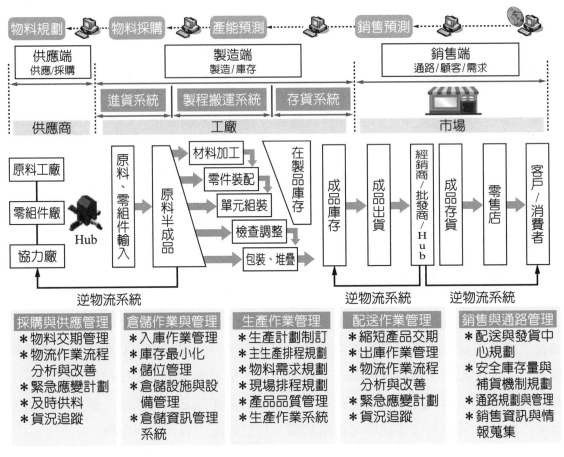

圖 10-28　供應鏈示意圖

供應鏈的組成與管理可分為供應端、製造端與銷售端，說明如下：

（一）供應端

供應端根據客戶的銷售預測進行備料，向上游供應商提出相關原物料或零組件採購需求。而供應商如何在製造商要求的數量與交期下穩定的供貨，還須隨時因應製造端的需求變動，增加或減少供料，並控制存貨數量在合理的範圍。供應端在配合製造端的生產作業時，必須使彼此的供需差異降至最小，並提供彈性與穩定的物料供應。

供應端的採購與供應管理目標包含物料交期管理、物流作業流程分析與改善、緊急應變計劃、及時供料與貨況追蹤等項目。

（二）製造端

製造端的生產作業，包含原料、零組件的輸入，原料、半成品的加工、製造、品檢與包裝。除了建立彈性製造能力，快速反應生產線變動的需求，降低在製品庫存與生產成本外，還必須配合下游客戶大量客製化的要求。

在庫存管理方面，除了維持原物料合理的安全庫存外，還需配合製造需求，維持穩定的物料供應與調撥。製造端主要生產管理包括下二個項目：

1. 倉儲作業與管理

包含入庫作業管理、庫存最小化、儲位管理、倉儲設施與設備管理與倉儲資訊管理系統維護等項目。

2. 生產作業管理

包含生產計劃制訂、主生產排程規劃、物料需求規劃、現場排程規劃、產品品質管理與生產作業系統等項目。

（三）銷售端

銷售端下訂單給製造端時，經常須要求：(1) 滿足下游市場少量多樣化的需求；(2) 縮短交貨期限；(3) 縮短產品生命週期，所以客戶端管理必須有效的縮短補貨前置時間，同時維持彈性合理的定價與行銷策略、通路經營、售後與維修服務與建置逆物流系統。供應端的採購與供應管理目標包含配送與發貨中心規劃、安全庫存量與補貨機制規劃、通路規劃與管理及銷售資訊與情報蒐集等項目。

二、供應鏈管理的類型

從製造供應鏈的觀點，依生產作業流程可分爲推式（Push Strategy）供應鏈、拉式（Pull Strategy）供應鏈與推拉式供應鏈三大類，分述如下：

（一）推式供應鏈

推式（Push）供應鏈模式，亦即所謂的計畫生產模式（Build to Stock, BTS），如圖 10-29 所示；此模式爲最傳統的供應鏈，主要是先預測市場景氣與客戶需求，

排定生產計劃、主生產排程、物料與產能計劃進行生產，再將所生產之產品運送至倉儲、銷售據點與通路，直接以「存貨」來滿足客戶訂單需求。此種計畫式生產模式常會因為需求預測不準，導致庫存的過剩或是缺貨。也無法滿足客戶對於產品快速回應（Quick Response, QR）及客製化的需求。

生產模式	說明與流程圖
計畫式生產（BTS）	根據市場的需求預測，排定生產計劃、主生產排程物料與產能計劃進行生產，直接以「存貨」來滿足客戶訂單需求。 ●優點：客戶訂單的前置時間最短，提供客戶最好的服務水準。 ●缺點： 　1. 供應方常因預測不準，導致庫存過剩或是缺貨。 　2. 無法滿足客戶對於產品快速回應及客製化的需求。 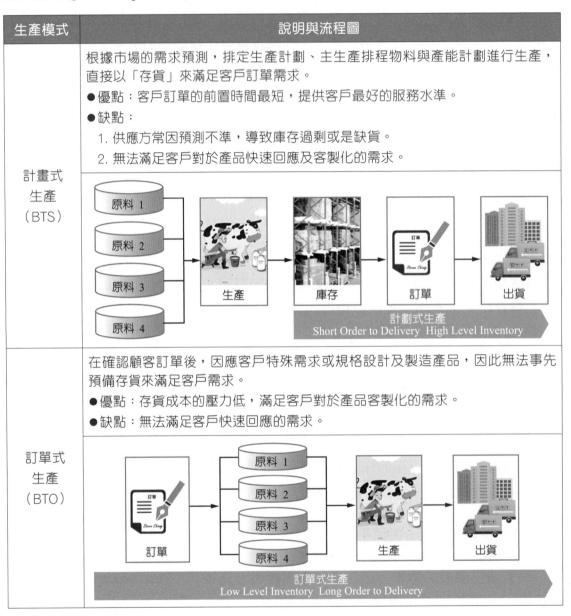
訂單式生產（BTO）	在確認顧客訂單後，因應客戶特殊需求或規格設計及製造產品，因此無法事先預備存貨來滿足客戶需求。 ●優點：存貨成本的壓力低，滿足客戶對於產品客製化的需求。 ●缺點：無法滿足客戶快速回應的需求。

生產模式	說明與流程圖
接單後組裝生產（ATO）	將零組件模組化視為成品，接單後再依據客戶實際的需求進行模組的組裝，滿足客戶對於產品客製化（Customization）與及時（Just in Time）供應的需求。 ● 優點： 　1. 供應方材料應用彈性較大，存貨成本較低，且可提供很短的訂單達交（Order to Delivery，OTD）時間。 　2. 滿足客戶少量多樣化的需求，提升客戶滿意度。 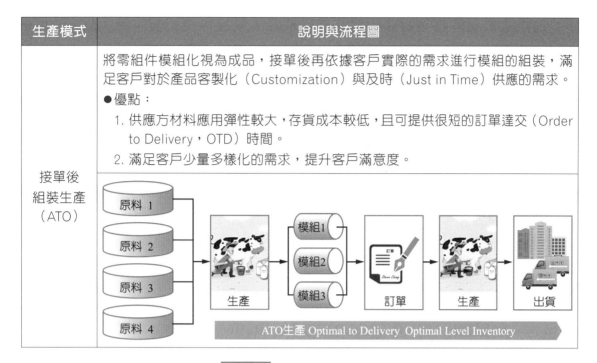

圖 10-29　供應鏈管理類型

（二）拉式供應鏈

　　拉式（Pull）供應鏈，即所謂的接單後生產（Build to Order, BTO）模式如圖 10-29 所示；有別於推式供應鏈的長期預測，是在確認顧客訂單後，因應客戶特殊需求或規格設計及製造產品，因此無法事先預備存貨來滿足客戶需求。此種生產模式的優點在於確認客戶訂單實際訂購量後才開始備料生產，以降低因需求預測不準所帶來庫存過剩的風險，同時可為客戶量身訂作、設計及製造符合客戶個別需求或規格的產品。但缺點是生產時間過長，無法滿足客戶快速回應的需求，及因應產品生命週期短且變化太快的產業。

（三）推拉式供應鏈

　　為有效解決上述兩種生產模式的不足及缺點，取而代之的是運用模組化（Modularization）技術，將產品轉換為數種標準化的零組件或模組（Module）來組裝的生產方式。其主要優點為縮短訂單達交（Order to Delivery, OTD）時間與滿足客戶對於產品客製化的需求。

推拉式供應鏈將零組件模組化視為成品，以接單後組裝生產（Assemble to Order, ATO），依據客戶實際的需求進行模組的組裝，滿足客戶對於產品客製化與及時（Just in Time）供應的要求。

以 DELL 電腦為例，先製造各種電腦零件，當接到客戶的訂單時，再依據客戶選擇的規格與零件，透過完整的上下游零件供應與裝配工廠及行銷通路，在最短的時間完成產品組裝與交付客戶。例如：955（95% 的出貨，在下單 5 天內交貨）、983（98% 的出貨，在下單 3 天內交貨）及 102（100% 的出貨，在下單 2 天內交貨）等出貨模式。

三、臺灣企業在全球供應鏈的角色

對於臺灣企業而言，委託代工 OEM（Original Equipment Manufacturing, OEM）、委託設計加工（Original Design Manufacturer, ODM）與零組件模組化快速出貨服務（Component Module Move & Service, CMMS）之代工策略已是進入國際市場的主要生產與配銷模式。代工生產不用承擔龐大研發經費與消費市場不確定的風險，只要承接國際品牌大廠（如 NIKE、DELL、HP、SONY 等）訂單，及設計與規格要求進行生產。

然而為了提升國際代工業務的競爭力，代工廠必須擴大產能、根據比較利益法則將生產基地移轉至低成本地區，建立垂直分工生產模式；從備料、庫存、生產、出貨、當地組裝到當地配銷，必須能夠掌握供應鏈管理的流程。本節依據委託代工（OEM）、委託設計加工（ODM）、零組件模組化快速出貨服務（CMMS）之代工模式，分述如下：

（一）委託代工（OEM）

早期我國企業較不重視研發活動，主要是利用國內廉價的原料及勞工，在臺灣製造成最終產品之後，再以出口貿易的方式外銷至歐美或其他國家，而國外進口商在付款取得貨品後，再直接銷售至當地的消費者。如圖 10-30 所示。

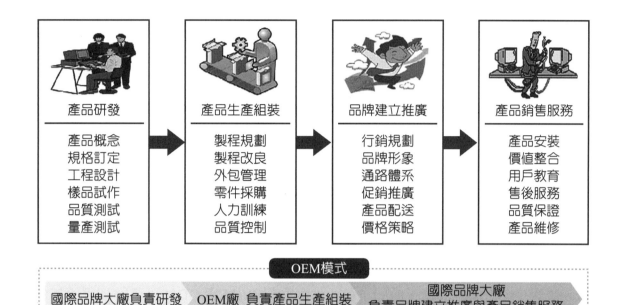

圖 10-30 委託代工（OEM）與委託設計加工（ODM）模式

在此價值鏈中，臺灣廠商從事附加價值最低的原料及製造活動，而附加價值最高的銷售及售後服務則由國外進口商來做。根據我國對外貿易發展協會的定義；所謂 OEM 模式，就是受委託廠商按原廠之需求與授權，依特定的材質、規格、加工程序、檢驗標準及品牌或標示，生產零配件、半成品或成品。

在此種分工結構下，OEM 廠商在價值鏈活動上只涉及生產組裝部分的活動，產品技術與市場皆由 OEM 買主提供，整個交易活動主導權與利益分配都由 OEM 買主決定。因此，OEM 廠商議價能力較弱，價值創造空間有限，OEM 業務型態是建立在 OEM 買主維持高度的產品技術領先與充分的行銷業務能力，而 OEM 廠商則持續提供生產成本與效率的優勢。例如，寶成企業替 NIKE 代工製造球鞋，明碁替 Motorloa 代工製造手機。

（二）委託設計加工（ODM）

所謂 ODM 模式即架構在產品設計與發展的活動上，經由高效能的產品開發速度與具競爭力的製造效能，滿足買主面對高度市場競爭的外包需求。如圖 10-30 所

示，ODM 業務型態，是指產品製造商自行設計產品，爭取買主訂單並使用買主品牌出貨的交易方式。ODM 廠商具備完整的產品設計與生產能力，ODM 買主則專注於經營產品品牌、通路與銷售服務等活動。雙方屬於不同能力專長的互補合作型態。例如：我國廣達電腦替惠普 HP 設計代工製造筆記型電腦。值得注意的是現今企業的全球供應鏈體系之經營範疇要比傳統的 OEM 與 ODM 來的廣泛，亦即由圖 10-30 中原先國際品牌大廠攸關的產品配送、產品安裝、售後服務及維修等項目，皆由臺灣製造商或代工廠接手進行。

（三）自有品牌生產（Own Branding Manufacturing, OBM）

所謂 OBM，即廠商自行設計產品、建立自有品牌與行銷通路，直接經營市場。臺灣長期扮演世界代工廠的角色，然而面對 OEM 與 ODM 廠商附加價值較低及無法擺脫微利的現實，在研發—製造—配銷的價值鏈中，唯有將價值鏈延伸至前端的研發設計，以及末端配銷的品牌、服務，才能提升附加價值。臺灣目前已有少數廠商成功發展自有品牌，例如：巨大公司的捷安特（Giant）自行車、宏碁（Acer）電腦、華碩（Asus）電腦等享譽國際的品牌大廠。

（四）零組件模組化快速出貨服務（CMMS）

有別於傳統的 OEM 及 ODM 的接單模式，「零組件模組化快速出貨服務」是在全球資訊產業普遍面臨供過於求的困境下，鴻海集團應用此概念，將服務的範圍從零組件延伸至機械模組、電子模組、系統組裝和測試。客戶可以向鴻海集團購買任何一零組件或模組，也可以要求鴻海進行成品組裝。從零組件、模組設計到系統組裝的整合，不僅可以提升整體的營業額，又可以提供客戶最有利的報價。鴻海的競爭利器是以一地研發（臺灣總部：臺北土城）、三地出產（臺灣土城、深圳、上海、北京、捷克布拉格）的全球生產策略，快速精準的行銷至全球市場。這一創新模式，不僅保持了電子專業代工的成本、品質與規模三大優勢，更為客戶提供了產品設計及全球服務的附加價值，有別於傳統電子業代工的營運模式，建立鴻海集團進行全球供應鏈與運籌管理的企業競爭優勢。

臺灣企業具有彈性製造、良率與品質管理與成本控制等競爭能力，因而成為許多國際品牌大廠的代工合作對象。自 1990 年代末期後市場全球化趨勢，國際品牌大廠需要建立完整的全球供應鏈體系，使其全球市場策略得以順利運作。臺灣廠

商在中國大陸、東南亞與東歐設立生產據點，利用全球資源與區位優勢，接近市場、降低生產與物流成本，並具備接單後生產與組裝的全球供應能力，將供應服務延伸至全球運籌、甚至通路的價值鏈活動，建立競爭優勢。相較於傳統的 OEM 與 ODM 模式，此作業方式可大幅提升其與國際品牌大廠（買方）的議價能力。

四、案例分享－臺灣筆記型電腦產業供應鏈模式

近年來臺灣資訊業已成為全球第三大資訊產品生產國。擁有上、中、下游完整的供應鏈，目前在監視器、主機板、機殼、電源供應器、鍵盤、滑鼠、音效卡、視訊卡、掃描器等多項資訊產品之世界佔有率達 50% 以上。筆記型電腦國際品牌大廠如 IBM、戴爾（Dell）、惠普（HP）、蘋果（Apple）、Lenovo、Gateway、NEC、SONY、Toshiba 等公司為求降低成本，採取跨國生產與配銷的全球運籌作業。一方面善用臺灣廠商之研發和生產能力，另一方面發揮本身品牌、通路與行銷優勢，提升全球市場的競爭力。目前臺灣筆記型電腦製造商有宏碁、廣達、華宇、華碩、和碩（華碩子公司）、英業達、倫飛、仁寶、大眾、藍天、神達、致勝等公司，宏碁與華碩近年來更致力品牌與通路的開發經營，在競爭激烈的全球筆記型電腦市場，已佔有一席之地。對於臺灣筆記型電腦產業發展而言，關鍵零組件的研發與製造是重要因素，近年來臺灣廠商不斷的提升技術研發與製造能力，目前除了硬碟（Hard Disk）外，其他各項的零組件，已具備有完整的研發、製造與供應實力。

（一）臺灣筆記型電腦產業概述

臺灣筆記型電腦產業近年來的發展非常快速，根據葉錦清研究統計，2011 年臺灣筆記型電腦生產總值達 2 兆 3000 億台幣，在全球 2 億台筆電市場的 9 成，成為全球第一大筆記型電腦製造王國。臺灣的筆記型電腦業者在全球筆記型電腦價值鏈的定位與角色，超過 90% 的比例為 OEM / ODM 代工訂單。面對國際品牌大廠的降價壓力與國際市場激烈競爭，毛利不斷被壓縮；近年來臺灣筆記型電腦廠商如宏碁與華碩，為了擺脫代工模式微利的宿命，積極發展自有品牌與通路，目前已初具成效。

因應國際品牌大廠全球供應鏈的運作，臺灣廠商之全球生產策略與佈局，境外工廠約佔七成五左右，其中以中國大陸華東的大上海地區（包括上海、吳江、昆山、杭州及南京等地）為主要生產基地，並已形成完整的產業群聚（Industrial

Cluster），代表性廠商包括廣達、華碩、仁寶、宏碁、英業達、華宇、神基、大眾等。另外一個主要的生產據點為華南地區的深圳、廣州及中山等地，如宏碁等企業皆在當地設廠。

筆記型電腦產業的上、中、下游供應鏈，如圖 10-31 所示，上游產業包括半導體業的晶片製造（IC 設計、晶圓代工、封裝測試等）、電子零組件業（被動元件、整流二極體等）及其他（發光二極體、印刷電路板及連接器等）等；中游產業則有光電組件（監視器、液晶顯示器等）、電子零組件（主機板、介面卡等）、關鍵零組件（邏輯運算器、動態隨機存取記憶體等）及電腦週邊（機殼、滑鼠及鍵盤等）等，下游產業即為筆記型電腦系統廠，進行 BTO / CTO 客製化組裝與生產。

上游	晶片製造	IC設計、晶圓代工、封裝測試等
	電子零組件業	被動元件、整流二極體等
	其他	發光二極體、印刷電路板、連接器等

中游	光電組件	液晶面板
	一般零組件	主機板、介面卡、光碟機等
	關鍵零組件	邏輯運算器（CPU）、動態隨機存取記憶體（DRAM）等
	電腦週邊	機殼、滑鼠、鍵盤、掃描機、網路卡、數據機等

| 下游 | 筆記型電腦系統廠 | BTO/CTO客製化組裝與生產 |

圖 10-31　筆記型電腦產業的上、中、下游供應鏈

1980 年代全球筆記型電腦產業逐漸興起，臺灣筆記型電腦廠商代工的能力成為國際品牌大廠價值鏈重視的部分，隨著全球化競爭趨勢，全球筆記型電腦產業已進入全球分工體系，國際品牌大廠在成本及全球市場的考量下，對於代工廠商之全球運籌能力之要求將更加注重，成為與國際大廠協同作業策略夥伴關係之考量關鍵。國內筆記型電腦產業發展漸從代工作業方式轉型為與國際大廠協同作業之型態。

（二）臺灣筆記型電腦產業供應鏈作業模式

國際筆記型電腦（Notebook）品牌大廠推動全球運籌模式大概分為兩種作業：一是整機出貨作業（又稱 One touch）；係由代工夥伴將產品開發、配銷一直

到售後維修全都一手包辦。優點為可以降低全球運籌作業的成本、減少存貨積壓與降低存貨成本及專注於研發、品牌與通路等核心業務的經營，缺點為代工夥伴的品質不易掌控與喪失產能主導優勢。例如惠普（HP）即採取整機出貨模式與臺灣筆記型電腦代工夥伴進行策略合作。

　　二是空機出貨作業（又稱 Two Touch），代工夥伴只需提供關鍵零組件與模組，如 CPU（邏輯運算器）、硬碟、動態隨機存取記憶體（DRAM）及光碟機等送到國際大廠的組裝基地或指定地點即可，由國際大廠負責最後階段的組裝。優點為可以確實掌握代工夥伴的品質與交期、符合客戶客制化需求，缺點為全球運籌作業較為複雜，不僅需設立區域組裝據點，同時將半成品或關鍵零組件，運送至區域組裝中心的物流成本較高。例如戴爾（DELL）與 IBM 即採取空機出貨模式與臺灣筆記型電腦代工夥伴進行策略合作。

　　不論是整機出貨或是空機出貨作業，筆記型電腦產業之供應鏈管理將效率、品質和成本結合，並著重交期的縮短。供應鏈交期時間包括有前端關鍵零組件與物料的運送與成品出貨運送時間，在關鍵零組件單價高的筆記型電腦產業，物料運送週期的控制相當重要。一方面由於資金的積壓及物料週轉率之考量，另一方面由於筆記型電腦之生產週期大約是 1-2 天，生產週期的壓縮造成製造商生產流程與排程的彈性降低，因此物料運送延誤，即可能造成生產排程紊亂、設備與人工的閒置。而在成品運送方面，由於筆記型電腦運用模組化生產，產品標準化程度高，為創造附加價值爭取市場，快速的交期為產品差異化的重要關鍵。臺灣筆記型電腦製造商面對國際品牌大廠對於成本與交期的要求下，也適度調整作業方式：

1. 因應國際品牌大廠人力資源不斷精簡，臺灣業者除了在降低製造成本與確保品質外，同時也提升研發與運籌管理的能力與價值。

2. 縮短從訂單到出貨之前置時間，訂單時效已由月單位縮減至週單位，甚至更短的時間，業者承接歐美訂單，必須具備有快速研發能力的團隊、虛擬網路生產、模組化與彈性製造生產系統、供應鏈管理與客戶關係管理，進行全球整機直接（Global Direct Supply, GDS）出貨的作業模式，達成 955、983 或 1002 的交貨條件，有效控制交期及因應客製化需求。

　　臺灣筆記型電腦業者與國際品牌大廠的關係，已經由前端輔助設計，中段的量產製造，延伸至後段的配銷與後勤支援服務。臺灣營運總部負責研發、關鍵零組件製作及相關運籌管理的規劃與佈局，其全球生產與運籌作業方式，如圖 10-32 所示：

1. 區域組裝中心組裝作業方式

台商於全球各地，如美國、歐洲等，設立區域組裝中心，由中國大陸或臺灣生產之半成品、關鍵零組件（由國際品牌大廠指定）或準系統，運送至區域組裝中心，再依據客戶的需求，進行後段的客製化組裝與生產後，再配送至國際品牌大廠的發貨倉庫，於通路商或終端使用者指定時間內迅速送達。

2. 國際品牌大廠組裝作業

國際品牌大廠在各區域自行設立組裝中心，台商由中國大陸或臺灣運送半成品、關鍵零組件（由國際品牌大廠指定）或準系統至這些區域組裝中心，進行後段的客製化組裝與生產後，再配送至國際品牌大廠的發貨倉庫，於通路商或終端使用者指定時間內送達。

3. 大陸整機出貨作業（China Direct Shipment, CDS）

目前臺灣筆記型電腦業者已將組裝中心移往中國大陸，形成完整的產業聚落。關鍵零組件部分由國際品牌大廠指定，部分由台商自行採購，臺灣營運總部負責研發、關鍵零組件製造及相關運籌管理的規劃與佈局，在接到國際品牌大廠訂單後，直接下令位於中國大陸的組裝中心進行後段的客製化組裝與生產，再配送至國際品牌大廠的發貨倉庫，於通路商或終端使用者指定時間內迅速送達。

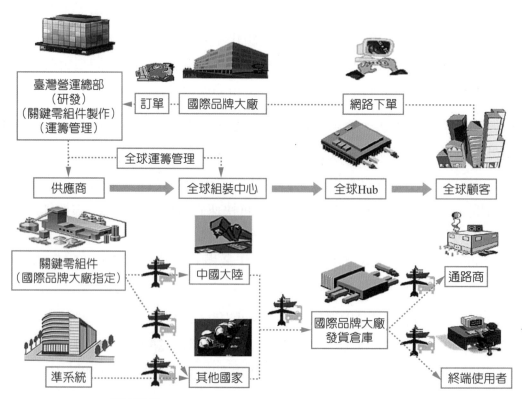

圖 10-32　臺灣筆記型電腦業全球生產與運籌模式

（三）臺灣筆記型電腦產業發展趨勢

1. 全球發貨倉庫的設立

全球發貨倉庫（Hub）的設立，提供筆記型電腦製造商倉儲物流服務與庫存管理能力。製造商接獲訂單後可以快速發貨至國際品牌大廠甚至終端消費者，上游原物料與零組件廠商也可以藉由供應商存貨管理模式的建立，提供製造商JIT 的物料供應。另一方面，透過製造資源規劃計算物料實際需求，檢視相關原物料供應狀況，避免物料短缺發生，同時設定各類原物料與零組件的安全庫存，尤其是高單價與產品週期短的產品，避免造成呆料的損失。由於製造廠商相關備料與庫存需求來自於品牌廠商提供的銷售預測，存在相當的不確定與風險，筆記型電腦製造商因應國際品牌大廠區域發貨與存貨管理的需求，建立區域發貨倉庫，就近滿足品牌大廠快速接單與出貨需求。

2. 全球區域組裝據點的形成

臺灣筆記型電腦的客戶多為國際品牌大廠，例如：戴爾（DELL）、惠普（HP）、IBM 等，而國際品牌大廠的市場與客戶又遍及歐洲、美洲與亞洲，因此製造商必須在全球各主要市場設立全球區域組裝據點，以降低產品運送的時間與成本。同時配合各市場產品在地化（Localization）與特定規格的需求，進行在地組裝（Local Assembly）。因此製造商將中性產品（空機）、零配件與模組運送並儲存於當地，待品牌商確認訂單實際規格與需求時，採取延遲策略（Postponement）進行客製化（Customization）的接單後組裝生產模式（Configure to Order），完成筆記型電腦產業普遍流行的 955（95% 的訂單在5 天內交貨）、983（98% 的訂單在 3 天內交貨）及 1002（100% 的訂單在 2天內交貨）的出貨模式。

3. 全球運籌服務的延伸

自 1990 年代末期後市場全球化趨勢，筆記型電腦品牌大廠需要建立完整的全球供應鏈體系，使其全球市場策略得以順利運作。臺灣筆記型電腦製造商除了持續強化研發設計及製造等核心能力外，開始積極進行全球佈局，以期能夠繼續與這些國際品牌大廠維持策略伙伴與供應關係。臺灣筆記型電腦廠商在中國大陸、東南亞與東歐設立生產據點，利用全球資源與區位優勢，接近市場、降低生產與物流成本，具備接單後生產與組裝的全球供應能力。製造商考量不同物料材積、價值、運送成本、與前置時間等因素，透過供應鏈協同作業模式，將所生產的各式產品即時配送至全球區域組裝據點、發貨中心、通路商或客戶

手中，建立效率化之全球供應鏈體系，不只滿足低製造成本，亦將供應服務延伸至全球運籌、甚至通路的價值鏈活動，創造臺灣筆記型電腦製造商於全球化市場的利基與不可取代的競爭優勢。

4. 採購與供應的夥伴關係

筆記型電腦製造商除了面對國際品牌大廠之外，亦須與眾多上游供應商維持密切的夥伴關係，使供應商可以配合製造商要求的交期，即時將高品質的零組件送達到製造商手中。筆記型電腦所含零組件眾多，特別是針對關鍵性零組件，例如 CPU 或液晶面板，製造商必須與這些供應商維持良好關係，確保貨源的穩定。

5. 全球資訊管理系統的建立

筆記型電腦製造商在面對高度複雜（眾多供應商與客戶）與動態的（時常變動）全球供應鏈體系中，提升效率與降低成本最重要之關鍵，乃在於眾多參與廠商或企業間進行高度、頻繁之資訊交換與整合。例如，國際品牌大廠必須與製造商緊密合作，交換產品設計、客戶訂單、產能、品質、規格、交期等資訊；同樣地，製造商亦必須與上游眾多之零組件供應商緊密合作，確保即時與合乎品質、規格之供應，並且保證相當的作業彈性，以隨時因應客戶需求之改變。

建立全球資訊管理系統的目的有二：一是透過供應鏈資訊分享，強化上游供應商與國際品牌大廠合作的依存度；二是提供製造商與國際物流業者進行供應鏈即時資訊交換，提升國際物流作業中通關、運輸、入出庫、庫存、交貨等實體物流活動之協同作業效率。例如：華碩電腦建構之全球運籌資訊系統，將華碩全球各地工廠、外包商、供應商、客戶、海外組裝廠、全球發貨倉庫、國際運輸業者、報關行、海關、保險業者、銀行等所有物流與金流運籌作業，都透過網際網路連線，並以 XML（Extensible Markup Language）為標準規格，建立支援多國語言（Multi-Languages）的 B2B（Business to Business）電子資料交換系統，內容包含客戶訂單、物料供應狀況、生產排程、倉儲與存貨管理、貨況追蹤等物流資訊，以及金流作業電子化相關貨款、運費、關稅、保險費等自動付款與收款作業。歸納全球運籌資訊系統作業的效益如下：

(1) 供應商 JIT 即時交貨與發料模式，達到生產零缺料，並節省巨額運費。

(2) 運輸路徑規劃，有效降低從採購到交貨的前置時間與運費。

(3) 即時貨況追蹤系統，確實掌握產能、庫存與交期。

(4) 電子報關作業，避免人工繕打產生的人為失誤，及傳統的傳真或 E-mail 傳送耗費的成本及文件遺失的風險。

(5) 電子化金流作業，提升財務與會計作業的效率與正確性。

（四）筆記型電腦接單後組裝生產與出貨作業

國際筆記型電腦（Notebook）大廠惠普科技（HP）推動整機出貨（One Touch）全球運籌模式，如圖 10-33 所示：目前 H 筆記型電腦製造商（簡稱 H 公司）為惠普代工夥伴。關鍵零組件部分由 HP 指定供應商，部分由 H 公司自行採購，H 公司臺灣營運總部負責研發、關鍵零組件製造及相關運籌管理的規劃與佈局，在接到惠普的訂單後，直接下令位於中國大陸蘇州的整機組裝廠進行客製化組裝與生產，經由海運配送至惠普位於洛杉磯的發貨倉庫，待惠普的重要客戶如渥爾瑪（Wal-Mart）等通路商下單，立即進行 955、983 或 102 的出貨模式。

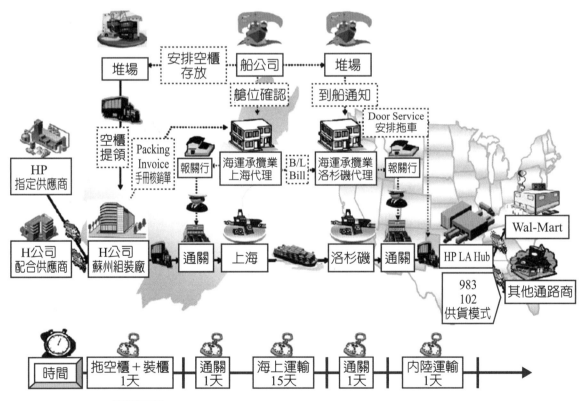

圖 10-33　H 筆記型電腦製造商 美國市場整機出口作業模式

H 筆記型電腦製造商出口作業流程如下：

1. 訂單處理與提領空櫃

H 公司蘇州組裝廠在收到 HP 的訂單後，立即向海運承攬業上海代理發出出貨通知，海運承攬業則立即向航商洽訂艙位。由於上海的洋山港或外高橋距離蘇州有一定的路程與距離，一般海運承攬業與航商協商，存放一定數量的空貨櫃於 H 公司蘇州組裝廠附近的貨櫃堆場，提供 H 公司就近提領空櫃與裝貨，爭取領櫃與裝貨的時效。

2. 出口通關作業

H 公司將裝箱單（Packing）、商業發票（Invoice）、手冊與核銷單提供至報關行，以電腦連線向上海海關進行出口通關申報，等待貨物放行通知。

3. 裝船與國際運輸作業

H 公司連絡拖車公司提領空櫃與裝貨，待海關確認出口貨物放行後將重櫃運送至航商指定的貨櫃堆場或是專用碼頭等待裝船。另一方面，H 公司特別要求海運承攬業安排運輸時間最快的船舶直航美國的洛杉磯，以因應 HP 對於交期的要求。

4. 進口報關與內陸運輸安排

海運承攬業在收到 H 公司的進口報關文件與確認船舶預定到達時間後，立即通知洛杉磯的海外代理（Agent）向美國海關申報進口報關，並安排由卸櫃港口轉運至 HP 位於洛杉磯的發貨倉庫的內路配送作業。

由圖 10-33 可知，全程作業流程由訂單處理與提領空櫃→出口通關作業→裝船與國際運輸作業→進口報關與內陸運輸安排，交貨的前置時間約 19-20 天，相關進出口通關、領櫃、裝櫃、交櫃、國際運輸、內陸配送與交貨等實體物流活動之協同作業效率務必迅速確實，不可有任何的疏漏，對於參與筆記型電腦產業供應模式的國際物流業者是一項艱鉅的挑戰。

10.4 國際物流

一、物流的定義

物流（Logistics）原為軍事科學的用語，為後勤補給的意思，人們在很早之前就已經有物流的活動，也發展出一定程度的物流知識。由於作戰時須對軍事上的物資、裝備的製造、供應、戰前配置與調運等做補給、養護等軍事上的後勤活動，須使用有系統的思考與分析方法進行管理，於是產生了物流的概念，但此時仍然沒有一個明確及完善的物流定義與理論。

戰後隨著時代的轉變，先前運用在軍事上的概念、理論與方法漸被應用在管理領域上，促進經濟活動上的效率，對企業的貢獻更是顯著。管理學者彼得杜拉克在「經濟中的黑暗大陸」（The Economy's Dark Continent）一書中提及物流的重要性，物流是企業領域中最容易被忽略的地方，但卻是很重要且具有發展的空間。

在 1960 年代企業物流才被視為是一門學科，當時僅注重於生產原物料的控管，物流的技術著重於工廠內部自動化機器的運用，到了 1970 年代時，演變為貨物的實體配送（Physical Distribution），在此階段較重視如何將生產出來的產品快速的運送到消費者的手上，著重於運送的過程，對物流成本的概念也侷限於保管或出貨管理等作業方式。直到 1980 年代，物流的發展漸開始重視整體物流成本的管控，從生產原物料的輸入、製造過程、倉儲管理、加工、包裝、銷售及運送服務等都涵蓋在物流的範圍之內，此時的物流概念開始注重整體物流的流程，而物流範圍也不斷在擴充。1990 年後，物流管理的領域也融入了金流、資訊流等，而形成更廣義的物流觀念。

Logistics 此專業英文目前在臺灣普遍被使用主要有兩種，有人闡釋為「物流」，亦有人用「運籌」一詞，一般而言，物流或運籌兩者所指的意涵是相類似，無須做太大的區別。

各國的學術團體、研究單位、專家等對 Logistics 有以下的定義：在 1960 年美國管理協會（American Management Association, AMA）定義物流乃由生產地到消費者或使用地點，有關於物資的移動或者是處置管理等。在 1963 年，美國

國家實體分配管理協會（National Council of Physical Distribution Management, NCPDM），為美國物流管理協會（Council of Logistics Management, CLM）的前身，定義物流為對原物料、在製品、製成品等，從生產的地點到消費地間，以有效率的移動，採用計畫、執行與控制步驟，進行整合式的管理。1967 年，物流重新被該協會定義為：有效率的移動到消費者的手上所涉及的種種活動，並包括原物料由原點的供應商送到生產線端的移動過程。

1985 年，美國物流管理協會（Council of Logistics Management, CLM）定義物流：為達顧客要求，對於原物料、在途存貨、製成品與相關資訊，從起點到消費點的移動與儲存，並進行有效率的且有成本效益的計畫、執行與控管。物流是從原物料的取得經過生產與配送到顧客手中之設施、人、裝備與作業等活動的集合，包含物料管理（Material Management）與實體配送（Physical Distribution），物料管理指的是大宗物資及原物料的獲得與供應，及半成品存貨管理，目的是為了提供流暢的製造流程；而實體配送指的是將產品分配至顧客的手中的一切活動，包括訂單處理、包裝、存貨控管、倉儲、配送與顧客服務等。

中華民國物流協會（民 79）定義物流是一種物品實體流通活動的行為，在流通過程中，透過管理程序有效結合運輸、倉儲、包裝、流通加工、資訊等相關物流機能性活動，以創造價值、滿足顧客及社會需求。物流是指從生產地到消費地，有關物資的移動或處置管理，狹義的物流是指製成品之銷售物流，廣義的物流包含原物料之物流、生產物流、銷售物流與廢棄物流；簡言之，物流即是能跨越時空差異及限制，將滿足顧客要求品質及特色之原物料、半成品製成品等產品，並以最低的配送成本送至顧客手中之流通活動。美國供應鏈管理專業協會（Council of Supply Chain Management Professionals, CSCMP）對「物流管理」的定義為：「是供應鏈管理的一部分，其透過資訊科技，對物料由最初的原料，一直到配送成品，以至最終消費者整體過程中所牽涉的原料、半成品，以及成品的流通與儲存，以最有效益的計畫、執行與控制，來滿足並符合消費者的需求。」

近年來，供應鏈管理（Supply Chain Management）廣義的物流觀念，已逐漸取代原有較為狹義的物流觀念。美國供應鏈管理專業協會（CSCMP）定義供應鏈管理為原料、採購、加工及所有物流規劃與管理的活動，重要者，它亦包括與供應鏈夥伴（供應者、中間商、第三方服務提供者及客戶）之間的協調及合作。本質上，供應鏈管理整合了公司間與公司內部的供給與需求的管理。

二、國際物流的內涵

　　隨著區域經濟成長與貿易增加、供應鏈觀念之演進、資訊與通訊技術之進步、以及全球金融與運輸解除管制等因素影響下，企業國際化與自由化已成為發展的趨勢。傳統國家地理疆界逐漸消失，企業不再將國家視為個別獨立的區域，而是將企業內所有單位視為單一個體，將全球視為單一市場，在不同地區建立生產基地、向不同國家之供應商採購，並將產品行銷至世界各地。例如目前已有許多國際企業在勞動與土地成本較低廉之東南亞與大陸等地選擇供應商進行全球採購，或將生產基地移至當地，再將採購之產品銷往母國或行銷至全球市場。企業不論是從事全球採購、全球分工生產或是全球行銷，都牽涉國際間貨物之移動，因而會對國際物流產生需求。

　　所謂國際物流是指涉及跨越二個國家以上的貨物運輸、倉儲、配送、包裝與資訊傳遞的物流作業。國際物流涉及國際貿易商品買賣的行為，會隨各國或區域產業的結構與基礎結構之不同，而會有不同的營運模式。企業在面對日益激烈的國際競爭環境下，無法全面性的將採購、生產、行銷與研發等工作單獨在特定區域內完成，企業物流的領域從早期國內市場層次的國內物流，擴大為跨越國界的國際物流經營模式。國際物流與一般常用的全球運籌管理一詞稍有差異，全球運籌管理較偏向從製造商的觀點，而國際物流則偏向於國際運輸產業或物流業者的觀點。因此，擁有整合性的國際物流能力，可創造顧客的價值，提升企業競爭力，是影響跨國性企業成長與成功重要的關鍵因素。

　　過去數十年來，各國政府多設立關稅與貿易障礙，以保護國內的產業，避免競爭。但近年來，各國政府為能提高國家競爭力，國家間致力於區域整合，逐漸形成區域聯盟。例如：北美自由貿易協定（North American Free Trade Agreement, NAFTA）、歐洲聯盟（European Union, EU）與亞太自由貿易區（ASEAN Free Trade Area, AFTA）等。成立的宗旨在取消貿易障礙，貨物可以互相流通並減免關稅。以歐盟為例，成立於 1993 年，除取消會員國間的關稅障礙，至今仍不斷致力於消除稅制與非關稅障礙，以期歐盟各國能貨暢其流。易言之，各國政府，尤其是先進國家，均致力於改善國際物流經營環境，以鼓勵國際物流之發展。

　　國際物流涉及貨物流動（物流）外，還涉及金流與資訊流，簡述如下：

1. 物流（Goods Flow）

為貨物由供應點至消費點之實體流動，主要包括貨物之運送、配送、倉儲與流通加工（貼標、包裝等）等。

2. 金流（Cash Flow）

為處理與收支相關事宜，主要包括市場調查、交易條件協議、報價與詢價、交易價格、押匯與貨款交付等。

3. 資訊流（Information Flow）

為處理買賣雙方之資訊、文件等相關事宜，尤其在文件方面，由於貨物在國際間移動時，必須接受各國主權之管轄。因此貨物在進出各國時，必須具備海關規定之相關文件，如許可證、准單等，向海關申請進口或出口。

國際物流運作之成功關鍵在於能否讓貨物自由、快速之流動，由於國際運輸之發達與港埠、機場效率之提高，貨物運輸與裝卸速度大為提高；金流目前多透過銀行進行交易或聯繫，資訊傳遞發展非常快速。但各國海關之進出口通關規定仍相當繁瑣，有時貨物已抵達目的地，可立即配送給顧客，但因文件之通關程序尚未完成，貨物無法放行領貨，對其配送效率之影響頗鉅。如能將資訊流與物流有效整合，則可提高貨物流通速度，減少貨物的置留時間與成本。

國際物流涉及兩個以上國家之物流活動，包括物料管理與實體配送兩部分，前者係指由供應商提供原料給製造商之物料流程，大多為大宗物資之運送，基於成本的考量，較不利於轉運運送，因此多以直接運送為主；惟後者則指製造商將產品送到顧客手中的流程，近年來由於消費者需求的多樣化與變動迅速，要求提供「少量、多樣、高頻率」的配送服務，使得實體配送成為國際物流發展之重點。

國際物流中的實體配送，依其服務功能之差異，可分為下列四種基本類型（如圖 10-34 所示）：

1. 傳統系統（Classical System）

供應商將貨物送至各國之物流中心，顧客直接向該國物流中心訂貨，該物流中心將負責國內地區貨物之倉儲及配送等服務，以滿足國內顧客之需求。

2. 轉運系統（Transit System）

供應商／出口商保有存貨、處理訂單及理貨功能，各國顧客直接向供應商訂貨，貨物經由該國物流中心轉運後，配送給顧客，物流中心僅負責國內貨物之配送，並不保有庫存功能。

3. 直接系統（Direct System）

供應商直接由所在國家將貨物配送至各國顧客，而不在各國設置物流中心進行配送。

4. 國際配送系統（International Distribution System）

在數個國家設置一國際性物流中心，以統籌鄰近國家之訂貨、倉儲及配送等作業。

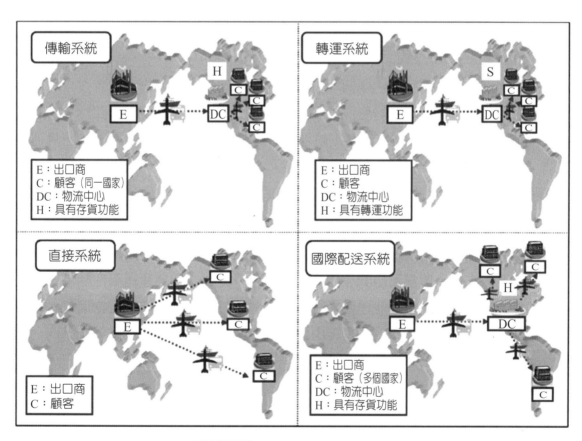

圖 10-34　國際配送系統之類型

　　近年來國際物流之配送型態有了很大轉變。傳統上，各跨國企業要將商品推展至各個國家時，會選擇在該國設置物流中心，負責配送當地之顧客，因此，多採取圖 10-34 之傳統系統或轉運系統。如今各跨國企業逐漸將原本分散於各國之物流中心集中於少數幾個區域物流中心，統籌負責鄰近國家之物流作業，逐漸發展爲國際性物流中心。

三、國際物流服務業與能力

　　隨著企業國際化與全球佈局，如何整合全球之供應商、通路商、外包商、企業本身價值鏈活動，形成一個高效率的供應鏈體系，提供客戶最迅速、高品質的服務，成爲企業增加競爭優勢的方式。以下針對國際物流服務業與能力，依序說明如下：

（一）國際物流服務業者

　　國際物流涉及多個國家、多個地區的物流業務運作，國際物流業者在全球供應鏈作業與管理，扮演著重要的地位。國際物流成員包含承攬業者、報關行、物流中心或倉儲業者（Hub）、陸運業者、航運業者、航空業者、鐵路業者、航空貨運集散站、貨櫃集散站等業者，各司其職，並進行一定程度的協同作業，方能順利將貨物準時、準確的由起始地送達目的地。

　　供應商透過各種運輸模式，將原物料運送至工廠生產及製造成產品後，因時制宜、因地制宜選擇不同的運輸工具，將貨物運送至海運或空運進出口集散站，在此過程中涉及海空運承攬業及報關等物流作業，透過海運或空運運送至他國港口後，因應客戶需求，亦可利用其他運輸模式，爭取運輸時效。對進口的貨物而言，則須完成清關、拆櫃、分裝等作業，再經由當地陸運業者將貨物運送至區域經銷商、物流中心，或直接運送至客戶手中。

（二）國際物流服務業的能力

　　國際物流業者介於供應商與客戶間，是達成國際買賣交易重要的媒介。國際物流運作順暢與否，影響企業進行全球供應鏈管理的成敗甚鉅，國際物流業重要的物流管理能力，包括有倉儲管理、運輸管理與資訊管理能力，分述如下：

1. 倉儲管理能力

在國際物流作業中，倉儲提供貨物集併、儲存、拆裝與流通加工的功能，且多數集中在經海關核准登記供儲存保稅貨物的保稅倉庫或國際物流中心，賦予相關租稅的優惠，並進行因國際物流必須之重整、貼標、改包裝、品質檢驗及流通加工，提升貨品的附加價值。

一般而言，貨物從生產國工廠或倉庫運送至附近的港口的貨櫃集散站或機場的航空貨運站集併等待裝運出口，在抵達目的港後，貨物有可能會在倉庫中儲存及拆裝，待客戶需要時再進行配送。如果貨物沒有立即使用或消費，仍須在客戶或是各階層的通路中，如經銷商、批發商、零售商的倉庫儲存，從供應鏈管理的角度，如何透過良好的倉儲管理，減少貨物的儲存時間、庫存數量，同時避免缺貨的情形，提升貨物與現金的週轉，是企業進行全球供應鏈管理中重要的能力之一。

2. 國際運輸管理能力

國際運輸管理是國際物流服務中重要的項目，由於運輸具有路線複雜、距離遙遠、運輸時間長、手續繁雜、風險大的特性。國際貿易與全球供應鏈管理皆是透過不同的運輸模式的選擇，將物料或半成品移運至下一個生產單位，或是將成品運送至顧客端的作業。由於國際運輸常以兩種或兩種以上不同運輸模式的組合進行所謂的複合式運輸（Intermodal Transportation），在出口國的倉儲將貨物「化零為整」集併成大宗貨物，進行出口國至進口國的跨國界集中配送。

同理，在進口國的倉儲將大宗貨物進行「化整為零」拆裝，或是進行「越庫作業（Cross Docking）」，在完成流通加工包裝後，進行多品項、小批量及高週轉率的到戶配送，從而降低整體的配送成本。因此運輸模式組合的決策主要是在考量運輸成本、在途存貨成本、在途時間、運送可靠度及整體顧客服務水準等因素，在物流成本與運輸時效性的權衡下選擇最適的方式。各種運輸模式特性的比較，如下圖 10-35 所示。

各運輸模式比較	公路運輸	鐵路運輸	航空運輸	海洋運輸
每延噸公里的成本	中等	低到中	高	低/非常低
速度（公里/小時）	0-100公里	0-80公里	0-960公里	0-32公里
送貨可達範圍	網路遍佈	有限網路	特定網路	特定網路
主要優點	直接運送到戶	運載量大	速度最快	成本低
限制	運載量有限制	不能與其他運輸模式交互運用	運載量與氣候	速度慢
可靠度	很高	高	很高	非常高

圖 10-35　各種運輸模式特性比較

3. 資訊技術能力

在複雜多變的國際物流與供應鏈體系中，物流資訊管理系統運用了通訊技術、網路技術、相關軟硬體技術與電子商務技術等，建置相關作業系統。如圖 10-36 所示，物流資訊管理系統可包含訂單管理系統（Order Management System）、倉儲管理系統（Warehouse Management System）、運輸及配送管理系統（Transportation）及存貨管理系統（Inventory Management System）等。

因應國際物流相關採購、訂單、運輸、入出庫、庫存、交貨及帳務管理等作業需求，應用資訊系統並結合計量經濟、作業研究、模擬等數量分析方法，可更有效進行市場需求預測、提升訂單處理的正確性、降低安全庫存、縮短接單到發貨的交期、合理安排運輸路線、提升車輛裝載率與利用率、貨況追蹤與庫存查詢、文件與單據無紙化、提升倉儲與撿貨作業的正確性等效益，物流資訊管理系統的應用為國際物流與供應鏈管理的運作提供更有效率及便捷的服務，為國際物流業者重要的能力。

物流資訊管理系統

訂單管理系統	倉儲管理系統	運輸管理系統	存貨管理系統
訂單輸入	儲位規劃	裝載量規劃	存貨需求預測
訂單處理	作業人力評估	路線排程	安全庫存量分析
訂單狀態	裝卸貨管理	運輸模式選擇	補貨週期分析
顧客追蹤	進出貨管理	運輸整合規劃	補貨批量分析
客戶接洽管理	儲位管理	費率定制	補貨訊息通知
服務電話安排	揀貨	運費支付稽核	存貨規劃模擬
定價與獲利率管理	庫存資料維護	委外運輸業者管理	
退貨處理	盤點	全球定位系統	
帳務管理	退貨	貨況即時追蹤	
	倉儲作業模擬		

圖 10-36　物流資訊管理

四、個案研討－臺灣農產（食）品國際物流管理模式

　　民國 99 年 6 月 29 日兩岸簽署經濟合作架構協議（Economic Cooperation Framework Agreement, ECFA），其中「早期收貨清單」所涉及之相關產業，有望成為臺灣貿易業者拓展大陸市場的先鋒。隨著中國大陸經濟蓬勃發展、國民所得提升及龐大的消費市場，對於臺灣高品質的食品、農產品需求隨之提高，帶動農產（食）品與低溫物流商機。有鑑於此，未來臺灣食品、農產品物流管理模式，必須整合臺灣各相關領域：包含從農業產銷、食品加工、物流儲運、多溫共配到市場通路等企業，串接成為一完整的低溫物流產業鏈，發揮臺灣既有的營運與技術優勢，從中國市場出發，發展成亞洲市場優質農產（食）品提供者，再延伸新興市場國家乃至歐美日市場，贏得全球農產（食）品商機。以下針對臺灣農產（食）品出口國際運籌管理模式與實務案例，分述如下：

　　臺灣出口農產（食）品，從產地經由國際運輸，在進入國外市場前，需經過政府相關審核與檢驗機關，例如衛生署、農委會與海關進行相關產品檢驗、檢疫程

序，待相關審驗機關核准與放行後，方可進行後續裝運、國際海空運輸等外銷出口
程序。如圖 10-37 所示，針對廠商與政府審檢單位、農產（食）品出口運籌管理模
式、作業流程、及提供企業營運之利基，進行說明。

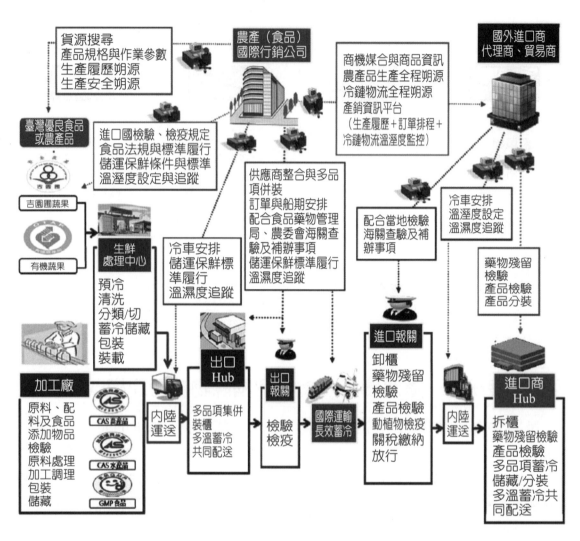

圖 10-37　農產（食）品出口運籌管理模式

（一）廠商與政府審檢單位分類

　　食品或農產品由產地或工廠出口外銷至國外買方的流程，需要相關廠商、物流
業者與政府審核檢驗單位的配合，方能順利完成供應鏈協同管理與作業，以下針對
相關廠商、物流業者與政府審核檢驗單位的功能與角色，說明如下：

1. 農產（食）品供應與製造商

在農、漁、牧等原料成爲低溫食品之前，需透過食品供應商與製造廠商的食材運送以及後續加工製作。其中農產品供應商主要爲具備生產履歷，例如吉園圃、OTAP 有機蔬果等臺灣優良農產品；而食品供應商方面，在國內的 CAS 認證標準中，將食品廠商分爲肉品、冷凍食品、果蔬汁、食米、醃漬蔬果、即食餐食、冷藏調理食品、生鮮食用菇、釀造食品、點心食品、蛋品、生鮮截切蔬果、水產品、林產品、乳品 15 類。

2. 農產（食）品國際行銷公司

提供國外農產（食）品進口商、代理商、貿易商，包含商流媒合、臺灣農產或食品檢驗標準資訊、臺灣市場與通路資訊、農產或食品通路管理與食品安全溯源系統等，相關農產（食）品商流、物流、產銷資訊解決方案價值鏈服務，說明如下：

(1) 採購與供應管理

擔任國外進口商、代理商、貿易商在臺灣的採購代表，在臺灣進行；(1) 農產（食）品供應商開發、貨源搜尋與契作生產模式；(2) 控制與監督農產（食）品在生產、包裝、保鮮（冷藏）與儲運過程的品質可靠度，確保進口國消費者安全與安心的保障。

(2) 整合物流服務

整合臺灣農產（食）品供應與製造商產品，以統一收貨與多品項併裝出口作業（CFS to CY），提升物流共同化效益。同時提供全程農產（食）品國際物流作業與服務，提升整體服務品質，降低廠商物流成本，支援臺灣農產（食）品廠商國際市場佈局及運籌管理。

3. 第三方農產（食）品物流業者

第三方物流業者在農產（食）品物流體系也扮演著重要的角色，負責食材、農產（食）品的常溫或低溫倉儲、運輸與配送等加值活動。

4. 政府審核與檢驗機關

諸多臺灣外銷農產品中，外銷水果多屬通過進口國家有關的疫病與藥物殘留檢驗標準，產出品質與規格均特別就國外消費者需求與市場競爭而量身訂作，同時確認與掌握市場偏好及產品分級，重視品質形象與新品種開發，及關鍵技術的維護，才能長期維持外銷市場優勢。以下為食品、農產品外銷出口的過程，檢疫、檢驗主管機關分工與權責說明：

(1) 海關

食品或農產品出口通關時，出口商必須檢附下列必需證件：①出口報單；②裝貨單（Shipping Order, S/O）；③裝箱單（Packing List）；④出口貨物進倉證明（簡稱進倉單）；⑤委任書；⑥輸出許可證，作為海關查驗出口貨物及放行裝船之根據。針對⑥輸出許可證申請部分；出口商應先查明動、植物之學名，於出口報單貨品名稱欄內填列動、植物學名，再填列俗名（英文貨品名稱），及報明屬華盛頓公約（CITES）附錄、或野生動物保育法、或文化資產保存法列管之物種，由海關依據中華民國海關進口稅則、進出口貨品分類表、限制輸出貨品海關協助查核輸出貨品彙總表及輸出行政規定彙編等貨品輸出之參考資料，協助查核輸出貨品，列入「文件審核（C2）」或「貨物查驗通關（C3）」；未依規定報明者，廠商應自負法律責任。應符合進口國之衛生檢疫條件，可向主管機關或檢疫局、標準檢驗局等相關單位洽詢。（財政部關務署網站，民 102）

(2) 衛生福利部食品藥物管理局

外銷食品（添加物）英文衛生證明、加工衛生證明、檢驗報告、自由銷售證明（食品衛生許可證管理辦法）由出口商準備相關資料（參閱衛生福利部食品藥物管理局網站首頁 > 業務專區 > 食品 > 食品業管理 > 外銷食品（添加物）英文衛生證明、加工衛生證明、檢驗報告、自由銷售證明申辦表單），向衛生署的食品藥物管理局申請辦理，或是委託具備申請業務經驗的報關行代辦，所需時間 25-40 天不等，不含補件時間。（衛生福利部食品藥物管理局網站，民 102）

(3) 經濟部國際貿易局

產地證明書申請係由向經濟部國際貿易局（以下簡稱國貿局）報備辦理產證簽發業務之工商業團體簽發；輸墨西哥之產證限由全國商業總會、臺灣省商業會、台北市商業會、高雄市商業會及加工出口區管理處等五單位核發。輸往美國洋菇、竹筍罐頭及輸歐盟大蒜之產地證明書限由經濟部標準檢驗局核發。一般而言，產地證明書申請大多是在完成出口報關程序放行貨物後，由廠商直接，或委託報關行代為向國貿局申請。（經濟部國際貿易局網站，民 102）

(4) 行政院農業委員會動植物防疫檢疫局

動植物防疫檢疫局（以下簡稱防檢局），在基隆、新竹、臺中及高雄設有四個分局，並在各港口、機場及農產品主要生產地，設置檢疫站專責進出口檢疫。業者在外銷農產品之前，應先向輸入國政府植物檢疫單位洽詢該國植物檢疫規定（目前防檢局網站上收集了部分國家的檢疫規定提供參考，其網址為：http://www.baphiq.gov.tw），有些國家針對特定產品會要求先向其申請輸入許可證，而輸入許可證上會清楚註明檢疫條件，業者依據輸入國植物檢疫規定，向防檢局基隆、新竹、臺中、高雄分局或各分局的檢疫站申報輸出檢疫。經檢疫符合輸入國檢疫要求者，則核發輸出植物檢疫證明書。輸出檢疫的流程如下：申報檢疫→審核文件→收費→臨場檢疫→檢疫合格→發給動物或植物檢疫證明書。（吳雅芳等，民 93）

（二）出口運籌管理模式與作業

臺灣農產（食）品出口運籌管理模式與作業如圖 10-37 所示，分別為採購與供應管理、整合運籌服務與企業營運利基，說明如下：

1. 採購與供應管理

農產（食）品國際行銷公司，擔任國外進口商在臺灣的採購代表，統一執行下列工作：

(1) 供應商開發與貨源搜尋

除目前指定供應商與貨源，農產（食）品國際行銷公司可以協助國外進口商、代理商、貿易商，搜尋臺灣優良食品與農產品供應商。例如：具有生產履歷與認證之 CAS 畜產品或水產品、OTAP 有機蔬果、吉園圃蔬果等，提供相關商品資訊，協助國外進口商在海外市場，確認產品特色與與市場接受度，推廣臺灣優良農產（食）品在海外市場的商機。

(2) 收貨檢驗與貨況追蹤

農產（食）品國際行銷公司可以在生產地為國外進口商把關，協助國外進口商、代理商、貿易商，執行食品法規與標準履行及產品品質稽核及的工作，同時建立產銷資訊平台，提供生產履歷、稽核結果、訂單排程、溫溼度監控等相關資訊分享與查詢，避免食品品質劣化與耗損，確保品質及安全衛生，徹底執行從農場到餐桌（Farm to Table）食品安全管理。強化國外進口商對臺灣農產（食）品的安心與信心。

(3) 客製化產品生產

農產（食）品外銷出口，常遭遇進口國對於產品在動植物檢疫、藥物殘留檢驗及保鮮參數（溫、濕度）等標準與認定不同，而遭進口國海關或檢驗單位拒收與退貨的問題。因此農產（食）品國際行銷公司可以協助農產（食）品廠商，瞭解進口國檢驗、檢疫規定，及在儲運過程中之保鮮條件與標準，以符合進口國之衛生檢疫條件與供應商以客製化契約生產模式合作，提供符合進口國相關標準與需求的食品或農產品，有效帶動臺灣農產（食）品出口市場的商機。

2. 整合物流服務

(1) 集貨與併裝

農產（食）品國際行銷公司統籌臺灣農產（食）品外銷廠商出口產品，至指定的農產（食）品物流中心（Hub）進行貨物多品項併裝作業（CFS to CY）。但不同品項產品存在不同的溫層需求，切忌以單溫層存放不同溫度需求的產品。針對不同低溫保鮮需求的產品能否進行多品項蓄冷集併？必須經過廠商農產（食）品廠商保鮮技術專家，及國外國外進口商、代理商、貿易商的驗證與同意。除了確認不同品項產品具有共同溫層與濕度需求，尚需考量異味交叉汙染、乙烯釋放傷害等評估因素，納入必要的管理規則與標準作業流程，方可降低品質劣化與耗損風險，確保安全與衛生。

(2) 農產（食）品國際物流作業

在完成低溫或常溫農產（食）品集貨與併裝作業後，農產（食）品國際行銷公司可以提供臺灣農產（食）品廠商，在農產（食）品國際物流作業，相關船期安排、食品檢驗與檢疫（配合食品藥物管理局、農委會查驗及補辦事項）、通關（配合海關查驗及補辦事項）、國際運輸（海運或空運）、在進口地協助食品檢驗與檢疫、商檢與通關、拆櫃（CY to CFS）、倉儲管理、內陸配送等服務，提升物流共同化效益，達成簡化廠商申請流程、文件往返時間、降低廠商物流成本，減少貨物毀損及提高整體服務品質的效益。

（三）小結

　　臺灣農產（食）品出口運籌管理模式對於提升企業競爭力與營運利基，說明如下：

1. 提升採購與供應管理效益，降低採購作業成本。

2. 擴展商機媒合，促進農產（食）品國際市場商機。

3. 整合供應商貨物併裝出口作業，提升物流共同化效益，降低廠商物流成本。

4. 提升整體服務品質，支援臺灣農產（食）品廠商國際市場佈局及運籌管理。

章後習題

一、選擇題

( ) 1. 下列有關被動式標籤的描述何者有誤？

　　(A) 標籤讀取距離 3-5 公尺

　　(B) 需要電力來源

　　(C) 僅有 128 Byte 讀寫

　　(D) 標籤訊號強度需求非常高

( ) 2. 何者不是智慧倉儲機器人的應用趨勢？

　　(A) 貨找人

　　(B) 儲位找人

　　(C) 人動貨不動

　　(D) 貨物存放更有效率

( ) 3. 多溫層共同配送設備的優點，下列何者不是？

　　(A) 確保食品運送的品質與安全

　　(B) 減少冷能的散失

　　(C) 增加車輛裝載率

　　(D) 不需要使用規格化的蓄冷保溫箱

( ) 4. 什麼不是 Amazon 引進 Kiva 機器人的優點？

　　(A) 貨物擺放與存放更有效率

　　(B) 節省揀貨行走距離與時間

　　(C) 可自動包裝節省包裝時間

　　(D) 提升訂單處理的正確性與速度

( ) 5. 在確認顧客訂單後，因應客戶特殊需求或規格設計及製造產品，無法事先預備存貨來滿足客戶需求。以上描述是屬於何種生產模式的供應鏈？

(A) 推式供應鏈

(B) 拉式供應鏈

(C) 推拉式供應鏈

(D) 整合式供應鏈

二、問答題

1. 試簡要說明智慧倉儲的三大特徵。

2. 試比較公路運輸、鐵路運輸、航空運輸與海洋運輸的特性與優缺點。

參考文獻

1. 力至優有限公司網站：http:///nichiyu.com.tw。
2. 力勤倉儲設備（股）公司網站：http://www.lichin.tw。
3. 弘原倉儲網站：http:/ts.mallnet.com.tw/any.htm。
4. 王偉驊、林婷（2013），商業自動化與自動辨識，前程文化。
5. 李傑（2016），工業大數據，天下雜誌。
6. 呂錦山、王翊和（2014），國際物流與供應鏈管理，三版，前程文化事業。
7. 周碩彥（2016），「物聯網發展趨勢展示內容」研究報告，國立臺灣科技大學。
8. 陳穆臻、陳凱瀛、盧宗成、陳志騰、王翊和（2014），發展低溫運輸物流系統之課題與因應策略，交通部運輸研究所。
9. 張家維（2015），行動裝置／物聯網技術助臂力 智慧物流發展加速成形，新通訊 2015 年 2 月號 168 期。
10. 蔡育青（2014），物流業的智慧化商機，資策會 MIC 產業顧問學院。
11. 蘇明勇（2014），智慧物流發展現況與趨勢，工研院產業經濟與趨勢研究中心（IEK）。
12. 蕭衛鴻（2015），全球零售業科技應用趨勢剖析，商業發展研究院。
13. 戴正廷（2016），供應鏈倉儲管理，英國皇家物流與運輸協會 CILT 供應鏈管理國際認證課程資料。
14. DHL EXPRESS 網站：http://www.dhl.com。
15. 智慧物流是電商的成功關鍵，股感知識庫網站：http://www.stockfeel.com.tw。
16. Amazon 網站：https: www.amazon.com。
17. DHL Trend Research Cisco Consulting Services,A collaborative report by DHL and Cisco on implications and use cases for the logistics industry,2015.
18. Michael Miller / 胡爲君譯（2015），物聯網如何改變全世界，碁峰資訊。
19. 工業技術研究院 服務系統科技中心網站，https://www.itri.org.tw。
20. 吳昭彥、蕭錦華（2006），電子產品碼引領供應鏈新技術之發展，2006 數位科技與創新管理國際研討會。
21. 林柏儒（2016），車載資通訊應用服務，中華電信研究院 智慧聯網研究所。
22. 郭儒家（2009），低溫物流省能技術與應用研究，工業技術研究院。
23. 郭儒家（2005），低溫物流規劃與管理，工業技術研究院。
24. 郭儒家（2014），冷鏈物流系統─低溫物流規劃與管理，中華民國物流協會物流技術整合工程師班講義。
25. 郭儒家、陳慧娟、洪碧涓（2014），現代科技在冷鏈物流產業上的應用，工業技術研究院。
26. 陳穆臻、陳凱瀛、盧宗成、陳志騰、王翊和（2014），發展低溫運輸物流系統之課題與因應策略，交通部運輸研究所。
27. 新竹物流網站，https://www.hct.com.tw。
28. 資拓宏宇國際股份有限公司網站：http:www.iisigroup.com，車隊監控與排程管理雲端服務。
29. 葉佳聖、王翊和（2016），餐飲採購與供應管理（HACCP 餐飲採購管理師認證指定教材，教育部技專校院證照代碼 11486），前程文化，一版二刷。
30. 衛生福利部，低溫食品物流管制作業指引，行政院衛生福利部網站：http://www.mohw.gov.tw/。

31. 衛生福利部，食品良好衛生規範，行政院衛生福利部網站：http://www.mohw.gov.tw。
32. 經濟部（2011），物流利基化與供應鏈服務推動計畫。
33. 經濟部（2011），物流基礎整合與效率化推動計畫。
34. 經濟部（2011），促進物流產業發展計畫。
35. 經濟部（2013），國家發展計畫。
36. 經濟部（2010），國際物流服務業發展行動計畫。
37. 經濟部（2011），產業運籌服務化推動計畫。
38. 經濟部商業司（2011），101 年度物流利基化與供應鏈服務推動計畫。
39. 經濟部商業司（2012），日本低溫物流及車輛零組件物流發展趨勢。
40. 經濟部商業司（2011），全溫層運輸整合服務應用計畫。
41. 經濟部商業司（2012），冷鏈品質暨效能優化計畫。
42. 經濟部商業司（2012），物流利基化與供應鏈服務推動計畫。
43. 鄭清和（2011），食品衛生安全與法規，復文圖書，一版。
44. 廖淑停、張欣慧、劉淑婷、施順元、林佩瑜、劉慧茹（2007），低溫物流手冊之研製，龍華科技大學。
45. 龔旭陽（2015），農業物聯網技術簡介與應用，國立高雄第一科技大學資訊管理系演講資料。
46. 7-ELEVEn 網站，http://www.7-11.com.tw。
47. DHL EXPRESS 網站：http://www.dhl.com。
48. International_ Institute of refrigeration，http://www.iifiir.org/userfiles/file/publications/notes/NoteFood_04_EN.pdf，下載時間：2016/07/17。
49. 王立志（2006），系統化運籌與供應鏈管理，滄海書局，民國 95 年。
50. 王孔政、褚志鵬（2007），供應鏈管理，華泰文化。
51. 方至民（2012），策略管理：建立企業永續競爭力 3/e，前程文化事業有限公司。
52. 朱延智（2013），品牌管理，二版，五南圖書。
53. 吳仁和（2015），資訊管理：企業創新與價值創造，六版，智勝文化。
54. 呂錦山、王翊和（2014），國際物流與供應鏈管理，三版，前程文化。
55. 林家亨（2013），ODM 大破解：國際代工設計製造買賣合約重點解析，修訂二版，秀威資訊。
56. 林東清（2013），資訊管理：E 化企業的核心競爭能力，五版，智勝文化。
57. 林則孟（2012），生產計劃與管理，二版，華泰文化。
58. 沈國基、呂俊德、王福川（2006），運籌管理，前程文化。
59. 郭幸民（2015），協同規劃與作業，英國皇家物流與運輸協會 CILT 供應鏈管理主管國際認證課程資料。
60. 陳世良審訂，Sunil Chopra, Peter Meindl 原著（2011），供應鏈管理，第四版，臺灣培生教育出版。
61. 陳建宏（2014），臺灣筆記型電腦全球供應鏈模式，CILT 皇家物流與運輸協會供應鏈管理主管國際認證課程資料。
62. 陳穆臻、張舜傑，陳仕明（2004），製造商與供應商之協同規劃運作，2004 科技整合管理國際研討會。
63. 許振邦（2015），採購與供應管理，四版，智勝文化。
64. 施振榮（2007），品牌經營與管理，經濟部智慧財產局。
65. 黃惠民、楊伯中（2007），供應鏈存貨系統設計與管理，滄海書局。
66. 經濟日報採訪編著（2010），代工之王：郭台銘傳奇，好優文化。
67. 許素華、郭澤民（2009），臺灣筆記型電腦產業全球運籌管理之策略考量，20 屆國際資訊管理學術研討會。

68. 張瑞庭、周兆麟（2013），電子業關聯圖大全，聚富文化。
69. 葉錦清（2011），筆記型電腦生產流程自動化分析，產業經濟與趨勢研究中心。
70. Lee, H. L., Padmanabhan, V., and Whang, S. (1997), The Bullwhip Effect in Supply Chain,Sloan Management Review, Spring.
71. Tom Mc Guffry, Electronic Commerce and Value Chain Management,1998.
72. 中華民國物流協會網站：http://www.talm.org.tw。
73. 李錦楓、林志芳、李明清、顏文義（2013），食品工廠經營與管理—理論與實務，五南文化。
74. 吳雅芳、陳紹崇、彭瑞菊、鄭安秀（2004），農產品外銷出口檢疫，臺南區農業專訊第 48 期，民國 93 年。
75. 呂錦山、王翊和（2014），國際物流與供應鏈管理，三版，前程文化。
76. 美國供應鏈管理協會（Council of Supply Chain Management Professionals, SCMP），http://cscmp.org/about-us/supply-chain-management-definitions。
77. 美國物流管理協會 Council of Supply Chain Management Professionals（CSCMP），http://cscmp.org/aboutcscmp/definitions.asp。
78. 美國管理協會（American Management Association, AMA）網站，http://www.amanet.org/index.htm。
79. 林巍（2012），提升臺灣農產品競爭力之策略建議，財團法人國家政策研究基金會。
80. 林慧生等（2012），食品行銷學，華格那。
81. 陳樹功（2012），加強進口食品安全管理計畫效益評估報告，財團法人食品工業發展研究所。
82. 張予馨（2013），臺灣水果國際行銷輔導措施，行政院農業委員會國際處國際行銷科簡報。
83. 鄭清和（2011），食品衛生安全與法規，一版，復文圖書。
84. 鄭清和（2013），食品經營，一版，復文圖書。
85. 葉佳聖、王翊和（2015），餐飲採購與供應管理，一版，前程文化。
86. 賴彥良（2013），臺灣農產品出口概況與國際行銷作為，臺灣經濟研究院生物科技產業研究中心。
87. 農業生技產業資訊網站：http://agbio.coa.gov.tw/。
88. 周琦淳、莊培梃等（2011），食品安全全書，一版，復文圖書。
89. 經濟部商業司智慧辯識服務資訊網：http://www.iservice.org.tw。
90. 行政院財政部關務署網站：http://web.customs.gov.tw/。
91. 行政院農業委員會安全農業入口網：http://agsafe.coa.gov.tw。
92. 行政院衛生福利部食品藥物管理局網站：http://www.fda.gov.tw。
93. 臺灣農產品安全追溯資訊網：http://taft.coa.gov.tw。
94. 林友絹、陳長儀、林君芳（2009），低溫食品產業供應鏈之研究—以大高雄地區為例，國立高雄海洋科技大學運籌管理系期末報告。
95. 陳志立、王健福、翁國祐、李彥瑤（2008），不安全食品海運通關之監督管理—以毒奶粉事件談起，國立臺灣海洋大學商船學系。
96. 陳穆臻等（2013），發展低溫運輸物流系統之課題與因應策略，交通部運輸研究所。
97. 紐西蘭奇異果 ZESPRI 網站：http://www.zespri.com.tw。
98. 簡相堂等（2013），2013 食品產業年鑑，財團法人食品工業發展研究所。
99. 許文富（2011），臺灣現階段農產運銷問題與未來的政策方向，國立臺灣大學農業推廣通訊雙月刊 85 期。
100. 行政院農業委員會（2012），全球佈局行銷策略奏效，臺灣農產品外銷成長 16%，行政院農業委員會網站。
101. Shapiro, R. D., Heskett, J. L., 1985. Logistics Strategy, West Publising, St. Paul, MN.

11

智慧物流—資通訊應用案例

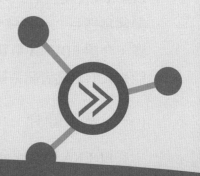

Smart Commerce

11.1 無人化智慧倉儲應用案例

一、前言

由於網路科技與全球化的趨勢，消費市場的質與量快速改變，對於倉儲的營運環境有巨大的影響。例如個人化或客製化的產品需求使倉儲的品項數不斷成長，當日出貨的服務保證使揀貨作業的效能必須大幅提升，但是人口老化與勞工短缺的問題如同雪上加霜，使倉儲營運面臨更嚴峻的挑戰。過去已有許多自動化科技應用於倉儲作業，例如亮燈式的電腦輔助揀貨系統（CAPS）與引導揀貨的智慧眼鏡，可以協助揀貨人員提升作業效率，但是無法取代人工。另一方面，自動倉儲系統（AS/RS）提供高密度的儲存空間，但是作業速度受限於料架的高度與深度，也缺乏擴充的彈性。

新一代的自動化科技結合人工智慧，使無人化智慧倉儲不但能取代人工，也能迅速做出更好、更複雜的決策。以下介紹的第一個案例是多溫層的自動化物流中心，其特點在於全面自動化的無人作業，在多數情形下，只需要進貨司機與出貨司機配合系統作業，並將貨箱堆疊與出貨順序最佳化。第二個案例是以機器群（Robot Swarms）進行自動存取作業的高密度立體倉儲，其特點是自動依照流通特性調整儲位，而且適合樓高與樓板面積有限的小型品項作業環境。

二、多溫層自動化物流中心

EDEKA 是德國最大的零售商，創立於 1898 年，2015 年的資料 [1] 顯示，EDEKA 從便利店到大型賣場合計約有 11,000 間店，雇用 34 萬名員工，該年的營業額為四百八十億歐元，市占率約 26%。本案例以 2015 年 11 月的參訪經驗為基礎，介紹 EDEKA 最新設計的多溫層物流中心，不僅引進全面自動化設備，還有功能強大的倉儲資訊系統（WMS）支援作業決策。

（一）營運簡介

EDEKA 將全國分為七個營運區域，各自獨立進行日常作業 [2]。EDEKA 除直營店外，尚有 4,000 個加盟業者，經營型態包括佔地超過千坪的 EDEKA Center 大

賣場、佔地數百坪的超級市場 EDEKA-market、設於機場、車站、交通繁忙地區的便利店 SPAR Express 等。爲了支援這些店的銷售，EDEKA 總共有有 38 個物流中心與龐大的車隊負責每天供貨至全國各地的分店，但是這個物流體系卻面臨人力短缺的嚴酷考驗。

德國從 1980 年代以來，出生率屢創新低，20 歲到 65 歲就業人口直線下降，造成產業普遍缺工。物流業的工作環境更難吸引年輕人，因此自動化成爲解決人力短缺的主要對策。幾年前，EDEKA 開始與倉儲設備廠商合作，規劃設計高度自動化的物流中心，也導入資訊系統以提高決策品質與作業效能。

作者於 2015 年參訪的 Berbersdorf 物流中心是 EDEKA 最新啓用的倉儲設施，在薩克森邦首府德勒斯登（Dresden）西邊約四十公里處，建築面積達四萬八千平方公尺，約合 14,500 坪，爲多溫層的倉儲設計，如圖 11-1 所示。它供應超過 12,000 種商品給五百多間分店，包括一般日用品、常溫與低溫食品。

爲了節省人力與提高效率，物流中心的設計整合各種進貨、儲存、補貨、揀貨、出貨的自動化設備，物料搬運系統也能同時處理貨箱、棧板、籠車、低溫籠車等儲存器具，不論是常溫、冷藏、冷凍商品，從進貨到出貨大多是在無人作業的環境下完成。根據負責接待的人員表示，Berbersdorf 物流中心取代了兩個傳統物流中心，人力則減少三分之一。其他物流中心也開始導入相同或類似的自動化設備，包括 EDEKA Minden, EDEKA Rhein-ruhr, EDEKA Südbayern, EDEKA Nord，未來可望在德國全面實施。

（二）自動化揀貨設備

　　EDEKA 的進貨都是來自供應商或工廠，以棧板為單位，但是出貨至各種規模大小不等的營業據點時，卻是以整箱或零箱為揀貨單位。因此 Berbersdorf 物流中心考量各種貨品的特性，在不同作業區域選擇適當的設備，而且成功地整合在單一系統的管理下。以下摘錄自倉儲設備供應商 Witron 對各種揀貨系統的介紹 [3]：

　　OPM（Order Picking Machinery）是處理貨箱的儲存與揀貨系統，大約 95% 的市售日用品都能由這個系統處理，而且可在冷凍環境下運作。圖 11-1 顯示尺寸不同的貨品都以塑膠托盤運送，例如整打的礦泉水或是六瓶一組的義大利麵醬。另外，OPM 可以配合各店的賣場佈置或是設定的補貨順序進行揀貨與棧板堆疊，在送達賣場後加速補貨上架的作業。

圖 11-1　商品放在托盤內運送出貨

圖片來源：[3]

　　CPS（Cart Picking System）是人至物的貨箱揀選系統，可以處理 OPM 無法作業的大型商品。為了提高效率，搭配使用無線傳輸的 Voice Picking 語音作業進行揀貨，也可以用 pick by light 的揀貨方式。工作人員駕駛電動車，根據系統安排的最適路線進行揀貨，若電動車後面串接著多個籠車，就能進行批次揀貨。

　　DPS（Dynamic Picking System）是零箱揀貨系統，拆除原廠包裝的商品先置入物流箱，儲存於自動倉儲，系統再根據揀貨需求，自動補貨到揀貨區。圖 11-2

顯示零箱揀貨仍以人工進行，搭配亮燈式輔助揀貨設備。流通性低的商品沒有固定儲位，系統會根據訂單資料調整料架上的品項，以降低揀貨的步行距離。

圖 11-2　自動補貨的亮燈式揀貨系統

圖片來源：[3]

　　支援上述三個揀貨系統的設備還包括自動進貨區、Unit-load AS/RS（單位負載自動倉儲系統）、自動出貨區、以及棧板與籠車的儲存區。自動進貨區的功能是記錄進貨棧板，並送入 AS/RS 儲存，AS/RS 則負責補貨到各揀貨區，自動出貨區是業界獨特的設計，將各揀貨區送來的棧板或籠車按照配送的相反順序排列，如圖 11-3 所示，貨車司機拉進車廂放置，配送時就能加速卸貨作業。

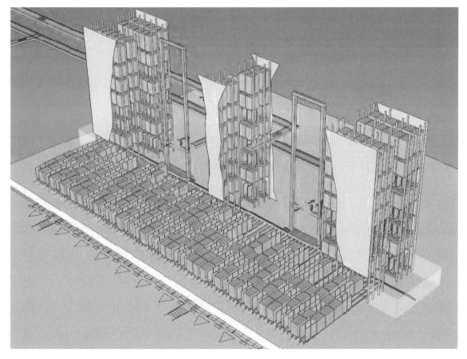

圖 11-3　自動出貨區將各車配送的棧板按照相反順序排列。

圖片來源：[3]

　　棧板與籠車的儲存區負責清潔與儲存使用後的棧板與籠車，再送回揀貨的包裝區裝載配送的貨物，也是全面自動化作業，不僅符合食品衛生要求，也避免棧板與籠車放在室外受日曬雨淋的傷害。

（三）無人化作業流程

　　本節介紹 Berbersdorf 物流中心的作業流程，重點包括無人化作業與智慧型決策支援。該設施除了常溫倉，還有 13.5°C、10°C、5°C、2°C、-22°C 的冷藏與冷凍倉，相關位置如圖 11-4 所示。各溫層主要使用 OPM 進行貨箱揀貨，常溫倉還有零箱揀貨的 DPS，以及處理體積較大商品的 CPS 人工揀貨。

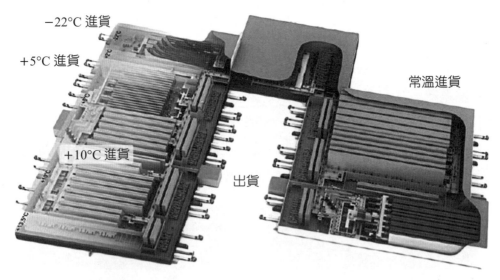

圖 11-4　EDEKA Berbersdorf 物流中心的倉庫平面圖

　　作業流程從進貨開始，貨車司機必須按照指定時段在入口處報到，領取無線傳訊器，根據傳訊器的指示將貨車停在指定的月台，並完成後續的卸貨工作。

　　我們首先參觀 -22°C 的冷凍倉，進貨的貨車司機將車輛停靠在月台後，保溫的門封使商品在完全溫控的環境下卸貨。司機使用拖板車將棧板逐一送上輸送帶，透過工作站掃描條碼，將產品資訊傳給 WMS，WMS 會控制工作站檢查棧板上的貨品體積與重量，甚至棧板規格，確定無誤後才能入庫。如果進貨不符合規定，貨品可能會在搬運或存取過程中損壞，甚至造成設備故障。接下來就由 WMS 控制輸送帶將棧板存入 High Bay Warehouse，其實就是 Unit-load AS/RS。冷凍倉的進貨區很小，除了卸貨的司機外，完全沒有工作人員。

常溫倉的面積與高度是冷凍倉的數倍大，Unit-load AS/RS 的貨架高度達 30 公尺以上，共有四萬多個棧板儲位，全部儲存整板的貨物，並供應揀貨作業的需求。我們注意到常溫倉還有工作人員忙著拆除棧板的保護膜與包材，這是目前還無法自動化的作業步驟。

各溫層出貨時大多以貨箱為單位，由貨箱揀貨系統（OPM）負責揀貨與出貨，同樣是無人作業。Unit-load AS/RS 會自動補貨至貨箱揀貨系統，根據先進先出的順序取出一個棧板，由 depalletizer 將一層層的貨箱送出，再由輸送帶控制讓整層貨箱分為若干單隊等候送入揀貨系統的 Mini-load AS/RS。由於商品的體積與形狀差異大，所有貨箱都必須放置在貼有商品條碼的塑膠托盤上，以便存取與運送。因此，商品的大小與重量都必須存有紀錄，新包裝甚至要經過測試，以確保自動化設備能正確揀取與搬運。

管理人員將各店訂單輸入 WMS 後，OPM 會按照配送路線控制 Mini-load AS/RS 將訂單上的商品送出，一天可出貨超過三十萬箱。同一間店的貨箱要進行棧板化以利搬運，WMS 會在揀貨前根據貨箱體積與重量，還有紙箱耐壓能力，決定最適的揀貨順序，然後在包裝區進行自動棧板化，這時塑膠托盤會被送回倉儲系統繼續使用。解說人員指出在進行棧板化時，機器會自動判斷是否要加入一層瓦楞紙板以確保堆疊穩定，堆疊高才能有效利用車廂空間。

低溫倉的棧板會被放入保溫籠車內，以便與常溫貨物共同配送。這種低溫籠車其實就是一個大型的保溫箱，本身有蓄電或利用保冷片來維持溫度，國內也有低溫配送業者使用。如果以低溫層貨車配送，系統就直接將棧板送到出貨碼頭，現場溫度控制在 5℃ 以下，由貨車司機拉入車廂。

不論是常溫倉或是低溫倉，整個 OPM 作業區域只有解說人員與我們這群訪客，沿著維修的步道上上下下，看不到任何工作人員。通常只有貨物破損或是堆疊不穩定時，才需要維修人員進來排除問題。

在常溫倉的側邊就出現許多工作人員，這是處理體積較大商品的 CPS 揀貨區，例如大包裝的衛生紙、烤肉木炭、狗糧，這些無法放入 OPM 揀貨系統的標準容器內，因此採用傳統的人工揀貨，但是仍由 AS/RS 自動補貨至揀貨區。CPS 搭配 Pick by Voice 的揀貨方式，揀貨人員依照最佳化的路線指示到達儲位，可以雙手並用搬運商品並放置在棧板或籠車內。揀貨完成後，棧板或籠車會經由輸送帶自動送到自動出貨區進行整合。

另一個揀貨區 Dynamic Picking System 負責儲存與揀選小型的高價商品，如整條的香菸。棧板拆開後的貨箱放入標準的托盤，送進 Mini-load AS/RS 儲存，該系統有五萬多個貨箱儲位，根據訂單內容自動補貨給 Pick by Light 系統，再由人員揀選放入各店的物流箱。流通性高的商品有固定的揀貨位置，其他商品則根據訂單內容而輪替上架。揀貨完成後，物流箱經過重量查核無誤，送到自動包裝區，進行棧板化或是放入籠車內，再送到自動出貨區進行整合。圖 11-5 顯示整個作業流程以及各溫層與各揀貨區的關聯。

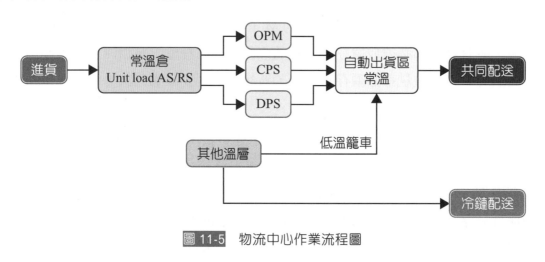

圖 11-5　物流中心作業流程圖

出貨時將各種貨箱堆疊為棧板，零箱的商品則置入標準物流箱，並堆疊為棧板，冷藏與冷凍商品則在揀貨後儲存於正確溫度的保溫籠車，同一間店所需要的各種商品就可以由同一輛常溫貨車進行多溫層配送。各揀貨區完成的棧板或籠車都會被送進自動出貨區，這是按照路線分類並調整裝車先後順序的暫存區，系統針對即將出發的配送路線調整棧板與籠車的裝運順序，及時送至出貨碼頭，完全是無人化作業。貨車司機不需長時間等待，以掃描確認後，就拉進車廂，不需要進行人工理貨。

WMS 在每天揀貨開始前就根據 500 多間店的訂單內容計算各店的出貨體積，以便規劃最佳的配送路線。實際的揀貨作業完全配合出貨的時程與配送的順序。例如某路線要在下午四點出發，WMS 會參考總工作量往前推算該路線的揀貨時間點，這樣可以有效控制自動出貨區的棧板與籠車數量，也不會讓貨車的停留時間過久。揀貨時是根據配送的相反順序進行，貨箱堆疊時也會考慮到各店的補貨上架順序，不僅方便卸貨作業，也有助於提高賣場的補貨效率。

（四）小結

　　EDEKA Berbersdorf 物流中心在棧板與貨箱的倉儲作業方面幾乎達到完全自動化，自動倉儲充分利用垂直空間，而且也使用於 -22°C 的儲存環境，此外，更運用人工智慧提升揀貨與出貨的效能。但是我們也注意到自動化設備缺乏彈性，進貨時需要檢驗棧板的重量與規格，必須以人工拆除棧板包材，商品體積也受限於托盤的大小，不合規範的商品還是要由人工處理，EDEKA 只好建構三套系統來平行揀貨，出貨時再整合。

　　Berbersdorf 物流中心雖然取代了兩個傳統物流中心，但是人力只減少三分之一，主要是大型商品與零箱揀貨仍需仰賴人力，而且增加了薪水較高的設備管理與維修人員，因此推測 EDEKA 進行倉儲自動化的首要目標不是節省人力成本，而是解決人力短缺與提高作業效率。

三、AUTOSTORE － 3D 自動倉儲系統

　　現代化的物流中心與倉庫常常設置於城市附近，以便快速服務客戶，但是代價是昂貴的土地成本。由於自動化技術的進步，自動倉儲 AS/RS 往垂直方向發展，提供更高的儲存密度，但是 AS/RS 仍然需要存取機的移動空間，每個走道使用一部存取機，作業效能受到貨架高度與長度的影響。另一種倉儲設計是移動式貨架（Movable Racks），只需保留一個走道空間，雖然儲存密度更高，卻嚴重降低了存取作業的速度。

　　近年來，由於人工智慧的進步，自主移動的機器人與車輛以集群（Swarm）的方式在倉庫內作業，最著名的例子是 Amazon 的 Kiva 機器人，這些外觀像是自動掃地機的機器人，接收無線傳輸的系統指令，搬起數百公斤重的貨架，送至指定的揀貨工作站，再由揀貨人員從貨架裡揀取商品。另一種新科技是自動搬運車能夠在 3D 空間內移動的 AVS/RS，藉由升降電梯，搬運車能夠到達任何儲位，當然也能以集群方式提升作業能力。本節介紹的 AutoStore 自動存取系統是利用 3D 緊緻型貨架與機器人集群控制來達到高儲存密度與高存取能力。

（一）Euro-Friwa 物流中心

Euro-Friwa 是歐洲主要的美髮用品物流服務者之一，公司本身是由三十多家大盤商與製造商聯合出資成立，除了直接出貨給各地髮廊與消費者，也負責大盤商的庫存補貨，公司的年營業額達一億五千萬歐元。本案例是 Euro-Friwa 位於德國中部 Wurzburg 郊區的物流中心，該公司剛啟用一套 AutoStore 自動倉儲系統，以下內容是根據作者於 2017 年 6 月的參訪經驗。

Euro-Friwa 提供多達 15,000 種品項，而且品項數不斷增加，但是多達 67% 的品項每週揀貨不超過 2 次。髮廊與消費者的訂單量變化大，單日可多達 1600 張，其中 18% 的訂單只有單一品項，大盤商的補貨訂單較為穩定，每天約 30 張，每張訂單平均有 90 種品項。客戶下單後，Euro-Friwa 須在 24 小時出貨並由第三方物流配送到店，因此需要非常有效率的倉儲揀貨作業。

該公司現有的物流中心使用老舊的廠房建築，樓高有限。由於品項數目增加，倉儲空間越來越擁擠，尤其是季節性商品湧入時。揀貨人員過去使用傳統的紙與筆進行揀貨，不但缺乏效率，人力成本也高居難下。物流中心在 2011 年才導入 SAP ERP，揀貨人員同時開始使用 PDA 進行揀貨。兩年前，Euro-Friwa 經過評估後，決定購買 AutoStore 自動倉儲系統，並於 2017 年 3 月開始運作。

（二）AutoStore 系統架構

AutoStore 系統以 60 公分長、40 公分寬的貨箱為基本單位，存放於鋁合金結構的儲位，整個系統就像是蜂窩狀的儲存料架，如圖 11-6 所示。小型存取車行駛於料架頂部的軌道上，以升降的鋼索存取儲存於下方的貨箱，如需存取底層的貨箱，要先取出上層的貨箱，這種做法犧牲了存取效率以換取高儲存密度。

圖 11-6　AutoStore 自動倉儲系統的架構

圖片來源：[4]

每台存取車都有 8 個輪子，一組 4 個是用於在 X 軸移動，另外一組 4 個是用於 Y 軸移動。存取車經由無線連結與控制系統（ACS）進行通信，藉由先進的演算法，系統能夠同時控制多台存取車移動，並避免交通阻塞。控制系統同時根據商品流動性規劃儲位，確保高流通商品的貨箱被放置在料架的頂部，而低流通商品的貨箱被放置在底層儲位，以便降低每單位揀貨時間。我們得知存取車需要充電時會停靠在料架邊緣進行充電，通常在夜間不作業時就完成充電。

圖 11-7　AUTOSTORE 存取機

圖片來源：[5]

進貨點裝設於料架的側面，圖 11-8 的後方即是進貨點，而樓梯上去就能看到存取車在料架頂層移動。揀貨站被安裝在料架的另一側面，存取車不斷運送貨箱到揀貨站，交換之前已揀貨過的貨箱，再運回儲位，因此揀貨人員可進行連續揀貨，幾乎沒有等待時間。

圖 11-8　作者於 Euro-Friwa 物流中心的 AutoStore 系統前合影

Euro-Friwa 的 AutoStore 系統共有 11,000 個儲位，有 18 部存取車，兩個進貨點，四個揀貨工作站。我們先登上樓梯，觀看自動搬運車在教室大小的平面上移動

與存取貨，幾乎沒有交通壅塞的情形。然後我們到側邊觀看揀貨作業狀況，由於消費者的訂單多樣少量，業者將訂單貨箱再分為四至八個隔間，每次從儲存貨箱揀取商品出來時，系統會控制工作站上方的雷射燈轉向，照射在指定的隔間內，圖 11-9 上方就是雷射燈。現場主管表示揀貨作業的壓力大，因此 AutoStore 系統的揀貨人員在工作三小時後，就要和其他倉儲區域的人員對調。

圖 11-9　觀看 AutoStore 系統的揀貨作業

Euro-Friwa 在引進 AutoStore 時，曾經詳細評估過哪些商品應該優先移到這套系統內，首先是選出高流通性且體積適合的品項，大約有 965 種，代表 11% 的揀貨工作量，將儲放在上層儲位。然後為了淨空一個倉儲區，再選出 4,830 種品項，代表 14% 的揀貨工作量，這些低流通的品項會被安排在 AutoStore 的底層儲位。這個過程再重複一次，以便騰出更多倉儲空間。

Euro-Friwa 總共花費約四十萬歐元建構第一階段的 AutoStore 系統，另外還付出與 SAR ERP 連線的費用，但是由於人力與空間的節省，預計三年就可以回收。此外，現場主管表示訂單處理速度加快，因此當天可以出貨的訂單增加，負責配送的 DHL 也配合調整取貨時程。我們認為這是一個值得國內業者參考的成功案例，尤其是老舊廠房的再利用。

（三）AutoStore 的營運特點

傳統倉儲設計必須在儲存密度與存取速度上取捨，例如移動式貨架的儲存密度高，卻犧牲了存取作業的速度。AutoStore 系統的立體料架將儲存密度最大化，卻能夠保有快速的存取能力，主要關鍵在於能夠控制大批車輛的同時運作，源源不斷地將貨箱送至揀貨站，另一個優勢在於儲位的安排與調整，使多數的商品都能在短時間內存取，以下針對這兩點做進一步的說明。

AutoStore 控制系統（ACS）根據 WMS 產生的揀貨單，指揮自動存取車在料架頂層進行作業，ACS 如同神經中樞，使用精密的演算法規劃並控制整個貨物存取過程，例如選擇哪一輛車到哪個儲位取出貨物，並包含車輛的行進路徑。由於現場狀況持續改變，ACS 必須要能即時反應，採用 On-line Scheduling 的方式進行規劃，這是以當前的現場狀況為起點，對一定時窗內的所有作業需求進行排程與路線規劃，時窗越窄，重新計算與規劃的次數越頻繁，但是成效越好。另一方面，存取車數量越多，需要考量的變數越多，演算法的品質與速度就更加重要，整體的存取速度才能跟車輛數目等比例增加。

鎖死的解決與預防（Deadlock Resolution and Prevention）是車輛控制的重要議題之一。一般的解決方式是控制優先權較低的車輛暫停或繞道，但是車輛越多會更難解決這種鎖死的現象。AutoStore 運用前瞻（Look Ahead）策略來預測在數個步驟後可能發生的交通狀況，並選擇發生機率最低的進行路徑，這種做法需要迅速計算與比較數量龐大的路徑，也是系統是否能流暢運作的關鍵。

AutoStore 另一個優勢是系統能利用離峰時間自動進行儲位調整，根據最近的訂單記錄來預測，將未來有可能揀貨的貨箱移至上層，這樣不僅可以縮短存取時間，也能減少對其他存取車的阻礙。這種儲位調整的作法類似貨櫃場的翻櫃作業，利用晚上的休息時間將預期停留時間較久的貨櫃移到底層，並將要先上船或被領取的貨櫃移到上層，以加速明天的出貨作業。

AutoStore 宣稱在實務運作下，90% 以上的存取都是最上面三層的儲位。若有即時需要將第十六層的貨箱取出，ACS 會指揮其他的存取車協助將取出的上層貨箱移到其他儲位，整個作業最慢可在 3.5 分鐘內完成。當揀貨完成時，貨箱不一定放回原先儲位，而是放在最上層的空位，由於 80/20 法則以及離峰時間的儲位調整，經常揀貨的貨箱幾乎都放在最上面三層，因而加速存取作業。

（四）小結

Euro-Friwa 當初因為購置成本低而選擇樓高有限的老舊廠房，使用傳統的輕型料架與人工揀貨方式，因此限制了未來擴充的彈性。幸好成功地引進 AutoStore 系統，同時解決儲存空間不足與揀貨效率低的營運問題，而且投資金額不高，可在幾年內就回收。AutoStore 系統不需要走道，可節省土地成本，適用於一般的廠房樓高，而且可擴充性（Scalability）極佳。系統的維修相當容易，存取車會自動充電，

即使少數車輛故障，也不會對系統運作產生顯著的影響。AutoStore 的限制是貨箱容積有限，只適用於小型品項，主要缺點是自動存取車要取出底層貨箱時，要先搬出上層貨箱，作業相當費時，因此需要縝密的儲位規劃。

德州儀器的新加坡工廠是亞洲第一個建置的 AutoStore 系統，日本郵船通運的新加坡倉庫也在 2017 年啓用 AutoStore 系統。臺灣地狹人稠，土地成本是企業在建置倉庫時的重大考量，類似 AutoStore 的系統應該會在臺灣出現。

四、無人化智慧倉儲的優勢

在傳統的倉儲活動中，揀貨是最耗費人力，最容易出錯，也是成本最高的作業項目，因此物流業追求倉儲自動化，以物至人的自動化設備搭配揀貨人員，藉由消除無法創造價值的人員步行以提升作業效率。但是商品的形狀與包裝差異大，造成揀取貨品的動作複雜度高，目前只有少數情形可由自動化設備揀取，距離無人倉儲仍有進步空間。

除了取代人工而節省成本外，Richards[6] 認爲自動化倉儲的其他優點包括：

1. 儲存空間可以往上擴充，不受人工作業的高度限制。

2. 可在密封式空間內實施高密度的冷凍冷藏儲存。

3. 可透過 WMS 強化對棧板與貨箱的存取控管，避免人爲疏失。

4. 維持最低照明而節省能源。

5. 保全佳，減少產品失竊率。

6. 避免人工作業的工安事故，適用於危險或辛苦的作業環境。

7. 可持續監測，維持穩定的績效。

物流業者應認知自動化的優點不是與生俱來的，必須要有 WMS 的輔助，還需要熟練的管理人員。自動化也有缺點，包括：投資成本高，管理不當會導致投資回收慢；缺乏彈性，淡季或離峰時可能閒置；設備故障可能導致全面作業停擺；只能處理規格標準化的貨品，需用人工另外處理非標準規格貨品；商品瑕疵不易發現，進貨品管更加重要。

本文介紹的兩個案例不但使用最新的自動化科技，更有價值的是運用人工智慧來提升作業效能。除了上述的自動化優點，表 11-1 列出自動化科技應用於低溫倉儲的優勢，表 11-2 則是比較 AutoStore 與傳統的 AS/RS。

表 11-1 自動化低溫倉儲的優勢

項目	內容
人力需求減少	不需要大批揀貨人員
電力耗費低	儲存密度較高、出入時冷氣外洩少、照明需求低
進出貨作業加快	減少商品失溫的風險
工作環境改善	主要為管理與維修人員

表 11-2 AutoStore 與 AS/RS 之比較

AutoStore	AS / RS
存取車在料架頂部移動，不需走道空間	需要走道空間以便存取機在料架間移動
可同時使用多部自動存取車，數量可依作業量調整	每個走道由一部存取機作業
由於可使用多台存取車，只有料架深度會影響存取速度	料架高度與長度會影響存取速度
少數存取車故障不會影響存取作業	存取機故障會使整個走道的作業停頓
每天自動進行儲位調整	以人工方式進行儲位調整
可以朝三維方向擴充料架	只能朝單方向增設料架與存取機

五、結論

臺灣的土地有限，倉儲自動化可解決儲存空間不足的問題，同時也降低人力短缺的影響。但是在朝向自動化作業時，業者應加強運用人工智慧以提升倉儲的效能。我們的過去觀察到有些業者在導入自動化設備後，作業效能遠大於原有的系統，因而不急於發揮自動化的完整效益，也疏於培養健全的管理制度與人才。例如自動倉儲沒有依據流通性而設定儲位，只使用單指令進行存取，沒有先進先出的控管。這種重硬體而輕忽軟體的思維限制了倉儲能力的提升。

本文介紹的兩個無人化智慧倉儲案例有許多優點值得借鏡，EDEKA物流中心的自動化程度令人佩服，但是也注意到很多提升作業效率的細節，例如配送路線最佳化並根據配送的相反順序進行揀貨。當必須仰賴人工作業時，系統也能協助提升人員的工作效率，例如DPS系統自動更換揀貨區的品項以縮短步行距離。EDEKA新一代物流中心的任務不完全是節省人力成本，更重要的是解決人力短缺與提高作業效率。而Euro-Friwa採用的AutoStore系統之本質在於高儲存密度與規模彈性，並非先進的科技概念，但是其競爭力來自巧妙的儲位配置與精密的車輛控制，以達到極高的存取效能。這說明了自動化只是手段，智慧倉儲才是物流業的成功關鍵。

11.2 智慧化中央廚房監控案例

現代餐飲經營為獲得穩定的供應品質，提供主菜成品或半成品至各門市或學校、機關、醫院、飯店等單位，對於專業餐飲中央廚房的需求日益殷切。所謂中央廚房是集合採購、生產、加工、儲存、包裝及配送的多重功能，可以在單一用餐時間裡，提供1,000人份以上餐點，或是可同時提供不同地點2處以上餐飲場所之連鎖餐飲業者，或是製造僅需簡易加熱之預製食材（Ready-made Food）業者，或是為學校、機關、醫院、飯店等單位提供飲食配餐（成品及半成品）之團膳或食品加工業者。

伴隨著資通訊（Information and Communication Technology, ICT）的進步，包括無線射頻辨識（RFID）、行動高速網路（4G/5G）、物聯網（IoT）、雲端平台、大數據分析（Big Data）等技術的興起，也促使中央廚房作業朝向智慧化發展。以下針對中央廚房的定義與功能、設施規劃重點及本章的重點－智慧化中央廚房監控實務案例，詳細說明如下。

一、何謂中央廚房

現代連鎖餐飲經營，為求大量採購、集中儲存與共同配送，對於專業餐飲物流服務的需求日益殷切，因此結合中央廚房的餐飲倉庫，集合生產、加工、儲存、包裝及配送的多重功能，使連鎖餐飲業者能夠獲得穩定的供應品質，提供主菜成品

或半成品至各門市或分店。圖 11-10 係以中央廚房為核心進行來料檢驗、加工、處理、儲存等標準化作業流程，在接到各門市的訂單後，配合自有與委外物流系統，以全程保鮮的方式配送至各門市。

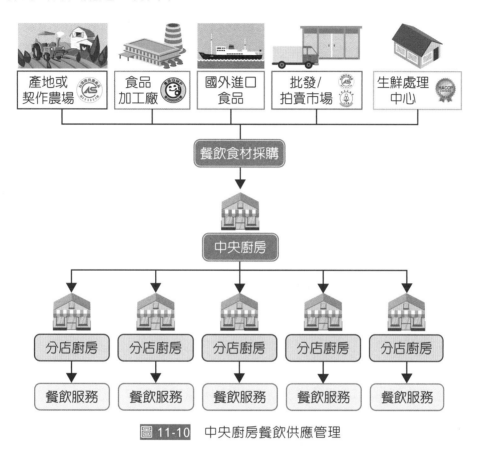

圖 11-10 中央廚房餐飲供應管理

　　中央廚房具有冷凍、冷藏庫設施，利用低溫來抑制微生物的生長，保存較易腐敗的食物，如：肉類、水產及蔬菜、水果等食品。設置中央廚房具備之優點，分述於下：

1. 統合各門市食材總需求量進行集中採購，獲得質優價廉的產品，維持與供應商密切合作關係，穩定供貨來源。

2. 食材與物料集中儲存與管理，不僅可提升倉儲利用率，同時可以及時調撥與供應，提升產品品質與產出。

3. 統籌管理食品加工或烹調的工法與程序，及食材、佐料、食品添加物的用量、出餐溫度等，降低影響食品口味、口感及品質等相關變數之變異性，同時減少人力與時間的浪費。

4. 中央廚房在接到各門市的訂單後，依據各類食品不同溫層需求，進行適時、適量的全程保鮮配送，避免品質的劣化與耗損，確保食品安全衛生。

中央廚房之管理人員統一對採購食材進行驗貨、分類、標註、盤點等，負責在庫期間的儲存與管理。不過中央廚房系統的設立與否，需審慎評估門市及供餐數量需達一定之經濟規模，才有設立的效益。

以國內知名連鎖餐飲鬍鬚張集團為例，從民國 87 年改組成集團式經營後，就開始採中央廚房的經營模式，由總部集中烹調包括魯肉等各項食品。為提升中央廚房食品加工與低溫物流的管理能力，鬍鬚張於民國 99 年投入冷藏鏈系統建置，運用溫濕度監控器，監控食品製造、運送、到販賣時的溫度變化，建立全程溫度履歷。如圖 11-14 所示，以粹魯流程為例，說明如下：

1. 中央廚房部分

作業人員透過「手持式無線溫度感測器」量測粹魯鍋溫度，確保粹魯在 4 小時滷製期間，粹魯鍋中心溫度維持在 95℃，並能均勻受熱，方能熬製出豬肉的膠質與風味。

2. 低溫配送部分

作業人員透過「環境型無線溫度感測器」，掌握物流車內溫度在 7℃ 以下，避免車內溫度失溫，造成細菌滋長。如果車內溫度高於 7℃ 達 15 分鐘以上，「車機系統」立即顯示紅色警戒，如無人處理將立即發送警告資訊至鬍鬚張總部。

3. 門市販售部分

透過「探針型」、「探棒型」、「貼附產品型」感測器，監控冰箱、蒸箱、粹魯鍋及到貨產品的即時溫度（7℃），並控制冷藏冰箱在 7℃ 以下，避免細菌滋長。同時門市產品需掌握先進先出原則，及產品需在 3 天內使用完畢的快速周轉率。同時在出餐時控制粹魯鍋溫度 80℃ 以上，達到殺菌要求，確保每一碗滷肉飯在食用時的鮮度與口感。

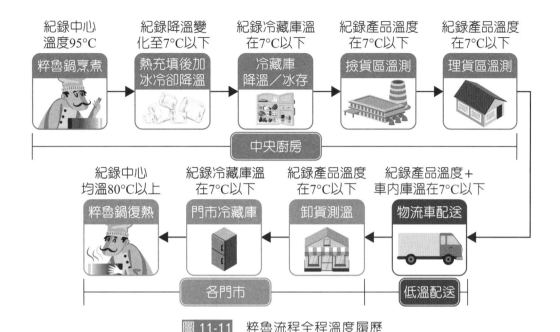

紀錄中心
溫度95°C
粹魯鍋烹煮

紀錄降溫變
化至7°C以下
熱充填後加
冰冷卻降溫

紀錄冷藏庫溫
在7°C以下
冷藏庫
降溫／冰存

紀錄產品溫度
在7°C以下
撿貨區溫測

紀錄產品溫度
在7°C以下
理貨區溫測

中央廚房

紀錄中心
均溫80°C以上
粹魯鍋復熱

紀錄冷藏庫溫
在7°C以下
門市冷藏庫

紀錄產品溫度
在7°C以下
卸貨測溫

紀錄產品溫度＋
車內庫溫在7°C以下
物流車配送

各門市

低溫配送

圖 11-11　粹魯流程全程溫度履歷

二、中央廚房設施規劃重點

　　中央廚房設施規劃重點在以食品安全為前提，考量在現場作業減少搬運、分裝、避免工安燙傷與交叉汙染的加工流程順暢與安全性目的，需達到增加產能、提升效率、降低成本及穩定品質等 4 項效益。因此為提升效率，首先必須找出並解決目前央廚作業所面對的三大難題，依序說明如下：

（一）最難找到人力的工作

　　食品工廠常會對食材做前處理，譬如生鮮食材清洗、去蕪存菁、削皮、細切等雖然不難，亦不耗費體力，但卻單調又乏味的工作，讓許多的員工望之卻步，特別是廚房工作辛苦，請不到人的情況更是雪上加霜。因此如何利用完善的規劃與設備，來減少人力的支出也是中央廚房規劃需慎重考量的一環。例如運用人體工學機械化設計，從烹煮完成後以機械傾倒、配合人力式板車（圖 11-12），即可一人完成 100KG 以上食材冷卻與包裝工作，不須徒手搬運減少燙傷。

圖 11-12　機械傾倒與搬運推車

（二）最易腐敗的食材

食材會腐敗是細菌過度繁殖的結果，人類的味覺遠比動物來的遲鈍，當我們品嘗到食物有酸敗味時，生菌數已經達 7000 萬，遠高於食品法規所規定的 10 萬（十萬爲生食魚類的生菌數標準），如何降低進入保存階段前的生菌數就是一大關鍵。如圖 11-13 所示，溫度低於 4°C 細菌就會進入休眠期，但低溫並無法殺菌，所以當食材回溫，細菌會再度開始繁殖，尤其在常溫，2 個小時就足以讓生菌數超標。因此在食材煮好到保存前的降溫過程就非常重要，尤其是濃稠的醬汁或是容易發酵的食品，縮短降溫時間就能有效縮短細菌繁殖及降低生菌數，當生菌數降低，不僅穩定產品的品質，更能延長食品的保存期限。

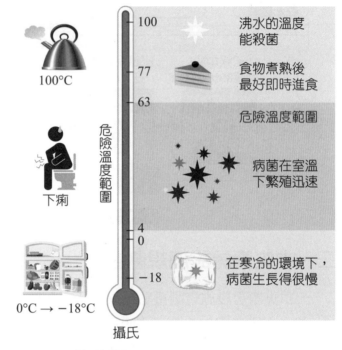

圖 11-13　細菌繁殖與溫度的關係

（三）流程最複雜的工作

食品工廠或是中央廚房的設施規劃，應該考量複雜的動線是否造成嚴重的交叉污染。誠如上述所說，生菌數是食品保存的重點，且不同的食材會有不同的細菌帶原，例如諸多食物中毒事件主因是肉品或蔬菜遭海洋弧菌感染，但海洋弧菌只會存在於海鮮上，很明顯是在食材前處理過程或是烹煮過程存在交叉汙染的情形。一般開放式中央廚房沒有隔間，食材及人員在廚房中穿梭比較省時方便，但也造成人員、食材、空氣及水的流通導致交叉污染。因此分流管控人流、物流、氣流、水流，再針對細菌做斷點管控，方爲解決交叉污染的根本之道，這樣的中央廚房才能真正達到食品安全標準。　以下中央廚房爲有效杜絕人流、物流、水流及氣流（4流）造成的交叉污染，在設施規劃的原則與重點，依序說明如下：

1. **人流**：人員的走向（污染度低→污染度高）

   所謂交叉汙染一般是指當某一食物上的細菌轉移到另一食物上，除了食物之生熟食、蔬果與魚肉的交叉污染外，人員、包材、餐具、廢棄物、進排水、抽排風以及蟑螂、蒼蠅及老鼠，或野生昆蟲、小動物等也是引發交叉污染的主因。因此，央廚規劃人員往往將重心放在動線設計、排水與給水、溫度與壓差、排風與補風以及水溝與縫隙等方面，透過對這些污染源的規劃與控管，達到最大程度的清潔衛生。

   在人流的動線規劃上，規劃人員需遵守不反向、不交錯、並以最短距離連結主要作業區的原則。其中人被認為是最主要的污染源，也因此在單向管制門口前常見到洗手台、手部消毒器、風牆和潔鞋池等設置。此外，在廚房與用餐區之間設置緩衝區功能的備餐出菜區，或透過傳遞口／門進行區隔，都是人流動線規劃上常見的辦法。

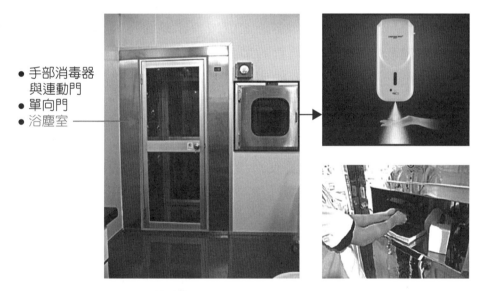

- 手部消毒器與連動門
- 單向門
- 浴塵室

圖 11-14　人員動線規劃與管控

2. **物流**：產品走向 （污染度高→污染度低）

   在物流動線規劃上則需特別注意食材、包材、餐具及廢棄物的處理：

(1) 食材

　食材的動線規劃以單一方向為原則，應避免交叉路線，此外物品的移動距離也應盡可能最小化，並透過物料傳遞口（圖 11-15）的設計達成有效衛生管理的手段。

(2) 餐具

　清洗消毒後的餐具可置放於餐具烘乾室，或鄰近烹調或配膳區以方便取用。

(3) 包材

　搬運包材的人員可由配膳區進入或透過時間的分配，進行人員進出管制。

圖 11-15　食材有專屬的通道

(4) 廢棄物

　廢棄物應盡可能遠離食品作業區，以減少病媒的侵入或滋生。最後，冷與熱、乾與濕及處理生食與熟食的地方都以實質的磚牆或輕隔間做到區隔，避免因冷熱交換造成包括：能源效率下降、作業舒適度下降、食物因回潮而產生腐敗現象、生熟食交叉污染等危害因素，而發生食物中毒的風險。

3. **水流**：水的流向（污染度低→污染度高）

　在水流的動線規劃上，排放水應從清潔度較高的作業區流向清潔度較低的作業區。如圖 11-16 所示，水溝蓋應採用不鏽鋼材質，側面和底面接合處建議 1.5-2.0% 的弧度為最適當，過大的斜度會影響作業人員的腰部肌肉和骨骼，造成職業傷害的風險。同時為了便利清洗，所有的接角處，例如地面與牆壁和永久固定物間的相會處都應呈彎角，為減輕污水池的處理成本，同時防止水管阻塞，廚房內應將排水溝及地板落水頭銜接至油脂截流槽，之後才能排放至污水池內。

圖 11-16　不鏽鋼水溝蓋

4. **氣流**：正壓與負壓、低溫乾燥環境

在氣流方面，規劃重點應注意溫濕度、換氣數和潔淨度的控管。一般來說，作業環境的溫度應設在 18 ± 2°C、濕度 65% 以下的範圍內。依據經濟部工業局推動的食品良好製造作業規範中所定義：一般作業區內的獨立空間空氣落菌量應保持在 100 CFU/5MIN/PLATE 以下、準清潔作業區 50CFU/5MIN/PLATE 以下、清潔作業區 30 CFU/5MIN/PLATE 以下。

清潔作業區應以正壓管制，廚房則保持負壓或微負壓，氣流由高潔淨區往污染區方向流動。央廚在作業時需進行適度的換氣，而室內外的溫差影響空氣對流速度，換氣率（Air Change per Hour）的計算如註 1，同時與房間的體積、高度、位置、送風方式和室內空氣品質等因素有關。最後，正壓捕風機如圖 11-20 所示，換氣口應放置在目視所及的牆上，及初級濾網易拆、易清洗的設計，避免一般中央廚房將此設備放置天花板中，造成不易更換且無法判斷潔淨度的缺點。

註 1：換氣率（Air Change per Hour, ACH） = Q / V

Q：每小時換氣量，單位 m^3 / Hr

V：室內體積，單位 m^3。

舉例：一室內體積 $100m^3$，今有一抽風機每小時抽風量 $200m^3$/hr，則 ACH= 200 / 100 = 2。

圖 11-17　正壓捕風機

三、現代雲端智慧中央廚房實務案例

　　所謂現代雲端智慧中央廚房的概念是整合現代資通訊科技，例如：物聯網（Internet of Things, IoT）、雲端運算（Cloud Computing）及大數據（Big Data）等，即時串聯與中央廚房有關之設施、設備及生產活動，經由資訊的累積並解讀應用，將「智慧」帶入到食品的生產、製造及安全，同時融合創意產生新的「服務」與「商機」。以下介紹智慧中央廚房實務案例，完整說明與呈現現代雲端智慧中央廚房具備的特色、效益及商業價值，依序說明如下：

（一）智慧央廚生產

　　食品四大要素：香味、口感、風味、色澤，決定著商品的價值性。以麵製品為例，水餃皮、麵糰、麻糬的口感，通常來自於麵糰的比例與揉勁。傳統做法是由過去累積的經驗與傳承來製作，然而人或設備具有諸多不確定性，例如機械的老化與控制系統的累計誤差，足以影響麵製品的口感，消費者在吃到品質有問題的食品（例如變色、走味等），通常會自認倒楣而選擇默默接受，即使直接向店家反映，也不見得可以傳達到經營者，當察覺到問題的嚴重時，通常已造成品牌與信譽的傷害而為時晚矣。以下說明物聯網在中央廚房智慧生產的應用：

1. 機械設備監控與預測

生產線設備一旦停機會造成不小的損失，因此在設備建置各類感測器，蒐集在生產過程中，各項機械狀況相關數據，例如馬達轉速、溫度、電壓或電流等數據，傳輸至雲端紀錄、儲存、分析與預測，建立損害通知機制，當機械發生老化或異常狀況時，由物聯網發出警示訊號，提醒該做檢查及維修，提升預警與維修整備時間，將可能發生的損失降至最小，達到事前預防而非事後補救的效益。

2. 生產製程監控與預測

以央廚為例，當揉麵糰的機器扭力不夠，不僅無法做出更有 Q 勁的產品，更造成出貨後的產品，賞味期大幅縮短而腐敗。因此在製作過程中，經由物聯網蒐集有關揉勁的數據，傳輸至雲端紀錄、儲存、分析，建立標準的生產製程（SOP）及統計品管正常值數據信賴區間，利用雲端監控各項數據的變化，一旦產品在製作的過程出現任何異常數據，立即採取防範與應變措施，將可能產

生的危害風險降至最低，避免未來可能產生的客訴、道歉及賠償，甚至造成消費者信任度下降與無形的商譽損失。

3. 物聯網技術在智慧型中央廚房的應用

物聯網各類感測器裝置在央廚設施或設備如圖 11-18 所示，所有聯網的感測裝置會將各類型數據（溫度、濕度、電壓、CO/CO2 濃度…，如圖 11-19 及圖 11-20 所示），由通訊模組存取、傳遞至雲端系統，偵測央廚各作業區的溫度、冷凍或冷藏冰箱是否失溫、烹煮區的二氧化碳濃度是否超標、各項廚房設備電壓或電流是否飆高，皆可用行動 APP 裝置查詢央廚上述各項監控數據（圖 11-21）。

物聯網各類感測裝置	
環境感測類	• 溫溼度感測裝置 • 一氧化碳與溫溼度感測裝置 • 二氧化碳與溫溼度感測裝置 • PM2.5與溼度感測裝置 • 照度感測裝置 • 風速與風向感測器介面模組
安全監控	• 門窗開關感測裝置 • 移動偵測裝置 • 聲光警報器裝置 • 進出感測裝置
能源管理	• 具電力計與開關的嵌入式插座 • 交流電力無線遙控開關

圖 11-18　物聯網技術之各類感測器裝置

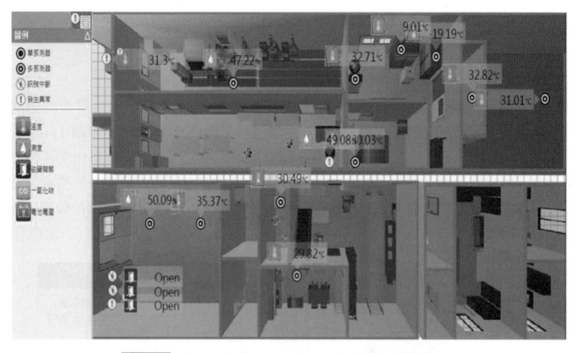

圖 11-19　物聯網技術在中央廚房各作業區與設備之應用

資料來源：辰光能源科技網站（民 105）

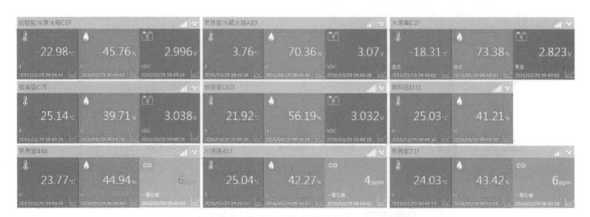

圖 11-20　中央廚房各作業區與設備之物聯網監控數據

資料來源：辰光能源科技網站（民 105）

圖 11-21　行動 APP 裝置查詢央廚各項監控數據

資料來源：辰光能源科技網站（民 105）

　　物聯網技術在智慧型廚房其他的應用如圖 11-22 所示，在烹煮室及用火的重點區域，二氧化碳濃度一旦超標，將自動啓動現場排風或送風設備；或在過熱或過於潮濕的環境，自動啓動補風換氣設備。另外，冷凍或冷藏冰箱如未確實關上，導致失溫及食材的耗損，都會立即發出警報，通知現場人員做出反應。

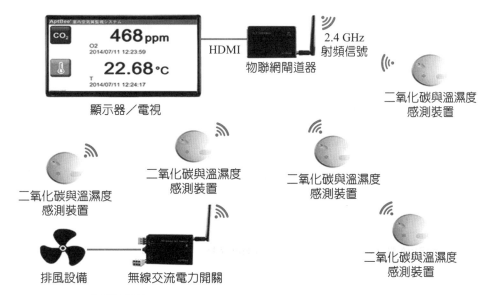

圖 11-22　物聯網技術於中央廚房二氧化碳濃度監控

資料來源：辰光能源科技網站（民 105）

在央廚包裝區部分：感測器偵測到人員進入包裝區域，如圖 11-23 所示，補風過濾設備及冷氣自動啓動，人員離開時紫外線殺菌自動開啓，隨時維持高標準的潔淨度；廚房烹調或冷凍／冷藏設備電壓如圖 11-24 所示，如果異常飆高，都會立即發出警示訊號，提醒工作人員及時處理，進行檢查及維修，並預防未來可能發生的災害與損失。

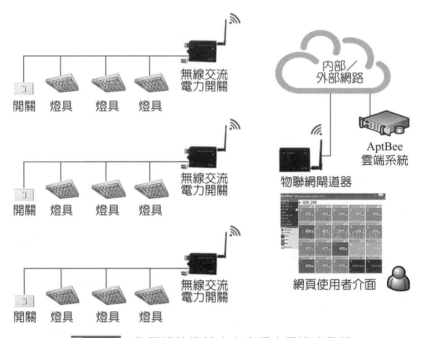

圖 11-23　物聯網技術於中央廚房人員進出監控

資料來源：辰光能源科技網站（民 105）

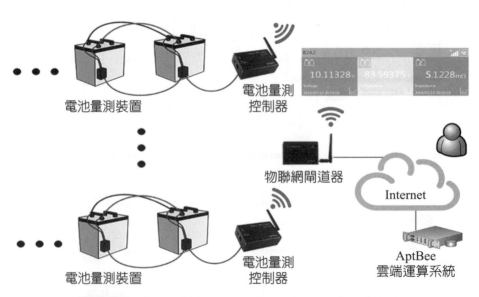

圖 11-24　物聯網技術在各項廚房設備電壓或電流監控

資料來源：辰光能源科技網站（民 105）

（二）透明雲端中央廚房

　　所謂觀光工廠即是在保存工廠本身具有的生產機能與廠區特色前提下，融入體驗與行銷的功能。隨著資通訊與物聯網技術的進步，業者進一步可將「觀光工廠」與「線上雲端」結合，使傳統觀光工廠可進一步升級成為雲端線上觀光工廠（透明雲端央廚，圖 11-25），實體店面可讓消費者親自進入中央廚房透過透明櫥窗了解產品的製作流程，同時也提供宅配或是無法親自到場體驗的消費者，透過網路影音即時分享，隨時隨地觀看現場狀況，讓消費者眼見為憑，了解自己手中的餐飲食品是如何製作生產，落實食品安全，並讓消費者安心購買、放心食用。現代雲端智慧中央廚房，具備下列優勢：

1. 全球消費者看的見，杯杯履歷皆不同。

2. 雲端智慧記錄，強化內部人員與流程管理。

3. 雲端分析強化研發與技術能力，建立差異化競爭優勢。

4. 物聯網運用感測裝置、數據蒐集、分析、預測、自動控制、流程警示，讓作業流程與設備運轉更為流暢。

　　業者建立透明雲端央廚，除了可以對內部管理與品質嚴格把關，同時提升消費者對於產品的可信度，有效提升廠商品牌形象與市場的能見度，強化市場競爭力。

圖 11-25　透明雲端中央廚房

資料來源：辰光能源科技網站（民 105）

（三）小結

　　現代中央廚房的建構並非只有考量產能放大，而必須考量例如人因工程、設施與動線、烹調與搬運設備、交叉汙染及食品保鮮等諸多因素，進而達到增加產能及效率、降低成本及穩定品質的效益。近年來，伴隨著資通訊（Information and Communication Technology, ICT）的進步，包括無線射頻辨識（RFID）、行動高速網路（3G/4G）、物聯網（IoT）、雲端平台、大數據分析（Big Data）等技術的興起，也促使中央廚房作業朝向智慧化發展。因此在設備、設施建置感測器，將蒐集在生產過程中，各項有關人、物、氣流、水流、設備及生菌數等數據（Data），上傳至雲端紀錄與儲存，利用這些數據的累積，建立風險分析、預測及損害管制與通知，在問題發生前就可以獲得控制或調整，並將損害降至最低點，這才是名副其實的智慧中央廚房。

11.3 物流大數據應用案例

一、物流企業大數據具體應用

　　大數據除了數據挖掘、分析與整合企業資訊之外，應更進一步將其視為戰略資源。唯有充分掌控數據優勢，在商業策略、商業戰術實施、商業模式選擇做出全方位的部署，才能在日益激烈的競爭中勝出。目前，物流企業對大數據分析的應用主要包括：

1. **精準預測**：通過客戶的使用記錄，運用數據探勘、分析等技術構建模型，進一步精準預測出產品在不同區域、不同時間點的未來需求，從貨物配置規劃、運送人力調配以及最終端配送等環節做好及時調度，平衡接收訂單能力，最終實現獲利以及貨物配送的最佳化。

2. **提高分揀效率**：運用智慧演算法優化物流作業流程，企業的物流中心可根據數據算法保障每名物流作業人員每一刻皆處位於最佳揀貨路徑上。由系統智能推薦下一個要撿取的貨物地點，盡量不需要走回頭路浪費時間與精力，將分揀效率極大化，避免重複作業。

3. **優化商品存儲**：商品存放位置的優化能夠提高倉庫利用率、有利於商品的搬運和分揀。運用大數據技術中的關聯模式法，能夠運算出不同商品的關聯度，使物流企業明確應該把哪幾類商品集中放置以便分揀，哪幾類商品應該儘快出貨防止在存儲過程中造成價值流失。

4. **運送路徑優化**：運貨司機每日要運送的地點，路線規劃數以萬計。在沒有大數據協助的時候，需要靠司機個人的經驗來安排路線。但在大數據的演算之下，可以將運送地點、路徑上的變數與運送車輛的數據整合規劃，讓貨運司機可以用最精簡的路線以及最少的時間，在貨物配送上達到最佳化。除了提升配送效率，提高利益；另一方面也可以有效減少汽車燃料費用，為企業撙節經費，也同時為環境盡一份心力。

二、案例分享：亞馬遜優質服務背後的大數據玄機

身為全球電子商務平台的佼佼者，亞馬遜近年來投注許多資源在物流網路上，讓交貨速度可以更加迅速，進一步鞏固線上零售寶座的控制權。亞馬遜在整個美國持續建立倉儲，根據華爾街日報的數據，在美國境內，居住於亞馬遜倉儲二十英里以內的美國人，由 2014 的 26% 成長到 2015 年的 38%，在 2016 年更攀升到 44%[1]。

除了倉儲，亞馬遜亦開始思考利用無人機，建造一批快遞飛行隊，進行廣為人知的無人機空投的創舉。所有這些布局，都可以在亞馬遜已取得專利或正在申請專利的技術類別顯示出來。據統計，2009 年亞馬遜申請了 248 項專利，到 2013 年這數字攀升到 1,100 多項。報告顯示，亞馬遜在 2016 年的專利主要集中在物流網路以及雲端計算領域。CB Insights 發現，亞馬遜在 2016 年申請了 78 個物流相關專利，遠高於過去幾年 [2]。雖然這些專利很多都過於未來化，很難說有多少會轉化為實際工具，但這也突顯了亞馬遜在物流相關的布局思考。亞馬遜是同業之間最早將雲端物流、大數據、人工智慧等運用於物流倉儲管理的電商企業之一。20 餘年積累了 112 個運營中心，遍布全球，可達 185 個國家和地區，形成了一個遍布全球的網絡。以中國為例，亞馬遜有 13 個運營中心，300 多條幹線運輸線路，可向 1,400 多個縣區提供當日達、次日達服務。

亞馬遜對於大數據的掌控與運用，大致可以四個方向說明：

1. 訂單及客戶服務的精準預測

對一個端到端的電商服務而言，主要的營運活動可分為五大部分：即用戶瀏覽、下訂單、倉儲運營、配送和售後服務等，而大數據的應用亦可廣泛地運用在這五個面向。亞馬遜的後台運作系統記錄客戶的訪問紀錄，通過大數據分析精準預測客戶的未來需求，並將客戶感興趣的商品發配到離客戶最近的物流中心，縮短商品和客戶的距離，降低運輸成本。基於大數據的亞馬遜自動化的供應鏈管理，一方面，可根據系統數據自動設置採購時間、採購數量等決策問題，並根據倉儲情況進行分配、調撥和反向物流的工作。另一方面，智能管理系統能實現連續動態盤點，且涵蓋整個庫房從收貨、發貨以及退貨全部過程，使亞馬遜在優化效率的同時還能在庫存準確率、準時發貨率和送達準時率三個方面分別達到了極高的 99.9%、100% 和 98%。

2. 倉儲營運

倉儲訂單營運從訂單處理、分類到包裝皆依據大數據的運算結果，使得亞馬遜最快可在 30 分鐘內完成整個訂單的處理，且全程可監控。

對於商品，亞馬遜採取的是隨機倉儲，即商品並非嚴格按照 SKU 區分貨位倉儲，而基於一定原則，將商品混合存放於不同類型的櫃位內，使得單一貨架的周轉頻率加快，從而達成空間和周轉率的雙重提升，大幅降低單位商品的倉儲成本。隨機倉儲的關鍵則實現於數據追蹤管理上，無論是挑貨還是收貨，每個貨位均有獨立編碼，亞馬遜的信息數據管理系統會記錄每個商品在不同轉運流程中所處的位置，進而保證數據的連續追蹤，在亞馬遜運營中心後台強大的數據算法的驅動下，每名物流分配人員能隨機地加強其配送路徑，時刻保障最佳路線，通過大數據的計算、分析，可以將在傳統作業流程下的挑貨行走路徑減少近 60%。[3]

3. 配送

亞馬遜的全國發配模式以其強大的運算系統為基礎。首先，系統會根據接收到的訂單訊息，自動運算出可能的收發路徑，為客戶推薦最優的配送站點和交貨時間；其次，為了精準配送，亞馬遜除了準確定位客戶收貨地址之外，還會依據快遞員的配送時效與效率等因素，推薦最合理的快遞員數量和線路劃分，從而改善貨品以及送貨員的配對與規劃。

4. 售後服務

根據用戶的瀏覽記錄、訂單信息、來電問題，亞馬遜創建了系統識別技術和客戶需求預測，客製化地向用戶推薦不同的自助服務工具，藉以確保客戶能隨時隨地聯繫到客服團隊。

表 11-3　預測客戶需求基本要件整理表

用戶瀏覽	紀錄訪客訪問痕跡、預測未來需求
下訂單	紀錄客戶喜好、商品熱門程度
倉儲營運	優化揀貨程序、自動化供應鏈管理隨機儲存並追蹤
配送	優化配送站、交貨時間與快遞安排
售後服務	建立識別系統、客戶需求預測

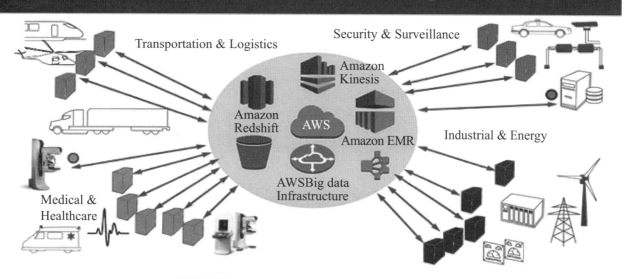

圖 11-26　Amazon 大數據在物流面之運用

資料來源：[4]

亞馬遜執行長貝佐斯（Jeff Bezos）在 2013 年提出無人機送貨計畫「Prime Air」，現持續在美國、英國、以色列等研發中心，打造出多款適用於各種送貨目的與環境的無人機原型，並在多個國家進行測試飛行。亞馬遜所公布的藍白黃相間

原型機重約 25 公斤，載重 2 公斤左右；能垂直升空近 122 公尺，水平飛行距離可達約 24 公里。亞馬遜無人機搭載感測與迴避（Sense and Avoid）技術，能偵測辨識目的地位置、搜尋著陸點，並有效避開空中與地面障礙物 [5]。當無人機抵達目的地著陸前，會發送通知給使用者，確保著陸位置已淨空。亞馬遜在 2015 年 3 月取得美國聯邦航空總署（FAA）核可，可於美國境內商用試飛，物流巨頭 UPS、FedEx，以及 Google、美國零售大廠沃爾瑪（Wal-Mart）等，同樣也有意投入無人機送貨服務的廠商。

圖 11-27　Amazon 2015 年無人機照片

圖片來源：Amazon[5]

　　除了在無人機運輸方面搶先，2016 年 Amazon 更擴展了 Prime Air 的範圍，公布了新機型 Amazon One 是一架波音 767 飛機。

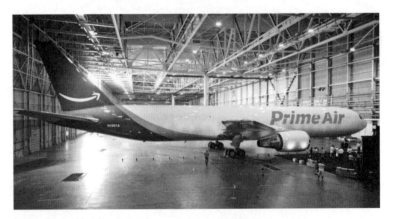

圖 11-28　Amazon One 只服務特定客戶

圖片來源： Amazon[5]

作為全球的最大電商平台，亞馬遜目前已出動 11 架民航飛機空運 Prime 會員的網購貨品，但擁有貼上自家品牌的飛機還是首度亮相。亞馬遜於 2016 年 8 月 5 日在海洋節航空展（SeaFair Air Show）上，發表首架自家品牌飛機「Amazon One」，展覽於亞馬遜總部所在的美國西雅圖舉行。Amazon One 隸屬於 Prime Air 計劃，也只為 Prime 會員服務。Prime 是亞馬遜的收費會藉，會員享有免費的國內快遞貨件服務。自 Prime Air 計劃於 2013 年展開後，亞馬遜便埋首於研發送貨無人機，以應付短程空運，可說是最早宣布擬用無人機提供貨運服務的公司之一。隨著 Amazon One 飛機的發表，Amazon 發言人向 Drones Player 表示，從今以後，Prime Air 代表自家品牌所有空運項目，包括貨運飛機和送貨無人機 [6]。由此案例可看出亞馬遜除了在軟體與網路方面的創新，在配送的交通工具方面也積極革新。讓物流大數據可以在軟體與硬體之間配合，達到最佳效益。

三、個案分析－ UPS 道路資訊整合優化導航系統 ORION（On-road Integrated Optimization and Navigation）

美商優比速（United Parcel Service, Inc. 簡稱 UPS）是世界上最大的快遞承包商以及包裹運送公司。1907 年 8 月 28 日成立於美國華盛頓州西雅圖，總部目前位於美國喬治亞州亞特蘭大，每天在全世界 200 多個國家遞送的超過 1,400 萬個包裹。

UPS 以其褐色卡車聞名，在美國，它等同於包裹遞送車的代名詞。UPS 的車輛與制服皆採用稱為「普式褐」的褐色，這個稱號的來由是因喬治·普爾曼創立的普式公司的臥鋪車廂使用的顏色，除此之外，UPS 還擁有自己的航空公司，業務範圍非常廣泛。

UPS 其主要的競爭對手總共有三，第一是美國郵政服務（United States Postal Service，縮寫為 USPS），第二是聯邦快遞（Federal Express，縮寫為 Fed EX），第三為 DHL。過去，UPS 在廉價地面快遞市場中的競爭對手只有美國郵政服務，之後，FedEX 與 DHL 在市場占有率亦佔有了一席之地，更進一步加劇了快遞市場的競爭，UPS 亦積極的以革新來面對此市場競爭。

近年，UPS 將其業務範圍擴大到物流以及運輸相關領域，例如為 TOSHIBA 公司的筆記型電腦提供維修支援服務以及為運動品牌大廠 Nike 提供倉儲服務。UPS

成為全球快遞業霸主的野心，可由 2012 年的併購案看出，那時已然是全球最大規模快遞商的 UPS，於 2012 年 3 月 20 日斥資 51.6 億歐元，以每股 9.5 歐元的現金價格收購荷蘭的 TNT Express。此為 UPS 成立 105 年來規模最大的收購案，此案將會讓該公司在歐洲的營運量倍增，足以抗衡歐洲郵務營運界具有龍頭地位的德國郵政（DHL），持有 TNT 29.9% 股權的荷蘭郵政亦表示支持此次收購。但是，在 2013 年 1 月，由於歐洲監管機構以競爭市場為由並未批准此收購案，聯合包裹宣布放棄收購同業 TNT Express，但也看出它在市場上成為龍頭的決心。

UPS 成為快遞龍頭的核心優勢之一，就是它的業務基礎是以樞紐加輻射的網絡結構。UPS 的運營中心收集來自用戶的包裹並將其送到樞紐。樞紐再集中許多運營中心送來的包裹後對它們進行分類，接著分配到其他運營中心或樞紐，最終到達目的地。2017 年 2 月，UPS 啟動無人機送貨到府的服務測試，這是首度將此項技術運用在日常生活物品的運送。

UPS 在此之前只透過這項技術將醫療用品送至難以到達的地區。為了達到無人機送貨機制，首先，在司機的卡車上加裝可讓載貨無人機 HorseFly 起降的平台，再由物流士透過平板連線內部系統，設定無人機作業流程，計算配送目的地與回程時間地點安排，則在無人機飛出去送貨的同時，物流士也可進行作業，藉此節省成本。UPS 的無人機 HorseFly 在每次充飽電之後可飛行 30 分鐘，可運送重達 10 磅的貨物 [7]。

長期以來，「有建設性地不滿現狀」（Constructive Dissatisfaction）一直是 UPS 公司的企業文化，此一企業文化起源於創始人吉姆‧凱西，他認為公司和人們應該永遠尋求改善自己的方式。因此 UPS 公司透過運用大數據及物聯網技術，開發了一套道路資訊整合優化導航系統（On-road Integrated Optimization and Navigation, ORION），該系統針對其物流車隊進行駕路程的優化 [8]。基於企業文化，UPS 致力於不斷投資與提升技術，每年投入大約 10 億美元在運作客戶解決方案。該公司不僅必須在 ORION 中投資技術開發，而且還要在系統中尋求創造性的解決方案，才能在激烈的市場競爭中勝出。

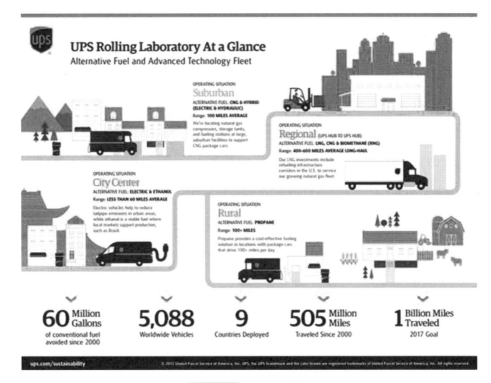

圖 11-29　UPS 案例

資料來源：[8]

　　ORION 系統開發起源於下列的問題點與需求：每個工作日，UPS 司機平均要送貨至約 100 個地方。駕駛員可以做的路線組合的數量甚至遠遠超過地球存在時間換算為秒數的數量。為了確保 UPS 在距離、燃料和時間方面使用最優化的運輸路線，ORION 運用了昂貴的車隊聯網系統與先進的演算法系統，收集了大量的數據為 UPS 送貨員提供了最佳的路徑演算。2008 年，UPS 首先對貨運卡車進行了遠程訊息處理以收集數據，以了解在哪一部分可以提高效率。通過安裝 GPS 導航設備和車輛傳感器，與駕駛員的手持移動設備相結合，UPS 可以截取車輛路線有關的數據，車輛閒置的時間，以及駕駛員是否確實戴著安全帶。在實施方案收集必要數據的同時，UPS 開發一種可以快速解決複雜路徑問題的複雜演算法。所得到的演算法內容約 1000 頁的代碼，並將獲得的數據轉換為優化駕駛員路線的指示。

　　時至今日，ORION 可以在幾秒內解決單一路徑，並且在背景程式裡面持續運算，即使離開了設備也如此，這種高度路徑演算需要強大的硬體與建築設備。在新澤西州莫沃的一家伺服器上運行的 ORION，需要不斷地評估基於即時訊息運行路

徑的最佳方式。當大部分美國人正在睡覺時，ORION 仍舊每分每秒地在演算與優化送貨的路線。除了改進結構之外，驅動程序的訊息採集設備（DIAD）也得到了增強，可作為運送途中改善以及與司機聯絡的工具。

ORION 演算法最初是在實驗室當中開發的，並在 2003 年至 2009 年的各種 UPS 站點進行了測試。UPS 公司在 2010 年至 2011 年間在 8 個站點間開發 ORION 原型，並於 2012 年部署了 6 個測試版本。ORION 系統總共分三個階段進行：

1. 概念建構

UPS 於 2003 年開始開發 ORION，其目的是在 UPS 的現有的車輛輔助系統之上，進行分層預測演算，並從營運研究和高級分析小組中，組合了一個小而多樣化的團隊，其成員包括了：營運研究博士，工業工程師，UPS 業務經理和幾位軟體工程師。團隊組合了知名的軟體運算，用於優化現有的路線規劃（例如包裹交貨順序）。

2. 測試和驗證

這階段最主要的挑戰是展示恆定的結果，最初先在實驗室中設置，在經過整體據點的實施後，證明效率顯著提升。接下來又在另外兩個實驗位置測試，並擴展至八個。團隊成員也從一開始的五人增加成三十人。每一階段實證的績效，讓團隊得以獲取下一步擴展的資源。

3. 採用：操作和部署

在採用系統的最後階段，UPS 開發了可擴充的軟體，然後在整個組織中部署了該工具。這裡的主要挑戰是通知和鼓勵全體 UPS 員工採用這一新系統。ORION 團隊在軟件開發階段從 50 人增長到今天的 700 多人，其中大多數人在從事實際的技術部署。由於 UPS 知道技術開發需要花費大量時間，IT 團隊即使在軟體開發的同時，也開發出了「硬體原型」來開始部署。這使得 UPS 能夠將 ORION 整合到日常工作流程中。在這個階段，UPS 也面臨著最重大的變革管理挑戰：許多人不相信由電腦計算出的結果可能優於幾十年的駕駛經驗。這種情況涉及教育、溝通和後續行動，但最重要的是改變駕駛員和管理者如何衡量成功。從最初開發到全面部署到北美近 55,000 條路線已經有十多年。2013 年由 500 個資訊點組成的最初的 ORION 系統部署演算 10,000 條 UPS 路徑。由於結果超乎意料的好，UPS 加快了在美國境內部署的腳步，並於 2016 年秋季完成了全國部署。

同時，UPS 面臨了變革管理與挑戰，為了實現利潤最大化和減少碳排放量，UPS 必須確保在幾個不同的項目階段得到應用，每一個階段都有其獨特的變更管理挑戰。研究人員必須設計一種比現行做法更好的技術解決方案，向經營者證明該方法具有潛力。之後的原型測試和實務驗證，先在實驗室開發的原型在現場進行測試，首先是較小規模，然後是較大範疇的 UPS 驅動器組。接下來的考驗是實際操作與採用，必須說服數以千計的 UPS 員工將 ORION 融入其日常工作。

ORION 的技術可幫助 UPS 送貨員決定最佳的收送貨路徑，其決策取決於訂單的起始時間，收貨時間，收發窗口和特殊客戶需求。該系統依靠 UPS 的網路地圖數據來計算里程和行車時間，計劃最符合成本效益的路線。

ORION 每年為 UPS 節省大約 1 億英里的路程。這意味減少 1,000 萬加侖的燃油量。與減少約 10 萬噸的碳排放量。2017 年在美國全面實施後，ORION 每年運營成本將會降低 3 億美元至 4 億美元。

目前，該公司 55,000 英里的路線中有 70% 以上正在使用該軟體，平均每天減少六至八英里之間。初步結果顯示，使用 ORION 演算最佳路線，一年當中只要每位送貨員每天減少一英里路程，每年就可為 UPS 節省 5,000 萬美元。

ORION 也可以為客戶帶來好處，因為即使在遞送高峰期也能實現更多的個人化服務。這包括 UPS MyChoice® 服務，使消費者可以用電腦或行動通訊來查看包裹寄送的狀態，甚至可以改變運送時間, 地點與日期。目前，數百萬客戶充分利用了 UPS My Choice 服務，而 ORION 技術將繼續在未來路線圖上實現國際化，個性化的服務。

UPS 改革創新的精神以及落實的決心，造就了 ORION 系統大幅改善公司營運的機會，更鞏固了其物流產業的龍頭地位，由此案例可看出大數據對於產業革新的重要性不容小覷。[9]

章後習題

一、選擇題

( ) 1. 以下何者不是 AutoStore 的優點？

(A) 可靈活調整存取機數量

(B) 儲存密度高，可圍繞立柱

(C) 靈活模塊化設計，易擴展

(D) 儲位中的貨物不需要電子標籤

( ) 2. 何者不是中央廚房設備規劃的重點？

(A) 人流

(B) 物流

(C) 金流

(D) 水流

( ) 3. 下列何者是物流業者競爭的主要課題？

(A) 更在地化

(B) 更數據化

(C) 更客製化

(D) 以上皆是

( ) 4. 請問亞馬遜商品的倉儲模式為下列哪一項？

(A) 雲端倉儲

(B) 亂數倉儲

(C) 整合倉儲

(D) 隨機倉儲

( ) 5. UPS 公司研發的 ORION 系統有哪項優點？

(A) 路徑優化

(B) 減少碳排放量

(C) 個人化配送服務

(D) 以上皆是

二、問答題

1. 物流企業主要將大數據分析應用於哪四個面項？

2. 亞馬遜主要運用哪三項技術於物流產業？

參考文獻

1. Kim, E. New Amazon data from Wall Street should terrify all retail stores in the US. 2016 [cited 2017; Available from：http：//www.businessinsider.com/amazon-replace-trips-to-stores-2016-9.

2. 雷鋒網 爲什麼說亞馬遜的第四大支柱，會是 AI 與物流. 2017; Available from： http：// technews.tw/2017/04/30/amazons-4th-business-is-ai-and-logistics/.

3. 燈塔大數據 物流＋大數據：亞馬遜開啓物流變革之旅. 2016; Available from： https：//kknews. cc/zh-tw/tech/2xozqg.html.

4. Daly, F. Life Science Big Data Big Difference-. [PPT] 2017.05.24]; Available from：https：//www. slideshare.net/FranDaly2/life-science-big-data-big-difference01sep2014.

5. Amazon. Amazon Prime Air. Available from ：www. amazon.com

6. 伍彤. Amazon Prime Air 啓航！但不是無人機，竟是波音 767 飛機. 2016 2017.05. 24]; Available from： https：//www.dronesplayer.com/34545/amazon-prime-air-%E5%95%9F%E8%88%AA-%E4%B D%86%E4%B8%8D%E6%98%AF%E7%84%A1%E4%BA%BA%E6%A9%9F-%E7%AB%9F%E6% 98%AF%E6%B3%A2%E9%9F%B3-767-300-%E9%A3%9B%E6%A9%9F/.

7. Wiki. 優比速. 2017/5/10 [cited 2017 05/17]; Available from： https：//zh.wikipedia.org/wiki/%E8 %81%94%E5%90%88%E5%8C%85%E8%A3%B9%E6%9C%8D%E5%8A%A1.

8. BSR. Looking Under the Hood： ORION Technology Adoption at UPS. 2016; Available from： https：// www.bsr.org/our-insights/case-study-view/center-for-technology-and-sustainability-orion-technology-ups.

9. UPS. ORION Backgrounder. 2017; Available from： https：//www.pressroom.ups.com/pressroom/ ContentDetailsViewer.page?ConceptType=Factsheets&id=1426321616277-282.

10. https：//en.wikipedia.org/wiki/Edeka, accessed 2017/7/31.

11. http：//www.edeka-verbund.de/Unternehmen/en/startseite.jsp, accessed 2017/7/31.

12. Multi-Temperature DC – All SKUs under one Roof, http：//www.mmh.com/wp_content/witron_wp_ skus_092613b.pdf, accessed 2017/7/31.

13. TI becomes first semiconductor company to install AutoStore, http：//itersnews.com/?p=35586, accessed 2017/7/31.

14. AutoStore Small Parts Storage System, http：//www.swisslog.com/en/Products/WDS/Storage-Systems/AutoStore, accessed 2017/7/31.

15. Gwynne Richards, Warehouse Management, 2nd Edition, Kogan Page.

16. 日本冷凍空調學會，http：//www.jsrae.or.jp，コールドチェーン高度化開發普及協議會調查報 告書（2011），民國 105 年。

17. 王祥芝，臺灣低溫物流現況與發展趨勢，現代物物 ‧ 物流技術與戰略 第 34 期：37-39，民國 97 年。

18. 中國青年商店網站：http：//www.frespeed.com.tw，民國 105 年。

19. 中國醫藥大學雲端健康促進研究室教材編輯委員，食品供應鏈與物流管理，第一版，前程文 化，民國 105 年。

20. 全中妤，餐飲規劃與佈局，五南圖書，第四版，民國 105 年。

21. 臺灣全球運籌發展協會網站：http：//www.glct.org.tw，民國 105 年。

22. 臺灣夏暉物流網站：http：//www.havi-logistics.com.tw，民國 105 年。

23. 臺灣農產品安全追溯資訊網：http：//taft.coa.gov.tw，民國 105 年。

24. 臺灣良好農業規範（TGAP）- 豬，民國 97 年。
25. 臺灣大昌華嘉股份有限公司：http：//www.dksh.com.tw，民國 105 年。
26. 臺灣農產品安全追溯資訊網：http：//taft.coa.gov.tw，民國 105 年。
27. 田中陽，日本 7-ELEVEN 永無止境的創新，大智通文化行銷股份有限公司，1 版，民國 102 年。
28. 行政院農委會安全農業入口網：http：//agsafe.coa.gov.tw，民國 105 年。
29. 李錦楓、李明清等，圖解食品加工學與實務，五南圖書，1 版，民國 103 年。
30. 全聯福利中心網站：http：//www.pxmart.com.tw，民國 105 年。
31. 辰光能源科技網站：http：//sunshine-new.com，民國 105 年。
32. 林志城、林泗譚，品質管理 - 食品加工、餐飲服務、生鮮物流，3 版，新文京開發出版股份有限公司，3 版，民國 100 年。
33. 林友絹、陳長儀、林君芳，低溫食品產業供應鏈之研究 - 以大高雄地區為例，國立高雄海洋科技大學運籌管理系 期末報告，民國 98 年。
34. 林麗文，臺灣麥當勞食品安全與品質管理分享，中華食品安全管制系統發展協會（HACCP）年會，民國 104 年。
35. 周琦淳、莊培梃等，食品安全全書，復文圖書公司，1 版，民國 100 年。
36. 周勝方，餐飲連鎖加盟管理，華立圖書股份有限公司，民國 102 年。
37. 青木皐，圖解微生物 – 細菌・病毒・黴菌，世貿出版有限公司，1 版，民國 99 年。
38. 施宛伶、沈姿廷，國內速食業物流系統特性之探討 - 漢堡王為例，國立高雄海洋科技大學管理學院進修部運籌管理系，民國 103 年。
39. 郭川銘，善用智慧物流提昇供應鏈食品安全與價值，南臺科技大學行銷與流通管理系 演講資料，民國 103 年。
40. 郭儒家，冷鏈物流系統 - 低溫物流規劃與管理，中華民國物流協會 物流技術整合工程師班 課程資料，民國 101 年。
41. 徐志宏、吳少雄、鄒伯衡，兩岸冷鏈物流與中央廚房之發展分析，物流技術與戰略雜誌網站：http：www.logisticnet.com.tw，民國 105 年。
42. 陳穆臻、陳凱瀛、盧宗成、陳志騰、王翊和，發展低溫運輸物流系統之課題與因應策略，交通部運輸研究所，民國 103 年。
43. 黃賢齊、郭南，保健食品初級工程師 - 食品科學概論，宏典文化，增修 2 版，民國 104 年。
44. 黃肇家，農產品採後處理與儲運技術，農產品國際行銷人才培訓課程，行政院農業委員會，民國 102 年。
45. 麥當勞官方網站 http：//www.mcdonalds.com.twl，民國 105 年。
46. 嘉豐關係企業網站：http：//www.gallant-ocean.com，民國 105 年。
47. 梁文煥，食品安全衛生，復文圖書公司，1 版，民國 97 年。
48. 葉佳聖、王翊和，餐飲採購與供應管理（HACCP 餐飲採購管理師 認證 指定教材，教育部技專校院證照代碼 11486 ），前程文化，1 版 2 刷，民國 105 年。
49. 鄭清和，食品衛生安全與法規，復文圖書公司，1 版，民國 101 年。
50. 鄭清和，冷凍食品學，復文圖書公司，1 版，民國 98 年。
51. 鄭清和，食品加工學，復文圖書公司，1 版，民國 101 年。
52. 鄭清和，食品微生物學，復文圖書公司，1 版，民國 100 年。
53. 蔡耀中、紀柏任，農業概論總整理，復文圖書公司，2 版，民國 99 年。
54. 經濟部商業司 智慧辨識服務資訊網：http：//www.iservice.org.tw，民國 105 年。
55. 臺北農產運銷股份有限公司網站：http：//www.tapmc.com.tw，民國 105 年。
56. 顧祐瑞，圖解食品衛生與安全，五南圖書，1 版，民國 103 年。

57. 衛生福利部 食品藥物管理署（FDA）網站：https：//consumer.fda.gov.tw，民國 105 年。

58. 摩斯漢堡官方網站 http：//www.mos.com.tw，民國 105 年。

59. 統昶行銷網站：http：//www.upcc.com.tw，民國 105 年。

60. 趙儀心，連鎖速食產業發展中央廚房式之探討，逢甲大學經營管理碩士在職專班碩士論文，民國 101 年。

12

智慧物流實際案例分享

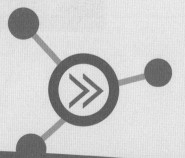

Smart Commerce

 **冷鏈智慧物流運用實例─全日物流操作跨境電商物流**

　　智慧物流的精義在於利用資通訊技術，讓整體物流作業系統的各個環節達到系統性的協調，也達到自我學習，找到最適化的物流解決方案。然而，智慧物流必須要有大量的資料訊息提供物流資訊系統（Logistics Information System, LIS）的智能學習分析；電商的物流需求最為頻繁，尤其以跨境電商的作業內容更為複雜，訊息量以及資訊層次對於智慧物流的發展最具有實踐價值的應用性。中國大陸的電商發展，更是促使智慧物流的需求被強化的主因。以下，我們就一個跨境電商的冷鏈智慧物流運用實例進行介紹闡述。

　　新加坡電商業者（以下稱為電商業者），2014 年發跡於美國西部，建構自有網站平台，販售生鮮蔬果。他的行銷理念在於：「使人人可以享受鮮採、有機培養，從農場直接到消費者的新鮮食物」。在美國西部經營有成後，2016 年進軍新加坡。在新加坡，電商業者除了採購鄰近地區（例如：馬來西亞）的農畜生鮮產品外，更從美國、澳洲、日本等地引進產品在他的電商平台上販售，臺灣也是他採購目標產地之一，尤其是臺灣的有機蔬果，備受新加坡市場的喜愛。

一、電商業者的商業模式

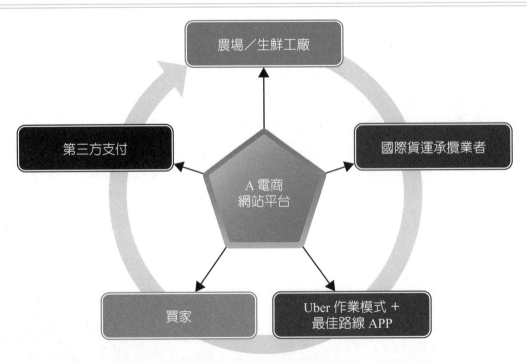

　　　　圖 12-1　電商業者的商業模式

電商業者的商業模式建基在於「快速送達買家手上」和「創造相對的價格優勢」。電商業者的行銷理念是要提供「從農場直接到消費者的新鮮食物」，所以「快速送達買家手上」的操作有絕對的必要性，以確保消費者所收到的食材有絕對的新鮮度。電商業者在美國西部標榜著「客戶網站下單，貨物 24 小時內到貨」的服務速度。而在新加坡，因有礙於新加坡的生鮮蔬果全然仰賴進口供應，與美國可由當地生產供應有很大的差別，所以服務速度則設定在客戶網站下單後，貨物隔二天（D+2）到貨。因此，在新加坡的跨境電商的物流服務，必須以「空運」為主要的國際運輸模式，而可信賴的「國際物流業者」便是其重要的合作夥伴。而在美國西部和新加坡當地的內陸運輸，則利用 Uber 作為宅配的運輸作業模式（下稱 Uber 作業模式），再加上自行開發的最佳配送路線線上 APP（下稱最佳路線 APP），有效地控制貨物的配送效率和成本。

電商業者對於其商業模式中的「創造相對的價格優勢」理念，則以「超級市場」或「大賣場」裡的販售價格做為相對的價格競爭目標。消費者經由電商業者的「網站平台」下單採購，訂單會直接到產地，直接由產地銷售消費者，可以消除銷售過程中的中間商、進出口商、代理商等環節。與「超級市場」或「大賣場」的價格做比較，消費者可以節省大約 30-50% 的費用。

產地的「農場/生鮮工廠」在收到消費者在電商業者的網路平台上下的訂單，在確認出貨之後便可由「第三方支付」的功能，獲得貨款的支付。產地的「農場/生鮮工廠」對於本身出貨的產品品質必須要嚴格地遵守所規範的標準。對於因為貨損，遭到客戶退貨的狀況，電商業者的操作原則是，網站平台直接吸收退貨的成本損失，無條件接受退貨。電商業者會進一步確認問題所發生的環節，針對犯錯的對象進行求償，嚴重者，取消其供應資格。

二、電商業者在臺灣採購有機蔬果案例

全日物流股份有限公司（下稱全日物流）是一家在台有三十年歷史和經驗的專業冷鏈物流業者，尤其專注在食材的冷鏈物流服務。全日物流的低溫物流倉庫和物流中心，分別佈建在高雄、台中、雲林、桃園和台北，服務網絡涵蓋全台。電商業者決定在臺灣採購本土的有機蔬果產品，需要當地的供應來源以及專業的物流服務，全日物流集數十年的市場經驗和關係，恰巧提供了相得益彰的支援，協助開發臺灣本地有機蔬果的供應商，並提供全面的冷鏈物流服務，彼此建構了共贏共榮的合作關係。

（一）電商業者 & 全日物流之合作商業模式

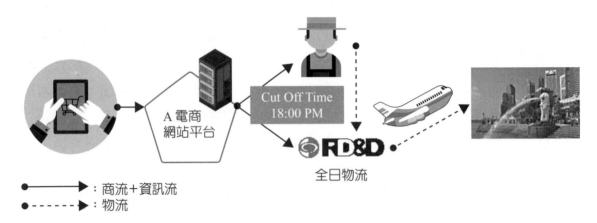

：商流＋資訊流
：物流

圖 12-2　電商業者與全日物流合作商業模式

　　臺灣各個農戶生產的規模都不大，很難像美澳大型農產公司的生產規模，可以自行出口，供應全世界。因此，電商業者在臺灣採購有機蔬果，委請全日物流協助開發有機蔬果供應來源，扮演在台的採購代理商，代理出口的安排。因為全日物流的專業冷鏈物流背景，同時也委由全日物流負責收貨和集貨，以及後續國際物流作業的安排，直至新加坡樟宜機場。

1. 電商業者提出需求的有機蔬果類別由全日物流協尋供應來源進行推薦。

2. 電商業者確認合格的有機蔬果供應業者（下稱有機蔬果業者），開出欲採購產品品項和產品規格，由全日物流協調有機蔬果業者提供「供應季節時段」、「最大/最小供應量」、「產品照片」、「包裝規格」、「報價」等資訊。

3. 電商業者取得上述資料後，編輯相關產品資訊，公佈在其網站平台，提供新加坡消費者進行選購。

4. 新加坡消費者，在電商業者的網站平台選購下單。電商業者於「當日下午六點前」（Cut Off Time：18：00 pm）彙集當日的訂單資訊分別傳送臺灣各家有機蔬果業者和全日物流。全日物流憑此訂單資料進行貨物的檢收作業。

（二）臺灣端物流作業

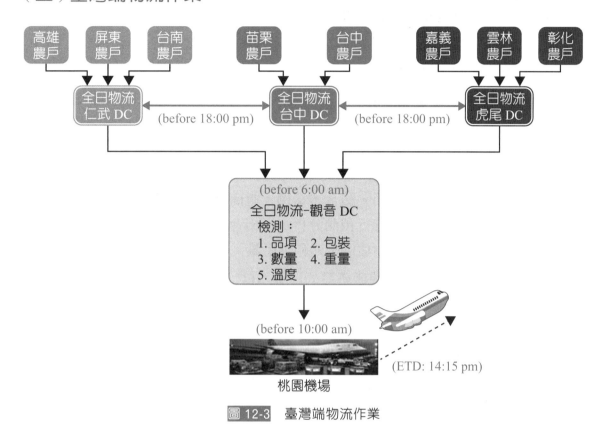

圖 12-3 臺灣端物流作業

在臺灣端的物流作業，從有機蔬果業者產地開始，到桃園機場爲止，其中包含集貨、轉運、併板、報關、空運安排。前往新加坡的空運班機，固定訂艙下午14：15起飛（ETD：14：15 pm）的班機，須至少提前4小時，設定於上午10：00前送到機場。

1. 集貨

有機蔬果業者遍佈在臺灣各地，在下單日當天（D）下午六點前（before 18：00 pm）會收到電商業者的彙整訂單，便開始進行有機蔬果的採收和備貨。而全日物流在收到相對的彙整訂單資料，立即轉入全日物流之「客戶訂單管理系統」分別通知全日物流各區物流中心負責接收的訂單內容。

臺灣中南部的有機蔬果業者在隔天（D+1）下午六點前（before 18：00 pm），將其貨品分別交貨到全日物流位於高雄仁武、台中、雲林虎尾的物流中心。北部有機蔬果業者則最晚於後天（D+2）上午六點前（before 06：00 am）交貨到全日物流位於桃園觀音的物流中心。

集貨到全日物流的各區物流中心的運輸，各個有機蔬果業者在備好貨之後，再由全日物流派遣低溫車前往收貨。低溫運輸車輛必須設有溫度監控功能，隨時經由 GPS 傳送溫度資料與貨況狀態回到全日物流 TMS 系統主機，以進行追蹤記錄，貨主隨時可以上網查詢。

有機蔬果，多半在溫室裡培養，「溫室監控系統」可從有機蔬果的種植到採收，對於溫度、濕度、光度、甚至於土壤裡的養分比例都利用探測晶片進行感測，利用電腦儀控進行監控和設定，可協助確認作物的成長狀況，更可控制適切的採收期，例如菇類種植，而此類的監控系統能以智慧手機 APP 進行全程監控。此技術的進一步利用，結合本案例，電商業者，將其網站平台銷售各有機蔬果的大量統計資料，進行預測分析，可結合「溫室監控系統」確實了解各項有機蔬果的成長狀況及預估供應期和供應量。

有機蔬果業者，可將工研院所研發的一款 NFC 溫度紀錄器放置於產品間，全程記錄產品從產地到達消費者手上的溫度變化，透過智慧手機 APP 讀取記錄器資料上傳到監控平台，確保每一物流環節不斷鏈。

全日物流各區物流中心收到各批有機蔬果貨物，檢測品項、包裝、數量、重量、溫度，並掃描包裝上條碼讀取「生產履歷資料」，反映生鮮產品生產溯源機制，相關資料傳入資料庫系統記錄。

2. 轉運

全日物流各地區的物流中心完成集貨後，安排夜間轉運將貨物集合到全日物流位於桃園觀音的物流中心，時間切點與北部有機蔬果業者集貨時間相同，最晚於後天（D+2）上午六點前（before 06：00 am）到達，以利後續的併板作業。

3. 併板

早上六點，全日物流的觀音中心確認所集貨之有機蔬果貨物後，再次確認貨物的品項、包裝、數量、重量，以及溫度後，相關資料與原訂單資料相勾稽，再傳入資料庫系統記錄，隨即進行併板作業。

在併板作業過程便將工研院所研發「蓄冷片」併入，以確保空運過程蓄冷不斷鏈的冷鏈物流品質。

固定訂艙的空運班機為下午 14：15 起飛（ETD：14：15 pm）的班機，完成併板作業後，以低溫車輛運送，於併板日當天（D+2）早上十點之前 （before 10：00 am） 到機場，交付機場作業人員再裝入空運貨櫃（AKE），以生鮮蔬果名義，可優先交付停機坪裝機。

4. 報關、空運安排

全日物流在接到訂單資訊當天（D），便進行空運訂艙的安排，以及報關作業的準備。由全日物流以「代理商」身分，辦理出口事宜，進行上述的空運訂艙和報關作業。新加坡雖有實施植物檢疫之規定，但輸入之鮮果、切花、蔬菜無須在輸出地辦理輸出檢疫，可逕行輸入，因此不需要進行報檢作業。

早上十點前，貨物交付機場作業人員，完成 AKE 裝櫃後，便置於低溫貨品區，待後續機邊驗放，裝機後，運往新加坡。

（三）新加坡端物流作業

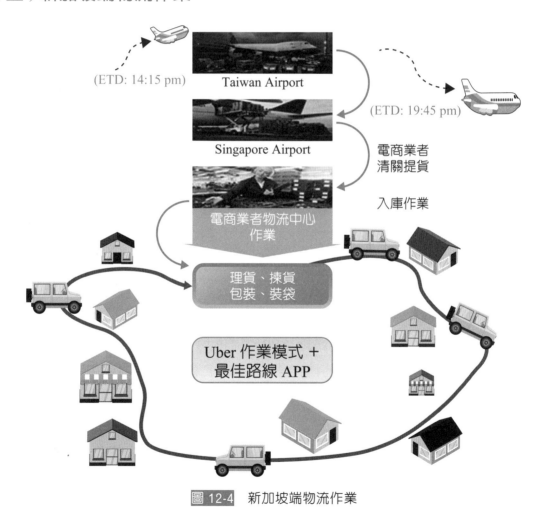

圖 12-4　新加坡端物流作業

臺灣空運班機到達新加坡是班機起飛當天（D+2）的晚上七點十五分（ETA：19：15 pm）了。當晚，電商業者便可以利用 Uber 作業模式＋最佳路線 APP 的安排，將臺灣剛到貨的有機蔬果完成配送到府，交到消費者手上。

1. 抵達新加坡

空運班機將於當晚（D+2）七點十五分（ETA： 19：15 pm） 抵達新加坡樟宜機場，由電商業者進行清關提貨。

2. 電商業者低溫物流中心作業

電商業者在機場完成清關提貨之後，便運到本身的物流中心，對貨物進行品項、包裝、數量、重量，以及溫度的檢驗並進行入庫作業。同時取出產品間所放置的 NFC 溫度紀錄器，讀取溫度記錄內容，確認冷鏈物流的溫控品質要求。隨貨而到的蓄冷片也取出置入「急凍機」進行結凍，作為後續宅配使用。

貨物完成入庫作業，隨即進行理貨、揀貨、再包裝和裝袋等等作業，續以進行最後一里路的宅配安排。各個消費訂單的裝袋，是以「蓄冷袋」加「蓄冷片」打包各個訂單的有機蔬果貨物，以完成不斷鏈的最後一里路。並且置入「NFC 溫度記錄器」，用以全程記錄這最後一里的溫度品質，以達到從產地到消費者手上，全程不斷鏈的冷鏈物流品質監控。

3. 配送到府

電商業者採用 Uber 作業模式安排每日的宅配的運輸作業，因為長期配合，基本上已形成固定配合的車隊班底，司機們對於電商業者的宅配方式及服務規則也具有相對的熟悉度。

電商業者另有建構一套最佳路線 APP，提供司機使用，司機依照最佳路線 APP 的路線安排進行宅配的運輸作業。Uber 作業模式＋最佳路線 APP，使電商業者在新加坡當地的配送到府的宅配作業，可以有效地控制配送效率及成本。

Uber 作業模式下，司機每趟的宅配的家數是被限制的，最多不超過四家。雖然如前所述，有機蔬果貨物有「蓄冷袋」、「蓄冷片」和「NFC 溫度紀錄器」作為最後一里路的不斷鏈確保和監控，電商業者仍從大量的配送經驗資料和溫度紀錄資料，分析驗算出上述的最佳路線演算法和最適宅配數的原則，讓配送效率與配送成本可臻最佳的控制。

臺灣當晚送達新加坡的有機蔬果，電商業者也於當晚（D+2）完成配送到府，交到消費者手上。

4. 客戶回饋與資訊回饋共享

消費者對於各項有機蔬果產品的評價、銷售狀況等等資訊，電商業者會進行統計分析，並將相關資料分享各有機蔬果業者和全日物流，有機蔬果業者得以了解其產品在新加坡市場的偏好取向，藉以調整本身的產量，而全日物流也能藉此資料進行安排相對應的優質低溫物流服務。

三、結語

本案例的跨境電子商業模式，提供了臺灣的生鮮蔬果輸往全世界的潛在龐大商機。更由於對生鮮蔬果的鮮度要求，準確快速的運輸和低溫保鮮的冷鏈物流服務更不可少，也因此為臺灣冷鏈物流業者帶來了無限的商機。

本案例裡，低溫物流的作業過程，運用到的全程溫度監控、貨況追蹤技術、客戶訂單管理、倉儲管理、運輸管理等的作業管理技術，以及 NFC 溫度記錄器、GPS 的資訊傳輸技術，和電商業者的 Uber 作業模式、最佳路線 APP 等資通訊技術，作業管理技術，兩者相互支持運用，繼以大量相關資訊的蒐集，在最佳化的分析演算技術發展下，對於全程冷鏈物流的效益提供了智慧化的演進契機。

12.2 物聯網技術提供主動式冷鏈物流風險管理解決方案

電信聯盟（International Tele-communication Union, ITU）於 2005 年以物聯網為名提出網際網路報告書，從此，物聯網一躍成為全球各國資訊產業囑目的焦點。

而在此之前，過去的空間資訊產業，在進行資源管理時，僅能用野外實地探勘，航空 / 衛星照片搜集，及政府普查資料加以數位化，並透過地理資訊系統（GIS）賦予空間意義，提供展示及進行空間演算分析，達到資源管控的目的。但由於資訊的取得無法全面且即時，因此僅能屬於靜態式的管理。隨著移動資源管理（Mobile Resource Management，包括外勤人員、運輸載具、自然資源及農林漁牧

業等）的難度日益複雜，政府單位及民間企業的需求亦大幅提高，讓過去的靜態式管理已無法應付未來挑戰。

物聯網相關新技術在這十餘年進展快速，包括無線通訊、感測設備、雲端服務、大數據分析與智慧手機的成熟及普及，這些因素將使得移動資源管理的資訊取得成本更為價廉及方便，真正邁向全面又即時的動態式管理。本文以在臺灣發展17年的 eLocation.pro 服務為案例，說明移動資源管理的現在進行式，特別是應用在冷鏈物流風險管理上。

一、衛星車隊管理在臺灣的發展

從 2000 年的 GPS 開放民間應用後，無線通訊、傳感設備、雲端服務及大數據應用在近十年快速成長，而這些成長直接促成物聯網（Internet of Things）技術供應鏈的形成，也間接讓空間資訊產業在資源管理方面打開了另一扇門，有更多的服務可能性，衛星車隊管理服務更因運而生。

衛星車隊管理市場分成兩大領域：

1. **個人轎車**：在轎車上裝載衛星保全車機，提供防盜保全、語音導航祕書、拖吊叫車等服務，在臺灣早期由第三方廠商提供服務；後來部分車廠亦投入此市場，提供類似服務，包括福特、本田、裕隆汽車亦相繼提供類似的服務。

2. **商業車隊**：針對商業車輛（貨運及大小客運），提供衛星定位服務，初期以掌握車輛的即時動態位置，提供派遣管理、異常管控、績效管理等相關報表為主；近五年來依各行業別運作需求，整合不同硬體設備，如條碼機、刷卡鐘、無線射頻（RFID）、溫度感測器等設備，提供符合行業別需求的企業解決方案，幫助企業做到決策最佳化。商業車隊管理是本文探討的重點應用。

二、無線通訊與感測器技術

1. **無線通訊車**：是指多個節點間不經由導體或纜線傳播進行的遠距離傳輸通訊，利用收音機、無線電等都可以進行無線通訊。無線通訊包括各種固定式、移動式和攜帶型應用，例如雙向無線電、行動電話、個人數碼助理及無線網路。其他無線電無線通訊的例子還有 GPS、車庫門遙控器、無線滑鼠等。

2. **感測器車**：感測器（英文名稱：Transducer/Sensor）是一種檢測裝置，能感受到被測量的信息，並能將感受到的信息，按一定規律變換成為電信號或其他所需形式的信息輸出，以滿足信息的傳輸、處理、存儲、顯示、記錄和控制等要求。

3. **感測器特點**：微型化、數字化、智能化、多功能化、系統化、網絡化。它是實現自動檢測和自動控制的首要環節。傳感器的存在和發展，讓物體有了觸覺、味覺和嗅覺等感官，讓物體慢慢變得活了起來。通常根據其基本感知功能分為熱敏元件、光敏元件、氣敏元件、力敏元件、磁敏元件、濕敏元件、聲敏元件、放射線敏戚元件、色敏元件和味敏元件等十大類。

4. **電子式感測器種類**：IR 紅外線近接 / 測距 / 循線循跡 Sensor/ 超音波距離檢測 / 雷射區域距離測量儀 / 室內定位系統 / 碰撞感測器 / 可撓曲感測器 / 壓力感測器 / 溫溼度器 / 表面溫度量測器 / 數位電子羅盤（方向）GPS 衛星定位模組 / 螺儀與加速度計 / 傾斜儀與定向計 /Piezo 壓電震動感測器 /RFID Reader 模組 /PIR 物體移動檢知 / 氣體偵測器，有了各式感測技術的輔助，物流管理有了嶄新的面貌。

三、雲端服務與大數據

舉凡運用網絡溝通多台計算機的運算工作，或是透過網絡聯機取得由遠程主機提供的服務等，都可以算是一種雲端服務。

使用雲端服務的好處在於，企業不需投入大量的固定資產採購軟硬件，也不需要增加信息管理人員，只要透過雲端服務供貨商所提供的服務，在很短的時間內就可以迅速取得服務。這對一些分秒必爭的企業營運來說，將會產生相當大的幫助。簡單來說，雲端服務可以將企業所需的軟硬件、資料都放到網絡上，在任何時間、地點，使用个同的 IT 設備互相連接，實現數據存取、運算等目的。

大數據和分析正在成為全世界炙手可熱的概念，谷歌首席經濟學家宣稱：數據分析員正成為 21 世紀最熱門的職業。今日，車聯網結合大數據的力量，已不僅止於開創眾多智慧交通應用，亦連帶促使汽車設計重新定義，甚至進一步催生諸多嶄新商業模式。

物流是移動資源管理應用之一，而主動式資源管理是發展的**趨勢**，人們在移動的資源（車輛、人員或貨物）上裝置大量的感測器，透過感測器訊息即時搜集，再

經過無線通訊長距離傳送到雲端平台，進行即時的監控管理；累積長期大數據後，分析歸納出演算模型，達到預測未來的動態式管理。

四、elocation.pro 服務架構說明

在車輛或物品上加裝衛星定位車機 -IDU（Intelligent Data Unit）、或人員持攜帶式追蹤器，管理者登入雲端平台即可馬上掌握車輛即時位置、行車記錄、車速等資料，透過衛星資料自動產生績效報表及異常報表，管理人員出勤、車輛油耗、送貨時間，還可設定異常狀況條件，事發時，以簡訊即時告知車管人員，大幅降低車隊營運成本。

除此之外，運用定位車機強大的擴充功能，外接條碼機、溫度感測器、刷卡鐘等外接設備，可同時傳輸外接設備的運作資訊，再結合位置資訊，讓管理者能更掌握前線作業者的作業資訊，產生即時性的管理報表。系統架構如圖 12-5。

圖 12-5 車載資通訊雲端服務平台架構圖

舉凡可移動或可被移動的資源（包括人或物）都可透過有效的管理，發揮更大的效益；此外，不可移動的資源（如：物流倉庫的冷凍櫃），亦需要被妥善的管理。

五、冷鏈運輸解決方案

冷鏈運輸是指在運輸全過程中,無論是裝卸搬運、變更運輸方式、更換包裝設備等環節,都要保持貨物在一定溫度的運輸。冷鏈運輸方式可以是公路運輸、水路運輸、鐵路運輸、航空運輸,也可以是多種運輸方式組成的綜合運輸方式。

eLocation.pro 移動資源管理系統搭配溫度感測,提供從庫房、理貨區、運輸車輛到門市冷凍、冷藏櫃全程冷鏈管理。運用智慧資料收集器 IDU,雲端管理零時差。IDU 可結合溫度感測器、壓縮機開關偵測器、開關門偵測器,可即時掌握低溫物流車、物流倉庫冷凍櫃內的即時溫度,透過開關門及壓縮機的偵測,了解溫度異常的原因,快速做出應變措施,避免產品變質的損失。

對物流業而言,最重要的是讓客戶委託的物品,更有效率的送達,透過貨況管理解決方案,IDU 結合條碼機,當司機完成每個送貨工作時,即刷條碼帶回任務資訊,物流公司客服人員,只要透過「貨況管理」功能輸入貨號,即可查詢送貨進度;亦可將貨況管理功能,與物流公司系統整合,開放給托運客戶依貨號查詢貨況,不需再頻頻打電話詢問進度,可大幅降低客服管理的負擔。

在運輸階段加入溫度資訊,可提升運輸的品質,對於需要配送服務的企業來說,配送車輛內貨物品質管控很重要,一旦貨物產生質變後,就算貨物準時送達目的地,也是功虧一簣,尤其對於高經濟價值的品項而言,保持配送商品的品質更是重要指標。冷鏈物流服務最重視的,除了使用良好的溫控硬體設備,要能隨時監控物流過程中溫度變化資訊,才是維持與掌控配送貨物品質的關鍵。

除了準時配達外,溫度監控系統是一個集即時監控、即時預警、即時處理、維修通報於一體的平台。通過對各環節的溫度監控、異常通報、相關部門能及時發現異常狀況,同步對接到維修部門,可以快速進入維修程序,並跟蹤溫控硬體設備維修進度,透過數據的分析管理,提升管理品質。例如:運輸物流業的籠車貨櫃、營建業的各項機具發電機等,都因為經常性移動,而需要被有效的管理,透過 RFID 技術、溫度感應標籤,整合畎車大 IDU,即時傳輸資材的位置及運作狀態,提升使用率及妥善率,降低失竊率。

六、解讀圖像化溫度報表

　　溫度曲線圖內含地理位置資訊，我們可以確定各項動作發生的地點，整合開車，到店時間及溫度、開關門、怠速等資訊，提供各路線詳實紀錄。從溫度曲線可以觀察物流士運輸途中各項動作運作情形，以下圖 12-6 為例：(1) 我們發現在台北出貨區，低溫車箱被開啓，當時的溫度是 23 度；(2) 過了約 15 分鐘後，才有壓縮機開啓的訊號進來；(3) 溫度打到 5.3 度時，車輛位置變動，我們可以判斷車輛此時離開站所；(4) 透過客戶點位資料庫，當車輛位置進到此區域，系統會顯示客戶店名。抵達好鄰居市民店時，溫度為 - 4.3 度；(5) 不久後，車廂門開啓，應該是開始卸貨，溫度有升高，壓縮機持續運作，故溫度又降下來；(6) 接著，我們發現壓縮機被關閉，前後門有短暫開啓的狀況，此時溫度就一路上升了；(7) 直到壓縮機恢復運作，溫度才又下降。

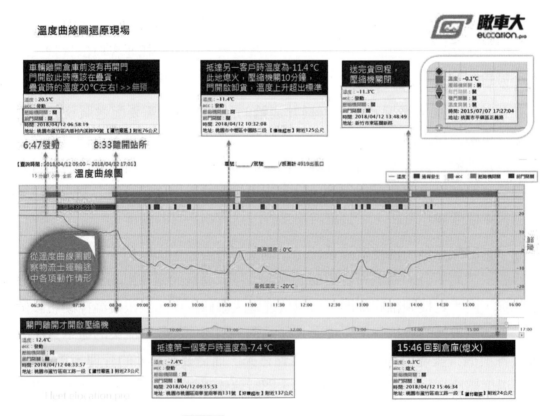

圖 12-6　資訊管理－溫度曲線圖

　　由上述狀況可判斷這趟運輸是否符合品質規範，例如：

1. 預冷動作是否不確實？這個部分如果在服務低溫貨品，似乎不符合標準？依據低溫食品物流業者衛生安全宣導手冊建議，裝載低溫食品前廂體應予預冷至內部空氣溫度達 10℃ 以下，才能開始裝。

2. 如果這輛車不只載運一家貨品，在各個停留送貨點陸續發生溫度變化，特別是在零度上下變動，是否會有重覆解凍再冷凍的疑慮呢？

3. 除了運輸途中的溫度管理，門店是否也須有配套，理貨區應該也要有完整的設備提供低溫環境，才能確保低溫貨品的品質一致。

七、異常狀況的管理

除了全程收集溫度資訊，更重要的是經營者對於異常管理的追蹤，透過監控平台的主動通報外，在系統上更要求管理者限時回報處理狀況。處理的方式採用管理分層負責的方式，如果第一線人員於時限內未完成處理，則啟動第二線通報給主管，務必把影響品質的問題及時解決。如表 12-1、表 12-2。

表 12-1　溫度管理設定功能

感測計名稱	溫度上下	最高溫度（℃）	最低溫度（℃）	平均溫度（℃）	異常累計次數	高於上限	低於上限	連續異常累計時間	溫度異常時間%	溫度異常最久時間★★	溫度異常最久時間小計	異常最久最高溫度（℃）
冷藏	0-10	15.5	-0.5	8.7	3	2	1	00 小時 15 分 00 秒	3.70	11：20：15-11：27：50	00 小時 07 分 15 秒	14.5
冷凍	-30～-10	-7.5	-20.5	-18.0	1	1	0	00 小時 08 分 00 秒	1.97	11：17：00-11：25：00	00 小時 08 分 00 秒	-7.5
冷藏	0-10	16.0	1.5	9.2	5	5	0	00 小時 30 分 00 秒	6.16	12：15：00-12：23：10	00 小時 08 分 10 秒	16.5
冷凍	-30～-10	-5.5	-16.5	-15.5	2	2	0	00 小時 00 分 00 秒	2.45	12：12：30-12：17：30	00 小時 06 分 00 秒	-5.5
冷藏	0～10	14.5	2.5	9.1	6	6	0	00 小時 35 分 00 秒	9.00	11：20：00-11：37：00	00 小時 07 分 00 秒	13.0

感測計名稱	溫度上下	最高溫度（℃）	最低溫度（℃）	平均溫度（℃）	異常累計次數	高於上限	低於上限	連續異常累計時間	溫度異常時間%	溫度異常最久時間 ★★	溫度異常最久時間小計	異常最久最高溫度（℃）
冷凍	-30 ～ -10	-4.5	-19.5	-16.5	3	3	0	00 小時 12 分 30 秒	3.13	11：20：00-11：30：30	00 小時 04 分 30 秒	-4.5
出風口	0 ～ 10	12.0	4.0	6.5	1	1	0	00 小時 05 分 30 秒	3.52	11：00：30-11：10：30	00 小時 05 分 30 秒	4.0
出風口	0 ～ 10	11.5	3.5	5.5	1	1	0	00 小時 03 分 00 秒	1.83	11：34：00-11：37：00	00 小時 03 分 00 秒	3.5
出風口	0 ～ 10	12.5	4.5	7.5	2	2	0	00 小時 05 分 20 秒	2.45	12：06：00-12：10：30	00 小時 04 分 30 秒	4.5

表 12-2　作業流程異常溫度分析表

感測計名稱	溫度上下	最高溫度（℃）	最低溫度（℃）	平均溫度（℃）	異常累計次數	高於上限	低於上限	連續異常累計時間	溫度異常時間%	溫度異常最久時間 ★★	溫度異常最久時間小計	異常最久最高溫度（℃）
冷藏	0-10	15.5	-0.5	8.7	3	2	1	00 小時 15 分 00 秒	3.70	11：20：15-11：27：50	00 小時 07 分 15 秒	14.5
冷凍	-30 ～ -10	-7.5	-20.5	-18.0	1	1	0	00 小時 08 分 00 秒	1.97	11：17：00-11：25：00	00 小時 08 分 00 秒	-7.5
冷藏	0-10	16.0	1.5	9.2	5	5	0	00 小時 30 分 00 秒	6.16	12：15：00-12：23：10	00 小時 08 分 10 秒	16.5
冷凍	-30 ～ -10	-5.5	-16.5	-15.5	2	2	0	00 小時 00 分 00 秒	2.45	12：12：30-12：17：30	00 小時 06 分 00 秒	-5.5
冷藏	0 ～ 10	14.5	2.5	9.1	6	6	0	00 小時 35 分 00 秒	9.00	11：20：00-11：37：00	00 小時 07 分 00 秒	13.0

感測計名稱	溫度上下	最高溫度（℃）	最低溫度（℃）	平均溫度（℃）	異常累計次數	高於上限	低於上限	連續異常累計時間	溫度異常時間%	溫度異常最久時間★★	溫度異常最久時間小計	異常最久最高溫度（℃）
冷凍	-30～-10	-4.5	-19.5	-16.5	3	3	0	00小時12分30秒	3.13	11：20：00-11：30：30	00小時04分30秒	-4.5
出風口	0～10	12.0	4.0	6.5	1	1	0	00小時05分30秒	3.52	11：00：30-11：10：30	00小時05分30秒	4.0
出風口	0～10	11.5	3.5	5.5	1	1	0	00小時03分00秒	1.83	11：34：00-11：37：00	00小時03分00秒	3.5
出風口	0～10	12.5	4.5	7.5	2	2	0	00小時05分20秒	2.45	12：06：00-12：10：30	00小時04分30秒	4.5

IDU 系統特別著重在風險管理統計上，有幾個重要指標：

1. 出車時數、引擎時數、壓縮機時數。

2. 異常疊貨。

3. 異常溫度發生的時間及長短。

4. 溫度上下限、溫度異常種類。

5. 異常的比例異常管理報表。

搭配各個企業內部管理的 SOP，可以大幅提升溫度管理的品質。此類監測也可以運用於庫房或門店。

八、隨物管理的溫度標籤

除了著眼於運輸過程的物流車隊溫度監控，還有業者開發隨物的溫度管理，利用溫度標籤，可以隨貨或置於溫度冰箱來監控。

第一類是無源標籤，標籤進入磁場後，接收讀卡器發出的射頻信號，憑借感應電流所獲得的能量，發送出儲存在晶片中的產品資訊，這類標籤通常具有數位標識和有限的幾個儲存單元，屬於被動標籤；第二類是半有源標籤，這類標籤的射頻電

路，同樣借助於感應電流來提供能量，其它部分電路則是靠內置的電池提供能量，因此也屬於被動標籤的一種；第三類是有源標籤，這類標籤的內置電池，為整個電路提供能量，主動將數據發送給接收設備，屬於主動標籤；後兩類標籤除了具備數位標識外，還具有其它的關鍵資訊，例如溫度資訊，並且該資訊的儲存量比較大。

國際或長程運輸應用上，想獲取即時資訊，通訊是一大問題。全球電信商透過提供智慧工業、智慧能源、智慧醫療等解決方案，搶食物聯網市場大餅。美國電信商 AT&T 即透過物流及運輸業的物聯網解決方案，例如在貨櫃上安裝感測器，就能準確得知貨櫃的溫度、壓力、所在位置等等，讓船運公司更精準掌握貨櫃情形，以往船運公司無法確知貨櫃內食品的動向及保存品質，也因為沒辦法掌握貨櫃確切運輸位置，讓工人需要等候貨櫃，支出多餘時間成本，還得付工人加班費。

船運公司可在貨櫃上安裝 elocation.pro 之物聯網模組後，其模組中內嵌全球 SIM 卡，且其與全球 200 多國、與 600 多家電信商有漫遊協議，還可與衛星溝通做 Wi-Fi 通訊。當船上的工作人員使用手持裝置掃描感測器，就能把資訊回傳到控制中心，讓控制中心的工作人員即時控制狀況。這些資料也透過 API 串接，開發新應用及服務。

物聯網技術在冷鏈物流的前景可期，透過 eLocation.pro 的服務演進，資通訊科技發展的脈絡歷歷可見。期待本文的介紹，能提供對物聯網、物流管理理有興趣者些許參考。

12.3 城市物流之物聯網技術應用案例

一、緣起與背景

隨著醫藥產業全球化趨勢，藥品透過空運、海運及陸運所形成的供應鏈日益複雜，且近年來，因藥品於儲存與運送過程管理不當，導致藥品品質不良以致回收事件層出不窮，亦有出現偽藥進入藥品合法供應鏈內之案例，使得歐盟各國、美國、加拿大、澳洲、新加坡及馬來西亞等衛生主管機關，逐漸重視藥品運銷管理。

　　臺灣已於 102 年 1 月 1 日起正式成為國際醫藥品稽查協約組織（The Pharmaceutical Inspection Convention and Co-operation Scheme, PIC/S）會員，PIC/S 組織並於 103 年 6 月 1 日正式公告其藥品優良運銷規範（Good Distribution Practice, GDP），因此，為與國際接軌，我國亦參考 PIC/S GDP 於 104 年 7 月 16 日正式公告「西藥藥品優良製造規範（第三部：運銷）」，供業者執行之參考依據。

　　執行 GDP 的目的為確保所有交付至病患之藥品，在運輸、配送及儲存時，其品質及包裝完整性得以維持，以延續 GMP 嚴謹的品質管理精神，並且有效處理緊急藥品回收事件、在合理時間內正確運送給顧客及防止偽藥進入藥品供應鏈等，其最終目標即為確保民眾用藥品質及安全。

二、物流業遭遇之困境與瓶頸

　　目前 GDP 規範物流業者，需針對其倉儲和配送環境進行熱點測繪（尋找熱點）、溫度監測（即時監控）與紀錄（資料保存），以確保藥品在儲存和配送過程中的環境溫度，皆能在藥品的保存溫度範圍內。因此，物流業者在申請 GDP 認證時，需每半年提交一次上述資料，報表內容包含量測裝置之校正報告、熱點追蹤、儲存和配送過程中之環境溫度等資訊。

　　其中，報表內所提交之環境溫度資訊，需包含藥品保存空間內的多點監測溫度，以 10 天為單位，計算各量測點之最高溫、最低溫和平均溫度，並提供全天候之溫度分布狀況，以確保藥品的保存環境符合規範。此外，廠商亦需建立通報機制，當監測到藥品保存環境的溫度超出正常範圍時，能即時通報物流業者與藥商等相關人員，由品保專員評估藥品後續的處理方式。

　　在藥品存放倉儲之空間中，須均勻布建溫度量測點，量測點的布建數量為保存環境之 $\sqrt{（面積（平方公尺））}+1$。以 100 坪的空間為例，約需布建 20 個溫度記錄器；一個 3.5 噸低溫車，則需布建 9 個溫度記錄器。以新竹物流為例，藥品相關儲區有 9 個所，配送車輛有 150 台，每次提報溫度管理報表，需進行將近 1,500 個測繪點之數據。在缺乏配套措施之狀況下，為滿足相關 GDP 規範，新竹物流需投入大量之人力，去進行品質管理工作。

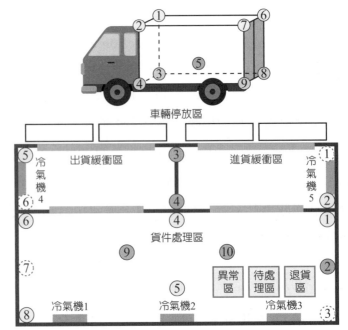

車輛停放區

⓪ 天花板　⑥ 吊掛半空　⑰ 地面

圖 12-7　GDP 之熱點搜尋與管理規範

- PIC/s GDP 倉庫與車輛熱點搜尋與管理
- 採用普查模式
- 測繪時間
  (1) 作業區：240 小時
  (2) 緩衝區：240 小時
- Sensor 布建量：面積（平方公尺）開根號 +1
  例如：100 坪空間，需要近 20 個Sensor
- 測試時間前 30 分鐘開啟空調運轉，溫度設定22°C，每 10 分鐘記錄溫度一次。
- 常溫倉溫度要求
  (1) 作業區 23.5°C 以下，濕度 60%
  (2) 緩衝區 25.0°C 以下，濕度 60%

　　新竹物流目前配送與存放的藥品類型為大宗藥品，此類藥品的保存環境溫度必須在 15°C 至 25°C 之間。新竹物流為配合政府藥品 GDP 規範，已先行於其藥品之存放倉庫與配送車輛布建溫濕度監測系統，其使用市售之 USB 溫濕度資料收集器，以量測存放倉儲和配送車輛之環境溫度，如圖 12-8，其取樣頻率為每 10 分鐘一筆。

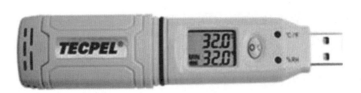

圖 12-8　USB 溫濕度資料收集器

　　為符合 GDP 規範，量測人員必須每個月一次、將存放倉儲和配送車輛的全部 USB 溫濕度資料收集器收回，利用人工、透過 USB 溫濕度資料收集器的 USB 介面，讀出每一支 USB 溫濕度資料收集器的全部資料，再手動整理成 GDP 報表。待完成所有溫濕度資料讀取後，量測人員必須再將所有的 USB 溫濕度資料收集器重

新布建到存放倉儲和配送車輛，以量測藥品存放空間下一個月的環境溫濕度。以下即是新竹物流目前藥品存放倉儲和配送車輛的量測點布建現況。

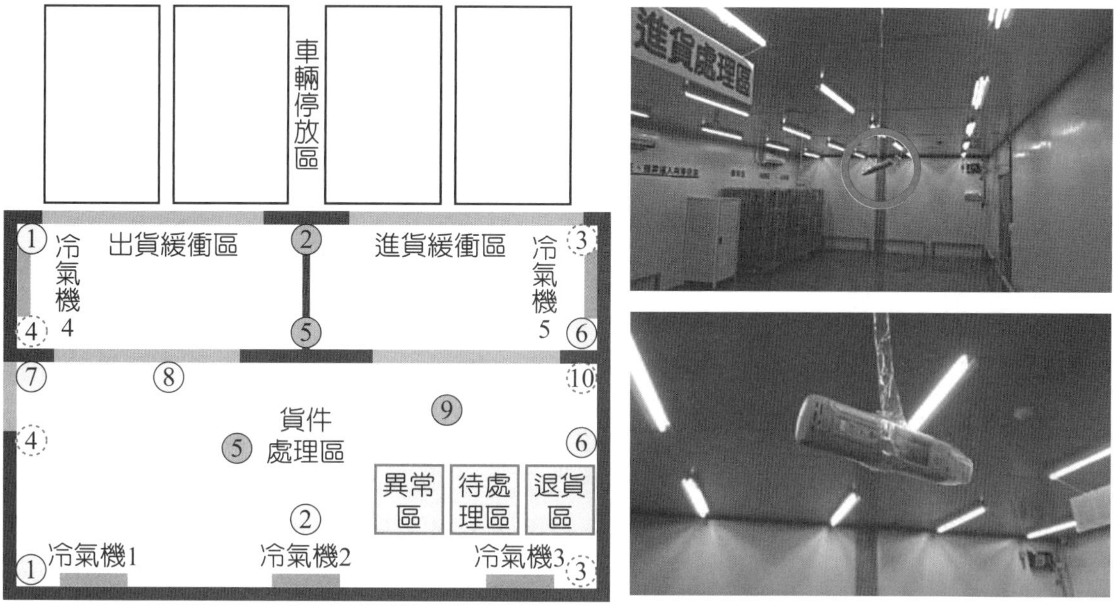

圖 12-9 存放倉儲之量測點布建示意圖

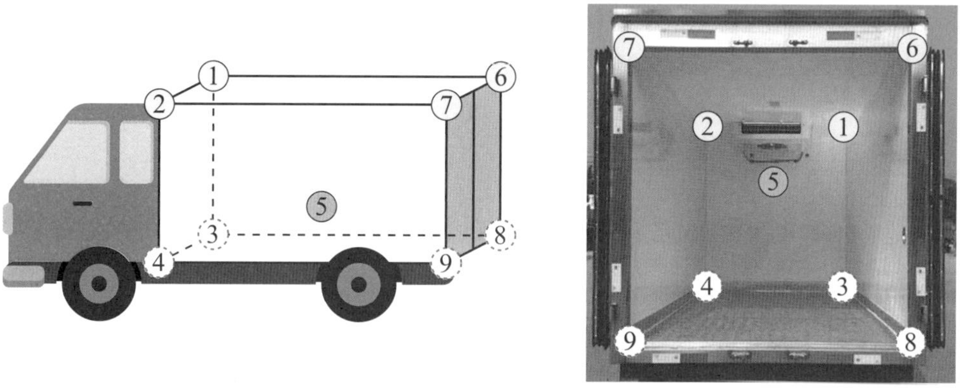

圖 12-10 配送車輛之量測點布建示意圖

使用 USB 溫濕度資料收集器進行記錄的方式，有以下缺點：

（一）耗費人力資源

量測人員每個月定時回收 USB 溫濕度資料收集器，經由 USB 介面讀出的資料爲原始溫濕度資料，需人工分析、整理成 GDP 報表呈現的格式。由於布建量測點

多，且週期頻繁，存放倉儲 16 個量測點加上配送車輛 9 個量測點，共有 25 個量測點，每個月的原始溫濕度資料高達 108,000 筆，GDP 報表之分析整理相當耗費人力。

（二）無法即時通報異常

USB 溫濕度資料收集器在記錄期間，係處於離線狀態，若有溫度異常，無法即時通報相關人員即時處理異常狀況。

（三）建置成本高

USB 溫濕度資料收集器之購置單價約新臺幣 5,000 元，以前述存放倉儲與配送車輛共 25 個量測點的布建為例，共需 25 個 USB 溫濕度資料收集器，合計新臺幣 125,000 元。且 USB 溫濕度資料收集器無法用充電方式補充電力，需經常更換電池，而其電池單價約新臺幣 700-800 元。此外，為了確保 USB 溫濕度資料收集器的測量值準確度，需每年進行 USB 溫濕度資料收集器之校正，亦需額外支出校正費用。

為有效改善大量人力與設備投入的困境，新竹物流嘗試導入物聯網技術，建立可有效滿足 GDP 規範下之配套解決方案。

三、物聯網技術解決方案

為便捷化 GDP 規範下之管理工作，新竹物流導入無線溫度感測記錄器，此一感測記錄器同時具備有完善之擴充性，除了內建的溫濕度感測晶片，可以再外接 2 條溫度感測探針，同時提供 3 個據點之量測工作。每 1 條溫度感測探針之線長約 3 公尺，故 1 組無線溫度感測記錄器可同時量測範圍約 6 公尺內的 3 個監測點，可量測之溫度範圍，內建之溫濕度感測晶片為 0℃至 60℃、外接溫度感測頭為 -30℃ 至 90℃，能完全符合新竹物流大宗藥品的恆溫儲存要求。

透過物聯網裝置蒐集倉儲中的相關環境資訊，再以行動管理 APP 或環境感知網絡技術平台作為顯示及管理介面，使得物流業者和顧客皆能掌握商品在物流歷程中的狀態。物聯網相關解決方案說明如下：

（一）無線環境感測記錄器

1. 電力供應

採用可耐 -30℃ 低溫、3.7V 的客製化鋰電池，使其在低溫環境中亦能正常運作。當電池電力不足時，可利用 micro-USB 充電器，透過多元訊號感測記錄器上的 micro-USB 插槽對電池進行充電。

2. 有效運作時間

在鋰電池電量充滿的情況下，多元訊號感測記錄器可以記錄 10 萬次的感測訊號（若記錄週期為 60 秒，可使用約 2 個月）。

3. 可搭載多組感測器

除了內建之溫濕度感測晶片之外，多元訊號感測記錄器可以另外搭載。4 組感測頭，以同時接收不同的環境訊號。

（二）行動管理 APP

1. 即時環境資訊顯示功能

當行動裝置開啟藍牙功能時，行動管理 APP 會自動搜尋附近已登錄的多元訊號感測記錄器，並顯示目前所接收到的環境訊號數值。

2. 環境資訊記錄功能

透過行動管理 APP 設定多元訊號感測記錄器的記錄時段，使其能在預先設定的時段內啟動記錄功能。當記錄功能啟動時，多元訊號感測記錄器會將內載感測器之數值記錄於內載記憶體中。

3. 環境資訊即時傳輸功能

可透過行動管理 APP 讀取多元訊號感測記錄器之內載記憶體資料，並在行動裝置處於可連網狀態下，將讀取過的記錄透過行動裝置的網路功能上傳至環境感知網絡技術平台，讓使用者能透過環境感知網絡技術平台查閱。行動管理 APP 則可查閱每一個多元訊號感測記錄器過去曾經上傳過的紀錄資料，讓使用者可以確認資料是否成功上傳。

（三）環境感知網絡技術平台

　　提供蒐集資訊整合介面之後端管理平台，便於使用者透過平台察看多元訊號感測記錄器之溫度、濕度等訊號紀錄，並利用管理權限系統使管理人員更有效率地進行多元訊號感測記錄器相關設定。主要功能條列如下：

1. 多元訊號感測記錄器管理

　　透過行動管理 APP 可登錄新的多元訊號感測記錄器，或者移除現有的多元訊號感測記錄器。多元訊號感測記錄器的詳細資訊（所屬場域、搭載的感測頭等），則可透過平台進行編輯與管理。

2. 即時資料圖表

　　藉由多元訊號感測記錄器回傳相關資料至後端平台後，提供整合圖表資訊、經由平台讓使用者更方便地察看各項環境訊號狀態與數值。

3. 歷史資料圖表

　　提供多元訊號感測記錄器之場域、設備種類、時間區間等篩選功能，以查閱過去設備監控的環境訊號，讓使用者能針對問題發生時間點進行異常確認。

4. 拖曳（圖控）式裝置設定介面

　　由於同一場域內可能同時擁有多種同樣類型的設備，例如：3 樓冷凍庫擺放數十個多元訊號感測記錄器，且位置皆不同。若要同時在平台上呈現每一個多元訊號感測記錄器的位置、狀態等資訊，僅以文字表示較不易閱讀，故為方便管理多元訊號感測記錄器位置，提供平台上操作之圖形介面，讓使用者可用拖曳的方式設定多元訊號感測記錄器在場域中的位置，提供直觀化操作介面，並節省設定的時間。

5. 可視化圖形介面

　　完成多元訊號感測記錄器的位置設定後，其環境訊號即以圖像呈現於平台上，並以不同顏色表示多元訊號感測記錄器之量測數值大小。除了呈現即時數值，使用者亦可回顧特定時段之環境量測數值變化；選擇資料區間後，平台將以動畫的方式播放此段期間之量測數值，透過顏色變化讓使用者容易掌握該多元訊號感測記錄器之環境訊號紀錄。

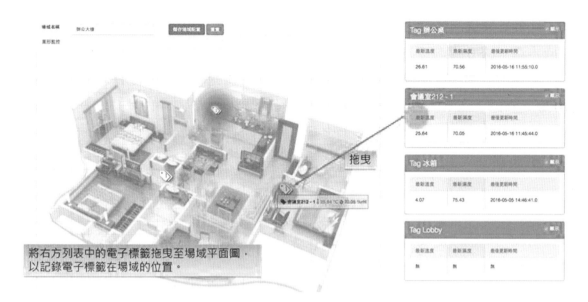

將右方列表中的電子標籤拖曳至場域平面圖，
以記錄電子標籤在場域的位置。

圖 12-11 環境感知網絡技術平台之可視化圖形介面

四、物聯網技術應用導入說明

以下即針對倉儲與運輸兩個角度切入，探討物聯網技術導入前後之差異比較。

（一）倉儲面

將存放倉儲之溫度監控裝置，改使用無線溫度記錄器布建，取代原本的 USB 溫濕度資料收集器，前後比較如圖 12-12。

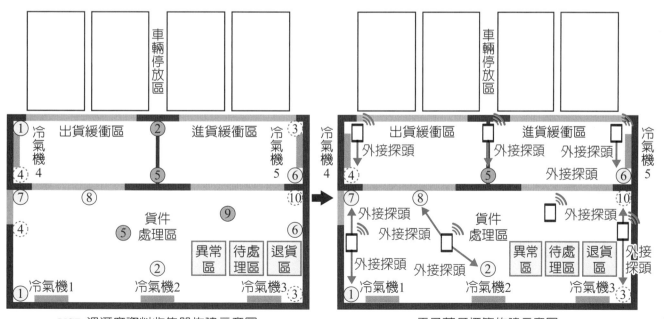

USB 溫溼度資料收集器佈建示意圖　　　　電子藍牙標籤佈建示意圖

圖 12-12 不同量測裝置於存放倉儲之布建比較

比較 2 種量測裝置之存放倉儲布建成本，左側的 USB 溫濕度資料收集器之建置成本為：USB 溫濕度資料收集器單價新臺幣 5,000 元布建 16 個＝新臺幣 80,000 元，右側的多元訊號感測記錄器之建置成本為：多元訊號感測記錄器單價新臺幣 2,000 元布建 7 個＋外接溫度感測頭單價新臺幣 150 元布建 9 個＝ 15,350 元。採用多元訊號感測記錄器布建存放倉儲之量測點，建置成本節省新臺幣 64,650 元，約降低 80% 建置成本。

（二）運輸面

將配送車輛之溫度監控裝置，改使用無線溫度記錄器布建，取代原本的 USB 溫濕度資料收集器，前後比較如圖 12-13。

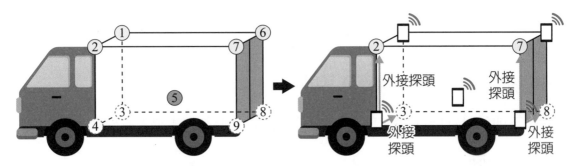

圖 12-13 不同量測裝置於配送車輛之布建比較

比較 2 種量測裝置之配送車輛布建成本，左側的 USB 溫濕度資料收集器之建置成本為：USB 溫濕度資料收集器單價新臺幣 5,000 元布建 9 個＝新臺幣 45,000 元，右側的多元訊號感測記錄器之建置成本為：多元訊號感測記錄器單價新臺幣 2,000 元布建 5 個＋外接溫度感測頭單價新臺幣 150 元布建 4 個＝ 10,600 元。採用多元訊號感測記錄器布建配送車輛之量測點，建置成本節省新臺幣 34,400 元，約降低 76% 建置成本。

多元訊號感測記錄器採用可充電的鋰電池作為電源供應，在記錄頻率為 10 分鐘一筆的情況下，電池壽命約為兩年。而當電量不足時，只需使用市售之 micro-USB 充電器，即可對電子標籤的鋰電池進行充電，不需更換電池，降低電池更換的頻率以及購買成本。

（三）使用無線溫度感測器進行溫度管理之優點

1. 節省人力資源和作業時間

量測人員只需到量測地點，使用行動管理 APP 讀取多元訊號感測記錄器的資料，上傳至環境感知網絡技術平台，透過環境感知網絡技術平台之 GDP 報表產生功能，量測人員選取量測區域與查詢日期後，環境感知網絡技術平台可自動轉換為 GDP 報表，並可下載 GDP 報表檔案留存。相較於每個月要處理高達 108,000 筆的原始溫濕度資料、人工分析整理 GDP 報表，可節省讀取資料、整理資料和重新布建的人力資源和作業時間。

2. 快速布建監測環境

多元訊號感測記錄器採用藍牙傳輸協定，只要依量測空間布建適當的多元訊號感測記錄器與外接感測頭，透過行動管理 APP 設定記錄條件，完成後即可進行記錄作業。讀取多元訊號感測記錄器的紀錄資料時，不需要回收多元訊號感測記錄器，量測人員在藍牙傳輸範圍內直接以行動管理 APP 讀取記錄資料，然後透過行動裝置的網路功能將紀錄資料傳送至環境感知網絡技術平台，免除拆卸和重新布建記錄器之人工作業，簡化作業流程，亦降低人力成本。

3. 即時通報機制

環境感知網絡技術平台提供警示功能，當發現溫度或濕度異常時，可發送簡訊與電子郵件通知相關人員，以即時處理異常狀況，協助物流業者建立即時通報機制。

五、結論與建議

物聯網裝置、行動 APP 與平台整合加值服務，未來將可以有效支援衛福部所推動之 GDP 規範，支援醫藥物流之倉儲溫度管理，每半年需針對倉庫「熱點」重新進行全面校正測試，解決需要大量人力量測之困擾，以科技支援 GDP 之務實推動。

12.4 城市物流之服務模式設計應用案例

一、城市物流之崛起

　　以全球發展趨勢而言，城市的崛起為 21 世紀最重要的特色，全球重要城市的龐大規模、廣泛的連通性與磁吸效應，使其超越國界限制，持續吸引著大量的商業、人力、資金與創新力。許多跨國企業已著手運用城市或都會圈（Metro Areas）的概念取代國家，做為評估市場的度量單位，例如在人口規模、經濟活力與企業總部數量上，日本東京均首屈一指，領先於美國紐約、英國倫敦及法國巴黎。可以看出，「城市經濟時代」已全面來臨。

　　麥肯錫研究指出，全球重要城市正強勢推動著世界經濟發展。全球前 600 大城市占全球 GDP 總和超過 60%。前 20 大城市為全球三分之一大型企業的總部所在地，上述企業營收占全球大型企業總營收近 50%。此外，城市面積僅占地球表面的 2%，但所消耗的能源比例卻高達 78%，溫室氣體排放量則占全球的 60%，顯見全球商業經濟活動與物流交通路線均高度集中於城市地區，城市不僅僅是居住單位，更成為推動商業模式與企業營運創新的主要場域。

　　作為城市經濟中重要的一環，城市物流的重要性不言可喻：由於大部分都會區都已形成以重點城市為核心，向周邊輻射擴散的生活圈帶，居民、貨品與資訊在都會圈中的流通佔比超過 50%，帶動連結「郊區至郊區」以及「郊區至城市」的城市物流重要性攀升。因此對物流企業而言，都會圈已成為評估與預測其業務活動與經營範圍最主要的度量單位。

二、臺灣城市物流發展瓶頸

　　根據 2014 年凱度（Kantar）消費者指數調查，臺灣家庭的民生用品消費年平均有 39% 透過網路方式，可以明顯看出網路購物成為臺灣主要民生購物管道之趨勢。網路購物加上宅配到府，對於消費者來說省時又省力，因為毋需前往實體店面購物節省採買時間，且免於自行費力搬運商品；但對於宅配業者而言，由於臺灣雙薪家庭在宅率過低，消費者往往無法配合送貨時間在家中等待，導致宅配人員必須再次和消費者聯繫，重新約定配達時間，再次前往配送（即所謂二次投遞作業）。

據統計，目前物流士送貨時約有 10% 的包裹需要進行 2-3 次的配送，導致宅配作業耗時費力，連帶影響企業整體營運成效。

透過無人化自動存取服務作業，當消費者無法當場收取的包裹改置於智慧儲物櫃中，宅配人員僅需配送一次即可完成投遞作業、降低重複配送之時間成本，消費者則能夠彈性地選擇取件時間。未來可以作為城市智慧物流公共服務平台，透過跨業整合介面，與物流宅配業、零售業、電商業、金融業以及旅行業，以智取站為城市物流據點，大量建置於多元型態場域，例如機場、高鐵、捷運、轉運站、學校、醫院、量販店、超市、超商、郵局、銀行、商辦大樓以及住宅社區，進行跨業之系統整合，支援整體城市經濟之商物流發展。

三、無人化自動存取服務之全球發展趨勢

智慧儲物櫃的服務提供目前已經可以在許多國家看到，不論是電商企業或是物流企業皆有智慧儲物櫃的服務模式提出。電商方面，如 Amazon、Wal-Mart、Waitrose、日本樂天、京東商城等，在車站、便利商店、大型文具連鎖賣場等地點進行設置。物流企業主導的案例，則包括 UPS、DHL、日本郵便、中國郵政 EMS、廈門源香物流與荷蘭郵政等，期望透過自助儲物櫃的設置避免二次送貨產失的高額成本。

在歐洲的城市物流 Citylog 計畫中，提出以智慧儲物櫃 BentoBox 來實現城市物流自動存取服務，BentoBox 由 6 個可移動拆卸的小型集裝箱組合而成，可安裝於超市、購物中心、社區或辦公大樓等附近配備有電源的空間。物流業者根據當天的貨品配送需求，於分撥中心完成

分揀與集貨後，將貨品裝入 BentoBox 中，再利用小型貨車配送至市區內空間（例如停車場等），這項模式有助於減少車輛停靠與配送時間，同時也可增加運配與收貨的時間彈性，並可從事夜間配送。BentoBox 左側設置有主控系統箱，系統與雲端資訊系統連接，負責處理配送訂單、控制配送箱體間的連接與解鎖，配送人員與

客戶依據 BentoBox 的系統授權，可打開指定箱體進行投遞與簽收。BentoBox 也同時具備防盜與監視的功能，以保障貨品安全。

為解決電商物流的最後一哩路，日本最大電商企業樂天（Rakuten）於年初發表其與日本郵政集團下日本郵便的合作方案，透過日本郵便在東京都內約 30 個郵局設置可收取包裹的智慧儲物櫃，樂天用戶在線上訂購商品後可以自行於自助取件櫃取件。隨著電商的蓬勃發展，末端物流的

配送衍生出許多議題，包含個人資訊與住家地址是否會有洩漏風險、冒領商品、個人購物隱私權的重視等。日本樂天於 2014 年在大阪等地試驗性的設置「樂天BOX」，發現用戶以年輕女性居多，顯示出女性用戶購物時重視個人隱私保護議題。日本樂天目前已經在大阪市營地下鐵難波站、關西大學校園、西鐵福岡天神車站以及西鐵天神大牟田線藥院站等地皆已設有「樂天 BOX」，2015 年在 50 個以車站及大學為主的地點進行增設。此次日本郵便加入智慧儲物櫃的計畫，首波與日本樂天合作，如果未來設置成果良好，將會擴大與其他電商合作，擴大自助儲物櫃的設置區域。

臺灣在電商物流最後一哩路的配送，智慧儲物櫃的應用尚未普及，其原因與國內消費者習慣選擇便利商店取件有關。臺灣的便利商店密集度冠居全球，根據經濟部統計處的資料，2018 年底臺灣四大便利商店家數已達 10,866 家，每 2,148 人就有一家便利店。故對於消費者而言，選擇超商取貨即可以解決不在家無法收宅配的困擾。然而，隨著線上購物市場不斷蓬勃發展，超商取貨的商品件數與日俱增，目前超商多採用將商品直接置放於櫃台後方或側邊並請店員人工在櫃內翻找與搜尋的方式供消費者到店取件。如何妥善管理種類、大小尺寸不一的包裹，快速有效率提供消費者取件，是超商取件作業流程中仍待解決的問題。因此，智慧儲物櫃有機會將成為除了便利商店（店取）之外，最後一哩物流服務的重要解決方案新選項。另外，智慧儲物櫃可透過螢幕的設置投放廣告、生活訊息，並藉以發展出各種可能的服務，未來可以結合臺灣電商物流最後一哩路服務，成為創新之商業模式，並應用於城市中多元應用場域。

四、服務模式設計案例說明

統一速達（黑貓宅急便），身為臺灣宅配業龍頭，為有效解決城市物流二次投遞所產生無效率之人力資源與運輸載具投入，於 2016 年進行在無人化自動存取服務之布局，透過智慧儲物櫃（統一速達命名為智取櫃）建置，協助物流士在最後一哩配送作業上，打造 24 小時零時差送貨服務之最佳幫手。

此外，宅配業長期以來即是倚賴大量之勞動人力，來支撐宅配服務品質。然而，根據國發會發布的中華民國人口推計報告，臺灣勞動人口、也就是所謂工作年齡人口將於 2015 年達到高峰，2016 開始，每年平均以 18 萬人速度遞減，由於臺灣生育率長期低迷，以此推估，臺灣人口紅利最快將於 2027 年，也就是 12 年後消失。同時，為避免血汗宅配業之負面形象，以及遵守政府最頒布之新規定（自民國105 年 1 月 1 日起，勞動工時縮減為每週不得超過 40 小時），所造成之排班彈性小、加班人事成本增加等議題，加上須面對持續成長之宅配業務與逐漸縮減之勞動人口，智取櫃之設置，就統一速達未來之企業營運戰略，有其關鍵影響。

以下即針對智取櫃服務設計，進行細部說明。

（一）智取櫃服務作業流程

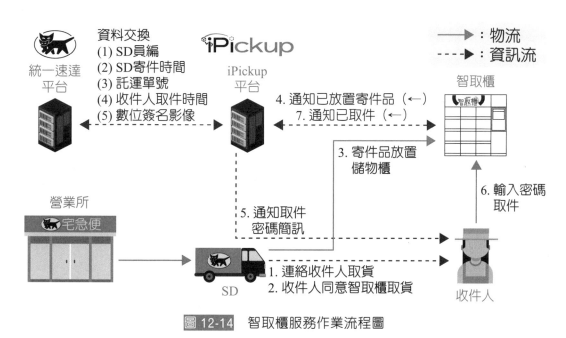

圖 12-14　智取櫃服務作業流程圖

（二）主控台之主要設備與功能設計說明

1. **觸控操作面板**：臺灣目前網路購物消費者以女性為大宗，為使各種身高的消費者都能輕鬆操作，將智慧儲物櫃之觸控操作面板底部離地高度設為 115cm，為同時滿足身高較高之男性使用者需求，面板頂端向後傾斜 10 度。

2. **條碼讀取器**：宅配包裹係憑託運單單號以追蹤配送進度，宅配人員可以透過條碼讀取器掃描託運單的一維條碼、直接匯入包裹編號，簡化操作流程並避免輸入錯誤。

3. **NFC 讀取器**：宅配人員身分識別用，宅配業者後續可用於人員之追蹤管理。

4. **攝影機**：記錄包裹領取人之操作情況使用。

5. **廣告推播螢幕**：提供宅配業者宣傳產品或活動相關資訊。

（三）櫃體設計特性

1. 大儲格主要配置於櫃體下方，以減輕宅配司機與收件者存取大型包裹之負擔。

2. 考量網路購物商品以小型包裹居多，將小儲格配置於主控台旁，減少宅配司機移動放置包裹所需時間。

3. 參考 2014 年男性平均身高 169-175 cm，以及亞洲女性平均身高 158-165 cm 之數據，將最上方之儲格底部，設計離地高度約 164.5 cm，以方便女性使用者取物。

（四）適用多元場域

1. 統一超商（7-ELEVEn）

統一速達與統一超商於 2016/05/16 電子媒體發布新聞稿，茲摘錄新聞稿內容如下：根據統一超商統計，去年有超過 6,000 萬人次到 7-ELEVEN 使用取貨及宅急便寄件服務，由於臺灣雙薪家庭在宅率過低，以今年第一季為例，宅配 SD 送貨時約有 1 成的包裹需要進行 2-3 次的配送，得多次和消費者聯繫約定配達時間，或是消費者在網購時多會選擇到 7-ELEVEn 取貨付款。

圖 12-15　智取櫃應用於便利商店

為滿足消費者需求，統一超商運用 7-ELEVEn 24 小時經營及門市平台特性，與統一速達進行各項評估，與工研院合作，推出「iPickup 智取站」，期望以此嶄新服務機制，突破「收送貨雙方在時間與空間無法同步配合」的限制。對 7-ELEVEn 而言，可以發揮社區服務中心平台的角色，降低門市人員工作負擔，對宅急便而言，可提升包裹有效配達率，減少重複人力，對消費者則可彈性決定取件時間，創造消費者、7-ELEVEn 及黑貓宅急便三贏局面。

2. 集合式住宅

住宅社區住戶平日外出工作，包裹配達並無管理室可協助簽收，返家時間與物流業者營業時間難以配合，因此藉由智取櫃之導入，同時解決無人代收及時間配合限制。

圖 12-16　智取櫃應用於集合式住宅

3. 物業管理之社區

實現智慧住宅服務，讓社區住戶取包裹時，不再需要麻煩大樓管理員，亦不受時間限制（宅配業者營業時間），同時保有住戶的隱私權。

圖 12-17　智取櫃應用於物業管理

4. 大專院校

大學生網購能力佳，卻因時常於課堂上，而無法即時收取包裹，藉由智取櫃設置解決雙方時間無法配合之困擾。

圖 12-18　智取櫃應用於大專院校

（五）營運成本預估分析

表 12-3 營運成本分析表

項目	說明					成本預估
空間需求		寬 (cm)	深 (cm)	高 (cm)	佔地面積（坪）	
	宅配店取版	266	45	200.5	0.36	
	含開櫃空間	266	90	200.5	0.72	
	宅配自取版	266	62	200.5	0.48	
	含開櫃空間	266	105	200.5	0.91	
電力需求	電壓 110V 含廣告螢幕每日預估耗電量約 4.58 度，含廣告螢幕每月預估耗電量約 142 度 無廣告螢幕每日預估耗電量約 3.62 度，無廣告螢幕每月預估耗電量約 113 度					●142*3（預估每度費用），約 426 元 ●無廣告螢幕約 113*3，約 336 元
網路需求	ADSL 寬頻網路（建議使用） 4G 無線網路					中華電信 1.5G 流量，約 436 元

五、結論

　　面對通路多元發展（實體門市→電子商務→行動商務），全球城市物流日漸重視便捷、有效率之 B2C 物流服務，以 DHL 為例，於 2015 OMNI-CHANNEL LOGISTICS 報告中，即勾勒出因應通路多元發展下，未來城市物流之全新面貌。在末端配送服務構面，則是強調配送作業之效率化與省力化，以避免追求快速與便捷服務之過程，過度仰賴大量人力。

　　因此，使用無人化自動存取服務（結合智慧儲物櫃解決方案），即是其中城市物流配送作業中之重要環節之一。可以預期，未來城市物流之各項服務模式，其共同特色為必須高度仰賴科技，朝向智慧物流發展。因此，期盼未來臺灣產官學研，齊力持續針對全球科技物流服務，進行適地化之研究與探討，並以滿足臺灣法規為前提下，打造符合全球趨勢發展之臺灣城市智慧物流。

一、選擇題

(　　) 1. IDU 系統著重在風險管理統計上，以下哪個重要指標有誤？

(A) 出車時數、引擎時數、壓縮機時數

(B) 異常疊貨

(C) 隨機管理

(D) 溫度上下限，溫度異常種類

(　　) 2. 使用 USB 溫溼度資料收集器進行記錄的方式，有哪些缺點？

(A) 耗費人力資源　　　　　　　　(B) 無法及時通報異常

(C) 建置成本高　　　　　　　　　(D) 以上皆是

(　　) 3. 在全日物流跨境的案例中，下列敘述何者是錯誤的？

(A) 蓄冷片在商品集貨時即採用，以維持溫度的一致性

(B) 該案例中全程溫度維持與監控、作業迅速是維持品質的基本要求

(C) 市場端最後一哩的服務是透過 Uber 的車輛來進行

(D) 電商業者在收到客戶訂單後即直接向產地的「農場 / 生鮮工廠」下訂單

(　　) 4. 下列關於暾車大衛星車隊管理系統的說明，何者是錯誤的？

(A) 需要在車輛上加裝衛星定位車機— IDU，以達即時追蹤的功能

(B) 可以監測車門何時被開啟

(C) 透過車輛上的 IDU 可以知道物品的溫度

(D) 可以知道車輛到達客戶時車箱的溫度

(　　) 5. 下列關於無人化自動存取服務的敘述，何者是錯誤的？

(A) BentoBox 由 6 個可移動拆卸的小型集裝箱組合而成，可安裝於社區或辦公大樓等附近配備有電源的空間

(B) 智取櫃可用於 B2C 的最後一哩的配送

(C) 智取櫃設於社區管理室可以不需麻煩管理員幫忙收貨、取貨

(D) 7-ELEVEn 與工研院合作推出「iPickup 智取站」仍無法解決「收送貨雙方在時間與空間無法同步配合」的限制

二、問答題

1. 實施藥品 GDP 的目的為何？在 GDP 規範下，100 坪符合 GDP 規範的藥品倉儲以及一台 3.5 噸低溫車各要佈建幾個溫度記錄器？請以圖示方式示之。

2. 試簡單敘述 elocation.pro 服務架構？冷鏈運輸如何運用 elocation.pro 服務提升冷鏈物流服務水平及不斷鏈的服務？

13

智慧金融導論——為何智慧金融會崛起

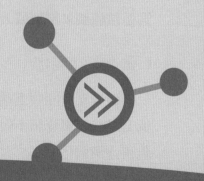

Smart Commerce

13.1 金融與資訊的火花

一、緣起

自從 2000 年的網路泡沫使網際網路深植現代人的生活中，改變金融業傳統通路、更加拓展交易與服務的範疇，對未能馬上銜接經濟環境的劇烈變化的金融機構造成強烈衝擊。新興金融科技的竄起衍生創新之金融服務，結合社群媒體、行動通訊、區塊鏈、大數據分析等科技應用，改變大眾對於支付、融資、保險、貸款及投資等方式。

面對全球化的效應，現在的商業模式已不是孤軍奮戰就能與市場抗衡，嘗試與各產業結合達成綜效來面對更嚴峻的挑戰，也可利用資料探勘技術來分析發掘消費者的需求，針對每個不同的族群採取創新有效率的模式來提供服務，以下為金融機構所面臨目前大環境變化之歸納：

（一）異業結盟

各產業進入數位科技創新應用階段發展，產業間的界線將越來約曖昧，故異業結盟已成為提升競爭力的重要策略，將自身企業擅長的專業更加深入，並且結合合作公司的專業達成綜效，相輔相成的效果讓企業可以更穩健。

（二）外部資源

面對外在環境的劇烈變動，科技創新使得金融產業須迅速推陳出新，引進新技術，快速開發並降低成本，充份運用外部資源與大數據資料探勘分析，在人力上也需要積極徵求跨領域人才，跟上市場變化的快速腳步。

（三）中介弱化

新興業者開發雲端借貸平台與大數據信評，建立資金直接融通的交易市場，降低交易成本與資訊不對稱程度，此外區塊鏈技術應用發展，使得金融機構中介的角色正逐漸弱化。

二、國際發展

國際機構[1]調查顯示，2014 年全球金融科技投資額爲 67 億美元，2015 年成長 2 倍之多高達 138 億美元。由於現代消費者轉爲使用行動服務，在美國有許多著名的銀行機構開始所編人力的配置及自動提款機台的數量，例如：美國銀行（Bank of America）在 2013 年至 2015 年間縮減 10% 的分行數，員工數減少 15%，ATM 數量刪減 2%，其他如摩根大通（J.P. Morgan）、花旗等大銀行也在縮減分行規模。

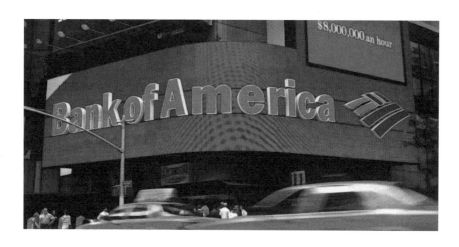

雖然面對大環境下銀行業開始縮減人力，但因應大潮流下的消費者習慣而推出網路銀行也可安穩地留住老顧客。2015 年起臺灣也有銀行開始裁撤分行。因金融科技創新而產生勞動力節省幅度相當龐大，可以預見擁有最多從業人員的保險業將會受到最大的衝擊。

目前全球金融科技前 3 大發展聚落城市分別爲矽谷、紐約及倫敦，而中國大陸、新加坡、韓國、澳洲、以色列台拉維夫及香港等地亦是發展重鎮，金融科技研發與投資爲未來的長遠趨勢。其快速發展之關鍵因素可歸納爲創投資金挹注、政府政策支持、成熟商業環境與豐沛技術人才等，綜整各國在推動金融創新概況，說明如次：

1. 美國

現今的金融環境因爲科技的進步又更爲激烈，金融產業必須有突破性的作爲例如稅賦、經營業務及經營地點限制來滿駐現代消費者快速變化的需求，爲了因

1　KPMG & CB Insights,"The Pulse of Fintech,2015 in Review",March 9, 2016

應客戶的需求，金融業勢必推出挑戰現行法令的創新產品，另外面臨科技創新將會與舊有法律牴觸且須更新的法令，而美國新創業者為創新驅動的核心，又美國擁有世界金融中心著稱的華爾街環境，及矽谷的高科技人才與資本雄厚的創投基金等優異的條件。

2. 英國

英國金融行為監理總署於 2014 年公布創新計畫，提供新創事業輔導諮詢，協助與主管機關溝通，成立育成中心與創新樞紐等 2 個單位。並且不調降對新創業者之許可標準，創新所投入的所有資源都必須是真正創新、解決消費者痛點及具商業上可行性的公司結構組織。

3. 新加坡

新加坡政府宣布於 2016 年 5 月 3 日成立金融科技辦公室，作為新加坡金融科技樞紐，提供一條龍服務。對於新加坡要打造智慧金融中心的話，當務之急是必須持續加強產業之間的資安問題，對於培植創新及採用新技術的監督管理採三種型式：金管局與業界共同合作的創新、監理沙盒的創新、金融機構自發性的創新。預估未來 5 年將投入 2 億 2,500 萬新幣，藉此活化創造有活力的創新產業生態，並且也發展更為安全且便捷的行動支付系統、技術支持的監管報告系統及智慧監控系統、支持 FinTech 生態以及人才培植。

4. 韓國

韓國政府在 2014 年 8 月推出「Creative Finance」的行動計畫，對於創新的計畫使政策著重在科技與金融發展，刪減不適合的固有法規，在這其中有兩個大重點：第一、調和科技與金融業，在未來設置無實體網路銀行，設立 Fintech 支援系統以提供法令與財務諮詢。第二、為了更強化金融業的競爭力，韓國政府將修訂電子金融交易法、積極拓展新商業領域並促進國際競爭力，另外韓國政府也挹注資金至新創產業上。

5. 澳洲

澳洲政府在 2014 年 12 月發布「金融系統調查」（Financial System Inquiry, FSI）最終報告，針對世界在未來 10 年的金融體系構想提出了 44 項建議，建議 7 項鼓勵創新重點，包括公私部門合作、發展澳洲電子認證架構、強化零售支付相關法規、交換系統費用及客戶附加費用、群眾募資、資料取得與使用、綜合信用報告等。2016 年 2 月 24 日由首相及財務部長成立金融科技諮詢顧問團以加速推動金融科技創新服務。而這 44 項建議中包括復原力及競爭力、創新、退休金、消費者成果、法規系統等五個面向。

6. 中國大陸

中國人民銀行等 10 個各部和各委員會在 2015 年 7 月發布「關於促進互聯網金融健康發展的指導意見」，鼓勵金融產業在網路平台、產品和服務創新，鼓勵從業機構相互合作，提升產業的融資管道，推動配套服務體系建設和信用基礎設施建設。而中華人民共和國國務院於 2015 年 8 月 31 日亦發布「促進大數據發展行動綱要」，將數據視為國家基礎性戰略資源，運用大數據促進經濟發展、完善社會治理、提升政府服務和監管的高效率。

　　為了跟上市場與技術變化的步伐，綜合各國推動金融科技方面的作法上，可歸納為以下幾點：

表 13-1　各國的金融科技發展

設置相關研發單位	新加坡（金融科技創新實驗室）
提供租稅、補助、擔保融資	新加坡（提供新創公司前 3 年的免稅優惠、若能提升產業水準，則可享 15 年優惠）、韓國（科技擔保借款、創投資本）、以色列（天使投資減免租稅）
法規調適	美國（金融總會提升金融法規制訂透明度）、韓國（放寬 IT 與金融相關法規、修法促進創投）、澳洲（強化零售支付相關法規）、英國（創新計畫）、新加坡（成立金融科技和創新部門）
成立相關諮詢協調單位或機構	美國（金融總會－銀行科技部門）、英國（育成中心及創新樞紐）、香港（金融科技督導小組）、新加坡（金融科技辦公室）、韓國（金融科技支援系統）、澳洲（金融科技諮詢顧問團）

13.2 智慧金融的架構

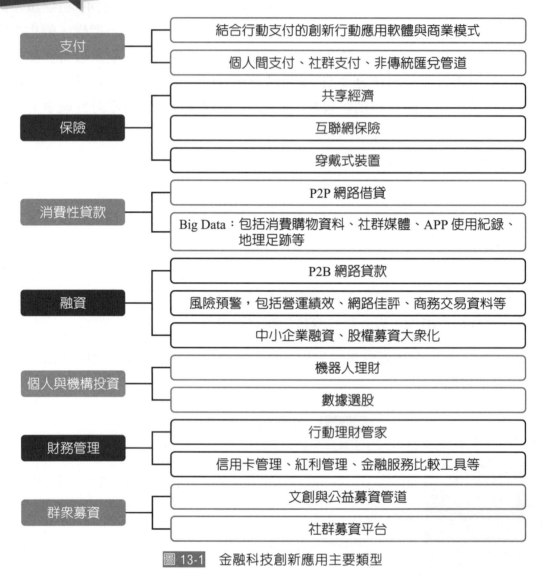

支付
- 結合行動支付的創新行動應用軟體與商業模式
- 個人間支付、社群支付、非傳統匯兌管道

保險
- 共享經濟
- 互聯網保險
- 穿戴式裝置

消費性貸款
- P2P 網路借貸
- Big Data：包括消費購物資料、社群媒體、APP 使用紀錄、地理足跡等

融資
- P2B 網路貸款
- 風險預警，包括營運績效、網路佳評、商務交易資料等
- 中小企業融資、股權募資大眾化

個人與機構投資
- 機器人理財
- 數據選股

財務管理
- 行動理財管家
- 信用卡管理、紅利管理、金融服務比較工具等

群眾募資
- 文創與公益募資管道
- 社群募資平台

圖 13-1　金融科技創新應用主要類型

　　根據圖 13-1 可以得知，金融科技創新應用主要類型可以分成支付、保險、消費性貸款、融資、個人與投資機構、財務管理與群眾募資等類型，其說明如以下幾點分析：

一、支付

Fintech 對於金融服務帶來支付創新，打造無現金支付環境及新興的支付方式。在近五年來，支付行為創新大量興起，各式各樣的支付方式不斷推陳出新，就目前而言大部分皆以行動裝置與網路雲端設備讓支付的動作更加迅速且便捷，提升其中的附加價值，而以上的進展讓電子支付產業業務朝向多元化發展。總體而言，以下將支付分為國際發展趨勢與國內狀況推動兩方面探討：

（一）國際發展趨勢

回顧到 1998 年 PayPal 掀起支付創新的革命，為跨境第三方支付革命，2010年 Square 首創手機信用卡刷卡機，演進至今，其成功創新的關鍵不外乎操作簡單化、整合現有支付管道、創造附加價值三個層面，已發展出電子錢包、行動支付方案、行動訂購及支付 APP、地域性感應支付、M2M 支付、生物辨識或地域性驗證支付等行動支付暨交易安全方面的創新。

上述支付方面之創新，大部分不是將原有之支付體系摧毀，而是修改現有支付行為的前端程序，主要包含以下幾種行動支付方式：

表 13-2　行動支付之創新

開放式（Open-loop）行動支付系統	強化消費者與 POS 終端系統間之支付程序，運用 NFC 及二維條碼等新技術，使得支付更為便利，例如：Visa、Apple Pay、 Google Wallet。
封閉式（Closed-loop）行動支付系統	去中心化，不透過中介機構，使得支付更具彈性，整合電子支付程序中的 POS 終端系統、收單機構、支付網路，且消費者仍可透過傳統的支付方式（例如信用卡）來進行付款，以 PayPal 等第三方支付業者為代表。
整合式行動支付系統	店家不須建置 POS 終端系統，利用行動連結裝置以取代或補強現有的 POS 終端系統，讓支付過程更省力，使得無現金交易成為趨勢，例如：Square 手機信用卡刷卡機、運輸服務平台 Uber、Skip Wallet。

上表的金融創新發展，可以預見在未來的支付型態將降低對現金的支付需求，透過大數據資料探勘及分析，可以對消費者的交易資訊做出有力的解釋，未來支付型態的主要特徵如下：

1. **無現金支付**：在未來的趨勢中可以發現大量的支付行為將會變為無形支付，可取代許多以現金為支付工具的交易行為，藉此改變消費者的購物消費需求及習慣。

2. **互動過程**：對於商家及金融產業機構而言，支付與行動裝置更加整合，支付將成為與顧客互動的主要方式。

3. **擴大放款業務**：因應許多資料電子化，電子交易紀錄將會隨著每次交易而存入雲端，而海量的交易資料讓金融機構或商家更深入認識消費者習慣並設計更多元化業務，亦有助於拓展原先不熟悉客群的放款業務。

4. **成本大幅降低**：金融創新對於金融業在中長期來看將有效降低基礎設施費用，隨著電子支付的興起及增加可以再更降低成本。

（二）臺灣國內對於行動友付之推動狀況

目前在臺灣的行動支付主要以三種型態發展：

1. **將虛擬卡片整合至手機錢包**：消費者可將申請之虛擬卡號整合入手機錢包 APP，並藉由手機 NFC 功能或適用於 iPhone 之外接設備，進行非接觸式的信用卡支付。

2. **以行動裝置產生 Bar Code 或二維條碼**：以條碼做為買賣雙方交換支付資訊的載具。

3. **將刷卡設備外接於行動裝置上的行動 POS（mPOS）**：使用通訊功能和 APP，將行動裝置化身為行動刷卡機，使刷卡消費更為行動化，此一型態即為整合式行動支付系統之應用。

二、保險

在這波金融科技的衝擊下，近年來由於保戶可透過比價網站（e-Aggregator）進行線上比價與投保、科技公司加入線上銷售保單（如：Amazon、Google）、共享經濟（如：Uber、Airbnb）、無人駕駛車輛的出現及保險證券化之多元資本來源管道，導致保險業市場趨向價格競爭，對於個人保戶風險標準化及忠誠度大幅降低，另外業務員自身品牌形象的傳統優勢將逐步被侵蝕，使得保險業因金融科技創新而面臨崩解。

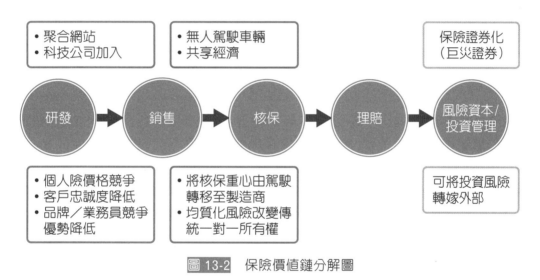

圖 13-2　保險價值鏈分解圖

（一）網路保險的發展

在目前的保險是依照歷史資料與預測性指標等資料定價，若要調整費率也僅依照續保戶個別行為模式及使用資訊等風險執行，而無法在保障期間主動進行保戶風險管理。

但隨著網路、大數據、行動裝置及遠程訊息處理技術的發展，可追蹤保戶使用情形及行為模式的資料並即時蒐集，藉以釐訂個人化保費費率，避免保戶之間有二次補貼的誤差行為出現，而數據分析也可助保險業者快速瞭解且清晰檢視理賠原因，減少資訊不對稱而引發詐騙的可能。

智慧商務導論

（二）保險業未來趨勢

1. **邁向規模經濟**：個人保險市場趨向價格競爭，為了規模經濟必須藉由合併方式才能壯大一個企業的版圖，保險業可透過多元管道取得資本，以支持其快速成長及合併。

2. **客製化保險商品及個別差別費率**：以保戶需求為中心，發展更多客製化保險商品，為了評估保戶之費率定價，因此保險業者可藉由隨車設備、行動裝置、定位系統等產生之數據，再將數據加以分析利用，讓保險業者得以精確計算個別保險費率。

3. **移向利基市場**：因個人險逐漸商品化，保險業發展重心將往強化精算及核保能力等更具優失之利基市場發展。

4. **提供全面性服務**：透過審視保護的生活型態及身體狀況，提供同具攸關性及財務效益的資訊，並藉由異業合作，創造更高的保戶價值。

三、消費性貸款發展方向

因 Bank3.0 觀念推出，導致全球經濟活動由實體交易逐漸轉化成虛擬貨幣交易，銀行各管理層及內部從業人員也逐漸朝著金融業務科技化的方向前進。我們知道，虛擬數位技術的快速發展，源自於現在社會的人口結構及人們的消費習性，為了能跟上甚至超越虛擬數位技術的演變，我們必須思考未來銀行該以實體或虛擬的方向發展、虛擬金融服務又該如何能使消費者更得心應手，透過站在消費者的角度去思考，提前做出改良及應對措施，減緩零售經濟活動產值轉由虛擬數位經濟產生所帶來的衝擊。

以下列出兩點金融服務業之主要創新變革：

1. 透過新的借放模型來輔助網路借貸業務

因為大數據的發展，銀行可透過行為分析來提早發現授信對象可能會發生之違約行為，建立此種模型並搭配網路借貸業務，大大的提升銀行放款速度，且更有效的處理貸放的信用風險。

2. 新虛擬銀行業務平台造就最佳化的金流環境

隨著科技日新月異之發展，各安全元件已能完成虛擬交易之隱密性、來源辨識性、不可重複性及不可否認性，達到金融交易安全防護要求之間理規範，有鑑於此，銀行體系更應盡早發展虛擬技術，透過創新虛擬銀行業務平台，造就出最佳化的交易環境。

四、融資方式的轉變

新創公司由於營業規模小、發展歷史短，在募集資金方面屬於授信風險高族群，往往難以經由傳統金融仲介機構貸款方式取得所需營運資金，因此在國際發展趨勢上，群眾募資平台已成為新創事業首選的募資方式，也造就了募資平台的蓬勃發展；在美國，群眾募資平台於 2012 年通過就業促進法案（the Jumpstart Our Business Startups Act, JOBS），使小型企業及興新成長企業有更加便捷的籌資管道，以提升其募資效率的同時還能兼顧投資者保障，其中包括提高需註冊申報之募資門檻，以及訂定群眾募資等創新募資機制之相關監理配套規範；透過此種方式，未來美國企業個發展階段面臨募資問題時，將不再僅限於初期引入個人、家族、種子或創投資金，並於營運模式成功後方申請初次上市公開發行的模式。

除了群眾募資，還有 Regulation D Rule506(c) 及 Regulation A+ 等，可以對專業投資人或一班投資人進行公開募集資金的方式，透過這些方式，使新創公司快速且平均的成長。

國際研究報告 [2] 指出，透過私募創投資金及群眾募資平台，各國平均投資額皆有顯著的提升：

1. **香港**：2014 年上半年平均投資額達 6 百萬美元，超過 2013 年全年度投資額。

2. **英國**：2013 年群眾募資公司發行 480 百萬英鎊債務，較 2012 年成長 150%。

2　KPMG, "Unlocking the potential: the Fintech opportunity for Sydney ", 2014.10

3. **以色列**：2014 年上半年高科技公司透過群眾募資募集 16 億美元，較 2013 年成長 81%。

4. **美國**：新創募資平台 OnDeck 至今已促成超過 10 億美元借貸額、專門協助創新專案的 Kickstarter，至今已募得超過 11 億美元。

五、個人與機構投資

　　由於金融風暴的發生，導致投資理財顧問無法百分之百的獲得投資人的信任，於此同時科技的創新順勢出現，像是透過電腦演算系統及程式交易紀錄等來提供線上理財諮詢服務的自動投資顧問交易平台等，這些屏除人為因素的新創服務模式，已成為消費者所廣用的投資工具，透過此種新形態的投資工具，投資人可以更精準及更有主導權的管理自己的財富。現今市場，交易平台供應商採取新形態流程外部化的方式，將交易平台架設於雲端，使金融機構能對於流程管理達到效率最佳化。

　　以下對於國際發展趨勢分為兩部分介紹，分別為機器人理財顧問及流程外部化：

（一）機器人理財顧問

　　現有理財顧問經營模式，因自動化系統及社群網路的出現而改變，在投資人更有自主權的情況下，機器人理財顧問透過精密技術及演算系統來滿足消費者的需求。其創新關鍵因素分別為「自動化管理及報告」、「社群交易」、「零售演算交易」。

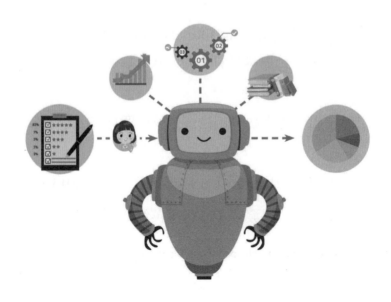

「自動化管理及報告」透過分析他人各種投資型態，提供彙整性分析建議，並客製化符合客戶需求之投資組合，是一種高價值低成本的服務。

「社群交易」使投資者更容易與他人分享或取得他人的投資組合或投資策略。「零售演算交易」提供平台使投資者建置、測試及執行交易演算，並提供專業投資者分享交易演算之管道。

以上新型態投資顧問，對於傳統財富管理市場，可能造成以下衝擊：

1. 流失中產客層

一般大眾及中產階層投資人，因需求緣故，容易受新形態自動化理財顧問的「全年無休服務」及「便宜快速」等優點所吸引而轉往自動理財顧問，傳統財富管理業者不得不將目標客群改訂為高淨值及及高淨值的投資者，同時還須提高與之的信賴關係經營。

2. 改變理財顧問資詢的價值

自動化投資理財顧問，透過科技化的服務，再將傳統理專提供高附加價值服務商品化的同時，也降低其對高淨值客戶的服務價值，使傳統財富管理業轉而強調個人化服務，以高淨值客戶群為目標，為了滿足不同的高淨值客戶群，傳統財富管理業勢必調整內部組織以因應環境的變動。

3. 調低擔任理財專家的門檻

由於投資理財工具的普及，一般投資者也能輕鬆成為理財專家，隨手可得的理財建議，再搭配社群分享的操作策略及投資知識，投資人將成為生產性消費者，使傳統財富管理業，將「品牌」及「信賴關係」定為致勝的關鍵要素。

（二）流程外部化

流程外部化可解決在業務範圍擴大且注重專業分工的情況下，讓金融機構達到更有效率且精密運算的新境界，其創新關鍵因素分為以下 4 點：

1. **進階分析**：利用演算和分析模式，及進階的電腦分析方法，除了能達到自動化現有的人工流程外，還可以進行精密複雜的運算服務。

2. **提供多國語言**：提供各種語言之服務介面，提高使用者的使用體驗，讓流程服務更貼近使用者中端。

3. **流程及服務（Process as a Service, PaaS）**：流程外部化的服務，可最小化機構所需之基礎設施。

4. **能力共享**：為使金融機構可以與新的服務供應商連結，而建置法令和技術標準的傳播媒介，透過此方式促進機構與他人的共享能力。

六、財務管理

　　由於科技的發展，我國金融業已不再只是與國內同行競爭，而是與國際金融科技公司進行無國界的競爭，因此加速實體服務的萎縮，且因市場小，使得我國金融業面臨不得不進行轉型及創新的生存危機。除了利用自動交易系統已取代人工決策，更發展精密運算系統，使產業交易可獲取最佳利益。

　　從國際發展觀察下，可發現以下兩種趨勢：

（一）聰明快速的機器

1. **高頻交易**：近年來於市場上迅速發展，主要交易在美國市場，其餘市場涵蓋了歐洲、日本、香港、新加坡。高頻交易為透過演算法及程式設計，達到迅速捕捉微小投資機會、頻繁下單、大幅縮短交易時間（微秒為交易單位）、當日平倉以減少隔夜風險。高頻交易者利用各交易所間之延遲時間獲取套利機會，並為市場提供流動性。

2. 交易設備處理效能將直接影響高頻交易運算速度，因此高頻交易商須不斷繩及軟硬體設備及優化演算法，造成高頻交易技術門檻不斷提高，固定成本也成為高頻交易者的重擔，使的獲利逐年下降的問題愈發明顯，且高頻交易使系統產生的錯誤、讓市場越來越容易受到閃跌（Flash Crash）等衝擊，使高頻交易的公平性也受到質疑，各國陸續擬定對於高頻交易之間管措施，綜合以上種種原因，導致高頻交易的數量下降。

3. 交易者的能力提升，將更注重設備，因此越聰明且快速的機器，對於資本市場的影響越劇烈，未來交易的主要特性包含準確性、靈活度及特許權。

4. 機器取代交易員活動，使的人工執行交易處理減少。在自動化點對點活動下，各流程若有小錯誤將產生巨大影響，因此，如何篩檢不正確資訊、演算法、如何執行以避免損失等，成為金融機構必須得直視的重大挑戰。

5. 新資料來源及新專利權的取得，對於金融機構而言將成為重大關鍵，多樣化交易策略將大大的增加金融機構的優勢，同使也可能面對在資料獲得獨占及速度下可能造成不公平競爭的情形。

6. 市場上所要求的能力，將根據監管政策而急遽變化，使得交易商長期策略保持不確定性，因此靈活的交易商組織結構將轉向以使用更智能，更快速的機器太太勞動力，以即時反應不確定性。

（二）新興交易平台

1. **交易服務平台**：資本市場交易服務平台提供線上下單交易服務。

2. **群眾投資平台**：讓參與者跟隨專業投資人，藉由股權、債權和投資基金選擇權等，投資新創成長期的企業。

3. **保險軟體雲端服務**：以往保險業者建置專屬系統，已有科技業者開發 Software-as-a-service 雲端服務，提供產險業者互動式軟體服務。金融機構可透過社群網站資料，掌握金融消費者消費習性及經濟狀況，提供適度之授信。即時了解金融消費者的交易行為，規劃適當的理財投資或保險商品，並提高銷售機率。

4. **交易商交易社群網路**：社群投資網路，連結來自世界各地的交易商，授權交易商可以使用其他交易商的交易技巧。

5. **金融社群平台**：會員透過社群平台分享投資想法、新聞、資訊和研究報告等，整合社群網站平台包括 Twitter, Facebook 和 LinkedIn 等。

七、基金網路銷售平台

截至 2015 年底止，臺灣基金總數共計達 1,696 支基金，其中境內基金檔數為 672 支，境外基金檔數為 1,024 支。境內外基金總資產淨值約達新台幣 5.3 兆元，在過去 10 年的時間成長近 2.7 倍，其中境外基金規模約新臺幣 3.1 兆元，全體境內基金規模約新臺幣 2.2 兆元，扣除貨幣及 ETF 後之境內基金規模更僅有約新臺幣 1 兆元，我國基金市場規模走勢如下圖 13-3 所示：

圖 13-3　我國基金市場規模走勢[3]

　　金管會已核准臺灣集中保管結算所及櫃檯買賣中心轉投資設立證券商公司，規劃建置國內多元的基金網路銷售平台，為使基金網路銷售平台之規劃符合金融科技創新，以及市場通路多元化服務需求，新公司資本額暫定為新台幣 3 億元，考量公司籌設時程，給予業者充分評估參與認股時間，將由臺灣集中保管結算所及櫃檯買賣中心先行出資新台幣 2.1 億元籌設公司，下階段再辦理增資注入業者資金。

　　如何在網路銷售基金，將金融科技創新理念導入服務流程，並將產品端的基金公司與購買端的投資人，透過創新科技的基金網路平台相互結合，達到市場共贏的效果，是未來基金網路銷售平台發展的最大挑戰。

13.3 智慧金融初體驗

　　由於科技網路服務進步，讓原先需要到銀行辦的事情，很多都可以在智慧型手機就可以執行。目前銀行所提供的金融科技新技術，帶給現代人生活上很多的方面性，但此項技術並非所有人都接受，可以會基於隱私、3C 產品操作不熟悉、安全性等問題或是使用行動支付場域受限等，為了創造更方便、安全的使用者體驗，銀行也努力的去讓此更加完善。

3　集保公司及櫃買公司，「建置基金網路銷售平台規劃報告書」，2015.

（一）普及行動支付服務

電子支付機構管理條例已於 2015 年 5 月 3 日施行，賦予原則性與開放性之內涵，並保留主管機關未來開放其他業務項目之空間，以鼓勵業者積極創新與發展新型態支付服務，規範電子支付機構業務範圍，新增開放收受儲值款項（含外幣儲值）及無實質交易基礎之資金移轉（電子支付帳戶間款項移轉）服務。

本條例施行後，預估將可增加個人及網路商店家數成長，帶動整體電子商務產業產值，對於扶植我國電子商務產業發展、國內支付服務創新，以及協助青年創業與保護消費者權益，均具重大效益。

現階段國內行動支付主要以三種型態發展：

1. 虛擬卡片整合至手機錢包，臺灣行動支付公司於 2014 年 12 月首先推出該服務，消費者可將申請之虛擬卡號整合入手機錢包 APP，並藉由手機 NFC 功能或適用於 iPhone 之外接設備，進行非接觸式的信用卡支付。

2. 以行動裝置產生 Bar Code 或 QR Code 等條碼，做為買賣雙方交換支付資訊的載體，前開兩種型態即為開放式行動支付系統之應用。

3. 刷卡設備外接於行動裝置上的行動 POS（mPOS），使用通訊功能和 App，將行動裝置化身為行動刷卡機，使刷卡消費更為行動化，此一型態即為整合式行動支付系統之應用。

（二）銀行的轉變

對銀行而言，如何在確保存款人權益及充分供給信用間取得平衡點，使槓桿效果能創造效益又不致損及償付能力，金融機構必須檢視自身是否具備內部控制與稽核、風險管理及公司治理這三把健全經營之鑰。

隨著金融科技的進步，銀行盡力的去發展銀行在金融科技發展上的各種可能，過程中，也為了讓客戶漸漸地去接收新科技，有些銀行會在運用客戶體驗的方式，依不同的特質，去結合大數據分析與互動技術，像是在銀行大廳中放一面廣大的互動牆，互動牆可以簡單的瀏覽各種金融商品，讓互動的方式，拉近科技、金融商品、客戶，三者之間的距離，也讓客戶習慣現今發展的趨勢，讓客戶與金融科技的發展無距離。

（三）智慧金融科技創業基地

1. 國內推動現況

行政院於 ide@Taiwan 2020（創意臺灣）政策白皮書揭櫫創新創業基地規劃方針，主要包括：

(1) 與既有園區空間合作，培育國際級 APP 團隊，鼓勵青年創新創業。

(2) 打造國際創業園區，吸引國際資金與國外人才來臺創業，目前選定臺北市花博公園會館作為國際創新創業園區。

(3) 打造國際加速器，推動創新創業國際化，由標竿育成中心結合相關領域服務單位能量，組成加速器聯盟，針對歐盟及亞洲新興市場，協助中小企業加速打入中大企業供應鏈。

(4) 於矽谷設立「臺灣創新創業中心」，鏈結矽谷、布局亞太新興市場，引進矽谷技術與人才來臺。

金管會配合行政院政策，鼓勵發展金融科技產業，「金融科技發展基金」規劃將與既有創業基地合作，提供新創事業的創新基金與輔導資源，協助有想法、創意的年輕人開創金融相關科技公司，以推動金融業運用科技創新服務，提升競爭力。

（四）智慧金融的商機與未來目標

臺灣在金融科技的浪潮之下，未來勢必更加開放，對於 P2P 網貸、進階網路銀行、虛擬貨幣與純機器人理財顧問等金融科技之業務應用。運用創新資訊科技技術，精進數位金融服務，要讓金融服務能夠更貼近投資者的使用習慣，提供顧客體驗智慧金融的樂趣，實現數位金融的便利生活。

未來智慧金融商業模式不僅是金融科技的導入，或者是透過科技改變理財決策而已，而是藉由科技創新掌握顧客行為的改變，臺灣金融產業的歷史悠久，傳統銀行業者基於過去的客戶基礎、品牌形象等優勢，加上地方分行與社區環境的緊密結合，面對數位金融轉型的難度，未來在發展智慧金融時，必須發展其獨特性並且具在地化的金融行銷策略。

雖然金融業務模式轉型為金融科技，但是並不代表傳統金融模式一定會因此消失，不同的地區依然有不同的市場特性，臺灣人口密集、具備且物流系統發達與便

利超商密集度高等特性，一般民眾需要使用 ATM 就有很多選擇，它可以與行動支付的虛擬服務結合，形成虛實合一的智慧金融服務。藉由政府推動及業者推廣的雙重管道，加速提升國內電子支付普及率，將現行電子支付占民間消費支出的比例由 26% 或電子支付交易筆數由 30 億筆，在五年內倍增。

　　隨著臺灣金融科技發展的腳步，臺灣各個金融機構對未來金融科技發展未來有以下目標：

1. 銀行面

(1) 無現金社會：新技術持續應用於支付體系，以提升支付之簡便性。例如 Apple Pay，使用者可於 iPhone 中 Wallet App 輸入持有之信用卡卡號等相關資訊，經發卡機構審核後，將卡號以代碼化（Token）方式存入手機，使用者即可以此 Token 加上指紋（Touch ID）進行近端感應交易與遠端（網路）消費交易。

(2) 網路借貸（中介）業務（P2P）：自金融海嘯以來，傳統銀行對高風險借款人（次級信用者）之授信標準趨向嚴格，促使網路借貸（中介）業務（P2P）業者取代傳統銀行部分業務，甚至包括撮合低風險投資人（資金提供者）及低風險借款人，導致傳統銀行失去仲介功能及市占率。

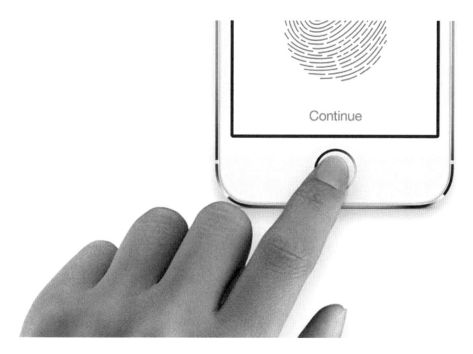

2. 證券面

(1) 擴大證券商線上金融服務，提升證券網路下單比率達 70%。

(2) 推展自動化交易機制。

　　①推動機器人理財顧問（Robo-advisors）等自動化投資理財顧問服務。

　　②完成基金網路銷售平台之建置。

(3) 強化證券期貨業雲端服務。

(4) 深化大數據運用成效，共享資訊服務。

3. 保險面

持續推動網路投保，累積至 2020 年預計網路投保保費收入可達約新臺幣 58.6 億元。目標預估至 2020 年至少有 10 家保險業者願意投入金融科技創新及研發相關商品。推動保險業將大數據運用於招攬、核保、理賠及費率釐定等方面。

（五）虛實整合的金融服務

當前目標為維持實體與虛擬金融分支機構併存發展，優化營業據點，實現服務主體與管道多元化，建構完整而全面之金融服務體系。並透過應用新科技建置大數據信用分析模式，強化國內金融機構之信用風險預警能力。

章後習題

一、選擇題

(　) 1. 在智慧金融架構中，「機器人理財」屬於哪一個種類？

(A) 保險　(B) 融資　(C) 個人與機構投資

(　) 2. 大數據與智慧金融在融入保險之後，可能會產生以下何種現象？

(A) 廣告費增加　　　　　　　(B) 保險從業人員增加

(C) 個別差別保費　　　　　　(D) 保險貸款增加

(　) 3. 目前各國在推動金融創新，請問下列哪一個國家是以「成立育成中心與創新樞紐」為主？

(A) 美國　(B) 新加坡　(C) 英國　(D) 韓國

(　) 4. 在金融科技的衝擊下，保戶可透過比價網站進行線上比價與投保、科技公司加入線上銷售保單等，導致保險業市場趨向價格競爭，請問：下列哪些不是保險業未來發展趨勢？甲、邁向規模經濟；乙、客製化保險商品；丙、無差別費率；丁、移向利基市場；戊、提供全面性服務。

(A) 甲乙丙丁戊　(B) 甲乙丁戊　(C) 乙丙丁戊　(D) 甲乙丙戊

(　) 5. 新興金融科技的竄起衍生創新的金融服務，面對全球化的效應，現在的商業模式已不是孤軍奮戰就能與市場抗爭，為了跟上市場與技術的步伐，各國紛紛開始推動金融科技，請問：下列何者不是推動金融科技的方法？

(A) 法規調適　　　　　　　　(B) 設置相關研發單位

(C) 擴大金融機構分行規模　　(D) 提供租稅、補助、擔保融資

二、問答題

1. 由於科技的發展，我國金融業已不再只是與國內同行競爭，而是與國際金融科技公司進行無國界的競爭，從國際發展觀察下，可發現兩種趨勢，分別為「聰明快速的機器」及「新興交易平台」，請舉例三項新興交易平台。

2. 現有理財顧問經營模式，因自動化系統及社群網路的出現而改變，其創新關鍵因素分別為「自動化管理及報告」、「社群交易」、「零售演算交易」，上述三種新型態投資顧問，對於傳統財富管理市場，可能造成哪三種衝擊？

 參考文獻

1. 金融監督管理委員會（2016），金融科技發展策略白皮書。
2. KPMG & CB Insights（2016），The Pulse of Fintech,2015 in Review.
3. KPMG（2014），Unlocking the potential: the Fintech opportunity for Sydney.
4. 集保公司及櫃買公司（2015），建置基金網路銷售平台規劃報告書。
5. 金融監督管理委員會銀行局，https://www.banking.gov.tw/ch/index.jsp。
6. 金融監督管理委員會保險局，https://www.ib.gov.tw/ch/index.jsp。
7. 證券櫃檯買賣中心，https://www.tpex.org.tw/web/。

14

智慧金融之大數據篇

- ❖ 14.1 大數據時代下金融 IT 策略
- ❖ 14.2 金融大數據 IT 基礎架構
- ❖ 14.3 金融大數據分析方法與技術
- ❖ 14.4 金融大數據應用

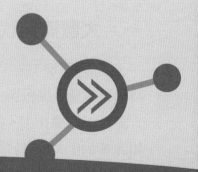

　　「矽谷就要來吃掉華爾街的午餐！」摩根大通集團（JPMorgan Chase）執行長傑米・戴蒙（Jamie Dimon）曾如此形容矽谷科技業對華爾街金融圈帶來的影響，可見科技對金融產業的衝擊，儼然已讓傳統金融業必須重新思考金融產業未來的發展。科技的金融服務正逐漸取代傳統金融服務模式，傳統金融業者更應該在了解金融科技（FinTech）發展走勢的同時，思考何以有效地運用資訊科技為金融產業走向智慧化，進而提升臺灣金融科技產業整體的國際競爭力。

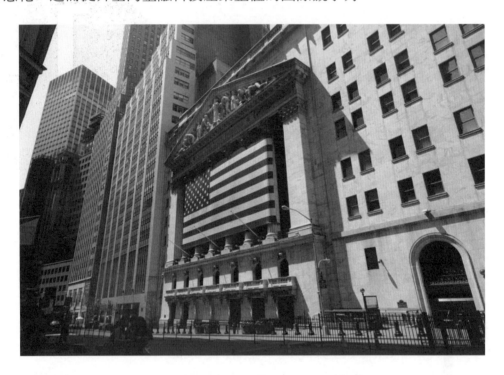

14.1 大數據時代下金融IT策略

一、大數據時代

　　隨著科技的進步與網際網路的蓬勃發展，消費者不再受限於時間與空間，隨時即可享受金融服務，台新金控個金事業群執行長尚瑞強表示，在台新「數位行為大調查」數據指出，透過網路銀行進行轉帳、繳費等交易量的年成長率達130%，如此表示了大眾對於數位金融服務的使用日漸頻繁，而這也顯示數位金融服務的背後，已然蘊藏了大量的資料，「大數據」。

　　2012 年時《紐約時報》的一篇專欄文章「The Age of Big Data」正式宣告大數據時代的來臨，到了 2016 年，大數據一詞已經可以說是耳熟能詳。根據研究機構國際數據資訊（International Data Corporation, IDC）表示，全球資料正以每年 50% 的速度成長，意即資料量在不到兩年的時間內便會增加一倍，其中又有近 90% 的數據是近兩年才出現，由此可見，資料正如同一股洪流般地湧入了我們的生活，一場大數據革命正影響全球，進而改變全球的經濟模式。

　　在過去，我們對大數據一知半解，依稀知道大數據的概念及價值，而現今，企業更應該思考如何將大數據之應用真正落實到實務上，進而為企業帶來更大的效益。IBM 軟體事業處總經理賈景光說道，「兩年前，客戶會問大數據是什麼？現在會問要怎麼切入大數據、有什麼題目可以做？一些進階企業甚至會問，如何用更新的工具，讓效率更快或價值更高？大家問的題目變具體了。」可見大數據之應用已然成為企業經營所必須關注的重要課題。

二、國際政府大數據推動策略

　　有鑑於大數據的價值及影響力，許多國家已紛紛推動相關計畫，加速政府或企業發展巨量資料之應用。綜合分析各國政府所實施的具體策略，主要從 5 個面向進行（工研院，2015）。

（一）制定發展藍圖，解決巨量資料挑戰

　　歐盟於 2012 年啟動 BIG 計畫，成立兩個工作小組，一個負責了解產業應用需求與案例，另一個負責了解巨量資料相關技術能力與成熟度，之後分析需求和技術之間的適用性和落差，制定巨量資料發展藍圖。美國則由國家標準與技術研究院（NIST）於 2013 年啟動巨量資料研究計畫，並成立 5 個工作小組，除了有應用需求與技術小組之外，另外還有 3 個小組分別負責制定巨量資料的定義與分類、參考架構、安全和隱私，NIST 提供巨量資料的共通性語言和架構，有助於發展應用和評估解決方案。

（二）成立巨量資料中心，提供實作和測試環境

　　澳洲、南韓、新加坡均成立了巨量資料中心，澳洲著重在建立政府的分析能力，透過提供實作指引、共享技術知識與分析工具、及支援試行計畫的方式，促進

政府機關發展巨量資料應用。南韓和新加坡則著重在提供企業測試環境，南韓運用開放原始碼打造一個測試平台，提供分析工具並結合開放資料服務，讓學術單位和企業在平台上進行巨量資料商業分析與問題研究，促進達成南韓運用資料創新經濟的政策目標；新加坡利用巨量資料軟體領導業者的能量，由業者提供軟硬體資源和資料科學專業，協助發展巨量資料計畫，並培養專業分析人才，使新加坡成為亞太地區巨量資料分析樞紐中心。

（三）推動政府開放資料，帶動巨量資料應用發展

資料是發展巨量資料應用的關鍵元素，許多國家為了拓展資料來源，都實施了開放資料政策，包括對政府內部與對公眾外部這兩個面向。在對內部分，日本和中國大陸都實施了電子政務開放資料策略，電子政務朝向跨部門的協作與資訊共享模式發展，促進政府部門水平整合，以提高行政效率與減少重複投資；在對外部分，美國和日本等國家都建置有政府開放資料平台，提供易於存取資料的程式介面API，讓企業能很方便整合政府開放資料與企業自家資料，創新巨量資料應用。

（四）平衡個資隱私保護與巨量資料應用需求

個資隱私是影響巨量資料發展的重大議題，為了降低這個障礙，有些國家透過包括提供實作指引、改善法規與技術、進行企業認證的方式，來減少影響性。澳洲提供政府機關保護隱私的實作參考準則，譬如哪些方法可以去識別化、哪些地方可能有暴露隱私的風險等等；美國在隱私影響研究報告中提出多項政策發展建議，包括要修改「消費者隱私保護法案」，讓消費者能清楚了解個人資訊如何被使用，以及隱私具有全球性價值，隱私保護應不分國籍等等；日本則規劃推出認證機制，企業經過審查，若有符合資料使用原則，會給予認證標章，減緩不管是企業或民眾對於發展巨量資料應用的疑慮和障礙。

（五）結合物聯網與巨量資料分析，發展智慧城市應用

智慧城市是近年來許多國家積極推動的一項重要計劃，南韓位於首都首爾附近的松島，是其中的典範的「巨量資料」城市，他們在街道、建築物等各種地方嵌入感測器，收集分析溫度、能源使用、交通流量等資料，支援像是依人潮自動調整街燈明亮等智慧化作業，運用感測器與巨量資料分析，將整個城市連結起來。中國大

陸目前已有 193 個智慧城市試點城市，並預計編製完成可以統一評估智慧城市建設程度與效率的國家標準，在國家新型城鎮化規劃中，也特別要求要推進智慧城市的建置，發展物聯網、雲端運算、巨量資料等新一代資訊技術創新應用。

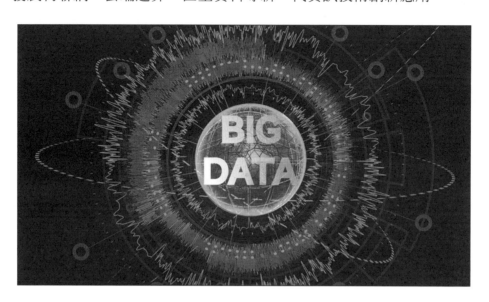

三、大數據之金融 IT 策略

在大數據時代的推進下，各行各業都在積極挖掘大數據所能帶來的價值，對金融產業更是如此（IDC 國際數據資訊公司，2006），伴隨著網路金融服務所帶來的大量資料，大數據可以說為智慧金融的發展插上了騰飛的翅膀。本篇參考國際政府於大數據推動之策略，並考量金融產業未來之發展（金管會，2016），擬為「智慧金融」提出以大數據為基之金融 IT 策略，主要分由 6 個面向進行。

（一）基礎建設

金融大數據應用旨在從海量的數據中，快速獲取有價值的資訊以支持經營決策，從而進一步推動企業發展。為達此目的，企業應積極打造數位電子化之環境，以能夠廣泛蒐集消費者所有資訊。具體作法包括：

1. 擴大線上金融服務

發展並提供可電子化之服務，提供線上存款、授信、信用卡、財富管理及開戶等多元服務，使民眾可以透過網路申辦開戶、結清銷戶、信用貸款、增貸房貸車貸、信用卡、信託開戶及同意共同行銷等。

2. 普及行動支付

善用行動裝置及聯網設備，使支付程序簡化便捷，並爲消費者帶來更多附加價值，讓電子支付業務朝多元化發展。如此除了提供消費者更方便的消費方式外，其背後更重要的是可將消費者生活中各類支付行爲的消費記錄盡收眼底。

（二）法規調適

法規的開放性會影響金融科技應用的發展，過去臺灣的金融法規較嚴謹，即使近年來相關法規略有放寬，2015 年 5 月立法院也三讀通過電子支付專法，但對於業者的管制還是偏向嚴格，例如電子支付業者必須要擁有 5 億元台幣的資本額，明顯不利於新創的金融科技業者。而政府應積極推動相關法規之鬆綁，主動蒐集金融機構及金融科技業者所遭遇的法規問題，並廣納各界對於金融法規鬆綁之建言，建立法規調適機制，打造友善的法規環境。

（三）創新研發

經濟學大師熊彼得（J. Schumpeter）在 1934 年的《經濟發展理論》中首次提出「創新」這個名詞，並表示「創新是資本主義發展的原動力」。金融產業現在面對的競爭環境比以往更加嚴峻，企業必須創新才能在現代的競爭壓力下開拓市場並不斷成長。政府應鼓勵業者、研究機構及學術單位積極投入創新之應用研發，並可透過產學合作與實務界緊密結合，發展符合業界所需之資訊技術，幫助提升企業價值。

（四）金融科技中心建立

爲快速因應勢不可擋的金融科技發展趨勢，全球各大金融與科技創新機構均積極發展聚焦金融科技爲主的創新中心，以網羅全球金融科技一流的創新服務。爲迎上國際趨勢，打造金融科技環境，應建立金融科技中心，提供金融科技新創事業的創新基金與輔導資源，以鼓勵具潛力的新創團隊投身金融科技計畫，協助金融服務業引入科技創新思維，以促進國內金融科技產業之發展。

（五）風險管理

京東金融集團首席執行長陳生強強調「金融科技產品形態很容易複製，大家實際上真正拼的是底層的風控體系。風控已成爲金融科技企業能否長久發展的命

脈。」在金融科技蔚為風潮下，伴隨而來的是諸多無法事前預見的風險，風險控管將是金融科技推展上不可或缺的機制之一，為能有效管理並警示金融科技所潛藏的各種風險與威脅，應積極整合相關監理機關，建立完備網路金融資料統計監測體系，採行全面、準確、即時的風險預警系統，以保護消費者並引導金融產業正常發展。

（六）人才培育

金融科技浪潮不僅帶動客戶行為之轉變，也顛覆金融服務提供之模式，許多金融業務將被自動化、機械化取代，金融機構之產品、服務流程、行銷、風險管理等經營型態面臨轉型，從業人員須具備更高的金融產品與科技服務融合之能力，方能迎戰金融科技之變革。有鑑於此，國內應積推動人才培育，培育重點主要有二：

1. 科技金融人才培訓

企業應投入資源輔導行員轉型，提供金融科技相關講習、內部訓練甚或是編列經費讓員工到外面學習，以培養科技專業第二專長。

2. 科技金融人才養成

於大專校院加入金融科技之跨領域課程，規劃金融科技學程與推動產學合作計畫，透過與產業界合作，提昇學生將金融與科技結合之實務應用能力，使學生在進入職場前便具備金融專業知識與資訊技術應用之跨領域能力。

14.2 金融大數據IT基礎架構

金融科技之發展主要仰賴於巨量資料的分析，從大量且多元複雜的數據中，應用資訊技術快速地擷取並分析有價值的資訊，並將數據轉化為商機，協助產業調整運作模式及訂定經營策略。面對巨量資料分析的需求，首要為建立資料處理之環境，以可快速處理當前迅速成長的大量資料；接著發展資料處理模組，其中包含資料擷取及資料分析；最後則將資料分析之結果整合應用於實務上。金融大數據之IT基礎架構如圖 14-1 所示。

圖 14-1　金融大數據 IT 基礎架構

一、資料處理環境

　　資料就像是礦山，所有的資料都可能有其價值，過去企業單次可能只分析過去三個月的顧客交易資料，在大數據的時代，資料的應用已擴張至半年、一年甚或至數十年，顯示企業必須保留更多數據資料，資料已不再只是保存固定時間後刪除。另外在當今網路科技發達的時代，伴隨著智慧型裝置的普及，網路世界上的每一分鐘都有無數的資料被產生，面臨不斷快速增長的大量資料，如何儲存、管理與處理已然成為企業首要必須關心的重要議題。

　　面對此一課題，在過去無不談及 Hadoop 平台所提供之資料處理環境，其發展之成熟已成為當今之顯學，並廣泛地被企業所使用，包括 Facebook、Yahoo、Amazon、阿里巴巴等公司；而同類型之 Spark 平台在近年來也開始竄紅起來，其

補足 Hadoop 缺陷的資料處理模式已成爲近一代巨量資料處理技術領域的新焦點。以下便針對 Hadoop 及 Saprk 作簡要介紹（iThome，2015）。

（一）Hadoop

Hadoop 是一個能夠儲存、管理並處理大量資料的雲端平台，爲 Apache 軟體基金會底下的一個開放原始碼，由於其低成本高性能的優勢，得到了大量有數據處理需求的使用者的支持，並且在使用過程中不斷地被補充和改善，十幾年下來便形成了一個強大的生態系統，在現今已爲大數據的業界標準平台。

在資料儲存上，想像當資料量大到超過一台電腦所能容納的儲存空間時，Hadoop 便提供了解決方案來儲存這些巨量資料。Hadoop 是一個叢集系統（Cluster System），能夠將資料分佈存放於各個機器節點上，並採用 HDFS 分散式檔案系統（Hadoop Distributed File System）儲存資料，概念上可想像將一份檔案想成一份藏寶圖，電腦中會有一個機器老大（Master Node）跟其他機器小弟（Slave/Worker Node），爲了妥善保管藏寶圖，先將它分割成數小塊（Block），而且把每小塊拷貝成三份（Data Replication），再將這些小塊分散給小弟們保管，機器老大便會監視所有小弟們藏寶圖的存放狀態；如果老大發現有哪個小弟的藏寶圖遺失或遭到損壞，就會尋找其他小弟上的副本進行複製，保持每小塊的藏寶圖在整個系統都有三份的狀態，如此以確保資料的完整性與安全性（INSIDE，2015）。

在資料處理上，Hadoop 提供了 MapReduce 的數據處理功能，主要有 Map（映射）和 Reduce（歸納）兩個觀念，概念上即是將問題分解成很多個小問題之後再做總和。以圖書管理爲例，我們要數圖書館中的所有書，A 同學數 1 號書架，B 同學數 2 號書架，C 同學數 3 號書架，這就是 Map，我們人（節點）越多，數書就更快；最後再把所有人的數統計加在一起，這就是 Reduce（壹讀，2016）。一般我們進行資料分析處理時，是將整個檔案丟進程式軟體中做運算，而面對巨量資料時，Hadoop 的做法則是採用分散式計算的技術來處理各節點上的資料，將工作分佈出去（Mapping）；接下來把各節點運算出的結果直接傳送回來歸納整合（Reducing），如此多管齊下，於上千台機器上同時（平行）處理資料，便能因應時代下快速且大量資料處理的需求。

（二）Spark

Spark 也是著名的 Apache 開放原始碼專案之一，如同 Hadoop 一樣，同樣為分散式資料處理平台，並試著在一些面向上，提供優於 Hadoop 的方案。在大規模資料處理計算上，排序作業的處理時間，一直是個重要的指標，而在著名的 Daytona Gay Sort 競賽中，針對 100TB 的資料量排序，Hadoop MapReduce 的記錄是以 2,100 個計算節點，在 72 分鐘內完成排序的計算工作；而 Spark 則在 23 分鐘內以 206 個計算節點數計算完成。Spark 僅使用十分之一的計算節點數量，並只花費三分之一的時間，便完成了相同規模的計算工作，由此可見 Spark 在未來的應用潛力。

Spark 的核心支柱，乃是一個名為 RDD（Resilient Distributed Dataset，彈性分散式資料集）的分散式計算處理環境，而其諸多優勢，主要也是源自於 RDD 本身的特性。相較於 Hadoop 在做運算時需要將中間產生的數據存在硬碟中，其大量使用硬碟來做為資料處理時資料的暫存區，在運行過程中便會不停地在硬碟中搬移資料，不僅耗時且效能不彰；然而透過 RDD 的設計，Spark 之運算可以在記憶體上完成，其利用記憶體作為運算時的資料暫存空間，以記憶體存取之速度快於傳統硬碟的優勢，避免了 Hadoop 在工作任務間存取硬碟資料時延遲的問題，根據 Apache Spark 官方的說明，Spark 在記憶體內執行程式的運算速度，可以做到比 Hadoop 的運算速度還快上 100 倍，即便是執行於硬碟時，Spark 也有達到 10 倍速度，可見 Spark 能夠大幅度地改善 Hadoop 的計算效能。

Spark 除了展示了它的計算高效率，另一方面，Spark 提供了豐富而且易用的 API（應用程式界面），這使得開發者在利用程式表述計算邏輯時，得以獲得 API 層次的支持，使程式撰寫更容易。而開發者更可以利用三種程式語言來開發 Spark 之上的應用程式，包括了 Scala、Python，以及 Java，這代表著開發者可以視應用的情境，來決定使用何種語言來撰寫 Spark 程式，更能彈性的符合開發時的需求。

（三）Hadoop 與 Spark

Hadoop 和 Spark 兩者都是巨量資料處理平台，雖其中有許多處理的任務相同，但是在一些方面又並不相互重疊。Hadoop 實質上更多是一個分佈式數據基礎設施，

其提供了 Spark 所沒有的功能，比如 HDFS 儲存系統；Spark 的出現不是爲了完全取代 Hadoop，而是可以用來取代 Hadoop 內的 MapReduce 運算引擎，又 Spark 能與 Hadoop 相容，其支援 Hadoop 的儲存系統，使 Spark 可以立足於 Hadoop 的儲存系統之上，可以說是當前在處理大規模資料時，開發者所慣以使用的儲存系統了。因此，結合 Hadoop 的分佈式檔案儲存系統以及 Spark 快速的資料處理技術，利用 HDFS 來儲存資料，而用 Spark 來進行資料分析，讓 Hadoop 和 Spark 在同一個團隊裡面協同運行，可以使得這對組合成爲一種高效能的資料處理環境。

二、 資料處理模組

（一）資料擷取

　　大數據應用的第一步便是資料蒐集，巧婦難爲無米之炊，數據蒐集的完整性決定了數據是否能有價值地發揮作用。從數據的類型上來看，過去主要處理結構化的數據，其通常由企業內部活動所產生，例如庫存量、銷量、交易紀錄等等，這些數據一般內容較規範、含義明確、處理方式成熟，可以方便產生各類數據報表，爲企業運作提供最直接的依據（每日頭條，2016）。除此之外，世界更多充斥著的是半結構、非結構化的資料，例如文本資料，包括網頁中的文字內容、聊天記錄、電子郵件及企業的各類文檔等；多媒體資料，包括圖像、視頻、語音；甚或至數位足跡，包括人群之間看不見的社交關係、移動設備發射的 GPS 位置、使用者行爲及網路傳播的路徑等等，都值得我們去挖掘。

　　在過去，傳統的數據擷取方法包括人工錄入、問卷調查、電話隨訪等方式，隨著時代的進步，企業也開始使用資訊系統來記錄資料，例如 POS、ERP 等系統。拜科技所賜，數據的擷取也有了另一種方式，例如網路爬蟲技術，爲一種網頁內容的擷取技術，常被用於輿情事件分析、企業商情監測、競品分析等領域；移動設備的數據採集技術，目前使用最多的爲 Android 或 iOS 的採集套件，這種技術能幫助蒐集移動設備上 App 的數據；傳感器數據蒐集技術，傳感器（Sensor）是另一類常見的大數據採集裝置，它能將測量到的訊息按一定規律變換爲電信號輸出，例如傳遞溫度、壓力、位置、位移、光敏、距離、化學感應、生物、磁場等各類訊號，通常用於自動檢測和控制等環節（壹讀，2016）。

（二）資料分析

在大數據時代的變革下產生
了許多新興資料源，包括多媒體
資料、移動裝置資料、感測資料、
文本資料等等，企業如何分析這
些資料，進一步將「資料」轉化
為「資訊」、「知識」甚或至「智
慧」，並運用於實務上以產生創
新的應用和經濟價值已成為當今
企業所關注的重要議題。

「資料」的本質上缺乏意義，沒有任何的判斷或前後關聯；經過整理（描述性
分析）後能夠使我們了解資料中所描述的客觀事實，進而成為「資訊」；接著探索
事實背後發生的原因（診斷性分析）能夠幫助我們知悉何以因應，爾後將這些經驗
承留下來便成為了「知識」；將這些資訊或知識累積起來，可以幫助我們掌握趨勢
並推測未來（預測性分析），取代過去人為的主觀臆測，從而成為一種「智慧」；
而最終的目的便是能夠根據這些資訊、知識與智慧，提供企業經營上的決策方針
（決策性分析），對企業策略提供有效的支援以獲取競爭優勢。

1. 描述性分析

描述性分析主要體現已經發生的事實，透過對歷史數據的統計分析，描述過去
的現象，幫助企業了解特定營運活動的狀況。例如消費者需求是甚麼、競爭者
的影響為何、發生甚麼異常狀況（What）；消費者最常於何時購買 A 產品、
異常狀況均在何時發生、何時開始產生效益（When）；目標客群是誰、滿足
了哪些消費者、誰可以是合作夥伴（Who）；競者對手營運據點分佈為何、市
場通路在哪、消費者在何地（Where）。

2. 診斷性分析

診斷性分析主要說明事實發生背後的原因（Why），力求找出現象變化的因果
關係，幫助企業了解隱藏於事件中的影響因子，以做為企業營運策略調整的依
據。例如可以透過關聯規則、時序探勘等技術分析信用卡使用狀況，以挖掘民
眾使用這張信用卡的原因為何，並從而發現原來電影票優惠是影響信用卡發行
量的主因，以後便可以此做為主打發行其他信用卡，增加信用卡發行效益。

3. 預測性分析

預測性分析主要是在描述性分析與診斷性分析結果的基礎上做進一步分析，透過對歷史資料的剖析，尋找趨勢變化中的規則，進而建立預測模型，以可推測事件未來變化的方向或某一事件將會發生的可能性。例如誰將會購買我們的產品（Who will）、未來的消費者會出現在哪裡（Where will）、客戶於何時將有倒債的可能（When will）、股票漲跌的可能性為何（What will）。

4. 決策性分析

決策性分析比預測分析提供了更進一步的行動方案（How），試圖從數據中找出最佳化的結果，進而給出最優的決策方針，以做為企業經營決策上的依據，例如甚麼樣的產品組合能帶來最大的利潤、甚麼價格甚麼時間要進行股市交易、在哪裡拓展營運據點能有最大的效益等等，可以視為是一種推薦模型。

三、資料整合應用

從資料處理環境的建置，到資料的取得與分析後，接著便是將資料分析之結果整合應用於實務上，包括從產品（Product）的設計與開發到產品上市行銷（Market），最後到消費者端的顧客服務（Service），以及企業營運的風險控管（Risk）或其他業務活動，在公司經營的每個環節下，均能充分使用大數據來為企業帶來諸多的效益。以下茲針對各營運活動簡述一些實際的應用（數位行銷實戰家，2015）：

（一）產品設計與開發

1. **產品優化**：銀行可以針對客戶之消費行為，從中分析客戶的個性特徵、風險偏好或購買決策型態等，更深層次的理解客戶習慣，智慧化分析和預測客戶需求，從而進行產品創新和優化。例如可以從客戶還款資料及其消費紀錄中分析，區分出優質客戶，並根據客戶還款數額度的差別，提供差異化的金融產品或服務方式。

2. **產品個性化**：保險公司除了可以通過自有的客戶資料以外，也可以分析客戶在網路社群的數據，為客戶制訂個性化的保單，以獲得更準確及更高利潤率的保單模型，給每一位顧客提供個性化的解決方案。例如從客戶過去的網路社群的中發現客戶生活狀態的改變（換工作、改變婚姻狀況、搬新家等），便可以將此視為行銷機會。

（二）市場行銷

1. **客戶細分**：以保險公司為例，在客戶細分的時候，風險偏好是確定保險需求的關鍵，風險喜好者、風險中立者和風險厭惡者對於保險需求均有不同的態度，而除了風險偏好數據外，更需要將客戶職業、愛好、習慣、家庭結構、消費方式等資料作為考量，以更全面完整的資料來了解消費者，進而對客戶進行分類，並針對分類後的客戶提供不同的產品和服務策略。

2. **客戶挖掘**：通過分析客戶的帳戶狀態（類型、生命週期、投資時間）、帳戶價值（資產峰值、資產均值、交易量、傭金貢獻等）、交易習慣（周轉率、市場關注度、倉位、平均持股市值、平均持股時間、單筆交易均值和日均成交量等）、投資偏好（偏好品種、下單管道等）以及投資收益（本期相對和絕對收益、今年相對和絕對收益和投資能力等），對客戶的各方面資料進行分析，從而發現客戶交易模式類型，找出最有價值和盈利潛力的客戶群，並以此做為主要行銷對象，提供他們最需要的產品及服務，進而抓住最有價值的客戶。

（三）顧客服務

1. **精準行銷**：在網路行銷領域，保險公司可以通過收集使用者社群網路上的各類資料，如地域分佈、生活習慣、興趣愛好、社交關係等資料，在廣告推送中實現地域定向、需求定向、偏好定向、關係定向等定向方式，實現精準行銷。以生活習慣為例，從客戶的社群網路中發現客戶平均每兩年會出國遊玩，當兩年週期將近時便推出國外旅平險方案給客戶，以此增加旅平險的銷量。

2. **流失預測**：保險公司可以透過大數據進行挖掘，綜合考慮客戶的資訊、險種資訊、歷史交易行為等，對客戶行為做量化分析以找出影響客戶退保或續期的關鍵因素並建立預測模型，通過這些因素和建立的模型，對客戶的退保概率或續期概率進行估計，以可找出高風險流失客戶，公司便針對這些客戶制定挽留策略，提高保單續保率。

（四）風險控管

1. **放款風險分析**：銀行除了通過企業的產值、流通、銷售、財務和客戶資料等相關資訊外，更應考量其相關產業鏈上下游之數據，透過掌握企業外部環境的產業鏈上下游資料，可以獲得更為完整的客戶拼圖，從而做為對企業進行貸款風險分析的依據。例如鴻海集團主要客戶涵蓋 3C 品牌大廠，包括 HP、Dell、Apple、Nokia、Sony 等，佔整體營收比重達 70%，銀行除了分析鴻海企業內部之資訊，更須了解 3C 產業及各 3C 品牌大廠之發展動向，以可更全面、完善地掌握鴻海未來之發展。

2. **欺詐分析**：銀行可以利用持卡人基本資訊、信用卡資訊、信用卡交易歷史、客戶行為模式（如轉帳、匯款）等，結合大數據分析技術從過去詐欺案例中找出詐欺行為路徑，當某一客戶之行為近似或符合詐欺行為路徑時，銀行便可進一步關心了解客戶之用卡狀況，進而減少企業損失。

14.3 金融大數據分析方法與技術

　　至今金融產業已經與大數據的應用密不可分，無論是銀行業、保險業或證券業。而大數據的價值並不在於利用了甚麼最新穎最高端的分析技術，如何使用並真正落實到實務上才是重要關鍵，以下便簡要揭示有關大數據分析之步驟、分析方法與其相關技術（翁慈宗，2009）。

一、數據分析五部曲

（一）了解問題與需求

　　在問題與需求不明的狀況下，無法知道應蒐集哪些資料來做分析，或該使用哪一類型的工具來進行探勘。例如有風險評估之需求，但不知風險評估要評估甚麼問題（信用風險？倒閉風險？還是作業風險？），便無法知道要蒐集甚麼資料，更無法知道該使用何種分析方法。除了確立問題與需求，更須額外了解各種資料分析的方法與技術，接著才能選擇適當的工具來進行資料分析，以解決我們的問題；而分

析方法也不一定只有單一種使用，往往爲了能得到更有意義的分析結果，甚至必須結合多種類型的資料分析方法。

（二）資料取得

在確定問題並選擇適當的資料分析方法後，應當可以得知該蒐集何種資料。而資料的蒐集應先以宏觀的角度來思考，例如評斷一個人好壞，不單單只能從成績來看，還必須從這個人的態度、禮貌、行爲舉止、衛生、道德等多方面考量，爾後再逐漸縮小聚焦，排除掉影響程度小或沒用的資料（有時捨去影響力小的資料能夠換取較佳的運算效率）。

（三）前置處理

蒐集好的資料並不見得就可以進行資料分析，因爲資料分析方法的不同，所需導入的資料型態也有所不同（要數值還是文字？要整個句子還是斷詞斷句後的結果？）另外也有可能資料中有些有異常（特大或特小的值），或是有些欄位的值無法取得，需要進一步補值或排除，這些都會直接影響到資料分析的結果。

（四）數據分析

在資料分析過程中，若發覺分析中的某一步驟有問題，則應考慮回到上一步驟去檢討和修正。例如認爲資料分析的結果不理想，可以考慮使用不同的正規化方法來處理資料或進行欄位轉換，這樣或許可以產生較佳的分析結果。如果還是不太理想，可能是因爲有些有用的欄位沒有被選取，如果能回到資料取得的步驟重新檢視，或許所得的結果就能讓人耳目一新。

幾乎在所有的資料分析案例中，都要不斷地回到上一步驟去檢視，並進一步從分析結果中思考應如何修正才能獲得較佳的結果。在如此不斷來回的測試中，累積對資料分析的經驗，也才能得到滿足當初所設定目標的結果。

（五）結果詮釋

最後對於分析結果的詮釋，則要倚賴具備背景知識的專業人士來解讀分析的結果。因此這一部分最好由資料分析的人員和產生資料的人員合作，除了能適切地詮釋探勘結果外，也才能知道該如何把結果應用在實務上。

二、數據分析方法與技術

　　資料分析的方法該怎麼劃分，到現在還沒有一致的見解，但公認分類、分群、關聯 3 種類型的資料分析方法，是其中最主要的（翁慈宗，2009），而另外爾後也會介紹有關預測分析之方法。

（一）關聯（Association）

　　主要用於從大量數據中，挖掘兩兩數據項目間的關聯性。關聯分析通常應用在市場購物籃分析上，藉由 POS 系統所紀錄的消費者購買紀錄，了解顧客的購買行為中，是否會有一些物品存在一起被購買的關聯性。常見問題像「如果一個消費者購買了產品 A，那麼他有多大機會購買產品 B？」以及「如果他購買了產品 C 和 D，那麼他還將購買什麼產品？」因此這種關聯分析一開始又稱為「購物籃分析」，用來探索各類銷售物品之間的關聯性。若應用於金融上，可以探討哪些金融商品客戶會一起購買、客戶在買了某樣商品後，會買另外何種商品等議題。有關的技術包括：

1. Apriori 演算法

　　由 Agrawal Rakesh 等人於 1994 年所提出，其目的在於快速地尋找海量資料中的頻繁項集，透過所設定支持度閾值，對指數量級的搜索空間進行剪枝的一種方法，為一種單維單層的布林關聯規則。Apriori 演算法之優點在於其原理簡單且容易應用（常世杰，2013）。

2. FP-Growth 演算法等

　　FP-Growth 演算法為不產生候選項目集的高頻項目集探勘演算法，其透過 FP-tree 挖掘頻繁項目集，能夠改善 Apriori 需要多次重新掃描資料庫的問題，減少了執行時間以及降低儲存關聯規則的記憶體，在許多領域中具有很高的實際應用價值（黃楷均，2016）。

（二）分群（Clustering）

　　資料的分群是希望儘量把相似的資料歸在同一群，並把不相似的資料儘量分在不同群，這個步驟稱之為分群。例如可將客戶依據性別、職業別、收入等特徵加以分群，分群後的同一群客戶，即代表他們在特徵上整體而言是較為類似者，後續即

可作為區隔行銷目標之依據，而當某類型顧客進入網站時，即可呈現適合該類型顧客之相關商品廣告，有助改善廣告的品質與有效性。有關的技術包括：

1. 距離衡量法

2. 階層式分群（又分凝聚式及分裂式）

3. 非階層式分群（以 K-MEANS 演算法及自組織映射圖網路為代表）

4. EM 演算法（Estimation-Maximization Algorithm）

5. JP 演算法（Jarvis-Patrick Algorithm）

6. 最小生成樹（Minimum Spanning Tree）

（三）分類（Classification）

分類的方式主要是從現有的資料中，歸納出一個較能解釋這些資料的模型，等將來有新的資料時，便可使用這個模型來預測這筆新資料的類別值。例如將信用卡申請者的風險屬性，區分為高度風險申請者、中度風險申請者及低度風險申請者，企業蒐集客戶資料並經過訓練與測試後產出一個信用卡風險程度分類器，當新申請者之資料進來時，便可歸類其所屬之風險屬性。有關的技術包括：

1. 記憶基礎推理（Memory - Based Reasoning）

2. 線性最小平方適合度（Linear Least-squares Fit, LLSF）

3. 感知學習演算法（Perceptron Learning Algorithm）

4. 決策樹（Decision Tree）

5. 貝式分類（Bayesian Classifier）

6. 類神經網路（Neural Network, NN）

7. 支援向量機（Support Vector Machine, SVM）

（四）預測（Prediction）

期望根據過去歷史資料的發展趨勢來推估一資料特徵之未來值，例如保險公司針對過去詐保資料進行分析並建立理賠防詐欺風險預測系統，當新理賠案件風險預測值超過標準時，公司便可進一步深入調查了解，以減少保險詐領的機率。有關的技術包括：

1. 決策樹（Decision Tree）

2. 類神經網路（Neural Network, NN）

3. 支援向量機（Support Vector Machine, SVM）

4. 線性迴歸（Linear Regression）

5. 時間數列分析（Time Series）

6. 灰色預測（Grey Prediction）

14.4 金融大數據應用

　　本章將以「網路社群媒體輿情分析與監控平台」作為一實際應用案例之介紹，為國立高雄第一科技大學財金大數據研究團隊所開發。以銀行業為目標對象，針對社群網路上關於銀行以及銀行相關業務之輿論進行正負面評價分析，對於負面之評價資訊，銀行能夠及時發現並著手處理問題；對於正面資訊，可以加以總結並繼續強化；同時，平台也分析同業競爭對手的輿論資訊，幫助瞭解同業的優勢與劣勢，以作為銀行在經營決策上的參考依據。關於網路社群媒體輿情分析與監控平台之功能架構如圖 14-2 所示。

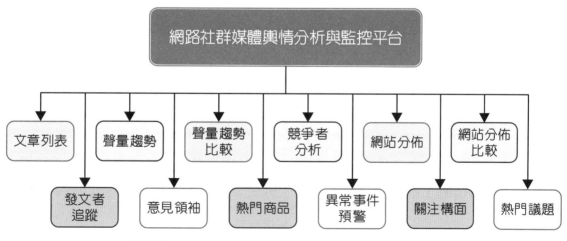

圖 14-2　網路社群媒體輿情分析與監控平台功能架構

一、網路社群媒體輿情分析與監控平台功能說明

(一) 文章列表

　　主要呈現網路輿論之分析結果。其中包括查詢對象選擇，可不限制選擇查詢對象或可選擇自身企業或其它同業競爭者做為查詢對象；查看項目選擇則包含文章標題、文章內容與其回覆內容、正負評價內容；以及資料來源選擇、期間設定、關鍵字搜尋等功能。如圖 14-3 所示。

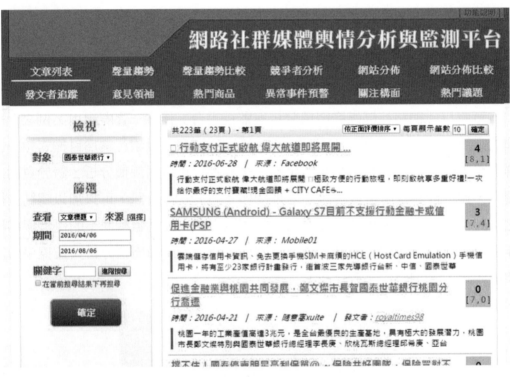

圖 14-3　文章列表

(二) 聲量趨勢

　　可監控查詢對象之文章與正負評價聲量的長期走勢，例如當銀行發行新信用卡時，可透過趨勢圖了解聲量之發展，以了解民眾對發卡活動之反應。如圖 14-4 所示。

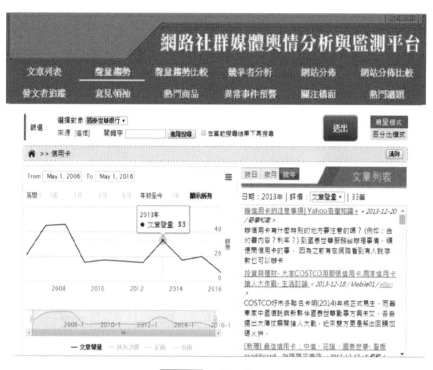

圖 14-4　聲量趨勢

（三）聲量趨勢比較

可同時監控多家同業競爭者之文章與正負評價聲量的長期走勢，藉此比較每家銀行在一特定議題下之發展狀況。如圖 14-5 所示。

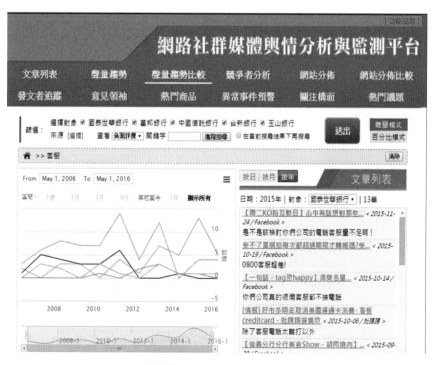

圖 14-5　聲量趨勢比較

（四）競爭者分析

　　可同時查看多家同業競爭者在一特定期間區間內，文章或正負評價聲量總和之比較，可幫助我們一目了然自身與同業對手輿論狀況之差異。如圖 14-6 所示。

圖 14-6　競爭者分析

（五）網站分佈

　　可監測單一查詢對象之文章與正負評價聲量在各個網站頻道之分佈情況，幫助銀行了解其文章或評價主要分配在哪些網站，以可進一步做網站之經營與管理。如圖 14-7 所示。

圖 14-7　網站分佈

（六）網站分佈比較

可同時監測與比較多家同業競爭者之文章與正負評價聲量在各個網站頻道之分佈情況，例如得知玉山銀在 Udn 部落格有比較活絡的討論，而相對其他銀行是否也應特別加強在 Udn 部落格之經營。如圖 14-8 所示。

圖 14-8　網站分佈比較

（七）發文者追蹤

可追蹤特定發文者所發佈之文章、回覆與評價，例如銀行發現某一特定發文者經常發表銀行之負面評論，而透過此功能便可監控發文者之發文動向，以利必要時銀行可以進一步介入做正面回應。如圖 14-9 所示。

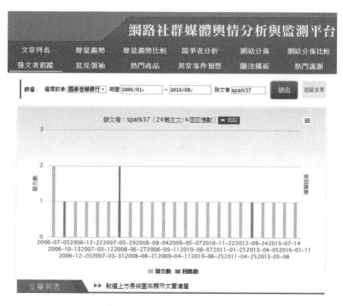

圖 14-9　發文者追蹤

（八）意見領袖

可辨識各個網站頻道之意見領袖，以發文者之發文平均回覆數作為目標對象，當文章被回覆的數量越多，代表越多人關注發文者之文章，另一層面也表達出其能影響的人越多，影響力越大。如圖 14-10 所示。

圖 14-10　意見領袖

（九）熱門商品

可辨識新的商品，並分析與監測其熱門程度。企業可以藉此挖掘新穎之產品，以作為新產品引入之考量。如圖 14-11 所示。

圖 14-11　熱門商品

（十）異常事件預警

可針對關心的議題設定異常事件偵測，以防止在短時間內某一特定議題之負面評價聲量異常攀升，從而錯失危機處理最佳時機。如圖 14-12 所示。

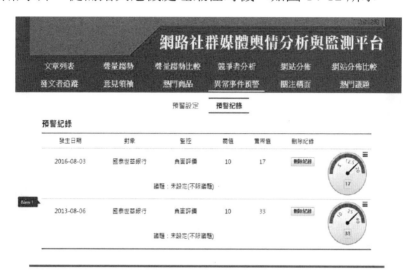

圖 14-12　異常事件預警

（十一）關注構面

可針對某一特定議題之關鍵字與時間區間的設定，分析網友對於此議題所關注的構面為何，並列示其相關討論文章。如圖 14-13 所示。

圖 14-13　構面分析

（十二）熱門議題

可針對某一特定議題之關鍵字與時間區間的設定，分析出網友所討論之熱門文章有哪些，並針對所討論之熱門議題做主題分類。如圖 14-14 所示。

圖 14-14　熱門議題

章後習題

一、選擇題

( ) 1. 請問哪一個國家運用開放原始碼打造一個測試平台，提供分析工具並結合開放資料服務，讓學術單位和企業在平台上進行巨量資料商業分析與問題研究？

    (A) 美國   (B) 臺灣

    (C) 新加坡   (D) 南韓

( ) 2. 請問下列何者非顧客服務分析？

    (A) 客戶細分   (B) 精準行銷

    (C) 流失預測   (D) 顧客行為分析

( ) 3. 請問下列何者為產品開發分析？

    (A) 產品傾向分析   (B) 產品優化分析

    (C) 銷售通路分析   (D) 競品分析

( ) 4. 請問下列哪一個國家著重在建立政府的分析能力，透過提供實作指引、共享技術知識與分析工具及支援試行計畫的方式，促進政府機關發展巨量資料應用？

    (A) 南韓   (B) 澳洲

    (C) 新加坡   (D) 臺灣

( ) 5. 請問下列哪一個國家利用巨量資料軟體領導業者的能量，由業者提供軟硬體資源和資料科學專業，協助發展巨量資料計畫，並培養專業分析人才，使該國成為亞太地區巨量資料分析樞紐中心？

    (A) 南韓   (B) 新加坡

    (C) 新加坡   (D) 臺灣

二、問答題

1. 何謂「金融大數據分析」，其應用可包括哪些方面？

2. 試描述「金融大數據分析」之發展程序？

 參考文獻

1. iThome（2015），http://www.ithome.com.tw/。
2. INSIDE（2015），認識大數據的黃色小象幫手-Hadoop，http://www.inside.com.tw/。
3. IDC 國際數據資訊公司（2006），2006 年金融業十大 IT 策略方案—全球與亞太重視角度略不同 http://www.lancom.com.tw/。
4. 工業技術研究院（2015），巨量資料帶動巨量經濟影響力，https://www.itri.org.tw。
5. 每日頭條（2016），大數據挖掘技術在企業創新中的應用，https://kknews.cc/tech/4qo ymg.html。
6. 金融監督管理委員會（2016），金融科技發展策略白皮書。
7. 翁慈宗（2009），資料探勘的發展與挑戰，http://csyue.nccu.edu.tw/ch/Data%20Mining（200910）.pdf。
8. 常世杰、葉曉萍（2013），利用資料探勘 Apriori 演算法預測零售賣場之個人購物行為，國立高雄第一科技大學，碩士論文。
9. 壹讀（2016），https://read01.com/。
10. 黃楷鈞、呂永和（2016），於 Hadoop Yarn 平台上建置平行化的 FP-Growth 演算法，國立臺灣科技大學，碩士論文。
11. 數位行銷實戰家（2015），大數據在金融行業的應用，https://www.dcplus.com.tw/。

15

智慧金融之轉帳篇

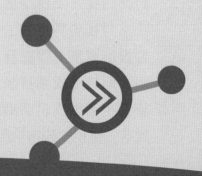

Smart Commerce

15.1 支付方式之發展背景

隨著科技日新月異與各國政府政策開放及推動，金融支付方式也不斷創新。從最原始銀貨兩訖交易模式，進而發展信用卡支付。然而，傳統的信用卡支付多採實體卡片憑證，利用於商家固定式讀卡機來讀取卡片上磁條或晶片資訊，以完成支付。這樣的交易模式，雖然免除現金支付之不便，但也存在卡片存放及讀卡機設置等問題。因此，如何應用科技創新，讓買賣雙方形成一更簡易、方便與安全的支付模式，已成為市場重要考量，勢必也將影響未來金融產業的營運與發展。

綜觀現行支付方式的變革，除了實體卡片支付外，我們約略將其歸類成三種模式。第一種為「行動支付（Mobile Payment）」，此種模式之重點在於如何使支付更具行動力，而其具體作法則是讓買家支付工具不再受限於卡片，讓賣家讀取裝置能更有機動性；第二種為「線上支付（Online Payment）」，此等模式則是強調透過網路媒介，來完成轉帳或付款；第三種則是「第三方支付（Third-Party Payment）」，該支付係透過一間具信譽保障的獨立機構與銀行簽約，來提供一支持銀行支付結算系統介面的平臺，由此平臺來完成網路支付，不同於線上支付作業，此模式會將用戶款項存於特定帳戶。

上述三種支付方式的分類，並非彼此獨立。換言之，線上支付工具需運用行動支付之創新技術，第三方支付也具線上支付意涵，甚至有人將上述支付型態均統稱為行動支付。此種分類模式，是為了強化讀者對於支付系統架構之概念。以下，我們將依序來說明這三類支付模式，其中，各種模式介紹，我們都將從「支付型態概述」、「支付技術與流程」以及「業者推展實例」等三種角度來說明，期待這樣編排論述可以讓讀者更清晰支付發展架構並認識各支付模式的市場現況。

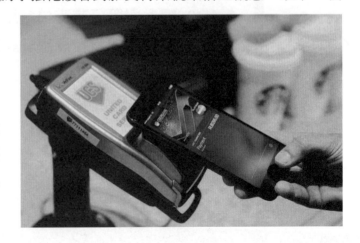

15.2 行動支付介紹

一、行動支付之型態概述

行動支付在定義上，一般泛指用戶使用「非現金之金融工具」及其「裝置」，以「智慧型行動載具」，透過「特定傳輸技術」進行認證，以完成與商家的交易付款並取得商品或服務的支付方式。其中：

（一）非現金之金融工具

包括信用卡、金融卡、簽帳卡、銀行帳戶及第三方支付服務等。

（二）裝置

為金融工具相關資訊（如信用卡資料、用戶資料等）所存放之安全元件（Secure Element, SE）。而一般的安全元件形式有下列幾種：(1) 特殊的用戶辨識模組卡（Subscriber Identity Moduleard, SIM Card）SIM 卡，例如單線連接協議（Single Wire Protocol, SWP）SIM 卡，它是將資訊儲存在 SIM 卡內；(2) 整合到小型安全數位卡（Micro Secure Digital Card, Micro SD Card）；(3) 將晶片額外內嵌在手機裝置（Embedded SE）。

（三）智慧型行動載具

以智慧型手機、平板、穿戴式裝置（如智慧型手錶）等最為常見。

（四）特定傳輸技術

目前以近場通訊（Near Field Communication, NFC）為主，另外，圖像聲波的判讀及生物特徵的辨識亦獲致突破性發展。

二、行動支付之技術與流程

欲了解行動支付流程，應先清楚信用卡交易步驟，再觀察行動支付於整體支付流程中所運用的技術與作業程序。在信用卡交易流程裡（如圖 15-1），首先，用

戶備齊個人信用條件證明資料向發卡銀行申請用卡，經徵信取得核卡後再以此向特約商店持卡消費，商家受理後透過卡片資訊讀取以服務式端點銷售系統（Point of Service, POS）網路或電話依序向收單機構（Acquirer）、信用卡組織及發卡機構提出授權需求，特約商店獲得發卡機構認可此張卡為有效後即接受持卡人消費，持卡人將可獲取商品或服務。特約商店售出商品（或服務）後即向所屬收單機構提出請款。而收單機構多會向特約商店收取交易金額之某一定比例作為手續費（原則上依特約商店所屬行業別而定），再透過信用卡處理中心以「國內清算中心」身份向國內外發卡機構進行帳單帳務清算，彙送請款資料並要求撥款。付款發卡機構則於每月約定之付款日前向持卡人寄送對帳單並要求付款，當用戶付完款項後整個交易也就完成。

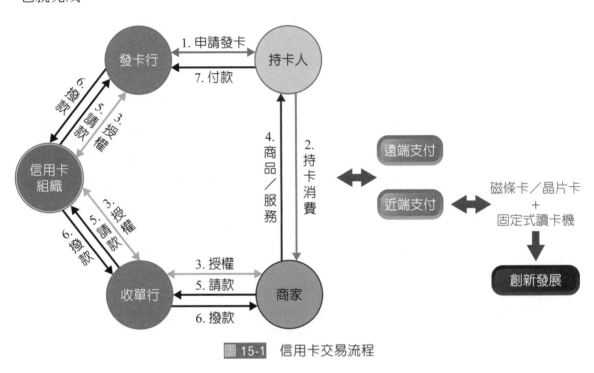

圖 15-1　信用卡交易流程

上述交易流程裡，用戶的持卡消費、商家的用戶資料讀取，以及信用授權的認定處理，在行動支付的技術創新下，已有嶄新的風貌。首先，商家原採用的固定式讀卡機漸發展為行動終端讀卡機（mobile Point Of Sales, mPOS）。其次，透過 NFC 的作業，可使用戶原先消費的實體信用卡也可以智慧型行動裝置取代來完成交易。再者，圖像聲波（如 QR Code、微波）以及生物特徵（如靜脈、指紋、虹

膜、耳紋等）的辨識也再再應用於行動支付之中（圖 15-2）。以下，我們將依序說明這些技術內容。

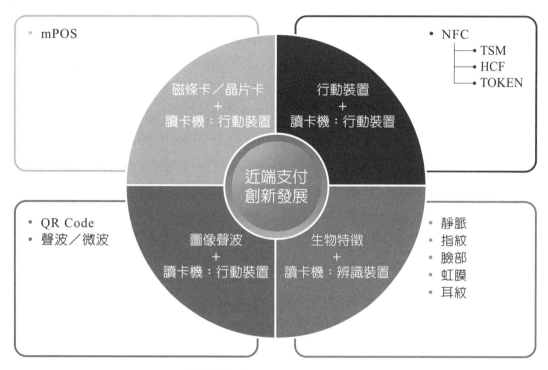

圖 15-2　行動支付的技術創新

（一）行動終端讀卡機（mobile Point Of Sales, mPOS）

可以搭配智慧型手機或平板等行動裝置一起使用，以提供刷卡功能，為行動化的小型讀卡機。其支付過程為先將 mPOS 插入行動裝置，再將卡片於 mPOS 刷卡，最後在裝置螢幕上簽名來完成交易。此種支付模式因兼具攜帶方便、導入成本低與無紙本收據等優點，尤其適合小型商家使用。而該支付技術則以美國的 Square、中國大陸的拉卡拉和瑞典的 iZettle 公司為代表。

（二）近場通訊（Near Field Communication, NFC）

所謂近場通訊是指兩個裝置靠在一起（10 公分以內），透過高頻無線通訊技術傳遞資訊，而該技術係建構在無線射頻辨識（Radio Frequency Identification, RFID）系統上。至於 NFC 工作模式，大致歸納為以下三種：

1. 卡模擬模式（Card Emulation Mode）

這個模式採用 RFID 技術使行動裝置替代 IC 卡（包括信用卡）、IPASS、門禁管制、車票、門票等。此種方式下，先將行動裝置內建 SE，爾後開啓相對應的 App，再將 Micro-SD 卡或 SIM 卡的感應區域對準讀卡裝置，即可成功使用 NFC 技術功能。而 SE 建置方式，前已述及常見 SWP-SIM 卡、Micro-SD 卡以及內嵌在行動裝置三類型。其中，SIM 卡的支付技術通常由電信營運商握有主導權。至於 Micro-SD 卡在國內的實際應用案例如，凱基銀行（原「萬泰銀行」）曾自行研發 X 卡，將 FISCII 的晶片以及 8118 的控制器等元件，封裝於 micro SD 卡，讓此 micro SD 卡除了爲同時具有身分識別，及機密資料儲存的行動支付工具，且亦有簽帳卡（現金支付）及信用卡（信用轉帳）功能，用戶可在一支手機內完成多個帳戶及不同卡別的交易步驟。在安全性上，X 卡擁有 8 種安全機制，如 MAC 訊息驗證碼、8118 控制器、SSL 金鑰、隱密區、音量鍵確認、動態鍵盤、FISCII 及虛擬帳號。

2. 對等模式（P2Pmode）

用於短距離資料傳輸，模式類似紅外線。將兩個具備 NFC 功能的裝置靠近即能將資料對等傳輸，如下載音樂、交換圖片等。

3. 讀卡器模式（Reader/Writer Mode）

如從海報或者展覽資訊電子標籤上讀取相關資訊。

NFC 爲近端支付帶來重大變革，而其支付的架構中，商家（負責銷售點的消費者介面與付款）、收單機構（負責商家支付關係及管理）、發卡機構（信用卡、金融卡、會員卡發卡機構）、支付網路（支付產品、品牌與處理網路的網路系統）均固定不變，其他的流程則依照不同技術創新而發展出各自解決方案。對此，我們分述現行發展較爲成熟的三種方案：

1. 信託服務管理（Trusted Service Manager, TSM）

在 NFC 交易運作需求中，除了製造具有 NFC 功能手機的供應商、提供網路服務的電信業者和提供現金流的銀行業都分別有自己的安全元件需要管理，而兩邊的安全元件會一起存在 Micro SD 卡或是 SIM 卡的晶片上，TSM 即扮演著整合中間資料或是資訊交流中公正的第三方。其中，電信業者提供行動網路並和安全元件供應商協定製造安全元件，TSM 就在發卡機構、電信業者、服務供應商之間居中協調，TSM 爲支付產業及行動產業間的橋樑，現今的行動支付也多以此方式進行。

2013 年 8 月國內五大電信公司（中華電信公司、臺灣大哥大、遠傳電信、亞太電信、威寶電信）與悠遊卡共同成立一行動網路運營商 MONTSM（Mobile Network Operator, Trusted Service Management）「群信行動數位科技公司」，希望能藉由此平台串接電信業、金融業、交通票證等業者間的產業價值鏈，提供各式各樣的 NFC 應用服務。隔年 12 月，聯合信用卡中心、臺灣票據交換所及財金資訊公司發起成立支付服務供應商 PSPTSM（Payment Service Provider, Trusted Service Management）「臺灣行動支付」公司，並與「群信行動數位科技公司」的 MNOTSM 平台介接，推出支援 Android、iOS 系統平台的行動支付解決方案，讓民眾只需更換新的「NFCUSIM」卡，就可以用指定手機，透過線上下載 36 家金融機構、悠遊卡進行行動支付的功能。

2. 主機卡模擬（Host Card Emulation, HCE）

HCE 是由 Google 系統所開發出來的行動支付解決方案，它採用與 TSM 相同架構之技術，但將原來硬體式的安全元件（Secure Element, SE）轉換成軟體式的安全元件（不需額外採用防竄改的安全元件，如嵌入式安全晶片、SIM 卡或 Micro-SD 卡等），利用儲存於雲端的安全憑證資訊，以軟體授權的方式將動態密碼存進手機，實現 NFC 行動支付應用。等於是結合智慧型手機或行動裝置上的軟體與雲端技術，簡化了付款流程。即在 HCE 解決方案中只要手機製造商製造有 HCE 功能的 NFC 手機，並且由雲端支付平台供應商提供 HCE 服務，電信業者只需提供網路就好。對於金融業而言，它有較高自主性。對消費者來說，HCE 的好處是不再需要更換特殊 SIM 卡或是插入額外的 Micro SD 卡，只要手機有 HCE 功能即可，手續上方便許多。2015 年 12 月「臺灣行動支付」與 MasterCard 合作啟動 HCE 行動支付服務。同時，玉山銀行也與 Visa 合作，推出國內首張 HCE 雲端技術的手機信用卡，電子錢包「玉山 Wallet」以及「玉山 HCE 手機信用卡」。

3. 憑證代碼服務技術（Tokenization，Token）

Visa、萬事達卡及美國運通共同研發的「Token」技術，將信用卡帳號轉換為一組隨機代碼作為交易用的憑證，藉由一串虛擬的數位憑證（Token）來取代實體卡片上的帳號資訊，以提升感應交易的安全性，此技術為 Apple Pay、Android Pay…等手機支付的應用基礎。當代碼請求者（像是手機供應商 Apple、Google 即為請求者，而電子商務之網路商店也是代碼請求者。）向 Visa 代碼服務網路提出請求，Visa 代碼服務網路即確認信用卡是否有效，接

著產生風險分數,傳送資訊至發卡機構,經發卡機構同意請求後,Visa 產生一組新的代碼傳送給代碼請求者,代碼請求者就會提供這組新代碼並儲存在消費者的手機中(若以線上購物來說,代碼則會儲存在網路商家的資料庫裡)。若消費者透過手機,在 Visa pay Wave 的感應式讀卡機付款,代碼會傳送到商家的收單銀行,收單機構會將收到的代碼傳送給 Visa 驗證。Visa 會把代碼轉成卡號,並同時提供發卡機構代碼與卡號以進行授權,待發卡機構核准這筆交易後,授權回應會再傳回 Visa,並送回給收單機構與商家。所有的程序不到一秒就會完成,消費者並不會察覺這一連串的作業處理。

2014 年 10 月 Apple Pay 於美國正式上路,Apple Pay 所使用的支付模式即為 Token 的資訊保密方式。使用者將信用卡資訊註冊進手機內時,支付憑證代碼服務商會將 1 組加密後的裝置帳號(Device Account Number)傳至手機內,使手機內儲存經處理過的裝置帳號,此帳號綁定此裝置,在其他裝置無法使用。這種憑證化的保密方式,讓手機無法記憶原始的信用卡資訊,而是記憶一組近似代碼的帳號。因此,當使用者外出消費並以手機進行 NFC 感應付款時,便是以裝置帳號向 POS 溝通。首先,收到手機裝置帳號的 POS 會經由網路向收單銀行(Merchant Acquirer)詢問帳號真實性,接著收單銀行再向代碼服務商確認帳號轉換過後的信用卡資訊。若代碼服務商確認信用卡資訊與裝置帳號相符,則會經由收單銀行通知 POS,讓交易順利進行。在整個消費過程中,唯一知道消費者信用卡資訊的單位只有支付憑證代碼服務商,一般而言,支付憑證代碼服務商通常由 VISA、MasterCard 等信用卡組織擔任。

1. 圖像聲波讀取

上述支付模式談的都是以手機進行 NFC 近端感應付款,另一類資料讀取模式,則是透過圖像聲波的傳達來完成交易。圖像部分運用已成熟技術,當推快速回應矩陣碼 / 二維條碼(Quick Response Code, QR Code)最為普及,該技術早自 1994 年日本的 Denso Wave 公司,行動條碼的概念就是把手機當成掃描器使用,運用內建「行動條碼」的照相手機,將鏡頭瞄準條碼後,透過條碼的連結、軟體的解碼,就能自動辨識條碼內容。其在金融支付的應用上,消費者須先下載「QR Code」APP 並於 APP 註冊信用卡,當其於特約商店選定商品後登入「QR Code」APP(每次登入時系統將檢核門號及信用卡資訊),並掃描商品的 QR Code 來讀取商品資訊,接著選擇付款之卡片,待商家確認後用戶將獲得交易完成通知訊息。

至於聲波傳遞是探微波辨識技術（Microwave Identify Technology, MIT），它是將兩個裝置靠在一起，透過喇叭和麥克風將交易資料編碼成超音波聲頻（人耳聽不見）傳遞，讓對方接收並解碼還原交易資料，以進行收付款。美國新創公司 Powa Technologies 透過聲波技術，讓用戶透過手機接收並辨識電視的廣告聲音，立即呈現廣告商品的結帳頁面，讓消費者點擊確認付款完成結帳。國內紅陽科技公司 2012 年 6 月便開始提供 Android 與 iOS 作業系統行動裝置用戶，只要下載 Swipy 收付便 APP 就可僅透過一支 APP，再運用手機最基本的喇叭和麥克風做為發射和接收端，直接使用行動裝置做近場支付大幅降低投入成本，2015 年該公司更是發展「Swipy 超音波支付」技術，當商家於手機下載 Swipy APP，消費者亦於手機下載 Swipy APP，並將所有的信用卡輸入該APP 後，當消費者選定商品並選擇付款之信用卡別，商家輸入交易金額並設定「感應收款」時，將兩支手機靠近透過超音波的方式來感應交易訊息，消費者在螢幕的簽名欄簽名，完成支付。

2. 生物特徵辨識

隨著網路安全愈受重視，而傳統的密碼又有記憶或遭盜錄等問題，回歸以人體特徵作為辨識主體的「生物辨識系統」已成一股新浪潮。而生物科技辨識意指透過人體的行為及生物特徵來辨認身份。行為特徵部分主要是透過聲音、簽名等方式來辨識；而生物特徵則常見人臉、虹膜、靜脈及耳紋等方式來辨識。因它具「獨一無二」的特性，可提昇身份識別的安全性及可信賴度。

臉部辨識支付，只需透過行動裝置鏡頭對準用戶的臉部認證即可完成付款。在靜脈辨識的支付上，消費者先將手指（或手掌）放在靜脈讀卡機，而由讀取裝置發射紅外線，來偵測人體（手指或手掌）靜脈血管中的血紅蛋白吸收紅外線形成之影像，以辨識消費者身分，經成功配對後完成付款。而虹膜辨識支付，辨識方式非常簡單，只要將眼睛對準攝影機的方框位置，就能夠讓辨識系統拍攝虹膜的影像進行辨識並完成付款。值得一提的是，相較於其他生物特徵辨識虹膜組織包含的資訊比人體任何部位都多，共有二百四十個獨特之處，而臉部

有約八十個獨特處,指紋只有二十到四十個。因此虹膜具有極高的唯一性,兩個人的虹膜特徵相同的機率遠比指紋、臉部相同的機率低。至於耳紋辨識,用戶可在接聽電話時,將手機螢幕貼近耳朵,完成解鎖螢幕或接通電話的流程,過程中透過每位用戶的耳紋差異,達到辨識身分的效果。

三、行動支付之業者推展實例

關於金融業者推出的行動支付方案,以國內銀行業者的方案介紹為主,我們將因機構屬性分成兩類探討,一為信用卡組織,另一為銀行業者。首先,在信用卡組織部分,主要為 MasterCard 和 VISA 兩大國際信用卡公司,前者於 2005 年推出 MasterCard Pay Pass 感應讀卡機;後者,則於 2007 年 9 月推出 VISA pay Wave 讀卡機。兩者均用來支援感應式實體卡片或手機 NFC 付款。銀行業者部分,本文將以國內銀行業者為主,以下,我們依序介紹凱基銀行、花旗銀行、永豐銀行、台新銀行、玉山銀行與中國信託商業銀行之行動支付方案。

(一)凱基銀行

萬泰銀行(現為凱基銀行)於 2011 年 11 月推出「X 卡行動支付服務」,該方案用戶必須要先有凱基銀行的銀行帳戶,並申辦「萬泰 X 卡行動支付服務」服務,同時選擇要連結的付款方式(萬泰 X 卡行動支付服務可以連結您萬泰銀行的帳戶自動扣款,也可以設定連結萬泰銀行信用卡,如果帳戶餘額不足時會使用信用卡扣款)及取得該行動支付服務專用的 X-Card,行動 X 卡是一張經過特殊加密處理的 micro SD 卡,銀行將使用者及交易資料植入卡內,再插入或連結至手機內,即讓手機變成信用卡。

並且將此技術獨家與臺灣高鐵合作,只要將此記憶卡安裝到內建 TF 卡插槽的 Android 手機並下載「X 行動支付」與高鐵訂票使用的「高鐵 T-EX」這兩個 App,即可透過手機訂購高鐵車票。訂票完畢後確認班車無誤後選擇「X 卡付款」,輸入密碼與認證碼後即可完成扣款並收到銀行發送的扣款簡訊。購票成功後在指定的時間抵達高鐵站就可用手機領取「實體票券」,或點選車票圖示直接產生一個 QR Code,在高鐵的閘門上的「票卡感應區」,將手機螢幕朝下,感應進入閘門。上述交易全程不需提供個人帳號、卡號、有效期限、卡片背面末三碼等資料,直接連結至用戶約定的活存帳號扣款或信用卡卡號付款,沒有帳號被竊、被側錄的風險,連密碼都是虛擬打亂配置,讓行動交易安全性提高許多。

（二）花旗銀行

花旗銀行於 2013 年 12 月推出「行動市集」APP，該方案提供花旗信用卡卡友透過「花旗行動生活家」APP 購買威秀影城一周內場次電影，讓卡友透過手機可先預購熱門電影。另外，花旗卡友透過「花旗行動生活家」連結至「行動市集App」，於威秀影城線上刷花旗指定信用卡訂購電影票，電影票將以 QR Code 電子票券形式存於「行動市集 APP」，卡友無需先到影城兌換電影票，憑手機 QR Code 就能順利入場，免去排隊購票取票之苦，更節省時間。

（三）永豐銀行

永豐銀行 2014 年 8 月率先開辦 mPOS 收單，為適用於中、小型或移動式商戶的專屬智慧收款終端機，該 mPOS 收單機制為經 MasterCard 等國際組織認證、符合國內外信用卡及 debit 卡交易安全規範。該行首波行動收單服務攜手 AVIS 租車、全鋒道路救援等業者共同試辦推出，未來則將進一步拓展到保險業、外送、宅急便、商圈攤商及展場等行業。永豐 mPOS 行動收單於持卡人刷卡後，確認刷卡金額，經過無線網路的授權，持卡人在特約商店的手機或平板上簽名，就可完成交易，並立即收到由永豐 mPOS 系統傳送的簽名記錄或是交易成功簡訊。個人資訊也不會被保留在特約商店的手機或平板上。

（四）台新銀行

有別於聯合信用卡中心、永豐銀都採晶片與磁條的交易技術，台新銀則加入感應式服務，於 2014 年 12 月和萬事達卡合推全台第一個「三合一 mPOS 行動收單服務」，所謂三合一以即結合感應式、晶片與磁條三項交易技術，透過行動裝置連接 mPOS 讀卡機，不受時間和地點限制，提供消費者和商家更便捷信用卡收付服務。台新銀行合作商家包括達美樂比薩、AVIS 租車、格上租車、新光產險和捷安特等，未來續擴大商家合作，讓 NFC 手機信用卡更加普及。

（五）玉山銀行

玉山銀行為滿足大陸旅客逐年增加之趨勢，於 2015 年 1 月推出 mPOS 銀聯卡刷卡服務，提供顧客更便利的信用卡支付工具。特約商店只要準備智慧型手機或平板電腦等行動載具，透過專屬 APP 刷卡系統，提供消費者立即刷卡支付服務。該

mPOS 行動收單服務已導入黑貓宅急便、大都會計程車、臺中清新溫泉飯店、手信坊觀光工廠，未來會增加商圈、保險等通路，並且使用玉山卡可享刷卡優惠。玉山銀行 mPOS 行動刷卡全程透過 SSL 加密處理，保障消費者的個人資料，持卡人僅需於行動裝置上簽名即可完成交易，並以簡訊或 E-mail 方式獲得消費的電子簽帳單，創造更安心有保障的交易環境。

（六）中國信託商業銀行

中國信託商業銀行於 2015 年 2 月與凌媄電腦合作，亦推出「mPOS（Mobile Point of Sale）行動收單系統」服務，有別傳統的固定式刷卡機，「mPOS 行動收單系統」的最終目標不是取代傳統原有的刷卡機，而是與金融單位合力擴大收單業務的服務範圍，讓以往因無實體店家的業者也能一同享有收單業務的福利，如：夜市、外賣、保險、直銷、旅遊、展場、零售、物流、到府維修保養、道路救援、桌邊服務…都能一同加入 mPOS 行列。

首波合作對象有中信人壽、臺灣大車隊及黑貓宅急便等三家企業，藉由平板電腦或手機連結，等於把刷卡機帶出櫃台。該系統目前接受 Visa、萬事達卡、JCB 信用卡，以及銀聯卡。其中，臺灣大車隊有 1 萬 4,000 輛計程車加入「mPOS 行列」，乘客結帳時直接連結車上 TO-Life 螢幕，就可支付車資。黑貓宅配則使用貨到付款模式，也能降低送貨員代收現金的風險。

另外，中國信託與 iCHEF 合作推出桌邊刷卡服務，透過內建在 iPad 中的 iCHEF App 和 mPOS App 與中國信託的藍芽刷卡機進行，使顧客能在桌邊結帳、卡不離身。當服務生為消費者結帳時，消費者以感應方式靠近刷卡機，此時平板上會出現等待銀行授權畫面，消費者接著在平板上簽名，交易成功後平板上會出現電子發票的 QR 碼，服務生至櫃台拿紙本電子發票給消費者留存完成整個交易手續，整個交易過程加密，交易資料不經手 iCHEF APP，而是經由與 iCHEF 相對應的中信 mPOS APP，讓交易更有保障。

15.3 線上與第三方支付介紹

一、線上支付之型態概述

線上支付係透過網路進行的電子支付[1]。較常見有以下幾種支付方式：

（一）線上購物支付

透過網路與網路商家交易並進行線上付款後，和實體商家完成交易付款、取得商品或使用服務，通常會綁信用卡或簽帳金融卡。

（二）線上轉帳支付

讓用戶從他們的銀行帳戶藉由網路直接轉帳到受款人帳戶。

（三）個人間轉帳支付（Person-to-person Payments, P2P）

為最近興起的支付方式，是讓用戶從銀行帳戶以手機直接轉帳到另一個人手機上的帳戶，僅需知道收款人手機號碼或 email 地址，不需要銀行帳號，就可直接轉帳，並以即時簡訊通知對方收款。

二、線上支付之技術與流程

線上支付流程與前述行動支付類似（圖 15-3），差異點在於用戶需透過網路進行線上消費，其操作過程除了購物訊息外連同付款資料也一併傳送至商家，再進行驗證、請款與撥款等程序，因此支付系統的安全性也將受到消費者關注。目前，國內外使用的保障支付系統安全協議包括：「安全加密機制」（Security Socket Layer, SSL）與「安全電子交易」（Secure Electronic Transactions, SET）兩類：

（一）安全加密機制（SSL）

加密機制在網路上普遍使用，係使用加密的辦法建立一個安全的通信通道，以便將客戶的信用卡號傳送給商家，能保證雙方通信時數據的完整性、保密性和互操

---

[1] 電子支付：交易當事人（消費者、商家及金融機構）以電子化設備和各類交易卡為媒介，透過網路系統直接或間接向銀行發出支付指令實現貨幣轉帳。

作性，在安全要求不太高時可用。原因在於雖然 SSL 可以用於雙方互相確認身份，但實際上該機制為客戶身份之單方認證。該商家掌握了客戶的信用卡號，而商家欺詐是 SSL 協議所面臨的最嚴重的問題之一。

（二）安全電子交易（SET）

為實現在開放的網路上使用付款卡（信用卡、簽帳卡和取款卡等）支付的安全事務處理協議。它透過憑證管理中心來確保商家和客戶的身份認證和交易行為的不可否認性。同時採用了雙重簽名技術對 SET 交易過程中消費者的支付信息和訂單信息分別簽名，使得商家看不到支付信息，只能接收用戶的訂單信息；而金融機構看不到交易內容，只能接收到用戶支付信息和帳戶信息，從而充分保證了消費者帳戶和訂購信息的安全性。

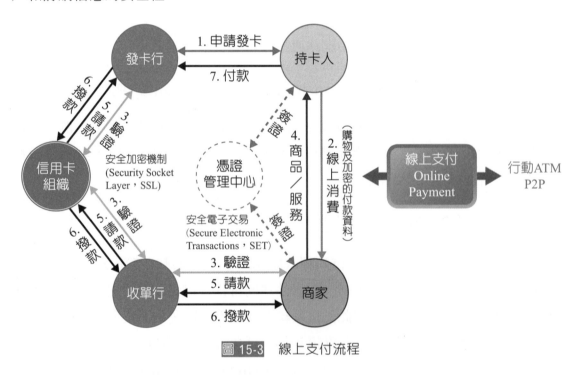

圖 15-3 線上支付流程

三、線上支付之業者推展實例

同上一節的業者推展實例介紹，我們仍依信用卡組織與銀行業者兩類機構分別介紹其線上支付方案。首先，在信用卡組織部分，MasterCard 先於 2012 年 5 月推出 Pay Pass Wallet 網路服務。它讓銀行、通路商及合作夥伴都能啓用自己的電子

錢包機制，並讓消費者可將付款及出貨資訊儲存在同一地方。允許使用者利用 Pay Pass 卡或智慧型手機在具備 NFC 感應裝置的商店內付費，或是在網站上點選一個鍵就能完成交易。該服務整合實體行動支付、網購、瀏覽帳戶、即時提醒支出、推送折扣、優惠券與忠誠計劃等；合作夥伴可結合 Pay Pass Wallet API 嵌入網站以接收 MasterCard。

2014 年 10 月又推出 Master Pass 服務。該服務提供網購支付平台，提供消費者整合多張卡片並儲存付款資訊，以手機、電腦或平板等裝置線上付款。另一家大型國際信用卡公司 VISA，則於 2012 年 6 月在台推出 VISA Checkout 服務。提供國際 P2P 匯款，單次金額上限為 2,500 美元，支援手機、網銀、ATM 或分行臨櫃等。該公司另於 2014 年 7 月推出 VISA 全球通匯（Visa Direct）服務。提供手機、電腦和平板等線上付款服務。2015 年 7 月則以移動互聯汽車的概念推出「VISA Checkout Connected Car」。

銀行業者部分，我們仍以國內銀行業者的方案為主要說明。以下，我們依序介紹國泰世華銀行、花旗銀行和兆豐國際商業銀行之推案實例。

（一）國泰世華銀行

國泰世華銀行與東京都物業管理機構合作，共同推出大樓管理費行動支付服務－「泰好付 APP」。已簽約完成的社區，住戶只要下載 APP，隨時可透過行動裝置，以信用卡完成繳費。繳費紀錄更能保存在信用卡帳單裡，方便日後查詢確認。接續持服務，國泰世華銀行將以智慧生活為發展重心，整合網路繳費平台及行動支付工具，涵蓋公共事業費、金融費用、電信費用等超過百種的繳款項目。

國泰世華銀行另一推案「My Mobibank 我的隨身銀行」係專為智慧型手機（iPhone 與 Android）開發之行動銀行服務，用戶下載其 APP 後即可進行匯利率查詢及帳戶服務等功能。另外，My Mobibank 帳戶服務功能，藉由手機就能查詢帳戶資料及操作線上約定轉帳及繳費（信用卡費、稅、中華電信費、國泰人壽保費）。

2015 年 5 月國泰世華銀行更推出新形象服務平台「KOKO」，KOKO 是一個虛擬帳號，可以在裡面儲值，這些儲值的錢讓你可以用來跟朋友拆轉帳、快速收付，或者未來可以在實體機器扣款小額消費。初期主打社群金融、預算管理服務，推出首創業界的 P2P 社群拆轉帳，未來還將持續擴大業務。拆轉帳是提供置慧型手

機族群利用通訊錄就可以跟朋友進行轉帳，外出吃飯、辦公室團購便可以 QR Code 掃瞄，自動分攤計算每個人應該分攤的金額，拆帳後馬上可以轉帳給先付款的人，前提是彼此都得有 KOKO 帳戶，好處是彼此轉帳不必付手續費。該系統另一預算管理功能則是想吸引想記帳卻嫌麻煩的人，KOKO 提供國泰世華銀行所有信用卡及 i 刷金融卡交易明細自動匯入功能，也可搭配手動記帳，並提供雲端備份，消費者可在行動裝置與電腦間隨時讀取管理。

（二）花旗銀行

花旗銀行攜手萬事達卡推出無實體商務信用卡，且率先與雄獅旅遊合作，2014年 8 月開始執行全台首例的「無實體商務信用卡帳戶」企業應用方案，首波應用於雄獅旅遊內部 B2B 國際訂房系統。無實體商務信用是一電子支付方案，交易流程與信用卡類似，是由銀行發行 1 組 16 位數的虛擬卡號，供企業進行採購或支付。不僅可以協助旅行業者提升交易安全以及財務效益，更可以簡化對帳流程，節省企業人力。企業無須持有實體卡片，即可完成授權交易。

「無實體商務信用卡帳戶」支援超過 100 種幣別的訂單付款，透過多種幣別的運用，旅行業者能夠有多元的合夥飯店組合，以獲取更好的訂房折扣，而旅行業者與花旗結算各種幣別的訂單，也使外匯轉換流程更加簡化。每一張無實體商務信用卡皆可依企業要求設定用途限制，以控制支付範圍，也可透過預先授權的方式，讓供應商如飯店業者事先授權；另也可設定一次性交易授權碼，大幅減少誤用、濫用的可能性。

（三）兆豐國際商業銀行

兆豐商銀與臺灣行動支付公司合作於 2015 年 2 月 25 日推出「行動金融卡」服務，將手機結合金融卡，只要擁有兆豐商銀的存款帳號，即可向該行申請辦理，經申辦完成後，後續即由臺灣行動支付 APP 通知客戶下載行動金融卡到手機中，下載完成後，手機就立刻兼具金融卡的功能，可以在實體特約商店以手機作購物付款。同年 8 月兆豐商銀再推出「兆豐行動 ATM」服務直接透過臺灣行動支付 APP（t wallet）讀取行動金融卡後，即可轉帳、匯款，或繳納各項稅、費，無須準備晶片卡讀卡機及電腦，且只要是國內銀行所核發的行動金融卡皆可使用。國內晶片金融卡持卡人，身邊只要有智慧型手機加上行動金融卡，無論出門或是在家裡，皆可以用智慧型手機操作兆豐行動 ATM 來因應各種支付需求。

四、第三方支付之型態概述

第三方支付是指在交易雙方當事人（買方及賣方）間建立一個中立的支付平台，並以網路爲基礎，通過與各家銀行之間達成協議並簽訂合約，在消費者、商家和銀行間建立有效鏈接，實現從消費者、商家及金融機構之間的貨幣支付、現金流轉及資金結算等一系列功能。

第三方支付平台，實際上就是提供一個信用擔保和技術保障的功能，以保障交易過程中金流與物流的正常運作，使得交易順利完成。這樣的交易方式跨越國界，具有外幣匯兌功能，並提供履約保證機制，確保款項與貨品安全，同時，在交易過程中，雙方的個人資料更不會提供給對方。第三方支付和線上支付的差別爲第三方支付會爲用戶將款項存於特定帳戶，而線上支付不會。

五、第三方支付之技術與流程

在第三方支付模式中，買方選購商品後，使用第三方平台提供的帳戶進行貨款支付，並由第三方通知賣家貨款到帳、要求出貨；買方收到貨物，並檢驗商品進行確認後，就可以通知第三方付款給賣家，第三方再將款項轉至賣家賬戶上。第三方支付作爲目前主要的網路交易手段和信用仲介，最重要的是建立網路商家和銀行之間的連結，實現第三方監管和技術保障的作用。其主要交易步驟（圖 15-4）如下：

1. 由資產與信譽良好的金融業者、電子商務平台業者或是資訊平台供應商提供金流平台（第三方支付平台），並提供買家各種付款方式（包括：信用卡扣款、超商繳費、線上儲值帳戶或銀行帳戶轉帳等多種方式）。

2. 買方瀏覽網路商店，通過網站向賣方下訂單。

3. 買方選擇第三方支付平台作爲交易中介，同時選擇支付方式將貨款付至第三方支付服務業者。

4. 第三方支付服務業者通知賣方的貨款已到帳，要求賣方出貨。

5. 賣方寄送貨物。

6. 買方收到貨物並確認滿意後通知第三方支付平台。

7. 第三方支付服務業者將款項撥入賣方帳戶。賣方再從帳戶中提領貨款。

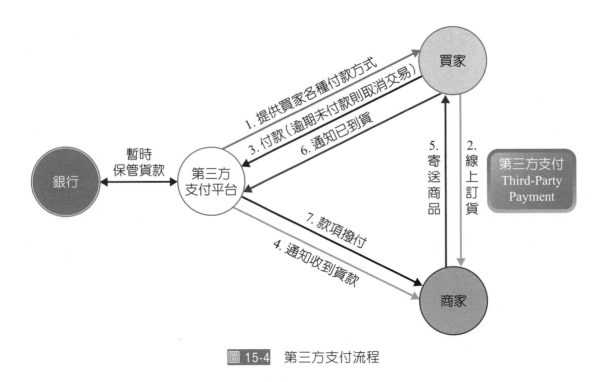

圖 15-4 第三方支付流程

六、第三方支付之業者推展實例

我國第三方支付服務的管理法源,直至 2015 年 5 月「電子票證發行管理條例」生效後(同年 6 月立法院三讀通過「電子票證發行管理條例部分條文修正案」),才正式有第三方支付專法可循。在此之前,是以「信用卡業務機構管理辦法」、「電子票證發行管理條例」作為第三方支付服務管理法源依據。

「信用卡業務機構管理辦法」其法律條文雖然適用於信用卡業務,但是因明確提及電子商務平台可進行收單銀行與特約商店的代收代付服務,使得國內電子商務平台業者能提供此項電子支付服務,但此法規較適用於 B2C(Business to Customer)的環境,對於小型賣家,其規模可能不足以成為電子商務平台業者的簽約商家,也不可能成為收單銀行的特約商家,導致法規無法適用於 C2C(Customer to Customer)環境。

另外,法規內容規範電子商務平台業者每半年需重新針對簽約機構重新徵信一次,造成商家與電子商務平台業者花費大量成本,這些成本間接降低了商家願意申辦此服務的意願。因此,「信用卡業務機構管理辦法」雖然解決了電子商務平台營運法規遵循問題,但對用於 C2C 的環境,並沒有提供足夠發展的環境,使得該法並不適用於履約保證的第三方支付服務。

「電子票證發行管理條例」主要作爲電子票證發行機構之管理法源，所謂電子票證其法規內文明確定義爲「電子、磁力或光學形式儲存金錢價值，並含有資料儲存或計算功能之晶片、卡片、憑證或其他形式之債據，作爲多用途支付使用之工具」，只有經主管機關許可的電子票證機構或金融機構才能從事此等業務。第三方支付服務業者提供的儲值功能，由於很可能落入上述電子票證定義，因此除非第三方支付服務業者也去設立電子票證發行機構，或透過其他交易架構安排與電子票證發行機構合作，否則自行直接經營提供儲值服務將很有可能觸犯法規。

所以，以此法作爲第三方支付服務管理法源，仍有一些爭議。其中，條文規範儲值金額不得超過 1 萬元，同時單次交易不得超過 1,000 元，每日交易不得超過 3,000 元，並且規定電子票證之交易，不得爲電子票證間之資金轉換，如此之限制似乎難以滿足 C2C 電子商務的市場交易。

因此，金管會在兼顧扶植電子商務產業發展與保護消費者權益之兩大原則下，爲使第三方支付儲值相關服務能在短期儘速上路，規劃了「儲值支付帳戶」機制，讓銀行與第三方支付服務業者合作，提供儲值服務。該「線上儲值」模式包含兩類，第一種爲金融機構模式（或與非金融業者合作），由於消費者儲值的金額是存放在金融機構中，可以享有存款全額保障；至於儲值上限額度，依照認證強度的不同，最高可達 20 萬元。另一種爲非金融機構模式，也就是不與銀行合作的第三方支付業者，須另成立一家電子票證公司，公司資本額爲 3 億元，且儲值金額須全部交付信託，消費者最高儲值上限僅 1 萬元。

「電子支付機構管理條例」主要作爲電子支付專營機構、電子支付兼營機構以及境外機構之管理法源，該條例明確說明了電子支付機構申請資格與執行辦法。其中，對於電子支付則採較寬廣定義：「利用電子設備以連線方式傳遞收付訊息」。該條例對於電子支付業務之經營皆採取「事前許可制」，除銀行、中華郵政股份有限公司及電子票證發行機構可「兼營」外，任何欲經營法條所定義電子支付業務之業者，須符合「專營」之要件，並向主管機關金管會申請許可。至於「境外機構」應申請許可設立電子支付機構（如需在臺灣設立分公司，並將營運伺服器設置在臺灣境內等），始得於國內經營業務；至於國內與境外機構合作或協助於國內從事電子支付機構業務之相關行爲，應經由主管單位核准。

「電子支付業務」與「電子票證」業務二者可能部分重疊，但差異在於前者強調以電子設備及網路作爲收付款雙方之媒介，後者，則側重實體的卡片、晶片卡與

憑證等「票證」的管控。而「電子支付機構管理條例」就是把電子票證發行機構、銀行等一併納入，統一處理電子支付工具經營許可及管理的法律。相較於立法前（以「電子票證發行管理條例」為法源），最大的差異在於立法前非金融機構的第三方支付業者無法辦理儲值業務；立法後，第三方支付業者設立電子支付機構經許可後，即可辦理儲值業務。但對非金融機構營運上仍需依靠銀行。電子支付機構收受的款項，應存於銀行專款專戶，且由銀行管理款項運用紀錄。儲值款項扣除應提列之準備金，包括代收付款項之餘額，應全部交付信託或者取得銀行之十足的履約保證。所以，對於銀行業者而言，因其原先就可以發行儲值卡片，未來只要直接申請兼營電子支付業務即可辦理第三方支付業務。而對於非銀行而言，未來若有發行實體票證，可以考慮申請電子票證的執照，再兼營電子支付業務；但若非發行實體票證者（如：非實體通路的網路、電商業者），因電子支付可從事 O2O（Online to Offline）[2]，則申請電子支付機構的經營執照即可。

　　綜觀「電子支付機構管理條例」主要有三大業務開放，一為「線上儲值」：每戶儲值、匯款上限是三萬元，未來消費者不必另外再到實體銀行開戶，可在網路開戶、透過認證程序即可直接儲值，以便進行網路購物或者參與線上遊戲。業者也只要符合三億元資本額申請門檻，經過許可即可經營，等於非金融業者也能加入提供電子商務的金流服務。其次是「線下實質交易服務」：提供 O2O（Online to Offline）線下實質交易服務，讓業者可做虛實整合；意即第三方支付不僅可用於網路交易，還延伸至實體世界交易。例如業者可進行「虛實整合」，只要虛、實業者願意提供服務，即使消費者去夜市或小吃攤，除了傳統掏出現金的付帳形式外，可能只要拿手手機刷商家二維條碼，消費者就透過網路儲值帳戶中扣款，同樣能完成交易。再者為「無實體交易匯款」：開放 P2P（個人對個人）無實質交易匯款，以催生小額經濟。如電子書、音樂等無實體「商品」，因消費者購買頻率高，單次消費金額低，此次新法開放後，有助小額付款機制運作順暢。至於網路購物過程中即有的「代收代付」功能，目前依照法令已有業者申請，依照新法業者也能提供類似服務。在網購過程中，業者先代收消費者預繳貨款，待實物送達消費者手中且確認無誤，業者再將貨款支付給販售者，可以有效降低網路購物的詐欺疑慮和爭議。

2 O2O 營銷模式又稱離線商務模式，是指線上營銷線上購買帶動線下經營和線下消費。O2O 通過打折、提供信息、服務預訂等方式，把線下商店的消息推送給互聯網用戶，從而將他們轉換為自己的線下客戶，這就特別適合必須到店消費的商品和服務，比如餐飲、健身、看電影和演出、美容美髮等。2013 年 O2P 營銷模式出現，即本地化的 O2O 營銷模式，正式將 O2O 營銷模式帶入了本地化進程當中。

我國目前已申請成立之電子支付專營機構包括：歐付寶（歐買尬集團）、樂點行動支付（橘子集團）、智付寶（智冠集團）、國際連（PChome 集團）以及臺灣第三方支付公司「ezPay 臺灣支付」（藍新科技公司與全達國際公司）等五家公司。

（一）歐付寶（歐買尬集團）

歐付寶電子支付股份有限公司在 2015 年 10 月成為第一家取得金管會核發之電子支付機構營運執照之專營機構。為遊戲公司歐買尬集團旗下第三方支付平台，同時也獲得兆豐創投投資 4,000 萬元。不論是 Android 或是 iOS 的手機作業系統，不論是買方或是賣方、國內線上電商或線下實體店面，不需要更換硬體設備或是到銀行、電信公司辦理手續，只要下載 APP 加入會員（加入會員必須經過連線至聯徵中心做真實身分及信用的確認以保障買賣雙方的交易安全），就可以使用歐付寶的行動支付。歐付寶能在各大便利超商、量販店、餐廳早餐店、藥妝連鎖店、手搖飲料連鎖店、夜市攤販等等直接使用 APP 支付，完全不收取買家或是賣家任何的費用。

（二）樂點行動支付（橘子集團）

遊戲廠橘子旗下第三方支付商樂點行動支付在 2015 年 10 月 23 日核准取得專營電子支付機構正式營業執照，樂點行動支付具備整合線上線下支付，以深入消費生活與整合 O2O（Online to Offline）服務為兩大重點策略，初期將介接橘子旗下的各事業體資源，透過樂點（遊戲點卡）、樂利（跨境電子商務）、酷瞧（數位影音內容）等業務基礎，提供用戶嶄新支付體驗，包括超過 1,000 萬接觸集團相關服務的線上使用者、300 萬以上的遊戲會員及未來 GASHPAY 的潛在消費族群。至於線下支付據點，則借重全家、玉山創投、臺灣大車隊、微程式等合作夥伴，拓展行動支付應用，希望第三方支付的服務版圖將可以涵蓋遊戲、電商、交通、P2P、娛樂、消費、餐飲等領域。

（三）智付寶（智冠集團）

遊戲企業智冠集團旗下電子支付公司智付寶在 2015 年 12 月 30 日獲得金管會專營電子支付機構業務許可，正式進軍電子支付市場。智付寶除了延續目前代理

收付實質交易款項服務，亦將陸續開放收受儲值款項、電子支付帳戶間款項移轉（P2P）等支付業務，並著重於個人化電子錢包便捷支付應用。智付寶將整合智冠集團線上、線下豐富的通路據點與 MyCard400 萬會員用戶，推廣擴大電子支付多元服務範圍。

（四）國際連（PChome 集團）

PChome 集團旗下子公司支付連百分之百轉投資的子公司國際連股份有限公司在 2016 年 3 月 28 日獲金管會核發的專營電子支付機構營業執照。國際連預計正式營運後，可服務包含支付連 330 萬會員、商店街 300 萬會員、露天拍賣 100 萬賣家及 880 萬買家、以及 PChome24h 購物 800 萬會員，初期可望串連起 PChome 集團內數以千萬計的消費者。目前 PChome Online 旗下與代收付金流相關業務的公司尚有「PChome Pay 支付連」及「Pi 行動錢包拍付國際」。支付連是處理網路上實質交易款項的代收付，拍付是以智慧型手機為核心，目前提供個人會員小額行動支付，國際連則處理儲值以及帳戶間款項移轉的業務。

（五）臺灣第三方支付公司（藍新科技公司與全達國際公司）

金管會在 2016 年 3 月 31 日宣布，核准臺灣第三方支付公司申請專營電子支付機構業務許可，成為國內第 5 家專營第三方支付機構。該公司主要股東為藍新科技公司（持股比例 76.42%）及全達國際公司（持股比例 23.58%）。未來可經營的業務項目包括代理收付實質交易款項、收受儲值款項及電子支付帳戶間款項移轉。

在銀行方面，目前已經營代收轉付業務的銀行（包括中國信託、國泰世華、玉山銀行、永豐銀行、兆豐商銀及中華郵政等），只要提出業務調整計畫，經備查取得電子支付機構的執照即可取得兼營許可。目前已取得兼營許可者則包含玉山銀行、臺灣銀行、中國信託銀行、永豐銀行、元大銀行及新光銀行等。

（六）玉山銀行

玉山銀行 2012 年 3 月推出「兩岸支付通」與支付寶和財付通合作，提供中國大陸跨境線上金流服務。2014 年 4 月推出「玉山全球通」與 PayPal 合作，提供歐美跨境線上金流服務。2015 年 8 月 13 日獲得金管會核准，取得國內銀行第一張電子支付機構之營業許可函，該行長期投入國內電子錢包、網路收單、第三方支付業

務，或是與支付寶及 Paypal 合作跨境金流服務。同時，也與非銀行電子支付機構及電商業者合作，藉由策略合作彼此分別發展各自擅長之業務。玉山銀行除了已取得兼營電子支付執照外，也正向主管機關申請跨境 O2O 業務，讓陸客到臺灣能透過手機進行支付。

（七）臺灣銀行

臺灣銀行於 2015 年 5 月 13 日正式推出網路交易代收代付平台「台銀收銀台」，並於 2015 年 8 月 19 日獲得金管會核准，取得兼營電子支付業務許可，「台銀收銀台」提供個人、小農與微型企業一個申請門檻更低、操作流程更簡便、支付更安全可靠的 C2C 網路交易環境，透過安全的資訊整合技術，同樣可以服務 B2C 的網路商城及電子商務平台業者。

（八）中國信託商業銀行

2014 年 3 月推出「Pockii」，以扶植中型、微型商戶與個人賣家創業買賣為出發，提供後端金流支援。對賣家主打快速收款，並提供網路收銀機服務；對買家主打快速付款、資料安全、價金保管與驗證安全。2015 年 8 月 20 日亦獲主管機關核可兼營電子支付業務。

（九）永豐銀行

永豐銀行 2013 年 9 月推出「豐掌櫃（Funcashier）」，協助買賣雙方的網路代收付，提供網頁付款鈕，也可掃描 QR Code 網購。2015 年 8 月 21 日獲主管機關核可兼營電子支付業務，該行從第三方支付「豐掌櫃」、儲值帳戶、手機信用卡與儲值卡以及電子支付帳戶，旗下創新支付工具的版圖趨於完整；其電子支付帳戶可使用於 P2P（個人對個人）匯款、QR Code 交易，以提升用戶便利性。

在電子票證業方面，發卡量超過五千萬張的悠遊卡也將搶佔第三方支付業務。悠遊卡記名持卡人未來可在網路上設立帳戶，只要持卡人把儲值金轉到第三方支付帳戶即可在網路上消費，儲值金額無上限，交易金上限為三千元，讓網路購物更便利。（非記名的電子票證則因無法移轉儲值金，只能依原悠遊卡功能進行實體小額線下交易）。

15.4 支付方式之發展趨勢與挑戰

在強調智慧金融年代，金融支付方式之創新也目不暇給，不管從過往經驗或未來趨勢來看，這類發展略可歸納為三大方向：科技化、國際化與多元化。我們可以觀察短短數年，甚至數月，金融支付工具的轉變與普及都起了很大變化，舉凡用戶資訊儲存、讀取、安全元件管控…等，都出現重大變革，這些創新隨著科技進步必然更普遍應用在支付方法的調整上，是謂科技化。配合電子商務的全球化趨勢，支付工具也邁向國際化，提供金融機構進行跨境跨國的購物、支付等交易。另外，電子金流業務隨著科技的發展也改變了個人消費習慣與企業經營模式，讓電子支付的應用更多元。舉凡 B2B（Business-to-Business）、B2C（Business-to-Customer）或 C2C（Customer-to-Customer）等交易支付均轉變成電子支付的模式。

支付創新對於金融業也帶來可觀商機，在企業方面，金融機構可透過新的支付型態協助企業財務運作更靈活更安全，並提供更完善、創新的服務，例如：資金調度、收付貨款、償還貸款、跨境收付款、支付稅款、薪資發放、發放股利、批次代扣…等；而在個人面，提供更便利與安全的支付，讓民眾網拍交易、網路購物、行動購物、繳費繳稅、民生採購、團購付款、交通旅遊…等更方便；換言之，能創造便利安全服務的支付方式，將搶得市場先機。

然而，隨著科技的改變，金流（金錢的移動）的轉型已非獨立業務型態改變，而是與物流（廠商將產品送到消費者手上的過程）、商流（資產所有權的移動）及資訊流（為達成商流、金流、物流等各項流動所造成的資訊交換）等間的融合演化。對於金融業過於嚴謹的法令將可能限縮金融業在科技的快速應用及扮演角色，原本由銀行業負責的金流市場，也逐漸被其他產業（如物流、資訊流廠商）瓜分，這也是傳統金融機構面臨的危機。另外，交易安全性也是參與者最關心議題，應不斷汲取新技術強化作業服務水準並持續確保消費者權益及安全性，進而提升客戶的忠誠度與信任度，一但技術不能保障安全，勢將引起使用民眾猶豫，阻礙業務發展，所以，金融業在發展支付創新上更需透過各種安全技術、防護措施及控管機制來強化資訊傳輸的安全。

章後習題

一、選擇題

( ) 1. 下列何者是目前已經存在的手機信用卡品牌？

甲、T wallet；乙、Token Pay；丙、Android Pay；丁、Line Pay；戊、Sony Pay；己、Apple Pay；庚、Samsung Pay

(A) 甲乙丙 　　　　　　　　(B) 甲丙丁己庚

(C) 乙丙丁 　　　　　　　　(D) 乙丙己庚

( ) 2. 近端支付 NFC 發展較為成熟的三個方案中，主機卡模擬（HCE）是屬於下列哪一種？

(A) 硬體晶片 　　　　　　　(B) 代碼憑證

(C) 軟體模擬

( ) 3. 關於課程中提到的生物科技辨識，下列何者非目前常見的生物特徵？

(A) 人臉 　　　　　　　　　(B) 指紋

(C) 虹膜 　　　　　　　　　(D) 靜脈

( ) 4. 下列何者為電子支付專營機構？

(A) 玉山銀行 　　　　　　　(B) 歐付寶

(C) 中華郵政公司 　　　　　(D) 悠遊卡公司

( ) 5. 下列何者非屬電子票證？

(A) 愛金卡（icash） 　　　　(B) LinePay

(C) 一卡通 　　　　　　　　(D) 悠遊卡

二、問答題

1. 試說明第三方支付的交易流程為何？

2. 試說明第三方支付、電子票證與電子支付的主管機關為何？

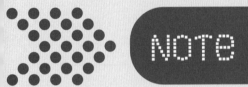

16

智慧金融之貸款篇

❖ 16.1 網貸的興起與發展
❖ 16.2 網貸的營運模式
❖ 16.3 網貸的風險與控管
❖ 16.4 網貸的前景與未來

Smart Commerce

16.1 網貸的興起與發展

一、數位革命的興起

21世紀起，隨著科技的進步與網路資訊技術的快速發展，以網路與行動裝置做為金融輔助工具的個人及企業愈來愈多，P2P（Peer to Peer）網路貸款就是因應網路的便利所興起的借貸模式。「P2P網路貸款」因為資訊不對稱的緣故，資金供給者不知道有誰需要資金周轉，因此在網路未普遍使用前並不可行，但後來網路與行動裝置的普及不僅降低資訊的不對稱性，也降低交易成本與進入門檻，帶來人潮的同時亦能掌握目標消費者客群，近幾年來開始搶占金融服務商機，且因2007年發生全球金融海嘯，許多大型金融機構倒閉，向銀行貸款的門檻提高，使得P2P網路借貸平台更加盛行。

由於數位化革命的影響，使得金融業由人與人互動的模式（Bank1.0），逐漸轉為以線上活動為主（Bank2.0）的模式，且因為智慧移動通訊設備的興起，客戶可以真正實現在任何時間、任何地點皆能操作存領現金以外的銀行業務與新種金融服務（Bank3.0），傳統金融服務市場已開始慢慢被侵蝕瓜分。所謂Bank1.0指的是完全以銀行實體分行為基礎的銀行業務形態，大部分的銀行業務都需臨櫃辦理，從銀行誕生後數百年間幾乎未曾改變這個形態，實體分行佔了很重要的地位，各種銀行業務及商品銷售都在實體銀行完成，但到Bank1.0後期，銀行已經開始利用電子郵件進行客戶服務及產品行銷。Bank2.0時代，網路銀行推出，許多銀行業務可以透過網路辦理，客戶開始依賴網際網路的便捷性與迅速性，但基於風險考量、行銷策略等因素，較複雜的業務仍然必須親自到銀行辦理，直到後來銀行改變做法，開始在網路上進行商品行銷，使得網路銀行可辦理的業務越來越多。Bank3.0時代，隨著智慧型手機及平板電腦越來越普遍，人們對行動裝置的依賴性越來越高，行動銀行成為不可或缺的新趨勢，各家銀行紛紛推出行動銀行，讓客人能夠不必親自到銀行，不受時間和空間的阻礙，快速且便捷的完成銀行業務，使得傳統銀行分行的地位倍受威脅，銀行不再是一個地點，而是一種行為。Bank4.0時代宣告實體分行正在消失，銀行已經融入我們的生活中，各種金融服務隨處可見、隨手可得，且能夠提供客製化的服務，使客戶的金融行為變的更加方便快速。

表 16-1 銀行數位化演進過程

過程	期間	特徵
Bank1.0	1988 至 2002 年	銀行開始利用電子郵件進行客戶服務及產品行銷，但大部分業務仍須到實體銀行臨櫃辦理。
Bank2.0	2003 至 2008 年	網路銀行出現，許多銀行業務可透過網路辦理，客戶對網路依賴度大幅提升。
Bank3.0	2009 至 2014 年	智慧型手機及平板電腦普及，行動銀行成為新趨勢，客戶到實體銀行的機率大幅降低。
Bank4.0	2015 年之後	銀行服務融入客戶的生活中，隨處可見、隨手可得，實體分行開始減少。

二、傳統金融與互聯網金融

　　傳統上資本市場的資金供需分為直接金融（Direct Finance）與間接金融（Indirect Finance）兩種，所謂直接金融是指借款者與貸款者透過金融市場（包括資本市場與貨幣市場[1]）直接借貸，中間人為經紀商或交易商，由於資金借貸的風險及利得是由最終的資金提供者直接承受，因此稱為直接金融；而只要是透過銀行等金融機構當中介角色去借貸，就稱為金融中介或間接金融，因為風險及利得是由金融中介機構承受，而非最終資金提供者，所以稱為間接金融。

　　在傳統的間接金融中，銀行扮演重要角色，資金提供者將多餘資金存入銀行，再由銀行將資金貸放給資金需求者。銀行能夠提供多元金融工具滿足雙方需求，同時也有較高的安全性、流動性及規模性，因銀行可代替最終資金供給者承擔資金放貸的風險，且銀行一般都有相當大的規模，資本較雄厚，發行的間接證券流通性較高，也較容易達成規模經濟。

　　由於行動通訊與雲端技術的日漸普及、互聯網的快速發展、大數據平台與分析方法的日臻成熟，Internet ＋（互聯網＋）正在逐步改變商業環境及商業模式；透過新一代的網際網路與社群媒體，人際互動、商業行為及服務的提供與創新，激發了各種創意、創新、甚至可以創價的可能。互聯網的崛起也改變了傳統間接金融中金融機構的服務模式。

1　資本市場：發行股票、債券到期日在一年以上的交易工具。貨幣市場：發行商業本票、國庫券到期日在一年以下的交易標的。

金融機構在互聯網方面的應用稱為金融互聯網，是指傳統金融業以互聯網的方式來服務客戶，利用現代化的網路科技打破傳統金融業服務的限制，使金融服務不受限於營業時間與地點。有別於互聯網金融是指整個金融體系的網路化，金融互聯網指的是金融業將個別產品服務網路化，利用網路來銷售產品，提高效率、降低成本，而不像互聯網金融能夠透過大數據分析，為客戶提供客製化服務。

互聯網衝擊傳統金融機構原有的商業模式，但也提供了新的機會，金融機構可以透過運用大數據，將客戶的消費行為、金融活動和財務狀況進行分析匹對，為客戶量身打造個人化金融產品與服務，客戶也可透過互聯網挑選適合他的金融商品與服務，資金的流動可不再透過金融機構，直接在網路上交易，此即為互聯網金融。

互聯網金融（Internet Finance）也可稱為網路金融，是指藉助於互聯網技術與移動通信技術，實現資金融通、金融支付，以及信息中介等金融業務的經營模式，而其融資模式既不同於商業銀行的間接融資，也不同於資本市場的直接融資，是一種資訊科技下的新興金融模式，提供人們更便捷的生活，影響金融產業的發展甚鉅。互聯網金融的涵蓋範圍十分廣泛，包括銀行、保險、證券、投資、財富管理、數據分析、電子商務、帳務清算系統等，透過大數據分析、雲端運算、行動支付、營運平台、電子商務及 O2O（Online to Offline）虛實整合等技術，互聯網金融能夠提供更加完整的整合性金融服務。

互聯網金融業務的類型眾多，包含 P2P 融資、群眾募資、網路微型貸款、行動支付、第三方支付、虛擬貨幣等，如表 16-2 所敘述。

表 16-2　互聯網金融業務

名稱	說明	分類
P2P 融資 （Peer to Peer Lending）	個人對個人的信貸模式	標會 借貸平台
群眾募資 （Crowd funding）	透過網路將提案者與贊助者連結起來，用來贊助支持各種活動	捐贈性質：Kickstarter 債權性質 股權性質：Crowd funder
網路微型貸款	互聯網企業向其經營的電子商務平台客戶提供小額信用貸款服務	如阿里巴巴集團螞蟻金服旗下的螞蟻小貸

名稱	說明	分類
行動支付	指使用行動裝置進行付款的服務	基礎轉帳支付 行動帳單付款 行動裝置網路支付（WAP） 非接觸型支付（NFC）
第三方支付	由第三方業者居中於買賣家之間進行收付款作業	美國：PayPal 大陸：支付寶、財付通 臺灣：歐付寶
虛擬貨幣	在虛擬空間中可以購買商品和服務的貨幣	如遊戲幣、比特幣（去中心化、純粹的 P2P 電子貨幣）

互聯網金融蓬勃發展，面對一場新的金融革命，實體銀行的重要性與功能、甚至有部分業務都將被互聯網金融所取代，尤其 P2P 貸款透過線上平台，資金供給者可以自行挑選符合其風險偏好的放貸對象，取代傳統存貸中介銀行機構的角色，對傳統金融機構形成一個極大的挑戰。

三、P2P 網路貸款

「P2P 網路貸款」是指「個人（Peer）對個人（Peer）」的信貸模式，借款人直接透過網路貸款平台，在支付服務費用後，由投資人透過此平台提供小額借款，日後借款人定期還本繳息予投資者。

傳統的融資管道多屬於間接融資，資金擁有者透過金融機構將資金轉為存款的形式或是購買金融機構所發行的有價證券，如：可轉讓定期存單（Negotiable Certificate of Deposit, NCD），再由金融機構把資金貸款給需求者，以實現資金融通的過程。但是 P2P 網路貸款為資金提供者省略銀行之中介角色，也就是去中介化（Disintermediation），直接提供融資給需求者，因此可稱為直接金融，其特色包括操作較便捷、資訊流通快、貸款門檻低、借貸金額小以及收益率高等。

目前 P2P 借貸主要用途在於個人的小額資金周轉或創業家的創業資金借款，對借款人而言，過去不易在傳統金融機構獲得融資的個人或小型企業，可透過 P2P 網路貸款平台多一項便捷、易取得融資的管道；對投資者而言，則多了一個投資獲利的機會，由於省略掉銀行的媒介，因此也節省了手續費，擴大利差收益。但也

因為資金融通便利迅速，貸款對象眾多，所以如何快速對資金需求者進行信用評比，區分 P2P 網貸市場上哪些是資優的桃子（Peach）哪些是投資人應避免的檸檬（Lemon），提供給投資人參考，避免因資訊不對稱（Information Asymmetry）所帶來的逆選擇（Adverse Selection）問題，進行風險控管便成為 P2P 網路貸款的首要議題，除了風險控管，P2P 網貸究竟有什麼問題，為什麼崛起，未來的發展前景如何，也都是本文所欲探討的重點。

四、網貸的興起：P2P 網貸的前世今生

傳統上，資本市場的資金供需是透過銀行等金融機構當中介角色，又稱為金融中介，銀行自己承擔風險，透過將存戶存款貸放給貸款人所收到的利息，扣掉給存款戶的利息與成本，之間的利差就成為傳統銀行的利潤。而 P2P（Peer to Peer）則是透過網路平台，直接串聯起資金供給者與需求者的聯繫。

所謂「P2P 網路貸款」係指從事點對點信貸中介服務的網路平台，借款人直接透過網路貸款平台，在支付服務費用後，由投資人透過此平台提供小額借款，日後借款人定期還本繳息予投資者。P2P 網貸的出現能解決中小企業融資困難的問題，滿足更多人的需求。

傳統的融資管道多屬於間接融資，以金融機構做為中介角色，資金擁有者透過金融機構將資金轉為存款的形式或是購買金融機構所發行的有價證券，如：可轉讓定期存單（Negotiable Certificate of Deposit, NCD），再由金融機構把資金提供給需求者，以實現資金融通的過程。而 P2P 網路貸款強調的則是去中介化（Disintermediation），資金提供者與資金需求者省略銀行之媒介，直接由供給者提供融資給需求者，其特色包括操作較便捷、資訊流通快、貸款門檻低、借貸金額小以及收益率高等。

但是 P2P 網貸平台並不像傳統銀行自己直接承擔風險，通常 P2P 網貸平台只擔任訊息傳遞的中介角色，提供借款人的信用評等分數及協助核貸與後續流程。對借款人而言，過去不易在傳統金融機構獲得融資的個人或小微型企業（Small Micro-Enterprises），透過 P2P 網路貸款平台，可多一項便捷、易取得融資的管道；對投資者而言，則多了一個投資獲利的機會。

（一）歐美網貸的發展

網貸的興起源於歐美國家，2007 年金融海嘯過後，銀行紛紛提高借款門檻，許多信用良好的借款人及中小企業無法在銀行融資，因此開始轉向 P2P 網貸平台，使 P2P 網貸迅速發展。

1. Zopa

2005 年全球首家 P2P 網貸平台 Zopa 於英國倫敦正式成立，是歐洲目前最大的 P2P 網貸公司。Zopa 是透過信用評分卡將借款人依據個人信用紀錄分成數個等級，出借人根據借款人的信用等級，決定借款金額、借款期限和借款利率。為了降低交易風險，Zopa 的系統會將出借人的出借資金分成數筆，分別借給不同借款人，使出借人面臨的違約風險可以降低。此外，Zopa 也提供具有法律效力的借貸合約，加強借貸雙方的保障。

2. Prosper

Prosper 成立於 2006 年，為美國首家 P2P 網貸平台，與 Zopa 不同之處在於利用拍賣方式進行借貸，借款人輸入借貸金額等資訊，出借人則依據借款人資訊，在線上拍賣平台對貸款進行利率的競價拍賣，由利率最低者得標。後來 Prosper 改變運作模式，自 2010 年起改由平台依據借款人財務狀況及信用狀況設定貸款利率，再由出借人自行決定要投資的方案。

3. Lending Club

2007 年於美國成立，是目前全球最大的 P2P 網貸平台。Lending Club 利用社交平台為依託，提供一個對借款人來說更快捷的借款途徑，最快只要四天即可放款，同時引入第三方機構對借款人進行評分，透過層層的風險把關機制降低借款風險，使投資人願意將資金放在平台上，做為穩定獲利的工具。由於 Lending Club 手續簡便、作業流程快速，能降低每筆貸款的成本，因此越來越多人使用，隨著 Lending Club 的放款及營收金額越來越高，2014 年決定首次公開募股，成為史上第一個 IPO[2] 的放貸平台。

---

2 IPO 即首次公開募股（Initial Public Offerings），指企業首次公開向投資者增發股票，以募集資金的過程。

表 16-3　歐美網貸的興起

時間	平台名稱	說明
2005 年	Zopa	全球首家 P2P 網貸平台。
2006 年	Prosper	美國首家 P2P 網貸平台。
2007 年	Lending Club	全球最大的 P2P 網貸平台，也是全球首家進行 IPO 的 P2P 網貸平台。

（二）中國網貸的發展

　　中國最早的 P2P 網貸平台出現在 2007 年，由於 P2P 網貸在中國的進入門檻低，加上網路發展迅速，從 2010 年起 P2P 網貸在中國呈倍數快速蓬勃發展，但也衍生許多不良平台倒閉的問題。

表 16-4　中國網貸的發展

時間	發展
2007 年 8 月	中國最早的 P2P 平台拍拍貸上線。
2007 年 10 月	宜信網貸上線。
2007 年 - 2010 年	P2P 平台不受重視，發展緩慢。
2010 年	網貸平台再次被人們追捧，許多新興網貸平台陸續出現。如：人人貸、E 速貸等。
2011 年	平安集團投資 4 億成立陸金所，開啓 P2P 行業的大資本時代。
2011 年	宜信得到資本市場的注資。
2012 年	拍拍貸得到資本市場的注資。
2012 年	P2P 平台大量出現，但也因發展迅速，控管不夠嚴謹，因此不斷有 P2P 平台出現經營問題。

（三）臺灣網貸的發展

　　2016 年爲臺灣網貸發展元年，首先是 2016 年 3 月底上線的 P2P 網路借貸平台「鄉民貸」，接下來爲矽谷資金、橡子園創投投資百萬美元的 P2P 平台「LnB 信用市集」與號稱 2007 年就成立的臺灣大型 P2P 平台「WoW 借貸」，以及試營運

中的臺灣首發線上微創投平台「iAngel 幸福額度」，與 2016 年 12 月最新上線的「Lend Band 蘊奇線上」Fintech P2P 數位金融平台等，P2P 網貸平台一一出現。

1. 鄉民貸

2016 年 3 月成立的鄉民貸，負責媒合有借款需求的人（借款人），以及有投資理財需求的人（出借人），並收取手續費以獲利，但並不負責追討呆帳，只扮演仲介角色。鄉民貸以「債權轉讓」的模式經營 P2P 網路借貸，先由進階會員一次性全額放貸給借款人，接著一般會員可以向進階會員購入債權，再由借款人每月還款給一般會員。

2. LnB 信用市集

LnB，是投資（Lend）與借款（Borrow）的縮寫，市集，則是一個串接了供給與需求的有機集合。LnB 信用市集的運作方式為申貸人先提出申請，經過財務團隊審核評等、訂出還款利率，再由投資人在信用市集中，檢視申貸資料、選擇適合自身風險承受程度的對象，出借金錢進行投資。自 2016 年起至 2017 年 4 月，已有約 1 萬 7 千人加入信用市集，申請金額超過 20 億元，貸放金額則超過 1.3 億元。

3. WoW 借貸

WoW 借貸於 2007 年成立，是臺灣首家 P2P 網貸平台。貸款人於網站進行貸款申請，由 WoW 借貸設計出的個人信用評等系統評分後，達到一定評分等級即可開始進行借貸。與其他網貸平台較不同的是，WoW 借貸與「太陽神第三方金流」合作，交易雙方透過太陽神第三方金流服務，進行付款及取款之網路支付行動，交由第三方單位審核資金流向與管理，讓投資及借貸更有保障。

4. iAngel 幸福額度

iAngel 幸福額度為 2016 年開始試營運的臺灣首發線上微創投平台，借款人在幸福額度平台上發布貸款申請，透過其信評階級審核制度與群眾監理機制，篩選出合格的借款人，即可開始募集所需資金；投資者可選擇不同的借款單來進行小額投資，藉由社群的力量積少成多完成借款專案。

5. TFE 臺灣資金交易所

TFE 臺灣資金交易所為標會型 P2P 借貸平台，依照每期金額、總期數、每期得標人數做不同的搭配組合，會員可根據自身需求選擇參加何種競標組合。平台利用「信用風險動態評估模型」對借款人做精確的評估，且金流全數透過銀

行處理，使用者資金與平台徹底隔絕，以確保資金的安全無虞。在 2016 年，TFE 擁有臺灣專利 46 件、美國專利 5 件。

6. Lend Band 蘊奇線上

蘊奇線上於 2016 年 12 月正式啓動營運，目標族群鎖定在有小額資金需求的年輕人，以小額資金周轉、快速調度等需求最多，適合急需資金周轉或創業初期者進行借貸。此外，平台提供信用保障機制服務，借款案件成立後都需要提撥信用保障金到由銀行信託保管的專戶；一旦發生違約，投資人可以選擇將債權轉讓給 Lend Band，並依保障比例領取償付的保障金。從成立到現在，累積會員數超過 1000 人，累積申貸金額超過 1 千 5 百萬元。

7. VHGF 縱橫全球互聯網交易平台

由縱橫資融股份有限公司成立，於 2015 年 1 月開始試營運，主要提供民間信用咨詢、評估、推荐等一系列相關服務，於資金借出者和資金借入者之間建置起資金調配的橋樑。

雖然臺灣已有越來越多的 P2P 網路借貸平台，但是臺灣目前對 P2P 的管理措施非常嚴謹，金管會 2016 年 04 月 14 日明確表示，P2P 平台業者不得有下列四種行爲，否則即爲違法：

1. **吸收存款**：不得直接或間接吸收社會大眾資金，致涉及銀行法「收受存款」、電子支付機構管理條例「收受儲值款項」等行爲。

2. **不當債務催收**：不得有不當之債務催收行爲或以騷擾方法催收債務等情事。其他相關作業，不得違反公平交易法、多層次傳銷管理法等法令規定。

3. **發行有價證券**：不得涉及證券交易法「發行有價證券」、金融資產證券化條例「發行受益證券或資產基礎證券」等行爲。

4. **洩漏個資**：不得違法蒐集、處理及利用個人資料，並避免個人資料外洩等侵害權益事項。

除了法令規定嚴格外，金融機構在臺灣的密度極高，平均約每 3,700 人就有一間金融機構，再加上臺灣人民的貸款習慣認爲向銀行借貸較有保障，且臺灣投資人也對 P2P 網路信貸心存疑慮，造成目前 P2P 網貸在臺灣並未如其他互聯網金融的應用那麼盛行，如：網路購物使臺灣電子支付崛起。截至 2016 年 4 月止，金管會銀行局宣布已核准 5 家專營第三方支付的公司，包括智冠旗下智付寶、橘子旗下樂

點、網家旗下 PCHome 國際連、歐買尬旗下歐付寶、臺灣第三方支付公司等 5 家公司，均開始大張旗鼓地進軍電子商務。

16.2 網貸的營運模式

　　出借人、借款人和 P2P 貸款平台是網貸交易中的三方，各自扮演不同的角色，出借人是資金供給者，借款人是資金需求者，P2P 平台則是出借人與借款人之間的橋樑，扮演訊息中介的角色。與傳統銀行的借貸不同，網路借貸是在借款人和放款人之間直接進行，屬於直接融資而非間接融資。

　　在 P2P 網貸過程中，借、貸雙方首先需要在 P2P 網貸平台上進行註冊並建立帳號，接著借款人向平台提供身份憑證以及資金用途、金額、接受利率幅度、還款方式和借款時間等資訊，等待平台審核。平台審核通過後，借款人的相關資訊即可在平台上公佈，對於投資者而言，可以根據平台發佈的借款人項目列表，自行選擇借款人項目，自行決定借出金額，實現自助式貸款。

　　P2P 網貸平台上的借款交易過程多採用「競標」的方式實現，即一個借款人所需的金額大多由數個出借人出資，待所借金額募集完成後，該借款項目會從平台上撤下，此過程一般為期 5 天左右。而資金出借人與借款人直接簽署個人間的借款合同，一對一相互瞭解對方的身份資訊、信用資訊。若借款專案未能在規定期限內籌到所需資金，則該專案借款計畫流標。

　　P2P 網貸平台對於借款利率的訂定一般有三種模式：第一是平台給出利率自導範圍，由貸款人自行決定比例，如中國的人人貸，拍拍貸等；二是平台透過調查，根據借款人的信用水準區分成幾個級別，再針對不同級別決定不同借款利率，信用級別較低的借款人會被指定較高的利率，如中國的合力貸；三是貸款利率的確定根據出借人給出的投標利率範圍而決定，投標利率最低者獲得簽訂借款合同的資格。

（一）P2P 出借人的貸款步驟

　　出借人要先選擇合適的 P2P 平台，進行註冊及認證，接著尋找項目投資，帳戶儲值後再行放款，最後等貸借款人還款，一般來說到期時能獲得比存在銀行還高

的利息。需要注意的是，P2P 行業的投資風險很大，出借人要想真正賺到高收益，需要在借款的過程中全程謹慎，提防可能出現的風險。

（二）P2P 借款人的貸款步驟

對於想要借錢又無法在銀行獲得貸款的借款人，P2P 平台也是一個很好的管道，只要資質不是太差且利率合理，借款人總能找到自己需要的資金。借款人首先要選擇合適的 P2P 平台，接著上傳貸款計畫等待審核，審核通過後就能發佈借款資訊，接受出借人的資金放貸，最後定時向出借人償還貸款。為了能夠盡快借到錢，又不花費太高的利息，借款人也需多加注意平台的運作方式、貸款利率決定機制等。

16.3 網貸的風險與控管

一、平衡計分卡

目前個人信用評分卡是商業銀行進行個人信貸業務風險管理的常用工具，可以對借款人的未來行為進行預測和排序。個人信用評分卡一般包括申請評分卡、行為評分卡、催收評分卡等，主要是透過對借款人歷史資料進行分析，選擇與信用風險密切相關的若干變數建立模型，對借款人未來的還款能力做出預測並進行信貸的決策。每家商業銀行的評分標準都不同，但指標涵蓋的範圍基本相同，大致包括借款人的戶籍、婚姻狀態、年齡、行業、最高學歷、職業、職務、貸款用途、年收入、居住狀態、信貸歷史、住房及有無抵押等等，通過建立個人信用評分模型對借款人信用進行評分，可以得出量化的借款人風險等級、授信額度、償還能力等各項指標。

商業銀行的個人信用評分模型應用範圍基本涵蓋了整個信貸交易流程，不僅涵蓋貸前對個人客戶的授信審批，還包括貸中的客戶管理、預警監控，以及貸後的催收管理。此外採用個人信用評分卡，可以將個人信貸風險量化，降低人為因素造成的風險，並且透過將評分模型與決策規則結合的方式，進一步提升了審核的效率和貸款管理能力。商業銀行除透過個人信用評分卡進行風控管理外，在個人信貸的審

核門檻上也設了一定的條件，基本會要求借款人在商業銀行有存款、理財等資產，或者為優質的客戶（公務員、教師、醫生等）或由銀行代發工資的公司員工，因此有很多被銀行拒絕的客戶無法從銀行端拿到資金，這也是促成 P2P 網貸崛起的原因之一。

（一）臺灣網貸發展現狀

以臺灣來說，P2P 網貸平台由於剛起步不久，發展並未完善。目前 P2P 網貸平台有 7 個：「鄉民貸」、「LnB 信用市集」、「WoW 借貸」、「iAngel 幸福額度」、「TFE 臺灣資金交易所」、「Lend Band 蘊奇線上」以及「VHGF 縱橫全球互聯網交易平台」，但目前只有「鄉民貸」、「LnB 信用市集」與「WoW 借貸」比較活躍，其餘網站似乎就比較沉寂。

（二）中國網貸發展現狀

以網貸在中國的發展情形來說，早在 2007 年中國第一家網貸平台拍拍貸就已上線。在這時候網貸平台還不為大眾所知，吸引投資者並不容易。2010 年之前，中國只有拍拍貸、紅嶺創投、貸幫網在內的不到 10 家網貸平台，成交量也並不高。到了 2012 年，中國 P2P 行業進入爆發期，P2P 網貸平台如雨後春筍般成立。2013 年大陸已有 800 家 P2P 網站，並持續成長，P2P 網貸進一步走入中國民眾的生活。

根據表 16-5，2015 年中國網路借貸行業年報顯示，中國 P2P 網貸平台數量從 2010 年的 10 家一路蓬勃發展達到 2015 年底的 2,592 家，全年完成的交易量高達 9,823 億元人民幣，但發生風險事件的平台從 2013 年的 76 家暴增到 2015 年的 896 家，這些平台發生破產、跑路、經營困難、提現困難等問題。

表 16-5 各年度網路平台數量與成交金額

年	平台數量	成交金額（億元人民幣）	有問題平台數量	成交額成長率
2010	10	13.7	0	-
2011	50	31	10	126.28%
2012	200	212	6	583.87%
2013	800	1058	76	399.06%

年	平台數量	成交金額（億元人民幣）	有問題平台數量	成交額成長率
2014	1575	2528	275	138.94%
2015	2592	9823	896	523.68%

資料來源：網貸之家《2015 年中國網絡借貸行業年報》

中國 P2P 行業混亂、大量平台跑路的原因可歸咎為中國的 P2P 平台處於無進入門檻、無行業準則、無監管機構的「三無」狀態，可以隨意架設平台，卻沒有政府或民間組織來監管，無法訂定共同遵守的行業準則，使得 P2P 平台的經營更加混亂。面對 P2P 平台的亂象，投資者在進行 P2P 網貸時應該保持高度警惕，以避免可能的風險出現，其主要需考量的風險包括資金托管者、交易擔保機構、P2P 平台提供的安全措施等。

因此獲得政府或銀行合法認可的 P2P 網貸平台更受人民歡迎。例如江蘇國有銀行旗下的「開鑫貸」，就是 P2P 網貸平台的成功代表，由於有銀行介入風控機制，在審核貸款上更為嚴謹，且有國有銀行直接控管資金池，能減少私有資金池容易發生貪瀆的機率，因此成功受到中國網民的歡迎。開鑫貸運作模式與一般 P2P 網貸平台相同，主要是作為給投資人的商品平台，投資人可透過平台選擇商品標的及投資報酬率。

同時，自 2017 年起，中國監管部門也針對多家 P2P 網貸平台發出改善的意見，並將陸續推出各地的管理細則以及配套的監管措施。

二、網貸的營運模式

根據彰銀商品策劃處（2015）的整理，P2P 網貸業者可分為四種：

（一）債權轉讓

平台不介入雙方交易，只提供一個資訊發佈平台，負責審查借款人信用狀況及媒合交易，並收取一定費用，為純信用模式的 P2P 平台，該平台不參與擔保，只進行資訊服務，以幫助資金借貸雙方進行資金匹配，為一單純中介模式，風險由出借人自己負責評估與承擔，利率由出借人與借款人商議。「債權轉讓」模式以 Lending Club 為代表，平台不介入借貸雙方的交易，只負責審查借款人信用與媒

合。臺灣的鄉民貸與 WoW 借貸也是「債權轉讓」模式，例如：鄉民貸的投資人分成進階會員與一般會員，若有借款人要借信用貸款 20 萬，進階會員可一次借他 20 萬，之後一般會員可以向進階會員購買債權，也就是收取本息的權利，假設買了 1 萬元，原始的借款人就欠一般會員 1 萬元，要按借款條件金額比例還款給一般會員，藉此達到放款投資小額分散的目的。

（二）第三方擔保

以第三方金融機構為擔保公司，如借款人逾期未還，可向擔保公司申請履約保證，以確保投資人的權益。大型金融機構推出的網路服務平台，在本質上是傳統金融業務向網路延伸與佈局，因此傳統金融色彩濃厚，投資人與借款人因有大型金融機構的支持，對其更加信任。「第三方擔保」模式以中國陸金所為代表，由中國平安集團擔任第三方擔保公司，若借款人逾期未還款，可向平安擔保公司申請履約保證。臺灣的 LnB 信用市集也是，為了保障投資人的本金，自借貸金額中提撥部分比例讓 LnB 信用市集委託的專業經理人信託管理，若當期還款超過 180 天未被繳納時，只要投資人提出申請，並轉讓債權給 LnB 信用市集後，便可依當初所訂的合約比例內容，申請領回比例的剩餘本金。

（三）無息公益

從事社會公益平台，媒合需要資金做生意的貧苦民眾與資金提供者，向落後地區民眾、創業者、農民、大學生等提供貸款，平台通常不收費，且會提供較低的利率給弱勢借款人，並有可靠的政府或地方機構做擔保。以 Kiva 為代表，媒合資金供給者與來自亞洲、非洲等地需要資金做生意之窮苦人民，採取團體放款、小額借貸的模式來分散風險，且借款還款率高達 99%。

（四）平台擔保

由仲介平台承擔借貸風險，從自身的獲利中抽取部分做為呆帳準備金，深度介入交易，包括對借款項目進行細緻的審查，確定風險等級，再根據風險等級確定利率，也對借款進行一定的擔保。以紅嶺創投為代表，用戶每年須向平台繳交年費，平台也會從放款人的利息中抽取管理費，結合平台自身的獲利，以做為呆帳準備金。

三、網貸的影響

網路具有外部性與邊際成本遞減性，使用網路的人越多，網路所帶來的價值就越高，同時因固定成本幾乎不變，所以邊際成本遞減。「網路效應」是指一個產品的價值取決於其總使用人數，換句話說，越多人用這個產品，那麼它的價值便越高！像是網路，假如全世界現在只有一個人使用網路，那麼網路的價值可以說是零，因為沒有其他人可以透過這台網路跟別人溝通。但是一旦它普及了，使用網路的人變多，那麼網路這項產品的價值便越高。

網貸也是如此，當 P2P 網貸越來越普及時，投資人選擇的機會越多，越可以找尋他喜歡的投資標的，而借款人也可經由眾多投資人的競標達到最低的利率水準。而傳統的金融機構放款剛好相反，向銀行貸款的人越多表示需求越多，那麼站在供給面的銀行就會提高貸款利率以達到均衡；同時若存戶都把錢放在銀行，銀行的爛頭寸變多、資金部位變多，銀行便不會提供太高的利息給存戶，存戶的報酬率也就越來越少。

傳統金融機構往往因為企業或個人徵信成本高而將其拒之門外，但是 P2P 憑藉著大數據體系的低成本，將這些被銀行所拒的企業與個人作為主要客戶，也因此 P2P 網貸平台上幾乎所有的借款人的信用水準與還款能力都偏低，如果 P2P 平台對他們借款資訊做出較高的信用評價，最終將會導致投資人血本無歸；如果 P2P 平台嚴格審核借款人的信用水準，那將會把幾乎所有 P2P 網貸平台的借款人排除在外。因此如何科學、準確、便捷、經濟地對借款人的借款資訊做出信用評價，是網貸未來能否繼續發展的當務之急。

（一）傳統金融業務與 P2P 網貸平台之比較

傳統的放貸關係是 B2C（銀行對客戶），銀行從存戶存款獲取放款的資本，並扮演著風控及決定放貸與否的角色，對利率有幾乎絕對的決定權。而 P2P 網貸平台是結合 P2P 借貸及網路借貸服務的金融網站，把選擇利率的權利還給貸款人，貸款人以借款人的還款利率作為投資報酬率，是一種個人對個人，也就是 C2C（客戶對客戶）的信貸模式，以一般人為交易主體，透過網路平台進行資金借貸雙方的貸款交易撮合。

表 16-6　傳統金融存貸業務與 P2P 貸款之比較

	傳統金融存貸	P2P 網路貸款
資金類型	間接金融	直接金融
特徵	透過金融中介機構吸收資金供給者的存款，再放貸給資金需求者，以賺取存放款利差	透過網貸平台直接媒合借貸雙方，平台本身基本上不涉入借貸契約，以賺取手續費為平台收入
優點	資金受到金融中介機構的保障，且多角化放款能有效降低個別違約風險	借貸資訊公開透明，能協助無法向金融機構貸款者取得資金，也能滿足放款者不同的投資偏好，且能降低交易成本
缺點	出借人無法自行選擇投資風險與報酬，且主要集中於低風險貸款，排除高風險借款人	容易受到個別違約風險影響，且對出資者的保障較有限

資料來源：2015 年世界經濟論壇（WEF）

（二）P2P 網貸平台的優點

　　傳統上直接金融有三項缺點，第一個是搜尋成本高，資金供給者為了尋求最佳的投資管道，必須耗費成本去搜尋，以獲最佳報酬；第二個是交易成本高，必須支付撮合的經紀人佣金或手續費，及一些相關費用；第三個則是流動性問題，當投資人有資金需求時，投資資金變現的能力較弱。

　　而 P2P 網貸作為直接金融的代表，它利用網路技術、智慧手機和個人電腦的普及，所帶來的便利性和跨地域性等優勢，大大提高了營運效率和資源利用率，降低了借貸交易成本。此外，P2P 網貸也降低了搜尋成本。大企業尋找資金容易，因其融資管道廣泛、方式多樣化，可以向銀行也借貸也能發行股票或債券，額度高且利息低。但中小企業（尤其是微小企業）受困於無抵押、無擔保、無信用，融資管道較狹窄，常常有資金困局，導致經營障礙。而 P2P 網貸平台提供中小企業及創業人一個合適且方便的籌資管道，能降低其融資管道的成本。

　　另一方面，P2P 網貸平台也讓投資者可以更輕鬆地找到適合自己風險承受程度的投資方案，免去投資者在搜尋時耗費的成本及時間，並可省去支付給經紀人的佣金或手續費，降低搜尋成本及交易成本。

四、網貸的風險

P2P 網貸風控的核心方法在於，利用大數據分析研究不同個人特徵資料相對應的違約率，透過決策樹分析建模方法來建立資料風控模型和評分卡體系，以掌握不同個人特徵對應影響到違約率的程度，並將其系統化導入到風控審批的決策引擎和業務流程中，來指導風控審核業務的開展。最後，回到 P2P 的社會效益這一原點問題上，P2P 網貸是為了實現普惠金融的一個創新，它的初衷是讓每個人都有獲得金融服務的權利，能真正地把理財和貸款帶到了普通民眾的身邊。

P2P 網貸的出現，填補了我國目前傳統金融業務功能上的不足，讓那些被銀行理財計畫和貸款門檻拒之門外的勞工階層、自行創業者、農村的農戶與貧困家庭等族群也有機會享受金融服務。而服務這一龐大的群體，如何設計安全、合理的商業模式和恪守風控第一的準則，確保廣大投資者的權益，更應成為 P2P 行業從業者放在第一位思考的問題。

由於沒有任何的抵押物和擔保，加上目前徵信體系的不完善，個人信用貸款業務風險控制難度要高於其他有抵押物的業務模式。首先面臨的最大的風險就是借款人的信用風險，借款人的信用受諸多方面的影響，包括個人工作變動、個人收入變動、個人身體狀況等都影響借款金額能否按時收回；其次是審貸的操作風險，審核制度存在漏洞，或者在制度的執行上工作人員不認真，導致調查結果的錯誤，抑或內部人員與借款人勾結，通過虛假資料獲得借款，這些都會導致風險的產生，如何獲得更客觀的信評結果是業者首要解決的當務之急，網貸所面臨的風險分述如下：

（一）操作風險

指出借人、借款人或者 P2P 網貸平台等市場參與者，在操作時出現失誤，包括貸前審查、貸後管理催收風險、網路安全與支付結算風險。

（二）流動性風險

雖然帳面上有資金，但是這些資金暫時無法變現，導致當期支付能力不足，或者由於網貸平台創立初期往往難以盈利，運營成本較高，加之激烈的行業競爭更是延長了「燒錢」的階段，長期難以盈利的平台將不得不面臨關閉的命運。

（三）市場風險

市場上一些相關產品價格變化時，會對 P2P 平台借款產生影響，或者擔保槓桿過高導致市場風險，網貸公司擔保倍數如果過高時，一旦發生系統性風險，大面積的違約將拖垮網貸平台。

（四）信用風險

P2P 網貸交易中的一方透過欺詐的手段騙取資金，導致其他人遭受損失，或者部分惡意創辦的網貸平台進行欺詐，稱為信用風險。

（五）法律風險

P2P 網路借貸平台是一個開放平台，參與投資的有風險承受能力強的人，也有很多不理性的投資者，所以作為平台，被要求披露重要信息是應有之義。但需注意的是，披露時應遵守國家保護個人隱私的法律規定，不應將涉及借款人身份識別的信息發布到平台上。平台的經營者應當負有對借款人身份信息真實性核查的義務，防止借款人在平台上以多個虛假借款人的名義發布大量虛假借款信息，更應防止向不特定多數人募集資金，以免成為非法吸收公眾存款或集資詐騙罪等違法犯罪行為的工具。平台在網上為自己宣傳時，必須嚴格遵守廣告法的規定，作出如實陳述，不可為吸引資金，故意對外過高宣傳將獲得的報酬、利潤，否則會涉嫌非法廣告罪。P2P 網貸平台在經營過程中，應注意避免觸碰了法律的底線，而受到法律制裁。

五、網貸的風險控管

傳統徵信是指根據客戶的財務狀況、行為特徵、行業環境、信用紀錄等資訊對客戶的貸款能力與還款意願進行評估。與傳統徵信相比，基於大數據的徵信引進了新的數據來源：網路交易行為、社群互動資訊與社群人際關係。

互聯網、物聯網和雲端計算技術的迅速發展，開啟了移動雲端運算時代的序幕，大數據也被越來越多人所瞭解和運用。大數據是指無法在一定時間內用常規機器和軟硬體工具對其進行感知、獲取、管理、處理和服務的資料集合；大數據資料的數據量大小超出了傳統認知上的資料尺度，所涉及的資料量規模巨大到無法在合理時間內達到擷取、管理、處理，並整理成為幫助企業達到經營決策更積極目的的資訊。

對於大數據的特性，比較有代表性的是 3V 定義，Douglas（2012）認為大資料需滿足 3 個特點：規模性（Volume）、多樣性（Variety）和高速性（Velocity），而美國 Express Scripts 公司的首席數據主管 Inderpal Bhandar 認為，除了前述的三個 V 之外，大數據的特質還可以包括資料的準確性（Veracity），大數據雖具有巨量、多樣與快速等優勢，但過於複雜的資訊可能提高判讀資訊之可用性與可信度的困難程度，且資料中可能夾雜不正確或是蓄意欺瞞的資訊，最後造成錯誤的數據分析結果。

目前大數據在電信、智慧城市、電子商務及社交娛樂等行業已經出現規模化應用，隨著網速的進一步提升，今後能夠快速獲取、處理與分析海量及多樣化的資料，對政府及企業來說都是至關重要的。而 P2P 網貸所需分析的資料已達到大數據的定義，因此需要資料探勘工具予以分析。

（一）P2P 網貸平台的風險管理

與銀行的個人信貸風險管理類似，為了防控個人信用風險，P2P 網貸平台最常用的措施為建立評分模型。目前各國 P2P 網貸平台幾乎都尚未納入國家央行的徵信系統，而且央行徵信報告的覆蓋範圍與互聯網活躍用戶有出入，無法全面、有效地反映借款人在非銀行機構間的借款信用資訊，所以 P2P 網貸平台的個人信用評分模型指標，除了傳統的銀行信貸資料、借款人基本資訊以外，還需要綜合考慮網路合作廠商資料，如：電子商務數據、社交資料等等。目前大部分開展個人信貸業務的平台均以自行開發評分模型為主。由於 P2P 網貸平台的資訊與資料積累較少，再加上目前資料來源較分散、資料類別較多，評分模型的建立對於 P2P 網貸平台來說是不小的挑戰。

隨著個人徵信體系的不斷完善和互聯網的發展，P2P 網貸平台信用評分的指標維度越來越廣，可從協力廠商收單機構、供應鏈核心企業、電子商務、社交網站、合作廠商徵信機構等地方獲得更多的信用資料，如果能以機器學習、資料探勘、萃取隱含的資訊，信用評分的準確性也會不斷地提高。為了能有效降低個人信貸的風險，除了建立個人信用評分體系外，P2P 網貸平台還會選擇與徵信機構合作。兩者合作內容包括信用評估、反欺詐服務、人臉識別、催收服務等，一方面能彌補 P2P 網貸平台個人信用資料量的不足，另一方面有助於提高 P2P 網貸平台的風控能力。

　　而另外有一種 O2O 模式（Online to Offline），即線上與線下相結合的審貸模式，也是目前個人信貸業務審貸較為常用的方法，線上對借款人提供的電子資訊進行審核，並且與借款人進行電話面談進一步瞭解借款目的以及還款方式，同步派遣信貸員／審核員對提供的資訊真實性進行實地調查。

　　除了有些業者採用線上審核的方式，基本上開展個人信貸業務的 P2P 網貸平台均採用線上和線下相結合的審貸方式，因此對於這些平台來說，以大數據為基礎的信貸風控體系之建立刻不容緩，不論是信用評分卡、審貸模式還是與徵信機構合作，都是為了降低違約風險。借款人的最大貸款額度一般都是根據其信用評分等級核定，在風險可控的情況下，個別的違約對平台和投資人造成的影響並不是很大。為了更有效的保護投資人的安全，P2P 網貸平台有需要再提供日趨完善的風控體系。

（二）大數據分析下的信用評分模型

　　基於大數據的徵信引進了新的數據來源，以建置「信用評分模型」（即類似前述消費金融業務別之評分卡），係企圖在眾多繁雜的歷史資料中，萃取精煉出可能有助於判別未來風險程度之資訊，並將此一資訊轉換成為分數，藉以進行「風險排序」。「信用評分模型」係以具體之歷史資料為分析與歸納基礎，擇取適當之樣本（通常為借款人），利用實證之資料分析技術，篩選出可能影響「因變數」（通常為借款人「是否發生違約」）之「自變數」（通常為借款人之「特徵」），再透過嚴謹與科學之模型建置方法，找出「因變數」與多個重要「自變數」之關係（借款人「重要特徵」影響借款人「是否發生違約」之權重），並將此一關係之量化結果，轉換成分數型態，形成一張評分卡，經一定程序驗證之後，使用者即可使用此一評分卡，針對業務上必須進行評分之對象，根據受評對象之「重要特徵」，給予「是否發生違約」之信用分數，以利進行風險排序。

　　相較於人工審核作業（或「專家型評分卡」），「信用評分模型」之整合與應用因其諸多優點而為金融機構廣泛使用，但信用評分模型畢竟只是金融機構針對借款人進行風險排序之工具，有其必然之限制，金融機構應針對評分模型之限制，搭配整合金融機構本身其他之有用資源與管理工具，強化其應用上之效益。由於信用評分模型之發展係以歷史資料為基礎，因此資料之完整性、正確性、攸關性，對於信用評分模型結果之準確性與可用性有決定性之影響，故整合內、外部資料，擴大資料使用之深度與廣度，為金融機構應用信用評分之首要課題。

　　銀行預測一個借款戶未來還款行為的最佳指標，是其過去的借貸記錄、財務狀況、乃至於人格特質，所謂的「信用評分」（Credit Scoring）便是將多個能夠預測借款戶未來行為的解釋變量加以整合，以統計方法或是從大量資料中自動搜尋隱藏於其中的特殊關聯性資訊的資料探勘方法（Data Mining），來形成一個可相互比較的量化指標，以顯示借款戶在未來一特定期間內違約的可能性。銀行的借款戶可分為企業和消費者兩類，前者借款的目的是生產，而後者則是為了消費，因為借款目的不同，銀行審核這兩類借款戶的方式也有所不同，因此銀行多將其信貸組織分為企業金融（或稱法人金融）和消費金融（或稱個人金融）兩個部門。

　　其中消費金融部門的內容較為繁雜，包括信用卡、現金卡、小額信貸、乃至於車貸、房貸等，為快速有效的審核數量龐大的消費貸款申請，信用評分是一個完全不可或缺的工具，至於企業金融部門中，則是以類似消費金融的中小企業信貸審核最需要信用評分。消費貸款和中小企業貸款的共同特徵是貸款規模較小，因此常被合稱為消費型信用貸款，本文所討論的信用評分則可適用於所有的網路消費型信用貸款。

　　近年來歐美與中國之消費金融得以急速擴張的一個重要原因是：信用評分技術倚賴金融資訊分析的迅速發展，銀行多對其消費信貸產品建置了專屬的信用評分系統，也因此在歐美先進國家信用評分已成為金融顧問服務業中很大的一個項目。信用評分在消費金融上的成功，自然也延伸至目前以傳統徵信方法審核貸款、採廣設分行建立個人關係網絡以篩選客戶的中小企業信貸，但企業金融和消費金融所適用之信用評分系統的內容自然大不相同。

　　另一方面，投資者在進行網貸投資時，若想找尋有較高收益又相對安全有保障的項目，首先要慎選 P2P 網貸平台，藉由觀察網站的成立時間、使用人數、整體規劃、借款審核流程等，判斷這家網貸平台可不可靠。接著投資者要仔細查看項目的資金用途、還款計畫、借款利率等，選擇適合的投資項目，其中最重要的就是合理的借款利率，利率過低投資人的收益就少，但高利率也意味著投資人必須成擔較高的風險，因此慎選合理的借款利率才能控制風險。此外，分散風險對投資者而言也十分重要，透過分散投資平台、投資項目與投資種類等，可以有效規避單一項目帶來的大幅度虧損，藉此降低風險。

16.4 網貸的前景與未來

P2P 網貸與金融機構不同，金融機構要有自己的資本，無論是銀行或信託公司，都要有自己的註冊資本，像本國財政部擔心銀行主要是用別人的錢經營，銀行資本如果太少會有道德風險，故要求銀行股東自己提 100 億元當資本，這是對「資本適足率」的要求。如果是外商銀行，政府對其存款的吸收都由匯入資本大小決定（15 倍）。但目前針對 P2P 網貸平台並沒有太多規範，因此風險相對傳統金融機構就比較高。

（一）危機也是轉機

過去幾年內，中國網貸行業蓬勃發展，但也因此出現許多惡質的網貸平台，吸收投資人的資金後便惡意倒閉，或是借款人以不實身分借貸後就不還錢，造成投資人血本無歸。P2P 網貸行業的混亂雖然讓人心生恐慌，但以長遠的角度來看，P2P 網貸能夠幫助微型與小型企業解決融資困難問題，也能讓需要資金的個人找到借貸管道，未來只要能夠加強信用評等與風險控管，並在不斷創新和突破中尋求發展，危機也能是轉機。

而臺灣的 P2P 網貸行業正開始起步，主管機關的應對政策與法律規範也將會影響未來臺灣 P2P 網貸的發展趨勢，若能有合適的配套措施，相信臺灣的 P2P 網貸也能有良好的發展。例如當前需要成立 P2P 的行業協會，由協會頒布行業指南等制度，利用行業自律的方式進行監管，也是未來完善監管服務的一個方向。

P2P 網貸平台能夠解決傳統直接金融的缺點，降低搜尋成本與交易成本，對投資人與借款人都能帶來更大效益，因此若能有完善的配套措施，加上嚴謹的風險控管機制，一定能在融資的直接金融管道上發揮更大的作用。

（二）P2P 網貸平台模式擴展

目前在臺灣因為銀行數眾多，根據金融監督管理委員會銀行局 105 年 6 月底的統計資料，光是臺灣的金融機構在 105 年 6 月底統計就有總行 429 家、分支機構共 6246 間，且各家銀行也都在強推各項信用貸款，所以臺灣的 P2P 網貸目前仍無法

像中國因市場夠大可以發展起來。但是未來在臺灣仍有幾種方向值得 P2P 網貸業者或銀行去投入發展：

1. 綜合式理財平台

發展集理財規劃、保險銷售、投資顧問等服務於一身的綜合性理財平台，提供投資人更多的選擇。

2. 創業投資

引入不同的風險投資項目，專門滿足創業者的資金需要，普通投資者可以和風險投資放在一起，將資金投入看好的項目。

3. 第三方理財機構

將借款人的借款項目切割，分割成標準化的理財產品銷售，投資者購買這種理財產品後，相當於把資金分散投資到很多個傳統的借款項目，達到風險分散的目的。

4. 傳統金融機構引進 P2P 網貸模式

金融機構引進類似 P2P 網貸業者模式經營，提供中介與徵信及保障履約的角色，如此可使投資人更具信心。

但由於法規的限制與缺乏金融機構的投入，目前 P2P 網貸在臺灣仍無法像中國或歐美國家一樣發展起來，因此如果要 P2P 網貸在臺灣發展仍須政府機關積極輔導與努力。

章後習題

一、選擇題

( ) 1. 請問下列哪些是網貸的風險？

甲、操作風險；乙、市場風險；丙、利率風險；丁、法律風險；戊、信用風險；
己、流動性風險；庚、政治風險

(A) 甲乙丁戊己　　　　　　　　(B) 甲乙丙丁己

(C) 乙丙丁戊己　　　　　　　　(D) 丙丁戊己庚

( ) 2. 互聯網金融業務的類型眾多，下列描述何者符合互聯網金融業務範疇？

甲、P2P 融資；乙、群眾募資；丙、網路微型貸款；丁、行動支付；戊、第
三方支付；己、虛擬貨幣；庚、網路銀行

(A) 甲乙丙丁庚　　　　　　　　(B) 甲乙丙丁戊己

(C) 丙丁戊己庚　　　　　　　　(D) 以上皆是

( ) 3. 請問造成中國 P2P 行業混亂、大量平台跑路的主要原因為何？

(A) 無進入門檻　　　　　　　　(B) 無行業準則

(C) 無監管機構　　　　　　　　(D) 以上皆是

( ) 4. 下列哪一種網貸營運模式是只提供一個資訊發佈平台，並收取一定費用？

(A) 單純中介模式　　　　　　　(B) 擔保平台模式

(C) 抵押貸款模式　　　　　　　(D) 公益性平台模式

( ) 5. 網貸營運模式中有不同的角色，請問以下何者非網貸交易中的必要角色？

(A) P2P 貸款平台　　　　　　　(B) 出借人

(C) 借款人　　　　　　　　　　(D) 銀行

二、問答題

1. 互聯網金融業務類型眾多，請簡要說明互聯網金融與商業銀行的間接融資及資本
市場的直接融資有何差異？互聯網金融又可區分為哪些類型？並請簡述其業務特
性。

2. P2P 網路貸款是一種點對點信貸中介服務的網路平台，請簡述網貸與傳統透過銀
行作為中介角色取得貸款的差異為何？在網路貸款的營運模式中，該如何進行風
險的管控與分析？

參考文獻

1. 彰銀資料（2015），P2P 貸款，第 64 卷 9 期，8-10。
2. 網貸之家（2015），2015 年中國網絡借貸行業年報，http://www.wdzj.com/news/baogao/25661.html。
3. 2015 年世界經濟論壇（WEF），http://www3.weforum.org/docs/WEF_The_future__of_financial_services.pdf
4. Douglas, Laney.（2012），The Importance of Big Data: A Definition. Gartner. Retrieved 21 June 2012.

親愛的讀者：

感謝您對全華圖書的支持與愛護，雖然我們很慎重的處理每一本書，但恐仍有疏漏之
處，若您發現本書有任何錯誤，請填寫於勘誤表內寄回，我們將於再版時修正，您的批評
與指教是我們進步的原動力，謝謝！

全華圖書 敬上

勘 誤 表

頁 數	行 數	書 名	作 者
		錯誤或不當之詞句	建議修改之詞句

我有話要說： （其它之批評與建議，如封面、編排、內容、印刷品質等・・・・・）

國家圖書館出版品預行編目資料

智慧商務導論 / 蔡坤穆，戴志言，張家濟，柯秀佳，廖俊鑑，許中川，吳師豪，歐宗殷，李麒麟，黃文宏，林立千，蔣治平，郭幸民，陳君涵，楊朝龍，黃國勝，楊文瑜，彭浩軒，洪志興，陳育仁，陳勤明，李臻勳，魏裕珍編著. -- 二版. -- 新北市 ： 全華圖書股份有限公司, 2022.03
    面 ； 公分
ISBN 978-626-328-110-3(平裝)

1.CST: 電子商務

490.29   111003418

智慧商務導論（第二版）

作者 / 蔡坤穆、戴志言、張家濟、柯秀佳、廖俊鑑、許中川、吳師豪、歐宗殷、李麒麟、黃文宏、林立千、蔣治平、郭幸民、陳君涵、楊朝龍、黃國勝、楊文瑜、彭浩軒、洪志興、陳育仁、陳勤明、李臻勳、魏裕珍

發行人 / 陳本源

執行編輯 / 陳品蓁

封面設計 / 盧怡瑄

出版者 / 全華圖書股份有限公司

郵政帳號 / 0100836-1 號

印刷者 / 宏懋打字印刷股份有限公司

圖書編號 / 0829401

二版二刷 / 2022 年 9 月

定價 / 新台幣 650 元

ISBN / 978-626-328-110-3

全華圖書 / www.chwa.com.tw

全華網路書店 Open Tech / www.opentech.com.tw

若您對本書有任何問題，歡迎來信指導 book@chwa.com.tw

臺北總公司(北區營業處)
地址：23671 新北市土城區忠義路 21 號
電話：(02) 2262-5666
傳真：(02) 6637-3695、6637-3696

南區營業處
地址：80769 高雄市三民區應安街 12 號
電話：(07) 381-1377
傳真：(07) 862-5562

中區營業處
地址：40256 臺中市南區樹義一巷 26 號
電話：(04) 2261-8485
傳真：(04) 3600-9806(高中職)
　　　(04) 3601-8600(大專)

17

智慧金融之交易市場篇

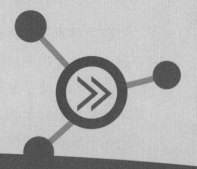

傳統企業募集資金之方式可分為內部與外部管道，例如藉由盈餘進行之內部融資，或透過創投資金、銀行債權之外部融資。金融科技趨勢下，伴隨網路發展，資訊取得與加工之成本降低，金融活動交易雙方已產生「去中間化」的效果，企業募集資金的管道更加多元。對於處於種子期或創建期的企業而言，尚未有穩定的營收獲利或優良的信用評等，不易透過傳統金融機構之授信原則取得放款，藉由網路平台發展出的「智慧金融之交易市場」，即提供新創企業及不同類型之資金擁有者進入交易市場的機會。

國外已有群眾募資平台可供發展參考，金融監督管理委員會（以下簡稱金管會）亦於 2015 年 4 月 30 日開放民間業者經營股權性質群眾募資，在此趨勢之下，更應了解如何結合金融與資訊發展技術，提供交易市場不同利害關係人創新的服務。本單元將透過以下主題說明「智慧金融之交易市場」：群眾募資平台基本概念、群眾募資平台的類型、群眾募資產業現況、群眾募資的法制規章、群眾募資的潛在風險和因應之道、股權眾籌的流程、股權眾籌平台個案商業模式介紹。

17.1 群眾募資平台基本概念

什麼是群眾募資（Crowdfunding）？群眾募資又稱眾籌，是憑藉網路平台，匯集眾多個人的貢獻，可包含金錢或知識，來達到共同目標的群眾活動。自從網際網路成為個人之間的溝通管道後，個人對個人（Peer to Peer）、個人對企業（Peer to Business）等類型的資金借貸模式興起，其快速成長的結果促使群眾募資平台（Crowdfunding Platforms, CFPs，簡稱眾籌平台）的形成，進而匯集資金需求者（個人和企業）和資金供應者（投資人）在該平台進行資金配適的融資活動。

群眾募資平台具有的經濟效益在於剔除了傳統金融上的間接融資（例如銀行將存款人的資金供應給借款人，以賺取存款和放款之間的利差和手續費），促使資金的需求者和供應者進行直接融資，因為網路數位創新的進步，協助資金的供給者和需求者能以更安全的方式尋找到對方。因此，群眾募資的主要經濟效益即呈現在較低的交易成本和摩擦成本 [1]（Frictional Cost）。

1　摩擦成本是指資金供需雙方因資訊不完全導致的非正常成本，例如資金供需雙方因不知對方的存在而花費大量的精神和金錢去尋找對方。

群眾募資平台是協助資金供需雙方進行資金配適，故群眾募資平台並不像傳統的銀行具有收受存款和放款的功能，因此國際上通常不受銀行業的相關法規限制，也不用取得政府對銀行業的特許經營執照。甚至有些國家（例如英國）會提供投資人免稅額度，鼓勵投資人將資金投入於新創公司。眾籌的概念可呈現於圖 17-1 之示意圖。

圖 17-1　眾籌示意圖

17.2 群眾募資平台的類型

全球群眾募資平台（Crowdfunding Platforms, CFPs，簡稱眾籌平台）的主要模式分成四類：股權眾籌（Equity-based）、債權眾籌（Lending-based）、酬謝眾籌（Reward-based）和捐贈眾籌（Donation-based）。前二者的資金供應者可以獲得金錢報酬，而後二者則是獲得實體產品或服務。

一、股權眾籌

股權眾籌是指資金供給者（群眾投資人，Crowd-investors）成為該公司的股東，並依持股比例享有未來可能的利潤分配。

二、債權眾籌

債權眾籌是指資金供給者成為該公司的債權人，可在未來的約定到期日取回本金和約定利息。

三、酬謝眾籌

酬謝眾籌是指資金供給者取得非金錢報酬，例如：資金供給者將資金提供給作家寫書，以獲得優先閱讀草稿或出版書的權利。因此，酬謝眾籌具有預付性質的概

念，故資金需求者通常對該商品或服務的潛在或未來需求者發起酬謝眾籌，並以此培養消費者和降低開發商品或服務的風險。

四、捐贈眾籌

捐贈眾籌是指資金供給者無私地提供資金，且不要求任何的報酬。因此，捐贈眾籌具有社會公益性質。

本章後續將專注於具有金錢報酬的「股權眾籌」和「債權眾籌」，因為股權眾籌和債權眾籌對傳統金融業的衝擊較大。金管會自 2015 年 4 月 30 日已開放民間業者經營股權性質群眾募資，因此金融業者應思考股權眾籌帶來之衝擊，雖然債權眾籌尚未開放[2]，但金融業者仍可及早評估並規劃因應之道。此外，眾籌公司大多是新創公司或小型公司，本身的償債能力本不受傳統銀行業採信，再者，眾籌公司的財務狀況本質不強，若是以債務融資則財務狀況將更顯惡化（負債比率增加）。眾籌模式之分類可參見表 17-1。

表 17-1 眾籌模式

	投入模式	報酬模式	投資動機
股權眾籌	投資	金錢報酬	財務動機
債權眾籌	貸款	利息	財務動機
酬謝眾籌	捐贈 / 提前購買	商品 / 無形利益	社交性支持和商品偏好
捐贈眾籌	捐贈	無形利益	行善 / 社會公益

---

2 香港目前也只開放股權眾籌。新加坡則將眾籌視為金融產業的延伸，並未特別著墨。

17.3 群眾募資產業現況

2015 年以前，因法規尚未開放股權眾籌和債權眾籌（臺灣至今仍未開放）業務，故都以酬謝眾籌和獎勵眾籌為主[3]。但自金管會於 2015 年 4 月 30 日開放股權眾籌業務以來，截至 2016 年 1 月 7 日，金管會已核準 6 家業者[4]，其中 3 家亦已開業。同日，金管會亦同意在「證券商經營股權性質群眾募資管理辦法」中，開放不具債權性的特別股為募資標的。

根據貝殼放大（股）公司於 2016 年發佈的「臺灣群眾集資報告[5]」可知，群眾募資的案件數量（金額）從 2012 年的 96 件（850 萬元），成長至 2015 年的 978件（5.12 億），而成功率一直維持在 50% 左右，由此可知群眾募資雖然已達到金融機構去中間化之目的，且眾籌市場規模快速加大，但資金供給者仍然會挑剔地選擇投資項目，資金供給者四年來的每人平均投資金額只介於 2,100 至 2,600 之間。再從資金供給者的人數來看，人數從 2012 年的 4 千人逐年成長到 2015 年的 20 萬人，約莫只占全國上網人口的 1%[6]，故可預期資金供給者的參與人數仍有相當大的成長空間，再加上政府對股權眾籌業務的開放，群眾募資的規模仍有機會進一步擴大。

再從產品項目來看，臺灣在國外的眾籌項目多為科技產品（72.2%）和設計商品（26.4%），而在臺灣的項目卻呈現相對均勻地分佈（科技產品 20.7%、設計商品 23.2%、藝文展演 21.9%、社會公益 26.5% 和遊戲動畫 7.7%），其原因除了是過去股權眾籌尚未開放外，也反映了臺灣的資金供給者偏好實用且趣味的項目，較不偏好需共同承擔失敗風險的科技產品。另外一個可能因素是非科技類項目的籌資金額較低，較容易達到眾籌金額[7]。

3　Design and thinking 於 2011 年的「記錄片眾籌」是臺灣第一例的群眾募資。
4　元富證券、第一金證券和創夢市集率先取得許可。
5　資料來源：https://annual-report.crowdwatch.tw/2015#intro-section
6　2015 年「臺灣寬頻網路使用調查」報告中臺灣上網人口為 1,883 萬人。
7　眾籌項目若未能在募資期間內，募集到目標金額，則此眾籌項目將不能取得任何資金。

17.4 群眾募資的法制規章

全球各國針對群眾募資立法的主要目的，無非是為小微企業提供融資渠道、保護投資人利益和提供種子期企業（Seed Enterprise）稅賦減免[8]（Tax Reliefs）。為了達到前三項目的，各國對眾籌平台的規範原則不外乎：公平原則、守諾原則、利益衝突揭露、資訊透明、保護客戶秘密和禁止傷害眾籌產業、社會和環境等。以下對眾籌平台類型的相關法律規範提出說明。

一、捐贈眾籌

全球各國的現存法規中，捐贈眾籌被禁止的可能性最小。因為其公益性質不易引發社會爭議，也無稅賦公平與否的矛盾，因為各國稅法對公益性質的項目大多設有免稅額或稅賦減免等措施。

二、酬謝眾籌

酬謝眾籌在各國法律中大多被視為電子商務，因為投資人會得到眾籌項目的實質產品；因此，各國政府反倒是著重於該項目的加值營業稅課徵與否。

三、債權眾籌（中國大陸亦稱網貸行業）

各國對債權眾籌的法規態度目前莫衷一是，例如：臺灣和比利時目前仍是禁止債權眾籌，法國禁止非金融公司借款給另一家公司，義大利則是禁止債權人直接選擇借款人。而這些禁止債權眾籌的立法目的是在於保護投資人的利息收益和本金。因為，不適宜的借款人可能從眾籌平台取得大眾資金，隨而無力償還利息和本金，甚至危及債權人本金，而引起金融市場動盪。

因此中國大陸於 2016 年 8 月 25 日正式發佈《網絡借貸信息服務中介機構業務活動管理暫行辦法》，明確規定個人和企業的借款金額上限。例如自然人在同一平台的借款上限為 20 萬人民幣[9]，若自然人在不同眾籌平台籌資，亦不可超過 100 萬人民幣；而企業的借款金額上限則是自然人的五倍。從中國大陸這個法規則可推

---

8 英國和比利時已立法，為種子期企業提供資金的投資人，因鼓勵創新可享有稅賦減免優惠。
9 2016 年 9 月 20 日臺灣銀行的人民幣匯率（賣出價）為 4.763。

知，中國大陸政府將網貸行業視爲信息中介、小額分散的普惠金融業，以避免網貸行業的不良債權過度膨脹[10]，此暫行辦法亦規範債權眾籌平台不可兼營股權眾籌業務。

四、股權眾籌

開放股權眾籌平台的國家通常要求該平台必須向主管機關註冊，並將投資人劃分成合格投資人和非合格投資人，此處所指的合格是指投資人投資股權眾籌的適當性，即投資人的淨資產、資產規模或收入水準必須達到主管機關要求的程度，甚至要求投資人應具備識別股權眾籌風險的能力。

17.5 群眾募資的潛在風險和因應之道

群眾募資提供新創公司、小規模公司和非上市公司一個新的融資渠道，但眾籌投資人也同樣面臨下列幾種風險：

1. **資本損失（含報酬低於預期）**：眾籌平台上的公司多爲小公司，眾籌投資人可能因缺乏專業知識或眾籌平台的宣傳，而對投資報酬率產生過高的預期。

2. **股份稀釋**：股權眾籌的投資人可能面臨投資人的不斷加入，導致先期投資人的股權比例不斷因後期投資人的加入而降低。

3. **缺乏流動性**：眾籌投資人若要出售標的項目，將因缺乏次級市場，而面臨流動性風險。

4. **資訊不對稱**：因眾籌公司屬於小規模公司，其揭露的資訊大多較爲不足，或投資人較無法從公開管道取得資訊，導致眾籌投資人無法以合理的價格進行投資。

5. **利益衝突**：眾籌平台、眾籌公司和眾籌投資人的利益可能產生衝突，例如：眾籌平台想增加媒合率，眾籌公司則想取得較優勢的價格和金額，但眾籌投資人亦想取得較優勢的價格，但此時眾籌平台和眾籌公司的利益較爲相近。

---

10 《網絡借貸信息服務中介機構業務活動管理暫行辦法》公佈後，中國大陸政府給網貸行業 12 個月的整改期。

6. **眾籌平台破產**：眾籌平台破產後將有礙眾籌投資人取得股息和利息，此時眾籌平台也無力保護投資人的資產。

7. **眾籌平台的不當使用**：眾籌平台可能因缺乏審查機制而導致平台被非法人士利用，出現投資詐騙的情形。

綜上所述，眾籌平台雖然提供了新的融資管道，但也相對地存在潛在的使用風險，各國為了防範新金融科技產生的風險，通常採取以下措施：

1. **眾籌平台的最低資本額**：目前歐盟要求的最低資本額為 73 萬歐元 [11]。

2. **眾籌平台設定利益衝突規章**：避免眾籌平台的負責人和員工的介入損及投資人利益。但臺灣為促進證券商發展眾籌業務，並協助新創公司順利取得融資，在「證券商經營股權性質群眾募資管理辦法」第 13 條，允許證券商參與認購於其募資平台辦理股權募資之公司股票，但需依下列規定辦理：

   (1) 持有任一公司股份之總額不得超過該公司股份總額之百分之十；且持有任一及所有公司股份之成本總額，各不得超過該證券商淨值之百分之二十及百分之四十。

   (2) 證券商應對投資部位訂定投資前投資決策、投資後管理及風險評估等機制。

3. **股權眾籌的投資人保護**：股權眾籌平台的投資人保護規範包括如下：

   (1) 瞭解你的客戶（Know Your Customer Rules, KYC）

      通常是指對投資人進行適用性和適合性測量（Suitability and Appropriateness Test），其測量項目一般包含客戶的投資經驗、財務狀況和風險偏好等；若是嚴格的測量項目，甚至會包含投資人教育、風險耐受度（可承擔的損失金額）、反洗錢和反資注恐怖攻擊活動等。

   (2) 揭露發行人資訊

      眾籌發行人的關鍵資訊包括發行人的財務狀況、眾籌資金用途、眾籌工具類別（例如：是透過股權眾籌或債權眾籌）和最低眾籌金額等，前述發行人資訊可能同時被要求報請主管機構備查。

---

11 Article 28（2）of Directive 2013/36/EU.（http://eur-lex.europa.eu/legal-content/EN/TXT/?uri=CELEX%3A32013L0036）

(3) 眾籌風險揭露

眾籌平台向投資人揭露風險通常是提供標準化文件，其中載明流動性風險和可能的全額本金損失等，以確保投資人瞭解風險之所在。臺灣亦有標準化的「證券募資平台股票風險預告書」，讀者可參照附件一[12]。

(4) 盡職調查（Due Diligence, DD）

眾籌平台對平台上的眾籌公司就法規要求事項進行調查，並將眾籌公司上架的選擇標準予以揭露。

(5) 設定眾籌公司於單一眾籌平台的最高募資額度

臺灣目前規範眾籌公司透過單一眾籌平台募資的最高額度為新台幣三千萬元，而且證券商經營的眾籌平台只能為實收資本額三千萬以下的公司提供眾籌服務。再者，臺灣亦規範證券商只能經營單一眾籌平台，避免證券商以多眾籌平台為單一眾籌公司募資。

(6) 設定一般投資人的最高投資額度

其概念是指一般眾籌投資人透過眾籌平台的最高投資額，例如依照櫃買中心公佈的「證券商經營股權性質群眾募資管理辦法」第 26 條，一般眾籌投資人透過單一證券商募資平台進行認購之投資金額，其單次股權募資認購金額不得逾新臺幣五萬元。但天使投資人對任何公司之認購投資金額，及公司之董事、監察人及持股百分之十以上股東對該募資公司之認購投資金額，不在此限。

4. **債權眾籌的投資人保護**：傳統的銀行模式是由銀行擔任債權人，而債權眾籌是由投資人擔任債權人，債權眾籌平台只是擔任中介人的角色（亦有平台身兼債權人）。當然若要投資人將資金用於債權眾籌，眾籌借款人至少必須提供比銀行存款利率更高的報酬給投資人，但同時投資人也將承受更高的風險，因為眾籌投資人不享有銀行存款保險的相關保護，若債務人（借款人）違約或眾籌平台失去經營能力（例如破產等危機事件），眾籌投資人的利息收益和本金將蒙受部分或全額的損失。因此，債權眾籌需要適宜的信用風險管理和投資資金處理（Money Handling）以保護債權人和債務人雙方權益。以下說明債權眾籌的投資人保護規範：

(1) 債權眾籌平台必須取得官方的債權眾籌許可

---

12 資料來源為「財團法人中華民國證券櫃檯買賣中心證券商經營股權性質群眾募資管理辦法」，風險預告書可參考第 26 條之附件資料，管理辦法之修正日期為 105 年 10 月 24 日。

各國主管機關通常對欲取得債權眾籌業務許可的眾籌平台，規範最低資本要求和債權的可持續安排（避免債權眾籌平台因失去經營能力而損害投資人和債務人權益）。

(2) 債權和信用中介

債權眾籌平台在執行債權和信用中介業務時，因為眾籌的風險相對高於一般的銀行業務，故各國法規通常要求眾籌平台應先區分投資人類型，避免投資人承擔不可承受的風險。投資人類型包括：個人投資人、機構投資人、建議型投資人（Advised Clients）、專業個人投資人、高淨值投資人、合格投資人和非合格投資人。另外，債權眾籌平台亦如股權眾籌平台一樣，須符合資訊揭露原則、避免利益衝突和妥善的盡職調查等，確保眾籌投資人的決策是出於充足資訊下的投資決策。

(3) 投資資金處理

資金處理是指將投資人資金交付給債務人，債務人日後再將利息、本金和投資利得轉付給投資人的過程。其資金處理方式有二種：一是投資人的資金進出經由投資人在眾籌平台的帳戶，而未動用的資金則是存放在眾籌平台的銀行帳戶中，但投資人的資金與眾籌平台的資金將是分別獨立的帳戶，眾籌平台不可擅自動用投資人資金。當然眾籌平台清算時，投資人與債務人的資金分別屬於出借人與借款人，不屬於眾籌平台的財產，故不列入清算財產中；第二種是投資人的資金進出不透過眾籌平臺帳戶，其資金處理是外包（Outsourcing）給信用機構（Credit Institution）負責，此時信用機構通常會先提供貸款給債務人，隨後再將債權轉售給投資人。

17.6 股權眾籌的流程

股權眾籌平台透過雙向的網路平台為資金供給方的眾籌投資人和資金需求方的眾籌公司提供實體交易市場，進而透過其公開交易的過程為眾籌公司決定融資價格（每股價格）和融資額度。

股權眾籌的一般流程是眾籌公司為了融資需求，主動向眾籌平台提出上架要求，或者是股權眾籌平台為了眾籌投資人尋求優質公司，而為該公司提供眾籌服

務。股權眾籌平台再遵照法規進行盡職調查，此時多數的眾籌公司將被淘汰，通過盡職調查的眾籌公司，須準備自我介紹的視頻和實質商品，將其公佈在眾籌平台上，供眾籌投資人（例如：小額投資人、機構投資人、天使投資人和創投機構等）瞭解其內容，以利眾籌投資人與其他眾籌公司進行比較。

接著，眾籌公司提出募資金額、出售股權的百分比和募資期間，眾籌平台亦有募資期間的決定權，若眾籌公司未能於募資期間內募集到目標金額，則無法拿到任何資金，而同意投資的眾籌投資人也無法投資該公司；若眾籌公司成功募集資金，眾籌平台將處理眾籌投資人和眾籌公司之間的資金往來，包括將資金交付眾籌公司前的保管和日後可能的利潤分配。眾籌平台也可能將投資人集中，並以眾籌平台為投資人代表。

目前英國相對成功的眾籌平台 Crowdcube 和 Seedrs[13] 就是分別屬於投資人直接持有眾籌公司的股權（前者）和由眾籌平台為全部的投資人代表（後者），由此可知，兩種模式都有其偏好的眾籌投資人。

17.7 股權眾籌平台個案商業模式介紹

以英國為例，其股權眾籌平台數量從 2010 年的 4 家，成長到 2015 年的約 40 家，而且其中包含了美國的 AngelList 和芬蘭的 Invesdor[14]，由此可知英國的股權眾籌產業已比其他國家成熟，因市場規模已可容納非本國的股權眾籌平台進入。目前倫敦主要的股權眾籌平台是 Crowdcube、Seedrs 和 SyndicateRoom[15]，雖然三家平台的競爭非常激烈，但其對股權眾籌的運營模式各有不同，以下分述之。

一、Crowdcube

Crowdcube 雖然創立於 2010 年，但已是英國成立最久的股權眾籌平台，2011 年開始營運時，就成功眾籌 22 家公司，募集金額 250 萬英鎊，至 2016 年 8 月 31 日已募集 1.86 億英鎊，截至 2016 年 8 月 31 日，Crowdcube 的註冊投資人數超過

---

13 Crowdcube 的官網 https://www.crowdcube.com/；Seedrs 的官網 https://www.seedrs.com/。
14 AngelList 的官網 https://angel.co/；Invesdor 的官網 https://www.invesdor.com/en。
15 SyndicateRoom 的官網 https://www.syndicateroom.com/。

28.8 萬人。Crowdcube 成立至今的成功眾籌項目約 440 件，眾籌成功率約爲 30%，其中尤以 2015 年成功率達 50% 爲最佳[16]。而主動向 Crowdcube 要求上架的成功率則只有 10%。Crowdcube 在英國的營業點有埃克塞特、曼徹斯特和愛丁堡，海外據點則透過合資（Joint Venture）方式擴展至加拿大、波蘭、瑞典、西班牙、紐西蘭、巴西和沙烏地阿拉伯。

Crowdcube 不會特薦特定的眾籌公司，也不擔任投資人資金的保管人，投資人會取得眾籌公司的股權憑證（Share Certificate）。Crowdcube 會對眾籌公司索取眾籌金額的 7%（不含加值稅, Value-At-Tax, VAT），而眾籌公司亦需支付資金移轉費，若眾籌公司是在英國註冊則資金移轉費率爲 0.5%，若是在歐洲註冊則爲 1%，其他國家則爲 2.9%。

Crowdcube 亦經營債權眾籌業務，稱爲迷你債券（Mini-bonds），迷你債券的性質和一般的債務工具相同，眾籌投資人以固定的利率出借資金給眾籌公司，眾籌公司則在借款期間內，以約定利率定期支付利息給眾籌投資人，當迷你債券到期時，眾籌公司則償還本金和當期利息給眾籌投資人。當然，迷你債券並不保證利息支付和本金償還的無風險性。同樣地，Crowdcube 的眾籌投資人會收到債權憑證，Crowdcube 不擔任眾籌投資人的名目投資人，也不受託管理資金。

二、Seedrs

Seedrs 是 Crowdcube 最大的競爭者，Seedrs 於 2012 年開始營運股權眾籌，其業績成長同樣快速，尤其是在 2014 年和 2015 年間，成功眾籌 214 件，總募集金額爲 1.3 億英鎊，每件眾籌項目約有 206 位投資人，其每人平均投資金額爲 1,750 英鎊。Seedrs 在收費上除了對公司索取 2,000 英鎊的行政費外，另依照募資金額採用滑動收費（Sliding Fee），15 萬英鎊收取 6%，15 萬至 50 萬英鎊收取 4%，50 萬英鎊以上收取 2%。Seedrs 另對眾籌投資人的資本利得索取 7.5% 的費用。

Seedrs 除了收費和 Crowdcube 不同外，Seedrs 亦擔任眾籌投資人的名義投資人（Nominee Investors），即當眾籌項目完成後，Seedrs 作爲資金的監管人，代表眾籌投資人向眾籌公司執行股東權利，藉此強化眾籌投資人對眾籌公司的影響力。

---

16 資料來源：Crowdcube 的官網 https://www.crowdcube.com/。

Seedrs 對超額眾籌[17]（Over-funding）的處理方式也與 Crowdcube 不同，若眾籌公司欲接受超額資金，Seedrs 則要求必須按超額資金的占比釋出更多股份。此外，Seedrs 取得接受海外眾籌投資人的批准，尤其是歐盟的眾籌投資人。Seedrs 也進行海外拓點，2015 年 Seedrs 併購一家美國眾籌平台，順利跨入美國市場，並於 2016 年執行整合。

三、SyndicateRoom

SyndicateRoom 代表第三種股權眾籌模式，其營運時間晚於 Crowdcube 和 Seedrs，自 2013 年起，SyndicateRoom 成功眾籌 71 件項目，募集金額為 0.58 億英鎊，SyndicateRoom 最特殊的是每筆投資金額達到 13,500 英鎊，遠高於 Crowdcube 和 Seedrs。因為 SyndicateRoom 將天使投資人、創投機構和眾籌投資人都納入了股權眾籌平台，並由天使投資人引領在 SyndicateRoom 上的眾籌項目。天使投資人先與眾籌公司商談募資的股權條件，並於天使投資人投入資金後，再將協商後的股權條件和其餘的募資額度釋放給眾籌投資人。SyndicateRoom 則負責篩選投資機會和分析股權的交易條件。

此外，Crowdcube 和 Seedrs 的最低投資金額是 10 英鎊，但 SyndicateRoom 的最低投資金融是 1,000 英鎊，而且超額眾籌的最低投資金額是 5,000 英鎊。SyndicateRoom 於 2016 年 3 月宣佈與倫敦股票交易所（London Stock Exchange, LSE）合作，提供首次公開發行股票（Initial Public Offerings, IPO）的股票直接發行到 SyndicateRoom 的眾籌平台上進行交易。

四、京東金融

中國大陸的京東其主營業務是電子商務，近年亦將業務擴展至金融業務，於是成立京東金融，其業務內容包含理財、保險、白條[18]、企業金融、股票交易、私募股權和眾籌等業務，其中眾籌於 2015 年 3 月 31 日開始經營，因自身本已成立私募股權（京東金融稱為東家），因此以「私募股權領投 + 眾籌跟投」的模式來開展業務，此一模式與 SyndicateRoom 的眾籌模式類似，但京東的眾籌包含了酬謝眾籌（京東金融稱為回報眾籌）、債權眾籌和股權眾籌。再者，為增加股東影響力，

---

17 募資金額超過目標額度。
18 即消費金融的融資業務，京東金融於 2014 年 2 月提供京東商城的用戶 30 天免息、隨心分期的支付服務。

京東金融允許跟投的眾籌投資人將資金託管給領投的私募股權投資人，此點與由股權眾籌平台擔任資金託管人的 Seedrs 模式不同。京東金融的眾籌業務至今已募集 27.74 億人民幣，單項最高籌集金額為 8,138 萬人民幣，單項最高眾籌人數為 37.4 萬人。

京東眾籌對眾籌投資人的適格性認定上，要求個人眾籌投資人需符合下列二點的其中一點：(1) 最近三年個人年均收入不低於 30 萬人民幣；(2) 金融資產 [19] 不低於 100 萬人民幣。

五、淘寶眾籌

阿里巴巴旗下的淘寶眾籌於 2014 年 3 月成立，目前除了採取「零收費」的行銷策略外，淘寶眾籌屬於酬謝眾籌類別，因為眾籌發起人給予支持者的酬謝（回報），是以實體物品、數位產品和服務等中國大陸法律允許的形式完成。淘寶眾籌在資金處理上採用第三方擔保方式，只有發起人按照約定發放回報，並經支持者確認收貨後，發起人才能全額獲得支持者的全額資金。

再者，為了保護支持者權益，淘寶眾籌引進商業保險，對發起人的行為擔保，以降低項目風險。截至 2016 年 9 月，淘寶眾籌已募集 20.68 億人民幣，累計支持人數為 2,543 萬人次，單項最高募集金額為 3,559 萬人民幣。

六、螞蟻達客

螞蟻達客也是阿里巴巴旗下的眾籌平台，但其業務是專注於股權眾籌，與淘寶眾籌的酬謝眾籌平台不同。但同樣需經合格投資人認證，認證的資格要求與前述的淘寶眾籌相同。螞蟻達客將投資人分為戰略投資人 [20]、財務投資人 [21] 和用戶投資人 [22]，戰略投資人和財務投資人於線下募集資金，並直接將資金投入目標公司。

用戶投資人則是在螞蟻達客平台上募集資金，其資金先進入專為投資目標公司成立的有限合夥公司，再由有限合夥公司投資目標企業，其中以財務投資人或其關聯方擔任普通合夥人，並負責管理有限合夥企業的日常事務，用戶投資人則擔任有限合夥人。

19 此處的金融資產是指銀行存款、股票、債券、基金份額、資產管理計畫、銀行理財產品、信託計畫、保險產品、期貨權益等。
20 戰略投資人是指能給融資企業帶來發展資源的機構或個人。
21 財務投資人是指能給融資企業帶來資金的專業投資機構或個人。
22 用戶投資人是指認同融資企業的品牌、產品、服務和企業經營理念的個人。

螞蟻達客和淘寶眾籌一樣，目前仍未對投資人收取服務費和資金處理費用，但當用戶投資人退出時，因股權是透過有限合夥公司間接持有，當用戶投資人退出有限合夥公司時，須向普通合夥人繳納投資收益 20% 以下的管理費和相關稅費。

17.8 結論

眾籌的金融模式主要目標是促進創新，並以此解決是新創公司和小型企業的融資困境，避免創新能量因缺乏資金而消滅。鑒於海外股權眾籌的快速成長，及 Crowdcube、Seedrs 和 SyndicateRoom 的多元性的進化，證明了眾籌金融模式的存在價值，但也發現股權眾籌產業，若要衍生良性循環、創新商品，投資人參與和眾籌平台缺一不可，但投資人逐利而居，資金自然會往良好的投資機會靠攏，而臺灣的網路環境和資訊科技，若要建構良好的網路眾籌平台應該也不是難事，但創新的商品和服務，卻不是一蹴可及，因為個人智慧與精力的投入，無法確保創意的產出，唯有塑造鼓勵和支持創新的經濟環境和文化，才能誘發出全民創意，而眾籌平台將透過網絡科技，導引新型的眾籌資金和傳統創投資金投入於具有潛力的創新商品。

附件一：OO 證券募資平台股票風險預告書

一、透過 OO 證券股份有限公司（下稱 OO 證券）設置之募資平台（下稱本平台）辦理股權募資之公司（下稱募資公司），屬未公開發行股票公司，其股票係未上市、未上櫃及未登錄興櫃，募資公司之財務會計制度、內部控制制度及公司治理，可能未若公開發行公司完善及健全，且未委託專家進行實質審查，募資公司可能尚未獲利或持續虧損，並有無法永續經營之可能。

二、OO 證券僅受理募資公司透過本平台辦理股權募資，並未進行任何實質審查，投資風險極高，台端應審慎評估本身之財務能力與經濟狀況是否適於認購投資募資公司之股票。

三、募資公司未辦理股票公開發行程序，可能在適用證券交易法、證券投資人及期貨交易人保護法、金融消費者保護法，有相當之不確定性，台端在決定認購投資募資公司股票前，除已充分瞭解法律保障權利程度不足之外，並應特別考慮以下事宜：

（一）募資公司股票之認購投資係依自己之判斷為之。

（二）募資公司具有股票流通性低，公司資本額較小、設立時間較短且獲利能力不穩定等之特性。

（三）「非專業投資人」每人於一會計年度內，透過本平台進行認購之投資金額，其單次認購金額不得逾新臺幣五萬元，且合計不得逾新臺幣十萬元，但募資前該公司董事、監察人及持股百分之十以上股東認購該公司部分不在此限。

（四）募資公司或其董事、監察人、經理人有違法或違反契約之情事，或因認購投資募資公司股票所生糾紛時，台端應自行依公司法、民法或其他相關法律規定、契約約定，循法律途徑辦理。

四、本風險預告書之預告事項僅列舉大端，對於所有認購投資募資公司股票之風險因素無法一一詳述，台端於認購投資募資公司股票前除須對本風險預告書詳加研讀外，對其他可能之影響因素亦有所警覺，並確實做好財務規劃與風險評估。

　　本人承諾認購投資募資公司股票之風險係自行負責，且自行辦理股票過戶事宜，對認購投資上述募資公司股票之各類風險業已充分明瞭，特此聲明。

　　□ 確認同意

章後習題

一、選擇題

( ) 1. 下列哪些為群眾募資的潛在風險？甲乙丙丁戊

　　甲、資本損失；乙、缺乏流動性；丙、資訊不對稱；丁、利益衝突；戊、股份稀釋。

　　(A) 甲乙丙　　　　　　　　　　(B) 甲丁戊

　　(C) 乙丙丁　　　　　　　　　　(D) 以上皆是

( ) 2. 請問下列哪一種眾籌方式是指資金供給者取得非金錢報酬，例如資金供給者將資金提供給作家寫書，以獲得優先閱讀草稿或出版書的權利？

　　(A) 股權眾籌　　　　　　　　　(B) 債權眾籌

　　(C) 酬謝眾籌　　　　　　　　　(D) 捐贈眾籌

( ) 3. 具有社會公益性質的眾籌類行為何？

　　(A) 捐贈眾籌　　　　　　　　　(B) 債權眾籌

　　(C) 股權眾籌　　　　　　　　　(D) 回饋眾籌

( ) 4. 請問下列哪一種眾籌方式是指資金供給者成為該公司的債權人，可在未來的約定到期日取回本金和約定利息？

　　(A) 股權眾籌　　　　　　　　　(B) 債權眾籌

　　(C) 回饋眾籌　　　　　　　　　(D) 捐贈眾籌

( ) 5. 請問下列哪一種眾籌方式是指資金供給者成為該公司的股東，並依持股比例享有未來可能利潤分配？

　　(A) 捐贈眾籌　　　　　　　　　(B) 債權眾籌

　　(C) 股權眾籌　　　　　　　　　(D) 回饋眾籌

二、問答題

1. 請簡述群眾募資平台主要欲解決的金融問題為何？並說明群眾募資有哪些類型？各類型的特色與優缺點又分別為何？

2. 群眾募資提供新創公司、小規模公司與非上市公司創新的資金取得管道，但群眾募資也面對各類風險，請分析群眾募資對於資金供給者、資金需求者、平台業者，分別面對哪些風險？又分別該如何因應？

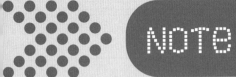

NOTE

A

索引表

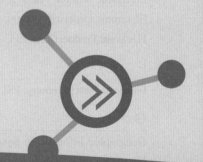

Smart Commerce